建筑设备施工技术系列手册

消防设备施工技术手册

张志勇　主编

中国建筑工业出版社

图书在版编目（CIP）数据

消防设备施工技术手册/张志勇主编. —北京：中国
建筑工业出版社，2012
（建筑设备施工技术系列手册）
ISBN 978-7-112-14012-1

Ⅰ.①消… Ⅱ.①张… Ⅲ.①消防设备-建筑安装-
工程施工-技术手册 Ⅳ.①TU892-62

中国版本图书馆CIP数据核字（2012）第013149号

本书包括的主要内容有：总述、室内（外）消火栓系统、自动喷水灭火系统、
气体灭火系统、消防炮灭火系统、泡沫灭火系统、消防给水系统设备安装、火灾
自动报警系统、漏电火灾报警系统、火灾应急照明和疏散指示标志系统、消防机
械防排烟系统、新型固定式消防灭火系统、防火卷帘安装等内容。全书内容丰富，
图文并茂，实用性强，通俗易懂。

本书可供从事消防工程设计、施工、管理等单位的工程技术人员、管理人员、
操作工人使用。也可供相关专业人员参考使用。

* * *

责任编辑：胡明安
责任设计：张　虹
责任校对：刘梦然　赵　颖

建筑设备施工技术系列手册
消防设备施工技术手册
张志勇　主编
*
中国建筑工业出版社出版、发行（北京西郊百万庄）
各地新华书店、建筑书店经销
霸州市顺浩图文科技发展有限公司制版
廊坊市海涛印刷有限公司印刷
*
开本：787×1092毫米　1/16　印张：28½　字数：707千字
2012年5月第一版　　2014年2月第二次印刷
定价：**75.00元**
ISBN 978-7-112-14012-1
（22012）

前　言

随着我国经济建设的不断发展，各类工业与民用建筑如雨后春笋般在全国各地拔地而起，这些新兴的建筑因其造型独特、高度超高、大量使用新型建材等，在给我们的生活生产带来极大的全方位的满足感的同时，也给我们带来了巨大的消防隐患。作为保证建筑消防安全最为可靠、有效的防范措施，各类自动消防设施得到了越来越广泛的应用，建筑消防工程也已经成为建筑安装工程中重要的一项分项工程，建筑自动消防设施施工技术也更加日趋成熟。为了帮助从事建筑自动消防设施安装工程的工程技术人员更系统、更全面的了解自动消防设施施工技术，我们编写了这本建筑自动消防设施施工技术手册。

本手册主要介绍了各类建筑自动消防设施的系统构成、系统组件的技术要求、系统施工工艺、消防设备安装技术要点、系统调试以及施工验收标准、施工质量记录等内容，涉及室内（外）消火栓系统、自动喷水灭火系统、气体灭火系统、固定消防炮灭火系统、泡沫灭火系统、消防给水系统、火灾自动报警系统、漏电火灾报警系统、火灾应急照明和疏散指示标志系统、消防机械防排烟系统、新型固定式消防灭火系统、防火卷帘安装等系统。

本书第一章、第二章、第三章、第七章、第十一章、第十三章由张志勇编写，第四章、第十二章由郑晓斌编写，第六章、第八章由冯金德编写，第五章、第十章由王利利编写，第九章由李桂林编写。全书由张志勇统编定稿。

由于编者水平有限，本手册难免有错误或不妥之处，恳请读者或同行不吝指教。

编　者

目　　录

1 总述 ……………………………………………………………………………………… 1

2 室内（外）消火栓系统 …………………………………………………………………… 2

  2.1 概述 ……………………………………………………………………………… 2

    2.1.1 室内消火栓的类型 ……………………………………………………… 2

    2.1.2 室内消火栓箱形式及使用场所 ………………………………………… 4

    2.1.3 室外消火栓的类型及使用场所 ………………………………………… 5

  2.2 室内消火栓系统构成及组件技术要求 ………………………………………… 12

    2.2.1 室内消火栓系统构成 …………………………………………………… 12

    2.2.2 室内消火栓系统组件及技术要求 ……………………………………… 12

  2.3 室内消火栓系统施工工艺 ……………………………………………………… 18

    2.3.1 工艺流程 ………………………………………………………………… 18

    2.3.2 安装准备 ………………………………………………………………… 18

    2.3.3 安装技术要点 …………………………………………………………… 18

    2.3.4 试压及冲洗 ……………………………………………………………… 26

    2.3.5 系统调试 ………………………………………………………………… 27

  2.4 室外消火栓系统的施工工艺及技术要求 ……………………………………… 27

    2.4.1 室外消火栓系统的构成 ………………………………………………… 27

    2.4.2 室外消火栓系统的施工工艺 …………………………………………… 27

  2.5 室内（外）消火栓系统施工验收标准 ………………………………………… 29

  2.6 室内（外）消火栓系统施工质量记录 ………………………………………… 29

3 自动喷水灭火系统 ……………………………………………………………………… 35

  3.1 概述 ……………………………………………………………………………… 35

    3.1.1 自动喷水灭火系统的概念 ……………………………………………… 35

    3.1.2 自动喷水灭火系统的形式 ……………………………………………… 35

  3.2 自动喷水灭火系统的构成及组件技术要求 …………………………………… 36

    3.2.1 自动喷水灭火系统的构成 ……………………………………………… 36

    3.2.2 自动喷水灭火系统组件及技术要求 …………………………………… 41

  3.3 自动喷水灭火系统施工工艺 …………………………………………………… 54

    3.3.1 工艺流程 ………………………………………………………………… 54

    3.3.2 安装准备 ………………………………………………………………… 54

    3.3.3 安装技术要点 …………………………………………………………… 54

    3.3.4 系统试压及冲洗 ………………………………………………………… 65

    3.3.5 系统调试 ………………………………………………………………… 66

  3.4 自动喷水灭火系统施工验收标准 ……………………………………………… 67

  3.5 自动喷水灭火系统施工质量记录 ……………………………………………… 67

4 气体灭火系统 …………………………………………………………………………… 71

4.1　概述 ··· 71
4.2　二氧化碳气体灭火系统 ·· 71
4.2.1　二氧化碳气体灭火系统概述 ································ 71
4.2.2　二氧化碳气体灭火系统的构成及组件技术要求 ·········· 72
4.3　七氟丙烷气体灭火系统 ·· 81
4.3.1　七氟丙烷气体灭火系统概述 ································ 81
4.3.2　七氟丙烷气体灭火系统的构成及组件技术要求 ·········· 82
4.4　IG541 气体灭火系统 ··· 91
4.4.1　IG541 气体灭火系统概述 ··································· 91
4.4.2　IG541 气体灭火系统的构成及组件技术要求 ············· 91
4.5　三氟甲烷（HFC-23）气体灭火系统 ···························· 98
4.5.1　三氟甲烷（HFC-23）气体灭火系统概述 ················· 98
4.5.2　三氟甲烷（HFC-23）气体灭火系统的构成及组件技术要求 ··· 98
4.6　气溶胶自动灭火系统 ·· 106
4.6.1　气溶胶自动灭火系统概述 ·································· 106
4.6.2　S 型气溶胶自动灭火系统的构成及组件技术要求 ········· 107
4.7　气体灭火系统施工工艺 ·· 109
4.7.1　有管网气体灭火系统的施工工艺 ························· 109
4.7.2　无管网气体灭火系统的施工工艺 ························· 118
4.7.3　特殊气体灭火系统的施工工艺 ···························· 120
4.8　气体灭火系统施工验收标准 ····································· 128
4.9　气体灭火系统施工质量记录 ····································· 128

5　消防炮灭火系统 ·· 134
5.1　概述 ·· 134
5.1.1　自动扫描射水高空水炮灭火系统的概念及特点 ·········· 134
5.1.2　固定消防炮灭火系统 ······································ 134
5.2　消防炮灭火系统的系统构成及组件技术要求 ··················· 134
5.2.1　消防炮灭火系统的构成 ···································· 134
5.2.2　消防炮灭火系统组件及技术要求 ························· 136
5.3　消防炮灭火系统施工工艺 ·· 144
5.3.1　工艺流程 ·· 144
5.3.2　安装准备 ·· 145
5.3.3　安装技术要点 ··· 145
5.3.4　试压及冲洗 ··· 151
5.3.5　系统调试 ·· 152
5.4　消防炮灭火系统施工验收标准 ··································· 153
5.5　消防炮灭火系统施工质量记录 ··································· 153

6　泡沫灭火系统 ·· 154
6.1　概述 ·· 154
6.2　泡沫灭火系统的类型与选择 ····································· 154
6.2.1　低倍数泡沫灭火系统 ······································ 154

　　6.2.2　高倍数泡沫灭火系统 ……………………………………………… 161
　　6.2.3　中倍数泡沫灭火系统 ……………………………………………… 162
　6.3　泡沫灭火系统设备构成及组件技术要求 …………………………… 163
　　6.3.1　泡沫灭火剂 …………………………………………………………… 163
　　6.3.2　泡沫比例混合装置 …………………………………………………… 165
　　6.3.3　泡沫发生装置 ………………………………………………………… 169
　　6.3.4　消防水泵 ……………………………………………………………… 170
　　6.3.5　高位水箱 ……………………………………………………………… 170
　　6.3.6　气压给水设备 ………………………………………………………… 170
　　6.3.7　消防水泵接合器 ……………………………………………………… 170
　6.4　各类泡沫灭火系统的施工工艺 ……………………………………… 170
　　6.4.1　常用压力式比例混合装置的安装、调试 ………………………… 171
　　6.4.2　平衡压力式泡沫比例混合装置的安装、调试 …………………… 173
　　6.4.3　液上喷射泡沫灭火系统 …………………………………………… 176
　　6.4.4　泡沫喷淋灭火系统 ………………………………………………… 178
　　6.4.5　闭式自动喷水-泡沫联用系统 …………………………………… 180
　　6.4.6　低倍数泡沫枪 ……………………………………………………… 183
　　6.4.7　推车式泡沫灭火装置 ……………………………………………… 183
　　6.4.8　泡沫消火栓箱 ……………………………………………………… 184
　6.5　泡沫灭火系统总体施工与调试 ……………………………………… 186
　　6.5.1　材料、设备、部件的外观检查 …………………………………… 186
　　6.5.2　管道的防腐处理 …………………………………………………… 186
　　6.5.3　放线、敷管 ………………………………………………………… 186
　　6.5.4　管网试压、冲洗 …………………………………………………… 189
　　6.5.5　设备安装 …………………………………………………………… 189
　　6.5.6　管道、设备刷漆 …………………………………………………… 193
　　6.5.7　试压、冲洗和防腐 ………………………………………………… 193
　　6.5.8　调试 ………………………………………………………………… 193
　6.6　泡沫灭火系统施工验收标准 ………………………………………… 194
　6.7　泡沫灭火系统施工质量记录 ………………………………………… 194

7　消防给水系统设备安装 ……………………………………………………… 203
　7.1　概述 …………………………………………………………………… 203
　　7.1.1　消防水泵 …………………………………………………………… 203
　　7.1.2　消防水箱 …………………………………………………………… 203
　　7.1.3　消防气压给水设备 ………………………………………………… 204
　　7.1.4　消防水泵接合器 …………………………………………………… 205
　7.2　系统构成及组件技术要求 …………………………………………… 205
　　7.2.1　系统构成 …………………………………………………………… 205
　　7.2.2　系统组件及技术要求 ……………………………………………… 205
　7.3　消防给水系统施工工艺 ……………………………………………… 211
　　7.3.1　一般工艺要求 ……………………………………………………… 211
　　7.3.2　消防水泵安装要点 ………………………………………………… 211

7.3.3　消防水箱安装技术要点 ……………………………………… 212

7.3.4　消防气压给水设备安装技术要点 …………………………… 214

7.3.5　消防水泵接合器安装技术要点 ……………………………… 214

7.3.6　消防给水系统调试 …………………………………………… 214

7.4　消防给水系统施工验收标准 …………………………………… 215

7.5　消防给水系统施工质量记录 …………………………………… 216

8　火灾自动报警系统 …………………………………………………… 218

8.1　概述 ……………………………………………………………… 218

8.1.1　火灾自动报警系统的形式 …………………………………… 218

8.1.2　火灾自动报警系统的适用场所 ……………………………… 218

8.2　火灾自动报警系统的构成及组件技术要求 …………………… 220

8.2.1　火灾自动报警系统的构成 …………………………………… 220

8.2.2　火灾自动报警系统组件及技术要求 ………………………… 221

8.3　火灾自动报警系统施工工艺 …………………………………… 253

8.3.1　工艺流程 ……………………………………………………… 253

8.3.2　安装准备 ……………………………………………………… 254

8.3.3　各类火灾报警设备的安装技术要点 ………………………… 254

8.3.4　火灾自动报警系统调试 ……………………………………… 310

8.4　火灾自动报警系统施工验收标准 ……………………………… 311

8.5　火灾自动报警系统施工质量记录 ……………………………… 311

9　漏电火灾报警系统（电气火灾监控系统） ………………………… 319

9.1　概述 ……………………………………………………………… 319

9.1.1　漏电火灾报警系统的设置场所 ……………………………… 319

9.1.2　漏电火灾报警系统的功能 …………………………………… 319

9.2　漏电火灾报警系统的构成及组件技术要求 …………………… 319

9.2.1　漏电火灾报警系统的构成 …………………………………… 319

9.2.2　漏电火灾报警系统组件及技术要求 ………………………… 320

9.3　漏电火灾报警系统施工工艺 …………………………………… 325

9.3.1　工艺流程 ……………………………………………………… 325

9.3.2　安装准备 ……………………………………………………… 325

9.3.3　安装技术要点 ………………………………………………… 325

9.3.4　系统调试 ……………………………………………………… 329

9.4　漏电火灾报警系统施工验收标准 ……………………………… 330

9.5　漏电火灾报警系统施工质量记录 ……………………………… 330

10　火灾应急照明和疏散指示标志系统 ……………………………… 332

10.1　概述 …………………………………………………………… 332

10.1.1　普通型火灾应急照明和疏散指示标志系统 ……………… 332

10.1.2　智能型火灾应急照明及疏散指示标志系统 ……………… 333

10.2　系统构成及组件技术要求 …………………………………… 333

10.2.1　系统构成 …………………………………………………… 333

10.2.2　智能消防应急照明疏散指示标志系统 …………………… 335

10.3 应急照明和疏散指示标志系统施工工艺 337
10.3.1 工艺流程 337
10.3.2 安装技术要点 337
10.3.3 系统调试 340
10.4 应急照明和疏散指示标志系统施工验收标准 341
10.5 应急照明和疏散指示标志系统施工质量记录 341
11 消防机械防排烟系统 348
11.1 概述 348
11.1.1 消防防排烟系统的类型及设置场所 348
11.2 消防机械防排烟系统的构成及组件技术要求 349
11.2.1 消防机械防烟系统（机械加压送风系统）的构成 349
11.2.2 消防机械排烟系统的构成 350
11.2.3 消防机械防烟系统（机械加压送风系统）系统组件及技术要求 350
11.2.4 消防机械排烟系统组件及技术要求 355
11.3 消防机械防排烟系统施工工艺 360
11.3.1 工艺流程 360
11.3.2 安装准备 360
11.3.3 安装技术要点 361
11.3.4 系统调试 366
11.4 消防机械防排烟系统施工验收标准 367
11.5 消防机械防排烟系统施工质量记录 367
12 新型固定式消防灭火系统 377
12.1 概述 377
12.2 干粉灭火系统 377
12.2.1 干粉灭火系统概述 377
12.2.2 干粉灭火系统的构成及组件技术要求 383
12.2.3 干粉灭火系统的施工工艺 390
12.2.4 干粉灭火系统施工验收标准 393
12.2.5 干粉灭火系统的施工质量记录 393
12.3 细水雾灭火系统 393
12.3.1 细水雾灭火系统概述 393
12.3.2 泵式高压细水雾灭火系统 395
12.3.3 泵式高压细水雾灭火系统的施工工艺 404
12.3.4 泵式高压细水雾灭火系统施工验收标准 406
12.3.5 泵式高压细水雾灭火系统施工质量记录 407
12.4 火探管式灭火系统 413
12.4.1 概述 413
12.4.2 系统的构成及组件技术要求 414
12.4.3 火探管式灭火系统的施工工艺 418
12.5 泡沫喷雾灭火系统 422
12.5.1 泡沫喷雾灭火系统概述 422

12.5.2 系统构成及组件技术要求 ………………………………………… 424

12.5.3 泡沫喷雾灭火系统的施工工艺 ……………………………………… 428

12.5.4 泡沫喷雾灭火系统的施工验收标准 ………………………………… 430

12.5.5 泡沫喷雾灭火系统的施工质量记录 ………………………………… 430

13 防火卷帘安装 ……………………………………………………………… 433

13.1 概述 ……………………………………………………………………… 433

13.1.1 钢质防火卷帘 ………………………………………………………… 433

13.1.2 无机纤维复合防火卷帘 ……………………………………………… 433

13.1.3 特级防火卷帘 ………………………………………………………… 434

13.2 防火卷帘的构成及组件技术要求 ……………………………………… 434

13.2.1 防火卷帘的构成 ……………………………………………………… 434

13.2.2 防火卷帘组件及技术要求 …………………………………………… 435

13.3 防火卷帘施工工艺 ……………………………………………………… 440

13.3.1 工艺流程 ……………………………………………………………… 440

13.3.2 安装准备 ……………………………………………………………… 440

13.3.3 安装技术要点 ………………………………………………………… 440

13.3.4 系统调试 ……………………………………………………………… 442

13.4 防火卷帘施工验收标准 ………………………………………………… 443

参考文献 …………………………………………………………………………… 444

1 总 述

随着我国经济建设的不断发展，各类工业与民用建筑如雨后春笋般在全国各地拔地而起，这些新兴的建筑因其造型独特、高度超高、大量使用新型建材等，在给我们的生活生产带来极大的全方位的满足感的同时，也给我们带来了巨大的消防隐患，因此，各类新型建筑消防设备也应运而生。根据消防设备的使用功能，建筑消防工程可以分为三类，分别为：

1. 用于扑救火灾实现灭火功能的消防设备：室内（外）消火栓系统、自动喷水灭火系统、气体灭火系统、固定消防炮灭火系统、泡沫灭火系统、新型固定式消防灭火系统、消防给水系统设备安装；

2. 用于早期发现火灾实现火灾预警功能的消防设备：火灾自动报警系统、漏电报警系统；

3. 用于火灾发生时保障人员安全疏散和扑救功能的消防设备：火灾应急照明和疏散指示标志系统、火灾警报装置及消防紧急广播系统、消防机械防烟排烟系统、防火卷帘门。

上述各类消防设备又因应用场所的不同而需采用不同的形式，下面就针对具体的消防设备在施工过程中的施工技术进行详细的介绍。

2 室内（外）消火栓系统

2.1 概述

室内（外）消火栓系统是工业与民用建筑最基本的灭火设备，相对于其他类型的灭火系统，室内（外）消火栓系统具有使用方便、美化效果好、价格便宜、器材简单等优点，因此，广泛应用于工业与民用建筑中。

2.1.1 室内消火栓的类型

1. 根据室内消火栓的出口数量可以分为：
(1) 单出口室内消火栓；
(2) 双出口室内消火栓。

2. 根据室内消火栓的栓阀数量可以分为：
(1) 单栓阀（以下称单阀）室内消火栓；
(2) 双栓阀（以下称双阀）室内消火栓。

3. 根据室内消火栓的结构形式可以分为：
(1) 直角出口型室内消火栓；
(2) 45°出口型室内消火栓；
(3) 旋转型室内消火栓；
(4) 减压型室内消火栓；
(5) 旋转减压型室内消火栓；
(6) 减压稳压型室内消火栓；
(7) 旋转减压稳压型室内消火栓。

4. 常用的室内消火栓的形式见图 2.1-1～图 2.1-5。

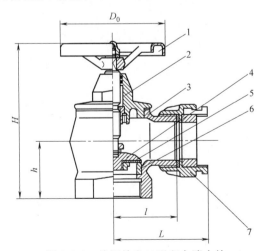

图 2.1-1　单阀单出口型室内消火栓

1—手轮；2—阀盖；3—阀体；4—阀瓣；5—密封装置；6—阀座；7—固定接口

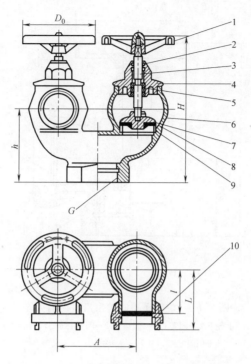

图 2.1-2 双阀双出口型室内消火栓

1—手轮；2—O 型密封圈；3—阀杆；4—阀盖；5—阀杆；6—阀体；

7—阀瓣；8—密封垫；9—阀座；10—固定接口

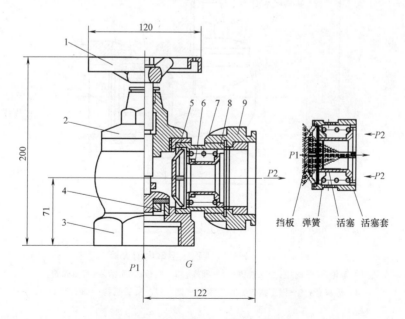

图 2.1-3 减压稳压型室内消火栓

1—手轮；2—阀盖；3—阀体；4—阀座；5—挡板；6—活塞；

7—弹簧；8—活塞套；9—固定接口

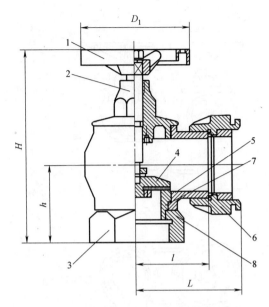

图 2.1-4 旋转型单阀单出口室内消火栓

1—手轮；2—阀盖；3—阀体；4—阀瓣；5—密封装置；
6—固定接口；7—旋转机构；8—底座

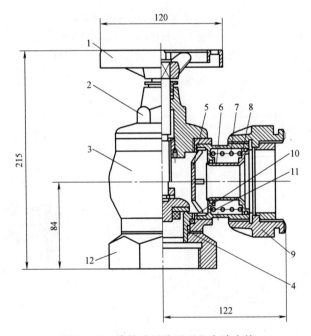

图 2.1-5 旋转减压稳压型室内消火栓

1—手轮；2—阀盖；3—阀体；4—阀座；5—挡板；6—活塞；7—弹簧；
8—活塞套；9—固定接口；10—密封装置；11—旋转机构；12—底座

2.1.2 室内消火栓箱形式及使用场所

室内消火栓箱是指安装在建筑物内的消防给水管路，由箱体、室内消火栓、水带、水枪及电器设备等消防器材组成的具有给水、灭火、控制、报警等功能的箱状固定式消防装置。

根据室内消火栓箱体的形式，可以分为普通箱体、带自救式消防卷盘式、带灭火器组合式等形式。又根据栓箱内所配室内消火栓的形式，可以分为多种形式，目前常用的室内消火栓箱的形式及使用场所见表 2.1-1。

室内消火栓箱的形式及使用场所

表 2.1-1

	消火栓的形式	使用场所
单栓消火栓箱	普通直角出口型	普通工业、民用建筑；高层工业、民用建筑
	减压稳压型	高层工业、民用建筑
	旋转型	受安装条件限制不能采用直角出口型
	旋转减压稳压型	受安装条件限制不能采用直角出口型
	普通单栓带自救式消防卷盘型	人员密集公共建筑
	单栓减压稳压带自救式消防卷盘型	高层民用建筑中人员密集公共建筑
	普通单栓带灭火器组合式	普通工业、民用建筑；高层工业、民用建筑
	单栓减压稳压带灭火器组合式	高层工业、民用建筑
	普通单栓带自救式消防卷盘带灭火器组合式	人员密集公共建筑
	单栓减压稳压带自救式消防卷盘带灭火器组合式	高层民用建筑中人员密集公共建筑
双栓消火栓箱	普通直角出口型	普通工业、民用建筑；高层工业、民用建筑
	减压稳压型	高层工业、民用建筑
	旋转型	受安装条件限制不能采用直角出口型
	旋转减压稳压型	受安装条件限制不能采用直角出口型
	普通双栓带自救式消防卷盘型	人员密集公共建筑
	减压稳压双栓带自救式消防卷盘型	高层民用建筑中人员密集公共建筑
	普通双栓带灭火器组合式	普通工业、民用建筑；高层工业、民用建筑
	减压稳压双栓带灭火器组合式	高层工业、民用建筑
	双栓带自救式消防卷盘带灭火器组合式	人员密集公共建筑
	减压稳压双栓带自救式消防卷盘带灭火器组合式	高层民用建筑中人员密集公共建筑

注：根据现行国家标准《建筑设计防火规范》GB 50016 中关于室内消火栓的布置的规定，单元式、塔式住宅的消火栓宜设置在楼梯间的首层和各层的楼层的休息平台上，当设 2 根消防竖管确有困难时，方可设 1 根消防竖管，但必须采用双口双阀型消火栓。因此，上表中所指双栓均为双口双阀型消火栓。

目前常用的室内消火栓箱的形式见图 2.1-6～图 2.1-16。

2.1.3　室外消火栓的类型及使用场所

室外消火栓主要分为地上式消火栓及地下式消火栓两种类型，主要根据安装场所是否允许消火栓露出地面进行选择。如图 2.1-17、2.1-18 所示。

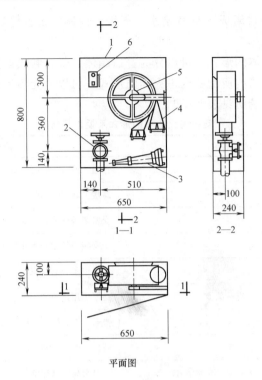

图 2.1-6　盘卷式单栓室内消火栓箱

1—消火栓箱；2—消火栓；3—水枪；4—水带；5—水带卷盘；6—消防按钮

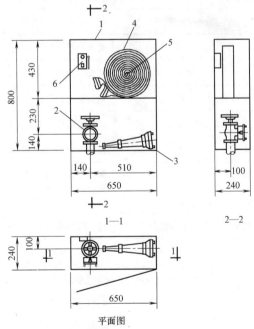

图 2.1-7　卷置式单栓室内消火栓箱

1—消火栓箱；2—消火栓；3—水枪；4—水带；5—水带卷盘；6—消防按钮

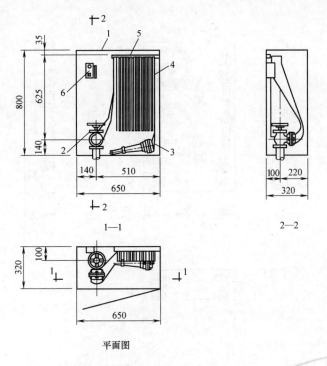

图 2.1-8　挂置式单栓室内消火栓箱

1—消火栓箱；2—消火栓；3—水枪；4—水带；5—挂架；6—消防按钮

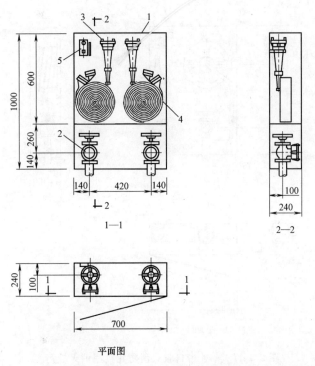

图 2.1-9　卷置式双栓室内消火栓箱

1—消火栓箱；2—消火栓；3—水枪；4—水带；5—消防按钮

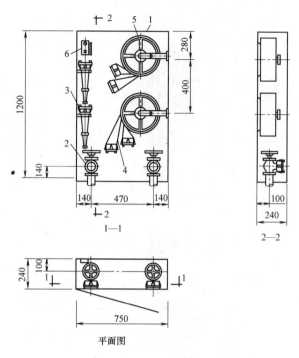

图 2.1-10　盘卷式双栓室内消火栓箱

1—消火栓箱；2—消火栓；3—水枪；4—水带；5—水带卷盘；6—消防按钮

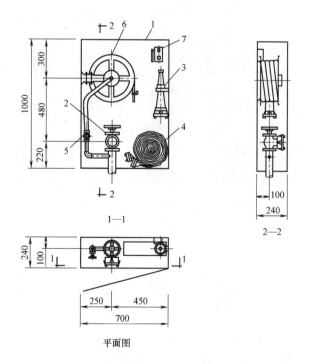

图 2.1-11　单栓带自救式消防卷盘型消火栓箱

1—消火栓箱；2—消火栓；3—水枪；4—水带；5—阀门；

6—消防软管卷盘；7—消防按钮

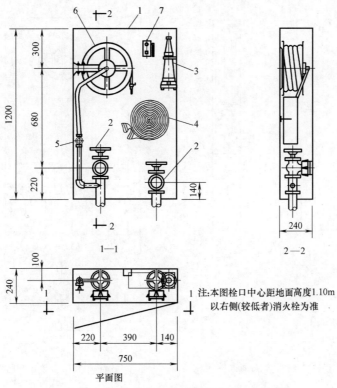

图 2.1-12　双栓带自救式消防卷盘型消火栓箱

1—消火栓箱；2—消火栓；3—水枪；4—水带；5—阀门；6—水带卷盘；7—消防按钮

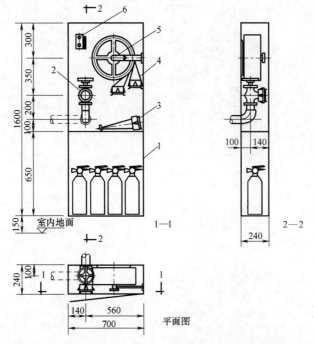

图 2.1-13　单栓带灭火器组合式消火栓箱

1—消火栓箱；2—消火栓；3—水枪；4—水带；5—水带卷盘；6—消防按钮

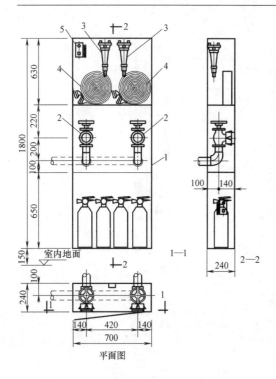

图 2.1-14　双栓带灭火器组合式消火栓箱

1—消火栓箱；2—消火栓；3—水枪；

4—水带；5—消防按钮

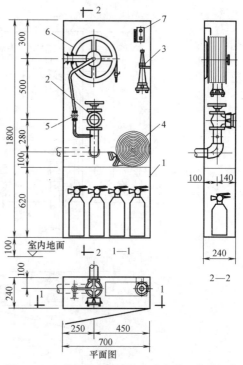

图 2.1-15　单栓带自救式消防卷盘带灭火器组合
式消火栓箱

1—消火栓箱；2—消火栓；3—水枪；4—水带；
5—阀门；6—水带卷盘；7—消防按钮

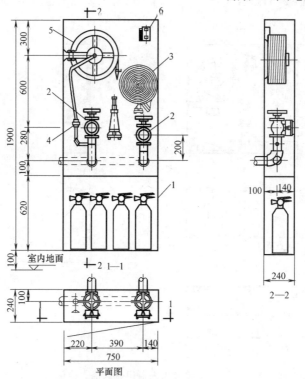

图 2.1-16　双栓带自救式消防卷盘带灭火器组合式消火栓箱

1—消火栓箱；2—消火栓；3—水带；4—阀门；5—水带卷盘；6—消防按钮

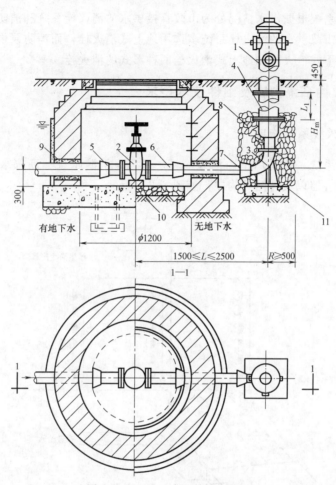

图 2.1-17 地上式室外消火栓

1—地上式消火栓；2—闸阀；3—弯管底座；4—法兰接管；5—短管甲；6—短管乙；7—铸铁管；

8—圆形立式阀门井；9—防水封堵；10—砖砌支墩；11—混凝土支墩

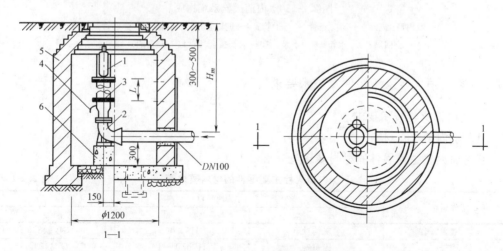

图 2.1-18 地下式室外消火栓

1—地下式消火栓；2—弯管底座；3—法兰接管；4—泄水口；5—圆形立式阀门井；6—混凝土支墩

　　室外消火栓系统根据供水情况分为市政直接供水的消火栓系统和消防泵供水的室外消火栓系统。其中市政供水的消火栓系统多选用地上式消火栓，而消防泵供水的室外消火栓系统则可选用地下式消火栓和地上式消火栓两种形式的消火栓。

2.2　室内消火栓系统构成及组件技术要求

2.2.1　室内消火栓系统构成

　　室内消火栓系统一般是由室内消火栓箱、阀门、消防水泵、高位水箱、气压供水设备、消防水泵接合器以及管网等构成，如图 2.2-1 所示：

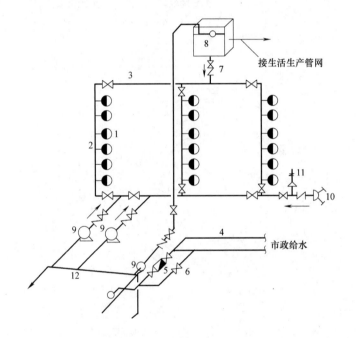

图 2.2-1　室内消火栓系统构成

1—室内消火栓；2—消防竖管；3—干管；4—进户管；5—水表；6—旁通管及阀门；
7—止回阀；8—水箱；9—水泵；10—水泵接合器；11—安全阀；12—水池

2.2.2　室内消火栓系统组件及技术要求

　　1. 室内消火栓技术要求

　　（1）室内消火栓材料

　　室内消火栓主要零件的材料要求见表 2.2-1。

室内消火栓主要零件的材料要求表　　　　　　　　表 2.2-1

零件名称	材　　料		
	名　　称	牌　　号	标准编号
阀体、阀盖、阀瓣	灰铸铁	HT 200	GB 9439
阀杆	铅黄铜	HPb 59—1	GB4423
阀座、阀杆螺母	38 黄铜	ZCuZn 38	GB 1176
密封垫	塑料	高压聚乙烯	

（2）密封件

室内消火栓的各密封部位均需配备密封件。O形密封圈应符合现行 GB 3452.1 的规定。

（3）固定接口应符合现行 GB 3265 和 GB 3266 的规定。

（4）手轮的形式和尺寸应符合 JB 1692 的规定。手轮轮缘上应明显地铸出表示开关方向的箭头和字样。

（5）螺纹

室内消火栓的进水口与固定接口连接的部位应为圆柱管螺纹，阀杆与阀杆螺母应为梯形螺纹，其余各处螺纹均为普通螺纹。

1）普通螺纹公差应符合 GB 197 中内螺纹 7H 级、外螺纹 8g 级的要求。

2）阀杆与阀杆螺母的螺纹应符合 GB 5796.1，GB 5796.3 和 GB 5796.4 的要求。阀杆螺母螺纹按 7H 级，阀杆螺纹按 8e 级要求加工。

（6）外观质量

1）铸件表面应无结疤、毛刺、裂纹和缩孔等缺陷。

2）阀体外部涂 C04—42 大红醇酸磁漆；内表面涂 F 53—1 红丹酚醛防锈漆；手轮涂 L01—6 黑色沥青清漆。亦可选用性能不低于上述规定牌号的同色油漆。

外部漆膜应光滑、平整、色泽一致，无气泡、流痕、皱纹等缺陷，无明显碰、划等现象。

（7）阀杆升降性能

装配好的室内消火栓阀杆升降应平稳、灵活，不得有卡阻和松动现象。旋转阀杆的最大力矩不得超过 5N·m。

2. 室内消火栓箱的技术要求

（1）室内消火栓箱体

1）室内消火栓箱体形式

A. 栓箱按安装方式可分为：

（A）明装式；

（B）暗装式；

（C）半明装式。

B. 栓箱按箱门形式可分为：

（A）单开门式；

（B）双开门式；

（C）前后开门式。

C. 栓箱按箱门材料可分为：

（A）全钢型；

（B）钢框镶玻璃型；

（C）铝合金框镶玻璃型；

（D）其他材料（不锈钢）型。

D. 栓箱按水带安置方式可分为：

（A）挂置式（见图 2.2-2）；

（B）盘卷式（见图 2.2-3）；

（C）卷置式（见图2.2-4）；

（D）托架式（见图2.2-5）。

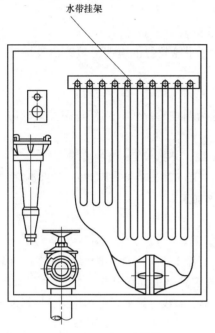

图2.2-2　挂置式栓箱

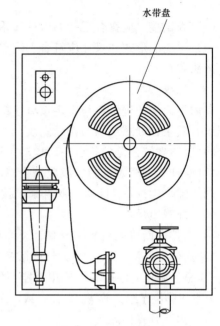

图2.2-3　盘卷式栓箱

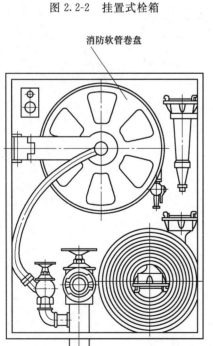

图2.2-4　卷置式栓箱（配置消防水喉）

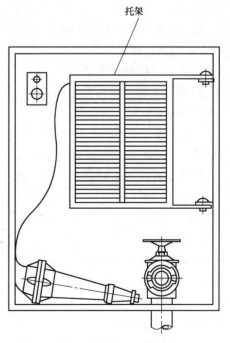

图2.2-5　托架式栓箱

2）室内消火栓箱体外观质量

A. 箱体应端正，不得有歪斜翘曲等现象。各表面应无凹凸不平等加工缺陷及磕碰痕迹。

B. 箱门关闭到位后，应与四周框面平齐，其不平的最大允差为 2mm；与框之间的间隙应均匀平直，最大间隙不超过 2.5mm。

C. 栓箱正面上的零部件，凸出箱门外表平面的高度不得大于 15mm；其余各面的零部件，凸出该面外表平面的高度不得超过 10mm。

D. 箱体内外表面应作防腐处理。进行涂漆防腐处理的箱体，其涂层应均匀一致，平整光亮。明装式栓箱的箱体外表及其他形式栓箱的外露部位涂层应色泽美观，不得有流痕、气泡、剥落等缺陷。

E. 焊缝或焊点应平整均匀、焊接牢固，应无烧穿、疤瘤等焊接缺陷。铆接应严实美观。铆钉排列应整齐，铆接后铆钉连接应紧固无歪斜。

3）室内消火栓箱体材料

A. 箱体应使用厚度不小于 1.2mm 的薄钢板或铝合金材料制造，也可使用不锈钢材料。

B. 栓箱箱门材料可根据消防工程特点，结合室内建筑装饰要求确定。镶玻璃的箱门玻璃厚度不得小于 4mm。

C. 水带挂架、托架和水带盘应用耐腐蚀材料制成，若用其他材料必须进行耐腐蚀处理。

D. 箱内配置的消防卷盘的开关喷嘴、卷盘轴、弯管及水路系统零部件，应用铜合金或铝合金材料制造。

4）室内消火栓箱体刚度

A. 安装消防水喉的箱体侧面，在 150N·m 的力矩下的最大凹陷变形不得超过 2mm，消防水喉的固定座不得出现变形、开焊等缺陷。

B. 挂置式栓箱，其固定水带挂架的箱面，在 40N·m 的力矩下，最大凹陷变形不得超过 2mm，水带挂架不得出现变形、开焊等缺陷。

C. 托架式栓箱，其固定水带托架的箱面，在 40N·m 的力矩下，最大凹陷变形不得超过 2mm，水带托架不得出现变形、开焊等缺陷。

5）室内消火栓箱箱门

A. 栓箱应设置门锁或箱门关紧装置。

B. 设置门锁的栓箱，除箱门安装玻璃者外，均应设置箱门紧急开启的手动机构，开启操作应灵活、可靠。

C. 箱门的开启角度不得小于 160°。

D. 箱门开启应轻便灵活，无卡阻现象。开启拉力不得大于 50N。

6）室内消火栓箱内水带安置装置

挂置式栓箱的水带挂架相邻两梳齿的空隙不应小于 20mm，挂置水带后挂架横臂不得变形；盘卷式栓箱的水带盘从挂臂上取出无卡阻；托架式栓箱的水带托架应转动灵活，水带从托架中拉出无卡阻。

（2）消防水带

1）消防水带性能要求

A. 消防水带的织物层应编织得均匀，表面整洁；无跳双经、断双经、跳纬及划伤。

B. 消防水带衬里（或覆盖层）的厚度应均匀，表面应光滑平整、无折皱或其他缺陷。

C. 消防水带的标准长度为 $20^{+0.20}_{0}$ m 或 $25^{+0.20}_{0}$ m。

D. 消防水带在 0.8MPa 水压下，保压 5min，水带全长应无泄漏现象。

E. 消防水带在 1.2MPa 水压下，保压 5min，应无泄漏现象。在 2.4MPa 水压下，保压 5min，不应爆破。

F. 水带与接口的连接应牢固可靠，在 0.8MPa 水压下不得有脱离现象。

2）水带安置

水带以挂置式、盘卷式、卷置式或托架式置于栓箱内，不得影响其他器材的合理安置和操作使用。

（3）消防水枪

消防水枪是由单人或多人携带和操作的以水作为灭火剂的喷射管枪。水枪通常由接口、枪体、开关和喷嘴或能形成不同形式射流的装置组成。

1）消防水枪材料

A. 水枪应采用耐腐蚀或经防腐蚀处理的材料制造，以满足相应使用环境和介质的防腐要求。

B. 各铸件材料的化学成分及机械性能应符合 GB/T1173，GB/T 1176，GB/T 15115 和 GB/T 15116 等相应标准的规定。

2）密封件

水枪各密封部位所使用的 O 形密封圈应符合 GB 3452.1 的规定。

3）螺纹

水枪上的螺纹除与管牙接口连接部分使用圆柱管螺纹外，其余均应为普通螺纹。普通螺纹公差应符合 GB/T 197 中内螺纹 7H 级、外螺纹 8g 级的要求。螺纹应无缺牙，表面应光洁。

4）表面质量

铸件表面应无结疤、裂纹及孔眼。铝制件表面须作阳极氧化处理。

5）密封性能

水枪在 0.9MPa 水压下，枪体及各密封部位不允许渗漏。

6）耐水压强度

水枪在 1.6MPa 水压下，水枪不应出现裂纹、断裂或影响正常使用的残余变形。

（4）消防软管卷盘

1）消防软管卷盘的性能参数

消防软管卷盘的主要性能参数应符合表 2.2-2 的规定。

消防软管卷盘的主要性能参数及喷射性能　　　　　　　表 2.2-2

额定工作压力(MPa)	试验压力(MPa)	流量(L/min)	直流射程(m)	软管内径(mm)		软管长度(m)	
				基本尺寸	极限偏差	基本尺寸	极限偏差
0.8	0.4	≥24.0	≥6.0	19	±0.8	20、25	±1.0%

2）摇臂应能从箱体内向外作水平摆动，摆动角≥90°，摆动时应无卡阻和松动，驱使摆动的力不得大于 50N。消防软管卷盘的启动力矩不得大于 20N·m。

3）在 0.8MPa 水压条件下，消防软管卷盘各连接部位不得有渗漏现象。

4）消防软管卷盘的卷盘轴与弯管、软管与软管盘进出口、软管与进水控制阀、软管与喷枪的连接应牢固可靠，在 0.8MPa 水压下不得有脱离及渗漏现象。在 1.2MPa 水压下，各零件不得产生影响正常使用的变形和损坏。

（5）消火栓按钮

1）消火栓按钮应有防止误动作措施，且至少应有一对常开和一对常闭触点，触点间的接触电阻在正常的大气条件下不得大于 0.1Ω。

2）消火栓按钮指示灯应具有防水、防尘能力，其指示灯光为红色，在光照度 1000lx 环境下，距 3m 远处应清晰可见。

3）消火栓按钮的额定工作电压为直流 24V。

3．阀门技术要求

（1）阀门的选择应符合以下现行国家规范与标准的规定

1）《通用阀门法兰连接标准》GB/T 17241.6；

2）《通用阀门压力试验》GB/T 13927；

3）《通用阀门球墨铸铁铸造技术条件》GB/T 12227；

4）《通用阀门结构长度标准》GB/T 12221；

5）《通用阀门法兰和对夹连接蝶阀》GB/T 12238。

（2）主要阀门的材料要求

如表 2.2-3 所示：

阀门的材料　　　　　表 2.2-3

阀门零件 ＼ 阀门名称	闸阀、截止阀	止回阀	蝶阀
阀体	球墨铸铁	碳钢	碳钢
阀杆	不锈钢	不锈钢	不锈钢
阀杆螺母	铝青铜		
阀座（面）	不锈钢		乙丙橡胶
阀板		铝青铜	
弹簧		不锈钢	

4．消防水泵

详见本书第 7 章相关内容。

5．高位水箱

详见本书第 7 章相关内容。

6．气压给水设备

详见本书第 7 章相关内容。

7．消防水泵接合器

详见本书第 7 章相关内容。

8．管网——管材及管件

（1）管材技术要求

1）消火栓系统管材一般选用内外壁热镀锌钢管，在特殊要求情况下，也可选用内外壁热镀锌无缝钢管或内外涂覆其他防腐材料的钢管（如内外涂环氧树脂等）。管道连接方式，一般采用沟槽式连接（卡箍）、丝扣连接或法兰连接。

2）内外壁热镀锌钢管应符合现行国家标准《低压流体输送用焊接钢管》GB/T 3091 及《输送流体用无缝钢管》GB/T 8163 的规定；

钢管镀锌前的力学性能应符合 GB/T 3092 的规定；

镀锌钢管内外壁必须采用热浸镀锌法镀锌，应作镀层的重量测定，其平均值应不小于 500 克/m²。

镀锌钢管的内外表面镀锌层应完整，不允许有未镀上锌的黑斑和气泡存在，允许有不大的粗糙面和局部的锌瘤存在。

3）内外涂覆其他防腐材料的钢管（如内外涂环氧树脂等）应符合现行国家标准或行业规范。

（2）管件技术要求

1）沟槽式管件必须符合现行国家标准《自动喷水灭火系统 第11部分 沟槽式管件》GB/T 5135.11 的规定，其材质应为球墨铸铁，并符合现行国家标准《球墨铸铁件》GB/T 1348 的要求；橡胶密封圈的材质应为 EPDN（三元乙丙胶），并符合《金属管道系统快速管接头的性能要求和试验方法》ISO 6182-12 的要求。

2）丝扣管件一般选用玛钢管件，并应符合现行国家标准《可锻铸铁管路连接件》GB/T 3287 的要求。管件表面应无裂纹、缩孔、夹渣、折叠和重皮。

3）法兰连接可采用焊接法兰或螺纹法兰。

2.3 室内消火栓系统施工工艺

2.3.1 工艺流程

图纸会审→安装准备→材料进场检验→管道支架制作安装→主管道安装→支管道安装→蝶阀安装→消火栓（箱）安装→消防水泵、高位水箱、气压供水设备、水泵接合器安装→水压试验→管道冲洗→管道刷油→联动调试→消火栓配件安装→自检→消防检测→消防验收→开通运行。

2.3.2 安装准备

1. 认真熟悉图纸，制定施工方案，并根据施工方案进行技术、安全交底。
2. 核对有关专业图纸，查看各种管道的坐标、标高是否有交叉或排列位置不当，及时与设计人员研究解决，办理洽商手续。
3. 检查预埋套管和预留孔洞的尺寸和位置是否准确。
4. 检查管材、管件、阀门、设备及组件的选择是否符合设计要求和施工质量标准。
5. 施工机具运至施工现场并完成接线和通电调试，运行正常。
6. 合理安排施工顺序，避免工程交叉作业，影响施工。

2.3.3 安装技术要点

1. 管网安装的技术要点
（1）管材检验
1）消火栓系统通常选用内外壁热镀锌钢管，管材使用前应进行外观检查：无裂纹、缩孔、夹渣、重皮和镀锌层脱落锈蚀等现象。
2）管道壁厚应符合设计要求。
3）应有材质证明或标记等。

（2）配合预留、预埋和交接检查

1）套管的预埋位置和大小应符合设计要求。

2）安装在楼板内的套管，其顶部应高出装饰地面 20mm，底部应与楼板地面相平。

3）安装在墙壁内的套管，其两端应与饰面相平。

（3）管道预制

消火栓系统的管道，其管径大于等于 100mm 的采用沟槽式（卡箍）连接或法兰连接，管径小于 100mm 的采用丝接。在熟悉图纸的基础上，根据施工进度计划的要求，可以对一些工序在加工场地集中加工，能加快施工速度，且能保证施工质量。一般消火栓系统工程中的下列工序可以进行预制加工：管道滚槽、定尺的丝扣短管，管口丝加工和支架的制作等工作。预制部分是确定不变的部分，预制完后要分批分类存放，且在运输和安装过程中注意半成品的保护；管道切割采用机械切割如砂轮切割机、管道割刀及管道截断器，切割时，切割机后设防护罩，以防切割时产生的火花、飞溅物污染周围环境或引起火灾。所有管道切割面与管道中心线垂直，以保证管道安装时的同心度。切割后要清除管口的毛刺、铁屑。管螺纹加工采用电动套丝机自动加工；$DN25mm$ 以上要分两次进行，管道螺纹规整，如有断丝或缺丝，不得大于螺纹全扣数的 10%。螺纹连接的密封填料应均匀的附在管道的螺纹部分；拧紧螺纹时，不得将填料挤入管道内，连接后，将连接处外部清理干净。管螺纹的加工尺寸见表 2.3-1。

管螺纹的加工尺寸　　　　　　　　　　　　　　　　　表 2.3-1

项次	管道直径（mm）	螺纹尺寸		连接管件阀门螺纹长度（mm）
		长度（mm）	丝扣数（牙）	
1	25	18	8	15
2	32	20	9	13
3	40	22	10	19
4	50	24	11	21
5	65	23	12	23.5
6	80	30	13	26

（4）管道支架的制作安装

管道支架或吊架的选择应考虑管道安装的位置、标高、管径、坡度以及管道内的介质等因素，确定所用材料和管架形式，然后进行下料加工。管架固定，可以用膨胀螺栓。水平支架位置的确定和分配，可采用下面的方法：先按图纸要求测出一端的标高，并根据管道长度和坡度确定另一端的标高，两端标高确定后，再用拉线的方法确定管道中心线（或管底）的位置，然后按图纸要求和表 2.3-2 的规定来确定和分配管道支架或吊架。

管道支架或吊架的最大间距　　　　　　　　　　　　　表 2.3-2

公称直径（mm）	25	32	40	50	65	80	100	125	150	200	250	300
最大间距（m）	3.5	4.0	4.5	5.0	6.0	6.0	6.5	7.0	8.0	9.5	11.0	12.0

管道支架的孔洞不宜过大，且深度不得小于 120mm。支架安装牢固可靠，成排支架的安装应保证支架台面处在同一水平面上，且垂直于墙面。管道支架一般在地面预制，支架上的孔洞宜用钻床钻，若有困难而采用氧割时，必须将孔洞上的氧化物清除干净，以保证支架的洁净美观和安装质量。支架的断料宜采用砂轮切割机。

支吊架焊接应满足如下要求：参与焊接的工人应有焊工操作证；合格的焊缝咬边深度不超过 0.5mm，每道焊缝咬边长度不超过焊缝全长的 10％，且＜100mm。I、III 类焊缝咬边深度不超过 0.5mm，咬边长度不超过焊缝全长 5％，且≯50mm，焊缝外观和焊角高度符合设计规定，表面无裂纹、气孔、夹渣等缺陷，咬边深度≯0.5mm。表面形状平缓过度，接头无明显过渡痕迹。

（5）主管道安装

消火栓主管道一般包括水平环管和立管，管径一般大于等于 100mm，因此主管道的连接方式为沟槽式（卡箍）连接或法兰连接，通常情况下选用沟槽式连接。

1）沟槽式（卡箍）连接应符合下列条件：选用的沟槽式管接头应符合国家现行标准《沟槽式管接头》的要求，其材质为球墨铸铁并符合现行国家标准《球墨铸铁件》的要求；沟槽式管件连接时，其管材连接沟槽和开孔应使用专用滚槽机和开孔机加工；连接前应检查管道沟槽、孔洞尺寸和加工质量是否符合技术要求；沟槽、孔洞不得有毛刺、破损性裂纹和赃物；沟槽橡胶密封圈应无破损和变形，涂润滑剂后卡装在钢管两端；沟槽式管件的凸边应卡进沟槽后再紧固螺栓，两边应同时紧固，紧固时发现橡胶圈起皱应更换新的橡胶圈；机械三通连接时，应检查机械三通与孔洞的间隙，各部位应均匀，然后再紧固到位；立管与水平环管连接，应采用沟槽式管接头异径三通；水泵房内的埋地管道连接应采用挠性接头，埋地的管道应做防腐处理。

2）法兰连接可采用焊接法兰或螺纹法兰。焊接法兰焊接处应做防腐处理，并宜重新镀锌后再连接。焊接应符合现行国家标准《工业金属管道工程施工及验收规范》GB 50235、《现场设备、工业管道焊接工程施工及验收规范》GB 50236 的有关规定。螺纹法兰连接应预测对接位置，清除外露密封填料后再紧固、连接。

3）水平环管主管道的安装一般在支架安装完毕后进行。可先将水平环管的管段进行预制和预组安装（组装长度以方便吊装为宜），组装好的管道，在地面进行检查，若有弯曲，则进行调直。上管时，将管道滚落在支架上，随即用准备好的 U 形卡固定管道，防止管道滑落。干管安装好后，还要进行最后的校正调直，保证整根管道水平面和垂直面都在同一直线上并最后固定牢。干管安装注意事项如下：地下干管在上管前，将各分支管口堵好，防止杂物进入管内；在上主管时，要将各管口清理干净，保证管路畅通；安装完的干管，不得有塌腰、拱起的波浪现象及左右扭曲的蛇弯现象。管道安装横平竖直，水平管道纵横方向弯曲的允许偏差，当管径小于 100mm 时为 5mm，当管径大于 100mm 时为 10mm，横向弯曲全长 25m 以上为 25mm。如果水平管设计有坡度时，则按设计要求的坡度施工。高空作业时系好安全带，放好施工工具，不要让其掉下来；管道吊装时，如果用钢丝绳，则钢丝绳与钢管之间要加放至少两块的软木，以防管道吊装时滑落。各种经过沉降缝和伸缩缝的管道均加柔性连接。管道的安装位置应符合设计要求。当设计无要求时，管道的中心线与梁、柱、楼板等的最小距离应符合表 2.3-3 的规定：

管道中心线与梁、柱、楼板的最小距离　　　　　　　　　表 2.3-3

公称直径(mm)	25	32	40	50	65	80	100	125	150	200
距离(mm)	40	40	50	60	70	80	100	125	150	200

4）立管安装：首先应根据设计图纸的要求确定立管的位置，用线坠在墙上弹出或划出垂直线，有水平支管的地方画出横线并标明，另根据立管卡的高度在垂直线上确定

出立管卡的位置，并画好横线，然后根据所画的线栽好立管支架，当层高小于5m的，每一层须安装一个支架，当层高大于5m时，每层不得少于两个。立管支架的高度应距地面1.8m以上，两个以上的支架应均匀安装，成排管道或在同一房间里的立管支架的安装高度一致。支架安装之后，根据画线测出立管的尺寸进行编号记录，在地面统一进行预制和组装，在检查和调直后方可进行安装。上立管时，两人以上配合，一人在下扶管，一人在上端上管，上管时要注意支管的位置和方向，上好的立管要进行最后的检查，保证垂直度（允许偏差：每米4mm，10m以上不大于30mm）和离墙面距离，使其正面和侧面都垂直。最后上紧U形卡。立管安装注意事项：上管时注意安全，注意事项同干管安装。立管上的阀门要考虑便于开启和检修。下供式立管上的阀门，当设计未标明高度时，安装在地坪面上300mm处，且阀柄朝向操作者的右侧并与墙面形成45°夹角处。

（6）支管安装

消火栓系统支管管径大多为65mm，只有在采用双栓时为80mm，因此支管连接方式为丝扣（螺纹）连接。螺纹连接的管道，应按照施工工艺的要求，确保螺纹及连接的质量，套丝机或板牙套扣应不少于七道螺纹，连接不少于六道。铅油麻线应均匀缠绕在螺纹部分，连接完毕后应将外部清理干净，螺纹外露部分刷应防锈漆。

2. 阀门安装的技术要点

（1）消防管道上应设有消防阀门。环状管网上的阀门布置应保证管网检修时，仍有必要的消防用水。环状管网上的消防阀门多选用蝶阀，消防泵房内多选用止回阀、泄压阀，消防立管上必要时可选用减压阀。

（2）阀门的型号、规格应符合设计要求，安装前应从每批中抽查10%且不少于1个进行强度与严密性试验。同时阀门的操作机构必须开启灵活。

（3）蝶阀、止回阀、泄压阀、减压阀等应经相关国家产品质量监督检验中心检测合格；

（4）阀门应有出厂合格证，外观检查无缺陷和标志清晰；

（5）阀门及其附件应配备齐全，不得有加工缺陷和机械损伤。

（6）止回阀、泄压阀、减压阀等应按阀体上标注的永久性水流方向标志安装，不能反装。

（7）水平安装在管道上的阀门，其阀杆应装成水平或垂直向上。

（8）施工中，应配合装修预留阀门检修孔位置，且阀门安装的位置尽量便于维修。

3. 消火栓（箱）安装的技术要点

（1）消火栓箱体的规格、型号应符合设计要求，箱体及箱内配件均应经国家消防产品质量监督检测中心检测合格。

（2）消火栓支管应以消火栓栓口的坐标、标高定位甩口，核定后再稳固消火栓箱，箱体找正稳固后再把消火栓栓头安装好，栓头侧装在箱内时应在箱门开启的一侧，箱门开启应灵活。

（3）栓口离地面或操作基面高度宜为1.1m，其出水方向宜向下或与设置消火栓的墙面成90°角。

（4）栓口与消火栓箱内边缘的距离不应影响消防水带的连接。

（5）消火栓箱体安装的垂直度允许偏差为3mm。

（6）消防水带与快速接头绑扎好后，应根据箱内构造将消防水带挂放在挂钉、托盘或支架上。

（7）消火栓箱的安装，根据安装的形式可以分为明装、暗装、半暗装三种，这三种安装方式，又可以根据安装墙体的形式分为混凝土（砖）墙上安装、轻钢龙骨石膏板墙上安装、空心砖墙上安装以及混凝土（砖）柱上安装等，具体的安装形式如图 2.3-1～图2.3-8所示。

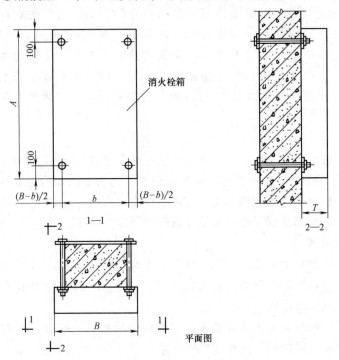

图 2.3-1 混凝土柱上明装消火栓箱

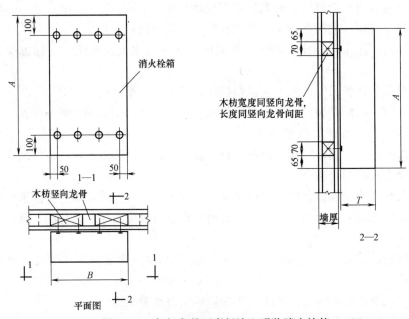

图 2.3-2 轻钢龙骨石膏板墙上明装消火栓箱

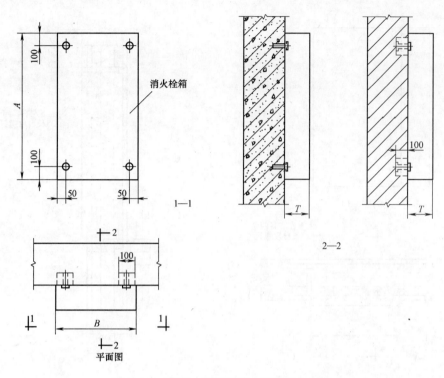

图 2.3-3　砖墙、混凝土墙上明装消火栓箱

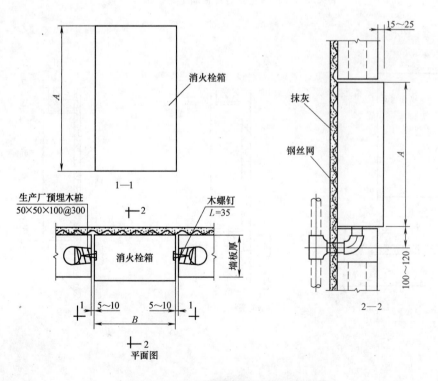

图 2.3-4　空心条板墙上暗装消火栓箱

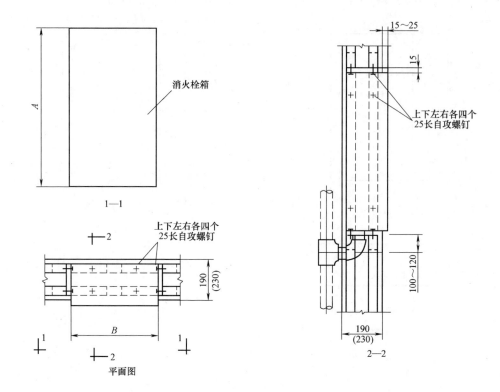

图 2.3-5 轻钢龙骨石膏板墙上暗装消火栓箱

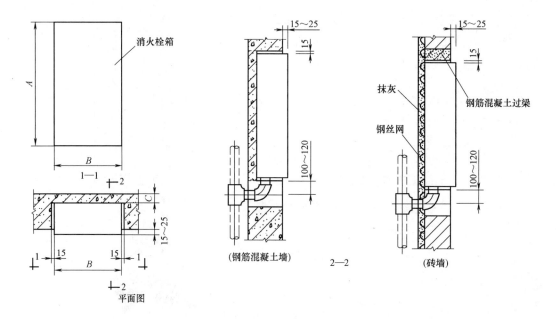

图 2.3-6 砖墙、混凝土墙上暗装消火栓箱

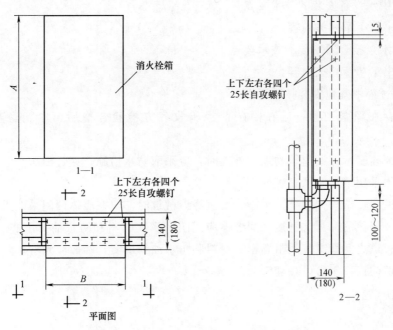

图 2.3-7 轻钢龙骨石膏板墙上半暗装消火栓箱

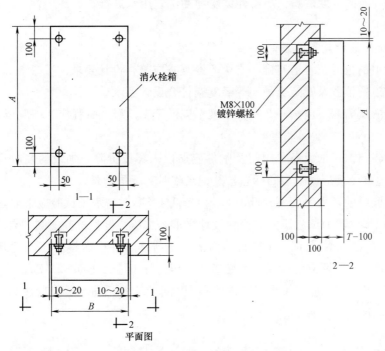

图 2.3-8 砖墙上半暗装消火栓箱

4. 消防水泵安装的技术要点

详见本书第 7 章相关内容。

5. 高位水箱安装的技术要点

详见本书第 7 章相关内容。

6. 气压供水设备安装的技术要点

详见本书第 7 章相关内容。

7. 消防水泵接合器安装的技术要点

详见本书第 7 章相关内容。

8. 施工过程中其他安装技术要点

（1）如存在隐蔽工程，应在隐蔽前经验收各方检验合格后，才能隐蔽，并形成记录。

（2）消火栓管网穿过建筑物地下外墙时，应采取防水措施；穿过消防水池的消防水泵吸水管，必须采用柔性防水套管。

（3）管道穿过结构伸缩缝、抗震缝及沉降缝敷设时，应在墙体两侧采取柔性连接。

（4）穿过楼板的套管与管道之间缝隙应用阻燃密实材料和防水油膏填实，端面光滑；穿墙套管与管道之间缝隙宜用阻燃密实材料和防水油膏填实，端面应光滑。

（5）管道的接口不得设在套管内。

2.3.4　试压及冲洗

1. 消火栓管网安装完毕后，应对其进行强度试验、严密性试验和冲洗。

2. 消火栓管网的强度试验、严密性试验和冲洗宜用水进行。

3. 系统试压：

（1）系统试压前应具备的条件：

1）埋地管道的位置及管道基础、支墩等经复查应符合设计要求。

2）全部管道的位置及管道支吊架等经复查符合设计要求。

3）试压用的压力表不应少于 2 只，精度不应低于 1.5 级，量程应为试验压力值 1.5～2 倍。

4）对不能参与试压的设备、阀门及附件应加以隔离或拆除，加设的临时盲板应具有突出于法兰的边耳，且应做明显的标志，并记录临时盲板的数量。

5）水压试验时的环境温度不宜低于 5℃，当低于 5℃时，水压试验应采取防冻措施。

（2）水压强度试验的试验压力应符合设计要求。水压强度性试验的测试点应设在系统管网的最低点。对管网注水时，应将管网内的空气排净，并应缓慢升压；达到试验压力后，稳压 30min 后，管网应无泄漏、无变形，且压力降不应大于 0.05MPa。

（3）水压严密性试验应在水压强度试验和管网冲洗合格后进行。试验压力应为设计工作压力，稳压 24h 应无泄漏。

4. 管网冲洗：

（1）管网冲洗应在试压合格后分区、分段进行。

（2）管网冲洗的水流速度、流量不应小于系统设计的水流速度、流量。

（3）管网冲洗的水流方向应与灭火时管网的水流方向一致。

（4）管网冲洗应连续进行。当出口处水的颜色、透明度与入口处的颜色、透明度基本一致时，冲洗方可结束。

2.3.5 系统调试

1. 系统调试应具备的条件
（1）系统调试应在系统施工完成后进行。
（2）消防水池、消防水箱已储存设计要求的水量。
（3）系统供电正常。
（4）气压给水设备的水位、气压符合设计要求。
（5）消火栓栓头阀门已全部关闭，管网阀门已全部打开。
2. 系统初始化注水
（1）先接通稳压泵电源，使泵房至系统管网压力逐步自动升至工作压力。
（2）检查各阀门的开关状态，逐层检查消火栓有无漏水现象，观察系统排气阀的工作状态，确认排气阀排出连续的并不带有空气的水柱，此时系统全部充满水，并使整个系统逐渐达到工作压力。
（3）系统注水完毕后，将检修阀全开，同时将泵房加压泵投入自动状态，保证测试用水，此时系统为准工作状态。
3. 系统测试
（1）按照设计图纸技术要求，将水带接口、消防水带、水枪等依次在系统的最高点及最低点接好并作好出枪试水的准备。
（2）手动启动消防泵，在系统最高点观察消防水枪的充实水柱，并测试水枪的出水压力。
（3）采用消火栓按钮启动消防泵，在系统最高点及最低点观察消防水枪的充实水柱，并测试最低点消防水枪的出水压力，其出水压力不应大于 0.5MPa。
（4）当消防泵自动联动启动后，应有适时停泵的措施。
（5）通过对照原始记录和相关资料，确认系统所有功能均已调试合格后填写《调试报告》，并请有关人员签字。

2.4 室外消火栓系统的施工工艺及技术要求

室外消火栓系统通常情况下由市政供水施工单位施工，一般多设置在城市主干道路的两侧或建筑物的周围并成环状布置，室外消火栓系统供水管网通常情况下为埋地敷设。

2.4.1 室外消火栓系统的构成

室外消火栓系统一般由室外消火栓、阀门及管网组成，部分由消防泵房供水的室外消火栓系统则包括消防给水系统（消防泵组）。其中，阀门通常选用闸阀、止回阀，管网通常为供水铸铁管，也可采用镀锌钢管、复合管等管材。室外消火栓系统的构成如图 2.4-1 所示。

2.4.2 室外消火栓系统的施工工艺

1. 工艺流程
管沟开挖→管沟基层处理→井室砌筑→管网安装→管网打压→管道防腐→管沟回填

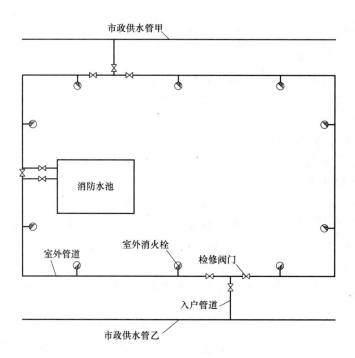

图 2.4-1 室外消火栓系统的构成示意图

土→室外消火栓安装→(消防给水设备安装)→管道冲水→系统开通。

2. 室外消火栓系统安装技术要点

(1) 室外消防给水管道在埋地敷设时,应当在当地的冰冻线以下,如必须在冰冻线以上铺设时,应做可靠的保温防潮措施。在无冰冻地区埋地敷设时,管顶的覆土厚度不得小于 500mm,穿越道路部分的埋深不得小于 700mm。

(2) 室外消防管道的接口法兰、卡箍等应安装在检查井或地沟内,不应埋在土壤中。

(3) 管沟的坐标、位置、沟底标高应符合设计要求。

(4) 管沟的沟底应是原土层,或是夯实的回填土,沟底应平整,坡度应顺畅,不得有尖硬的物体、块石等。

(5) 管沟回填土,管顶上部 200mm 以内应用沙子或无块石及冻土块的土,并不得用机械回填;管顶上部 500mm 以内不得回填直径大于 100mm 的块石和冻土块;500mm 以上部分回填土中的块石或冻土块不得集中。

(6) 井室的砌筑应按设计或给定的标准图施工。井室的底标高在地下水位以上时,基层为素土夯实;在地下水位以下时,基层应打 100mm 厚的混凝土底板,砌筑应采用水泥砂浆,内表面抹灰后应严密不透水。

(7) 井盖应有明确的文字标识,井盖不得直接放在井室的砖墙上,砖墙上应做不少于 80cm 厚的细石混凝土垫层。

(8) 镀锌钢管、钢管的埋地防腐必须符合设计要求,如设计无规定时,应按表 2.4-1 的规定执行,卷材与管材间应粘贴牢固,无空鼓、滑移、接口不严等。

管道防腐层种类　　　　　　　　　表 2.4-1

防腐层层次	正常防护层	加强防腐层
（从金属表面起）1	冷底子油	冷底子油
2	沥青涂层	沥青涂层
3	外包保护层	加强包扎层
		（封闭层）
4		沥青涂层
5		外包保护层
防腐层厚度不小于(mm)	3	6

（9）铸铁管的承插捻口连接的对口间隙应不小于 3mm，最大间隙不得大于表 2.4-2 的规定。

铸铁管承插捻口的对口最大间隙　　　　　　　　表 2.4-2

管径(mm)	沿直线敷设(mm)	沿曲线敷设(mm)
100～250	5	7～13

（10）地下式消火栓安装时，消火栓的顶部出水口与消防井盖底面的距离不得大于 400mm，井内应有足够的操作空间，寒冷地区井内应做防冻保护。

（11）地上式消火栓安装时，其侧出水口应朝向道路，且距路边不应大于 2m，距房屋外墙不宜小于 5m。

（12）室外消火栓系统必须进行水压试验，试验压力为工作压力的 1.5 倍，但不得小于 0.6MPa。水压试验时，应先在试验压力下，10min 内系统压力降不大于 0.05MPa，然后降至工作压力进行检查，压力应保持不变，不渗不漏。

（13）室外消火栓系统管道在竣工前，必须对管道进行冲洗。

2.5　室内（外）消火栓系统施工验收标准

室内（外）消火栓系统施工验收执行以下国家现行标准的相关要求。
（1）《建筑给水排水及采暖工程施工质量验收规范》GB 50242；
（2）《建筑设计防火规范》GB 50016；
（3）《高层民用建筑设计防火规范》GB 50045。

2.6　室内（外）消火栓系统施工质量记录

室内（外）消火栓系统的主要施工质量记录包括：
1.《建筑给排水、采暖、通风、空调工程隐藏验收记录》，见表 2.6-1。
2.《建筑给排水、采暖、通风、空调工程主要材料进场验收记录》，见表 2.6-2。
3.《室内消火栓系统安装工程检验批质量验收记录表》，见表 2.6-3。
4.《通水、冲洗试验记录》，见表 2.6-4。
5.《消火栓系统测试记录》，见表 2.6-5。

建筑给排水、采暖、通风、空调工程隐藏验收记录 表 2.6-1

工程名称		分包工程		子分部工程	
施工单位		分包单位		检查日期	

					隐藏检查内容						
序号	检查部位	管道材质	规格(mm)	外观	基座支架	高度坐标	坡度坡向	预留基础下沉量	防腐保温	试验结果	检查结果

施工单位检查结果	分包单位检查结果	监理(建设)单位验收结论
项目专业负责人:	项目专业负责人:	监理工程师: (建设单位项目负责人):
年 月 日	年 月 日	年 月 日

建筑给排水、采暖、通风、空调工程主要材料进场验收记录　　表 2.6-2

工程名称		材料名称		商标	管材： 管件：
施工单位		分包单位		生产厂家	
进场日期		使用部位		质量证明文件名称、份数	

外观检查记录		壁厚实测记录						
		规格						
		批量						
		标准值						
		允许偏差						
		实测值 1						
		实测值 2						
		实测值 3						
检查结论：		实测值 4						

	规格	检验情况
试验检验		

生活给水系统材料卫生检疫报告编号		报告日期	

合格证粘贴处

建设单位验收结论	施工单位检查结果	分包单位检查结果	监理单位验收结论
项目专业负责人： 年 月 日	项目专业负责人： 年 月 日	项目专业负责人： 年 月 日	监理工程师： 年 月 日

室内消火栓系统安装工程检验批质量验收记录表　　　表 2.6-3

		单位(子单位)工程名称								
		分部(子分部)工程名称						验收部位		
		施工单位						项目经理		
		分包单位						分包项目经理		
		施工执行标准名称及编号								

施工质量验收规范的规定				施工单位检查评定记录						监理(建设)单位验收记录
主控项目	1	室内消火栓试射试验	设计要求							
一般项目	1	室内消火栓水龙带在箱内安放	第4.3.2条							
	2	栓口朝外,并不应安装在门轴侧								
		栓口中心距地面1.1m允许偏差	±20mm							
		阀门中心距箱侧面140mm距箱后内表面100mm允许偏差	±5							
		消火栓箱体安装的垂直度允许偏差	3							

施工单位检查评定结果	专业工长(施工员)		施工班组长	
	项目专业质量检查员:　　　　　　　　　　年　月　日			

监理(建设)单位验收结论	专业监理工程师: (建设单位项目专业技术负责人)　　　　　　　年　月　日

通水、冲洗试验记录

表 2.6-4

工程名称		子分部工程		
施工单位		分包单位		
试验名称		试验日期		

序号	试验部位	冲水压力（MPa）	冲洗出水口水质检查	通水试验渗漏检查	结论

过滤器及除污器清扫情况	
水质检测结论及报告编号	

施工单位检查结果	分包单位检查结果	监理（建设）单位验收结论
项目专业负责人：	项目专业负责人：	监理工程师： （建设单位项目专业负责人）
年　月　日	年　月　日	年　月　日

消火栓系统测试记录　　　　　　　　　　　　　　　　表 2.6-5

工程名称				试验日期		
施工单位				分包单位		
管道材质		系统编号			建筑高度	
室内消火栓数量			室内消防结合器数量			

消火栓实地试射试验	系统功能综合检查
屋顶层(或顶层水箱间内)消火栓试验情况:	消防泵手动、自动启泵情况:
首层 1 号消火栓试验情况:	相关仪器仪表、报警、联动装置动作检查情况:
首层 2 号消火栓试验情况:	其他:

施工单位检查结果 项目专业负责人: 　　　年　月　日	分包单位检查结果 项目专业负责人: 　　　年　月　日	监理(建设)单位验收结论 监理工程师: (建设单位项目专业负责人): 　　　年　月　日

3 自动喷水灭火系统

3.1 概述

自动喷水灭火系统具有自动探火和自动喷水控灭火的优良性能，是当今国际上应用范围最广、用量最多，且造价低廉的自动灭火系统。

3.1.1 自动喷水灭火系统的概念

由洒水喷头、报警阀组、水流报警装置（指示器或压力开关）等组件，以及管道、供水设施组成，并能在发生火灾时喷水的自动灭火系统。

3.1.2 自动喷水灭火系统的形式

目前常用的自动喷水灭火系统的形式有：闭式系统（湿式系统、干式系统、预作用系统、重复启闭预作用系统）、开式系统（雨淋系统）、水幕系统（防火分隔水幕、防护冷却水幕）、自动喷水—泡沫联用系统、水喷雾灭火系统、大空间智能型主动喷水灭火系统等，其具体的形式及其适用的场所见表 3.1-1。

自动喷水灭火系统的形式及适用场所 表 3.1-1

分类	形式		使用场所
闭式系统	湿式系统		环境温度在 4~70℃ 的场所
	干式系统		环境温度低于 4℃ 或高于 70℃ 的场所
	预作用系统		绝对不允许发生非火灾跑水的场所
	重复启闭预作用系统		灭火后必须及时停止喷水的场所
开式系统	自动喷水-泡沫联用系统		存在较多易燃液体的场所
	雨淋系统		火灾的水平蔓延速度快或室内净空高度超过表 3.1-2 的规定的场所
	水幕系统	防火分隔水幕系统	用于挡烟阻火的场所
		防护冷却水幕系统	冷却防火卷帘等分隔物的场所
	水喷雾灭火系统		火灾危险性大、火灾扑救难度大的专用设施或设备
	大空间智能型主动喷水灭火系统		室内净空高度超过表 3.1-2 的规定的场所

采用闭式系统场所的最大净空高度 表 3.1-2

设置场所	采用闭式系统场所的最大净空高度(m)
民用建筑和工业厂房	8
仓库	9
采用早期抑制快速响应喷头的仓库	13.5
非仓库类高大净空场所	12

3.2　自动喷水灭火系统的构成及组件技术要求

3.2.1　自动喷水灭火系统的构成

自动喷水灭火系统一般由洒水喷头、水流指示器、报警阀组、压力开关、末端试水装置、阀门、消防水泵、高位水箱、气压供水设备、消防水泵接合器及管网等组成，而根据其系统形式的不同，其构成也略有不同，分列如下：

1. 湿式自动喷水灭火系统的构成：一般由闭式洒水喷头、水流指示器、湿式报警阀组、压力开关、末端试水装置、阀门、消防水泵、高位水箱、气压供水设备、消防水泵接合器及管网等组成，如图 3.2-1 所示：

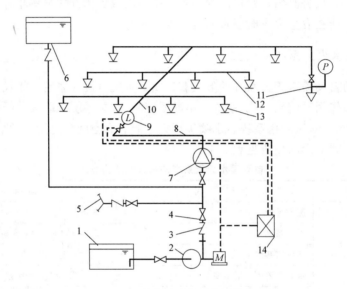

图 3.2-1　湿式自动喷水灭火系统示意图

1—水池；2—水泵；3—止回阀；4—闸阀；5—水泵接合器；6—消防水箱；7—湿式报警阀组；8—配水干管；
9—水流指示器；10—配水管；11—末端试水装置；12—配水支管；13—闭式洒水喷头；14—报警控制器；
P—压力开关；M—驱动电机；L—水流指示器

2. 干式自动喷水灭火系统的构成：一般由闭式洒水喷头、水流指示器、干式报警阀组、压力开关、末端试水装置、阀门、消防水泵、高位水箱、气压供水设备、消防水泵接合器及管网以及补气设施（空压机）、报警控制器等组成，如图 3.2-2 所示：

3. 预作用自动喷水灭火系统的构成：一般由闭式洒水喷头、水流指示器、预作用报警阀组、压力开关、末端试水装置、阀门、消防水泵、高位水箱、气压供水设备、消防水泵接合器及管网以及感温探测器、感烟探测器、报警控制器等组成，如图 3.2-3 所示：

4. 重复启闭预作用自动喷水灭火系统的构成：一般由闭式洒水喷头、水流指示器、预作用报警阀组、压力开关、末端试水装置、阀门、消防水泵、高位水箱、气压供水设备、消防水泵接合器及管网以及特种感温探测器、报警控制器等组成，其工作原理示意图与预作用系统相同。

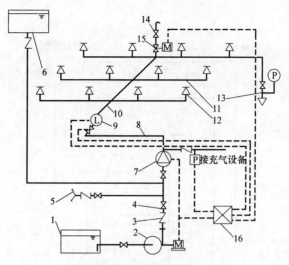

图 3.2-2　干式自动喷水灭火系统

1—水池；2—水泵；3—止回阀；4—闸阀；5—水泵接合器；6—消防水箱；7—干式报警阀组；

8—配水干管；9—水流指示器；10—配水管；11—配水支管；12—闭式洒水喷头；

13—末端试水装置；14—快速排气阀；15—电动阀；16—报警控制器；

P—压力开关；M—驱动电机

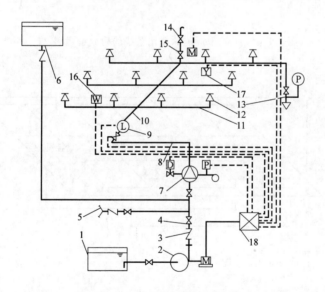

图 3.2-3　预作用自动喷水灭火系统

1—水池；2—水泵；3—止回阀；4—闸阀；5—水泵接合器；6—消防水箱；7—预作用报警阀组；8—配水干管；

9—水流指示器；10—配水管；11—配水支管；12—闭式洒水喷头；13—末端试水装置；14—快速排气阀；

15—电动阀；16—感温探测器；17—感烟探测器；18—报警控制器；

P—压力开关；M—驱动电机；D—电磁阀

5. 自动喷水-泡沫联用系统的构成：一般由开式洒水喷头、水流指示器、预作用报警阀组、压力开关、末端试水装置、阀门、消防水泵、高位水箱、气压供水设备、消防水泵接合器及管网以及供给泡沫混合液的设备等组成，如图 3.2-4、图 3.2-5 所示。

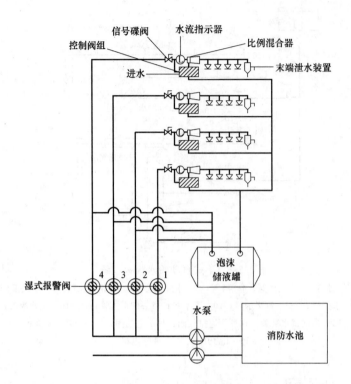

图 3.2-4 自动喷水-泡沫联用系统的构成示意图（一）

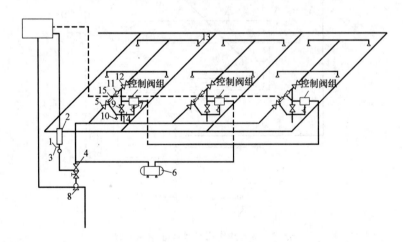

图 3.2-5 自动喷水-泡沫联用系统的构成示意图（二）

1—水力警铃；2—压力开关；3—延迟器；4—湿式报警阀；5—信号蝶阀；6—泡沫液储罐；

7—过滤器；8—水泵；9—球阀；10—泄压阀；11—比例混合器；12—信号蝶阀；

13—泡沫喷头；14—单向阀；15—水流指示器

6. 雨淋系统的构成：一般由开式洒水喷头、水流指示器、雨淋报警阀组、压力开关、阀门、消防水泵、高位水箱、气压供水设备、消防水泵接合器及管网以及配套的火灾自动报警或传动管系统等组成，如图 3.2-6、图 3.2-7 所示。

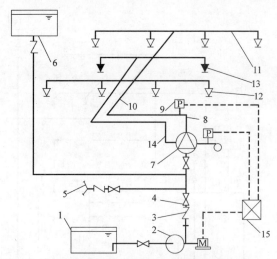

图 3.2-6　充液（水）传动管启动雨淋系统示意图

1—水池；2—水泵；3—止回阀；4—闸阀；5—水泵接合器；6—消防水箱；7—雨淋报警阀组；

8—配水干管；9—压力开关；10—配水管；11—配水支管；12—开式洒水喷头；

13—闭式喷头；14—传动管；15—报警控制器；

M—驱动电机

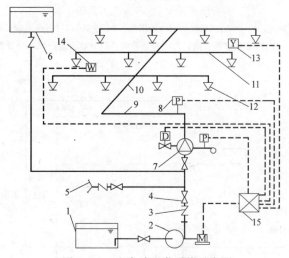

图 3.2-7　电启动雨淋系统示意图

1—水池；2—水泵；3—止回阀；4—闸阀；5—水泵接合器；6—消防水箱；7—雨淋报警阀组；

8—压力开关；9—配水干管；10—配水管；11—配水支管；12—开式洒水喷头；

13—感烟探测器；14—感温探测器；15—报警控制器；

M—驱动电机；D—电磁阀

　　7. 水幕系统的构成：一般由水幕喷头（或开式洒水喷头）、水流指示器、雨淋报警阀组（或温感雨淋阀）、压力开关、阀门、消防水泵、高位水箱、气压供水设备、消防水泵接合器及管网等组成，如图 3.2-8 所示。

　　8. 水喷雾灭火系统的构成：一般由水雾喷头、水流指示器、预作用阀组、压力开关、末端试水装置、阀门、消防水泵、高位水箱、气压供水设备、消防水泵接合器及管网等组成，如图 3.2-9 所示。

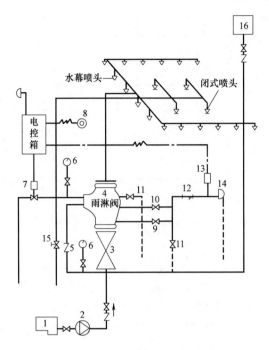

图 3.2-8　水幕系统示意图

1—水池；2—水泵；3—供水阀门；4—雨淋阀；5—止回阀；6—压力表；7—电磁阀；
8—按钮；9—试警铃阀；10—警铃管阀；11—放水阀；12—过滤器；
13—压力开关；14—警铃；15—手动开关；16—水箱

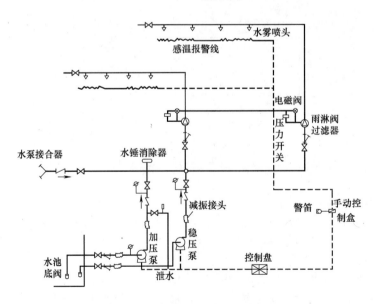

图 3.2-9　水喷雾灭火系统示意图

9. 大空间智能型喷水灭火系统的构成：一般由洒水喷头、水流指示器、预作用阀组、压力开关、末端试水装置、阀门、消防水泵、高位水箱、气压供水设备、消防水泵接合器及管网等组成，如图 3.2-10 所示。

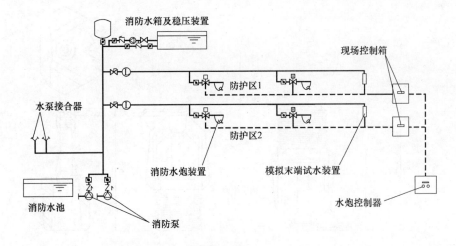

图 3.2-10 大空间智能型喷水灭火系统示意图

3.2.2 自动喷水灭火系统组件及技术要求

1. 洒水喷头

（1）洒水喷头的分类

洒水喷头是自动喷水灭火系统最基本的组件，根据不同的分类依据，洒水喷头可以分为多种类型，主要有：

1）按结构性式分类：可分为闭式喷头、开式喷头。

2）按热敏感元件分类：可分为易熔元件喷头、玻璃球喷头。

3）按安装位置和水的分布分类：可分为通用型喷头、直立型喷头、下垂型喷头、边墙型喷头，但目前不推荐使用通用型喷头。直立型喷头、下垂型喷头、边墙型喷头的结构如图 3.2-11～图 3.2-14 所示。

4）按喷头灵敏度分类：可分为标准响应喷头、快速响应喷头、特殊响应喷头。

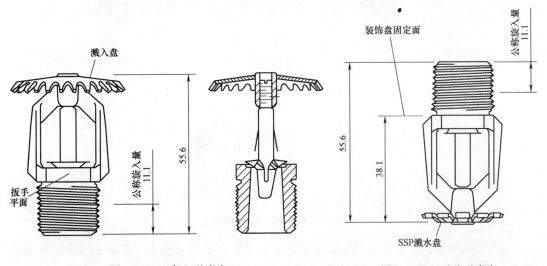

图 3.2-11 直立型喷头　　　　　　　　　图 3.2-12 下垂型喷头

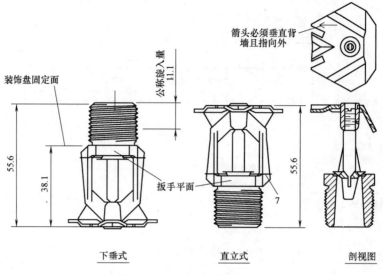

图 3.2-13　垂直边墙型喷头

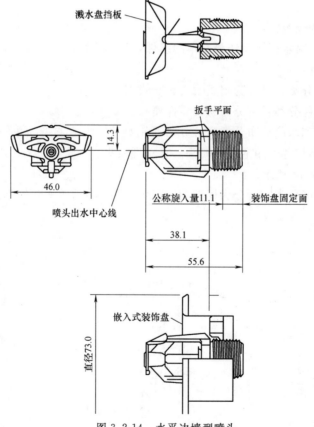

图 3.2-14　水平边墙型喷头

5) 特殊喷头：包括干式直立喷头、齐平式喷头、嵌入式喷头、隐蔽式喷头、带涂层喷头、带防水罩的喷头等。常用的特殊喷头的结构如图 3.2-15～图 3.2-17 所示。

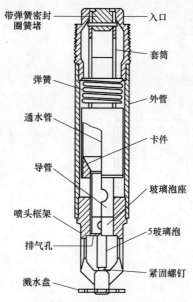

图 3.2-15 干式直立喷头

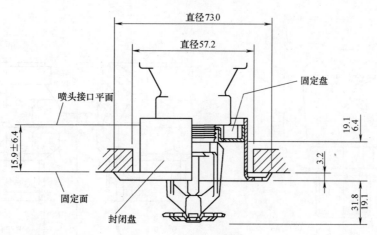

图 3.2-16 嵌入式喷头

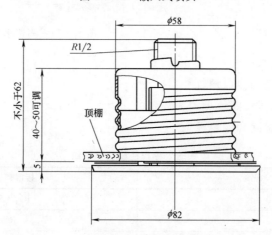

图 3.2-17 隐蔽式喷头

6）水幕喷头 水幕喷头的结构如图 3.2-18、图 3.2-19 所示。

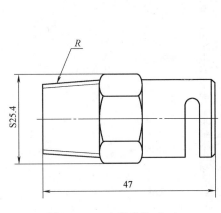

图 3.2-18 水幕喷头（一）

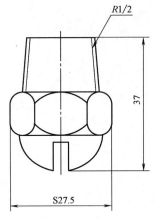

图 3.2-19 水幕喷头（二）

7）水雾喷头 水雾喷头分中速水雾喷头及高速水雾喷头两种，其结构如图 3.2-20、图 3.2-21 所示。

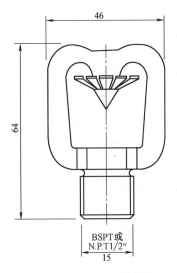

图 3.2-20 中速水雾喷头

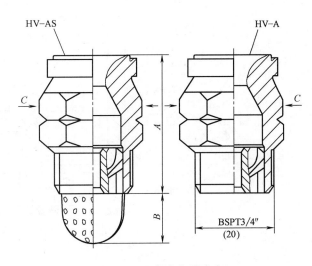

图 3.2-21 高速水雾喷头

（2）洒水喷头的技术要求

1）喷头的公称口径和接口螺纹

喷头的公称口径和接口螺纹见表 3.2-1。

2）喷头公称动作温度和颜色标志

喷头的公称口径和接口螺纹 表 3.2-1

公称口径(mm)	接口螺纹(in)
10	R1/2,R3/8
15	R1/2
20	R3/4

喷头公称动作温度和颜色标志见表 3.2-2。

喷头公称动作温度和颜色标志 表 3.2-2

玻璃球喷头		易熔元件喷头	
公称动作温度(℃)	液体颜色	公称动作温度(℃)	轭臂色标
57	橙	57～77	无色
68	红	80～107	白
79	黄	121～149	蓝
93	绿	163～191	红
141	蓝	204～246	绿
163	紫		
204	黑		

（3）喷头外观

喷头的外表面应均匀一致，无明显的磕碰伤痕及变形，表面涂、镀层完整美观；喷头的接口螺纹应符合 GB/T 7306 的规定；喷头在其溅水盘或本体上至少应标记型号规格、生产厂商的名称（代号）或商标、生产年代、认证标记等；对于边墙型洒水喷头，还应标明水流方向。所有标记应为永久性的标记且标志正确、清晰。

（4）喷头的选型

1）湿式系统的喷头选型应符合下列规定：

A. 不做吊顶的场所，当配水支管布置在梁下时，应采用直立型喷头；

B. 吊顶下布置的喷头，应采用下垂型喷头或吊顶型喷头；

C. 顶板为水平面的轻危险级、中危险 I 级居室和办公室，可采用边墙型喷头；

D. 自动喷水—泡沫联用系统应采用洒水喷头；

E. 易受碰撞的部位，应采用带保护罩的喷头或吊顶型喷头。

2）干式系统、预作用系统应采用直立型喷头或干式下垂型喷头。

3）水幕系统的喷头选型应符合下列规定：

A. 防火分隔水幕应采用开式洒水喷头或水幕喷头；

B. 防护冷却水幕应采用水幕喷头。

4）下列场所宜选用快速响应喷头：

A. 公共娱乐场所、中庭环廊；

B. 医院、疗养院的病房及治疗区域，老年、少儿、残疾人的集体活动场所；

C. 超出水泵接合器供水高度的楼层；

D. 地下商业及仓储用房。

5）同一隔间内应采用相同热敏性能的喷头。

6）雨淋系统的防护区内应采用相同的喷头。

（5）喷头的材质、工艺

1）喷头框架：采用铜合金精密锻压工艺制造，强度高，耐腐蚀性强，表面可进行本色钝化处理、本色喷丸处理、抛光镀铬处理。

2）温感元件（玻璃球或易熔合金）及密封垫：

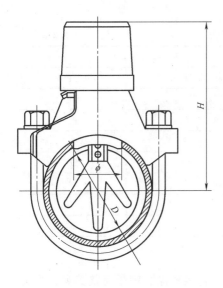

图 3.2-22　马鞍式水流指示器

A. 玻璃球：强度高，动作温度精确、可靠，反应速度快；

B. 易熔合金：动作温度更精确、可靠，反应速度更快，使用寿命更长；

C. 密封垫圈：采用金属密封垫片，耐老化、耐腐蚀。

2. 水流指示器

水流指示器是自动喷水灭火系统中的一种把水的流动转换成电信号报警的部件，它的电气开关可以导通电警铃报警，也可以直接启动消防水泵供水灭火。

（1）水流指示器的分类

1）按叶片的形状，可分为板式和桨式两种；

2）按安装基座的形式，可分为马鞍式、螺纹式和法兰连接式三种。

水流指示器的常用形式如图 3.2-22～图 3.2-24 所示：

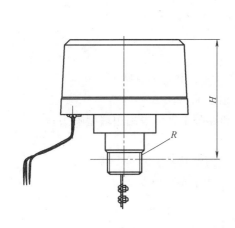

图 3.2-23　螺纹式水流指示器

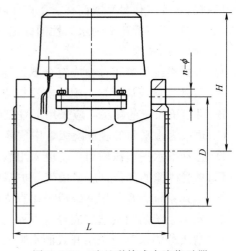

图 3.2-24　法兰联接式水流指示器

3）水流指示器的技术要求：

A. 额定工作压力：1.2MPa，耐水压：2.4MPa，历时 5min，不应变形、泄漏。

B. 水流指示器的动作流量范围：15～37.5L/min。

C. 当管道内水的流速达 4.5m/s 时，水头损失不大于 0.02MPa。

D. 提供常开、常闭触电一对。公共线：蓝色；常开触点：黄色；常闭触点：红色。

E. 触点容量：AC 220V，3A；DC 24V，3A。

3. 报警阀组

（1）报警阀组的分类

报警阀组是自动喷水灭火系统的关键组件，根据其工作原理及阀体结构，又可分为湿式报警阀组、干式报警阀组、预作用报警阀组、雨淋阀组（或温感雨淋阀）等四种。见图 3.2-25～图 3.2-29。

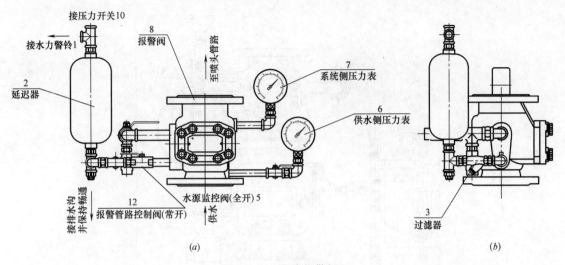

图 3.2-25 湿式报警阀组

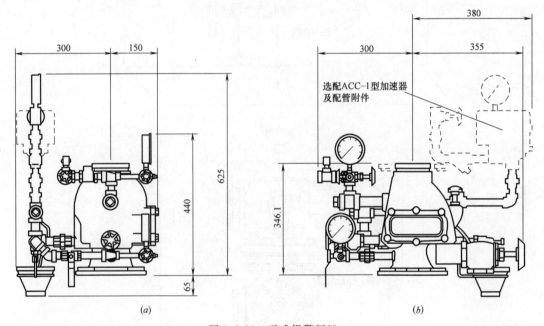

图 3.2-26 干式报警阀组

（2）报警阀组的技术要求

1）湿式报警阀组的技术要求

湿式报警阀组由湿式报警阀、水力警铃、延迟器及压力开关、压力表、排水阀、试验阀、报警试验管路等组成。

A. 湿式报警阀是只允许水流入湿式系统并在规定压力、流量下驱动配套部件报警的一种单向阀。其技术要求如下：

（A）湿式报警阀阀体和阀盖应采用耐腐蚀性能不低于铸铁的材料制作，阀座应采用耐腐蚀性能不低于青铜的材料制作。

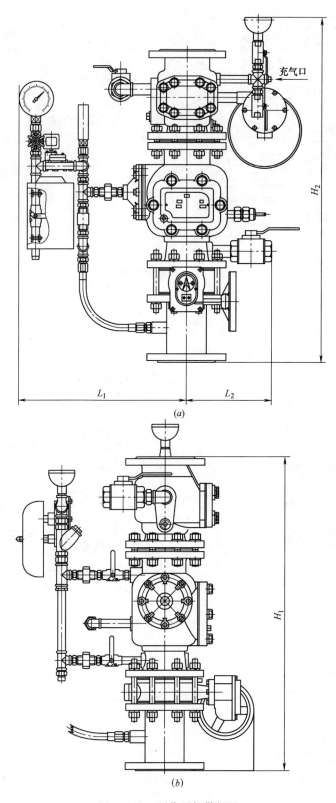

充气口

L_1

L_2

H_2

H_1

(a)

(b)

图 3.2-27   预作用报警阀组

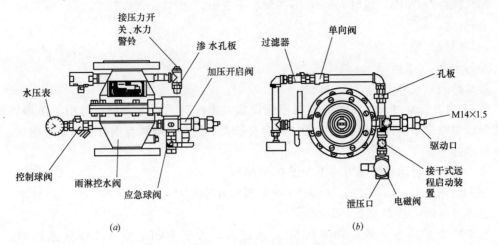

图 3.2-28　活塞式雨淋阀组

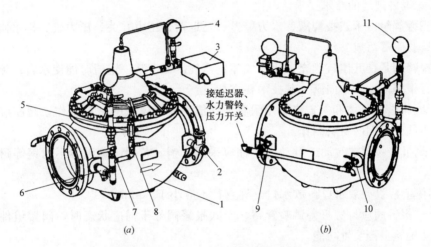

图 3.2-29　隔膜式雨淋阀组

1—隔膜式雨淋阀；2—排水阀（常闭）；3—手动开启球阀（常闭）；4—隔膜腔压力表；5—防复位器；

6—过滤器；7—主阀复位球阀（常闭）；8—防复位球阀（常开）；9—报警管路球阀（常开）；

10—报警试验球阀（常闭）；11—供水侧压力表

（B）湿式报警阀要求转动或滑动的零件应采用青铜、黄铜、奥氏体不锈钢等耐腐蚀材料制作。

（C）阀体上应设有放水口，放水口公称直径不应小于 20mm。

（D）在湿式报警阀报警口和延迟器之间应设置控制阀，并能在开启位置锁紧。

（E）湿式报警阀应设置报警试验管路，当湿式报警阀处于伺应状态时，阀瓣组件无须启动应能手动检验报警装置功能。

（F）额定工作压力：1.2MPa，1.6MPa 等系列压力等级。

B．延迟器应用于湿式报警阀组，防止因供水压力波动、报警阀渗漏而发生的误报警。其技术要求如下：

额定工作压力：1.2MPa，1.6MPa 等系列压力等级。

耐水压：2.4MPa，历时 5min，不渗漏、不变形。

容积：1.7L。

接口螺纹：Rc3/4″。

延迟时间：5～90s。

排水时间：≤5min。

C. 水力警铃是由水力驱动的声响报警设施，工作时无打击火花，可用于防爆场所。水力警铃由铝合金本体、铝合金叶轮、铝合金铃壳、铜合金喷嘴与铜合金衬套等组成。其技术要求如下：

水力警铃的启动报警压力：不大于 0.05MPa。

额定工作压力：1.2MPa，1.6MPa 等系列压力等级。

水力警铃的流量 K 系数：5.28。

水力警铃的报警声响：在 0.05MPa 水压时，大于 70dB；在 0.2MPa 水压时，大于 85dB。

2）干式报警阀组的技术要求

干式报警阀组由干式报警阀、水力警铃、延迟器、压力开关、压力表、排水阀、试验阀、报警试验管等组成。

干式报警阀是在其出口侧充以压缩气体，当气压低于某一定值时能使水自动流入喷水系统并进行报警的一种单向阀。其技术要求如下：

A. 干式报警阀阀体和阀盖应采用耐腐蚀性能不低于铸铁的材料制作，阀座应采用耐腐蚀性能不低于青铜的材料制作。

B. 干式报警阀要求转动或滑动的零件应采用青铜、黄铜、奥氏体不锈钢等耐腐蚀材料制作。

C. 阀体上应设有放水口，放水口公称直径不应小于 20mm。

D. 干式报警阀应设置报警试验管路，干式报警阀处于伺应状态时，阀瓣组件无须启动应能手动检验报警装置功能。

E. 干式报警阀有差动式和机械式两种形式。

F. 额定工作压力：不应低于 1.2MPa。

3）雨淋阀组的技术要求

雨淋阀组由雨淋阀、水力警铃、延迟器、压力开关、压力表、排水阀、试验阀、报警试验管等组成。

雨淋阀是通过电动、机械或其他方法进行开启，使水能够自动单方向流入喷水系统并进行报警的一种单向阀。其技术要求如下：

A. 雨淋阀阀体和阀盖应采用耐腐蚀性能不低于铸铁的材料制作，阀座应采用耐腐蚀性能不低于青铜的材料制作。

B. 雨淋阀要求转动或滑动的零件应采用青铜、黄铜、奥氏体不锈钢等耐腐蚀材料制作。

C. 阀体上应设有放水口，放水口公称直径不应小于 20mm。

D. 雨淋阀应设置报警试验管路，雨淋阀处于伺应状态时，阀瓣组件无须启动应能手动检验报警装置功能。

E. 雨淋阀有杠杆式、活塞式和隔膜式以及温感（控）雨淋阀等四种形式。

F. 额定工作压力：不应低于1.2MPa。

4）预作用报警阀组的技术要求

预作用报警阀组由雨淋阀、单向阀、进水信号蝶阀、应急站、电磁阀、滴水阀、供水压力表、控制腔压力表、控制腔进水阀、控制腔进水过滤器、控制腔进水止回阀、控制腔进水孔板、控制腔进水软管、报警管路过滤器、报警控制阀、报警试验阀、报警管路泄水孔板、压力开关、水力警铃、排水球阀等组成。因此，其技术要求与雨淋阀的技术要求相同。

4. 压力开关

压力开关是将水压的压力变化转化为电信号输出的元件。常用于启动喷淋泵、监控报警阀的工作状态及管道内的压力变化情况。其技术要求如下：

（1）额定工作压力：1.2MPa。

（2）密闭试验压力：2.4MPa，历时5min，不渗漏、不变形。

（3）工作压力：0.035～0.05MPa。

（4）设有常开、常闭触点一对。触点容量：DC 24V，3A；AC 220V，3A。

（5）接口：R1/2″。

（6）工作介质：清水、空气。

（7）接线。公共线：蓝色；常开触点：黄色；常闭触点：红色。

5. 末端试水装置

末端试水装置是安装于湿式、干式、预作用等系统的各分区的最不利处及雨淋系统传动探测管网的最不利处，用于系统功能的装置，由压力表、铜质控制阀、标准流量孔板等管道附件组成，组装后经1.4MPa水压试验，3min不渗漏。见图3.2-30。

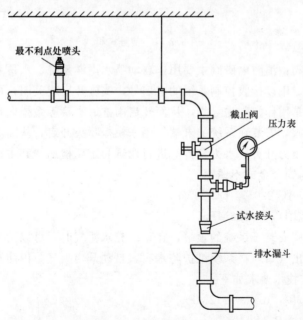

图 3.2-30 末端试水装置示意图

6. 阀门

自动喷水灭火系统中常用的阀门主要有信号蝶阀、消防电磁阀及自动排气阀等。

(1) 信号蝶阀：是自动喷水灭火系统中的配套附件之一，作为自动喷水灭火系统的水源手动控制阀门，具有阀位显示信号，该信号可接至控制中心实时监控，以免造成误关，提高系统的可靠性。见图 3.2-31，其技术要求如下：

1) 最大工作压力：1.6MPa。

2) 试验压力：3.2MPa。

3) 适应环境温度：0～65℃。

4) 操作方式：分为蜗轮-蜗杆操作和手动操作两种。

5) 启闭显示盘，启闭微动开关（DC 24V，0.5A）。

6) 电气连接。公共线：蓝色；常开触点：黄色；常闭触点：红色。

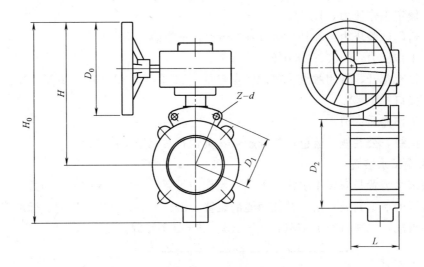

图 3.2-31　信号蝶阀

(2) 消防电磁阀：消防电磁阀主要用作自动喷水雨淋系统、水幕系统、水喷雾及预作用系统中的控制阀。用以接收控制系统的电信号，实施开启或关闭，可直接用于启闭消防用水流，但更多的是用作控制先导阀，从而开启雨淋、水幕等系统。也可用于湿式喷水系统的末端泄水试验阀，安装在系统的末端，用来模拟喷头开启，从而对系统中的湿式报警阀、水流指示器、压力开关、水力警铃等进行调试和定期检测。其主要技术要求如下：

1) 阀体材料为铜合金或不锈钢。

2) 工作电压：AC 220V，DC 24V；

3) 工作压力范围：0～1.6MPa。

(3) 自动排气阀安装于系统的顶端，在系统充水排气时，可以防止气堵、气塞。充满水后，它自动关闭出气口，在系统维护防水时，自动开启吸气，以防止管网负压变形、损坏。见图 3.2-32 其技术要求如下：

1) 工作压力范围：0.05～1.2MPa。

2) 进水口螺纹：Rc1″。

3) 排气口螺纹：R1/2″。

4）密封试验压力：2.4MPa 水压，历时 5min。

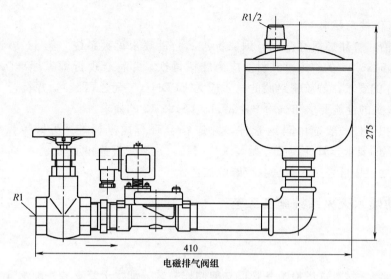

图 3.2-32　自动排气阀

7. 消防水泵

详见本书第 7 章的相关内容。

8. 消防水箱

详见本书第 7 章的相关内容。

9. 消防气压供水设备

详见本书第 7 章的相关内容。

10. 消防水泵接合器

详见本书第 7 章的相关内容。

11. 管网——管材及管件

（1）管材技术要求

1）自动喷水灭火系统管材一般选用内外壁热镀锌钢管，在特殊要求情况下，也可选用内外壁热镀锌无缝钢管或内外涂覆其他防腐材料的钢管（如内外涂环氧树脂等），以及铜管、不锈钢管。当报警阀入口前管道采用不防腐的钢管时，应在该段管道的末端设过滤器。

2）管道连接方式：镀锌钢管一般采用沟槽式连接（卡箍）、丝扣连接或法兰连接。报警阀前采用不防腐钢管时，可焊接连接。铜管、不锈钢管应采用配套的支架、吊架。

3）内外壁热镀锌钢管应符合现行国家标准《低压流体输送用焊接钢管》GB/T 3091 及《输送流体用无缝钢管》GB/T 8163 的规定：

A. 钢管镀锌前的力学性能应符合 GB/T 3092 的规定；

B. 镀锌钢管内外壁必须采用热浸镀锌法镀锌，应作镀层的重量测定，其平均值应不小于 $500g/m^2$。

C. 镀锌钢管的内外表面镀锌层应完整，不允许有未镀上锌的黑斑和气泡存在，允许有不大的粗糙面和局部的锌瘤存在。

4）内外涂覆其他防腐材料的钢管（如内外涂环氧树脂等）应符合现行国家标准或行业规范。

（2）管件技术要求

1）沟槽式管件必须符合现行国家标准《自动喷水灭火系统　第11部分　沟槽式管件》GB/T 5135.11的规定，其材质应为球墨铸铁，并符合现行国家标准《球墨铸铁件》GB/T 1348的要求；橡胶密封圈的材质应为EPDN（三元乙丙胶），并符合《金属管道系统快速管接头的性能要求和试验方法》（ISO 6182-12的要求。

2）丝扣管件一般选用玛钢管件，并应符合现行国家标准《可锻铸铁管路连接件》GB/T 3287的要求。管件表面应无裂纹、缩孔、夹渣、折叠和重皮。

3）法兰连接可采用焊接法兰或螺纹法兰。

3.3　自动喷水灭火系统施工工艺

3.3.1　工艺流程

图纸会审→材料进场检验→管道支架制作安装→配水干管安装→配水管安装→配水支管安装→管网水压强度试验、试压→管路冲洗→水流指示器、信号阀安装→喷头安装→水泵接合器安装→管网严密性试验→管道油漆→联动调试→自检→检测→验收。

3.3.2　安装准备

1. 认真熟悉图纸，制定施工方案，并根据施工方案进行技术、安全交底。

2. 核对有关专业图纸，查看各种管道的坐标、标高是否有交叉或排列位置不当，及时与设计人员研究解决，办理洽商手续。

3. 检查预埋套管和预留孔洞的尺寸和位置是否准确。

4. 检查管材、管件、阀门、设备及组件的选择是否符合设计要求和施工质量标准。

5. 施工机具运至施工现场并完成接线和通电调试，运行正常。

6. 合理安排施工顺序，避免工程交叉作业，影响施工。

3.3.3　安装技术要点

1. 管网安装的技术要点

（1）管材检验

1）自动喷水灭火系统通常选用内外壁热镀锌钢管，管材使用前应进行外观检查：无裂纹、缩孔、夹渣、重皮和镀锌层脱落锈蚀等现象。

2）管道壁厚应符合设计要求。

3）应有材质证明或标记等。

（2）配合预留、预埋和交接检查

1）套管的预埋位置和大小应符合设计要求。

2）安装在楼板内的套管，其顶部应高出装饰地面20mm，底部应与楼板地面相平。

3）安装在墙壁内的套管，其两端应与饰面相平。

（3）管道预制

　　自动喷水灭火系统的管道，其管径大于等于100mm的采用沟槽式（卡箍）连接或法兰连接，管径小于100mm的采用丝接。在熟悉图纸的基础上，根据施工进度计划的要求，可以对一些工序在加工场地集中加工，能加快施工速度，且能保证施工质量。一般自动喷水灭火系统工程中的下列工序可以进行预制加工：管道滚槽、定尺寸的丝扣短管、管口丝加工和支架的制作等工作。预制部分是确定不变的部分，预制完后要分批分类存放且在运输和安装过程中注意半成品的保护；管道切割采用机械切割，如砂轮切割机、管道割刀及管道截断器，切割时，切割机后设防护罩，以防切割时产生的火花、飞溅物污染周围环境或引起火灾。所有管道切割面与管道中心线垂直，以保证管道安装时的同心度。切割后要清除管口的毛刺、铁屑。管螺纹加工采用电动套丝机自动加工；$DN25$mm 以上要分两次进行，管道螺纹规整，如有断丝或缺丝，不得大于螺纹全扣数的10%。螺纹连接的密封填料应均匀的附在管道的螺纹部分；拧紧螺纹时，不得将填料挤入管道内，连接后，将连接处外部清理干净。管螺纹的加工尺寸见表2.3-1。

　　（4）管道支架的制作安装

　　管道支架或吊架的选择应考虑管道安装的位置、标高、管径、坡度以及管道内的介质等因素，确定所用材料和管架形式，然后进行下料加工。管架固定，可以用膨胀螺栓。水平支架位置的确定和分配，可采用下面的方法：先按图纸要求测出一端的标高，并根据管道长度和坡度确定另一端的标高，两端标高确定后，再用拉线的方法确定管道中心线（或管底）的位置，然后按图纸要求和表2.3-2的规定来确定和分配管道支架或吊架。

　　管道支架的孔洞不宜过大，且深度不得小于120mm。支架安装牢固可靠，成排支架的安装应保证支架台面处在同一水平面上，且垂直于墙面。管道支架一般在地面预制，支架上的孔洞宜用钻床钻，若用钻床有困难而采用气割时，必须将孔洞上的氧化物清除干净，以保证支架的洁净美观和安装质量。支架的下料宜采用砂轮切割机。

　　支吊架焊接应满足如下要求：参与焊接的工人应有焊工操作证；合格的焊缝咬边深度不超过0.5mm，每道焊缝咬边长度不超过焊缝全长的10%，且＜100mm。Ⅰ、Ⅲ类焊缝咬边深度不超过0.5mm，咬边长度不超过焊缝全长5%，且≯50mm，焊缝外观和焊角高度符合设计规定，表面无裂纹、气孔、夹渣等缺陷，咬边深度≯0.5mm。表面形状平缓过度，接头无明显过渡痕迹。

　　管道支架、吊架的安装位置不应妨碍喷头的喷水效果；管道支架、吊架与喷头之间的距离不宜小于300mm，与末端喷头之间的距离不宜大于750mm。

　　配水支管上每一直管段、相邻两喷头之间管段设置的吊架均不少于1个，吊架的间距不宜大于3.6m。

　　当管道公称直径等于或大于50mm时，每段配水干管或配水支管设置防晃支架不应少于1个，且防晃支架的间距不宜大于15m；当管道改变方向时，应增设防晃支架。

　　（5）配水管道安装

　　自动喷水灭火系统的配水管道一般包括配水干管、配水管和配水支管，其中配水干管是报警阀后向配水管供水的管道，主要是指立管；配水管是向配水支管供水的管道，主要是指水平主干管；配水支管是直接或通过短立管向喷头供水的管道。配水干管和配水管，管径一般大于等于100mm，因此连接方式一般为沟槽式（卡箍）连接或法兰连接，通常情况下选用沟槽式连接。配水支管管径一般小于100mm，因此通常采用螺纹连接。

1）沟槽式（卡箍）连接应符合下列条件：选用的沟槽式管接头应符合国家现行标准《沟槽式管接头》的要求，其材质为球墨铸铁并符合现行国家标准《球墨铸铁件》的要求；沟槽式管件连接时，其管材连接沟槽和开孔应使用专用滚槽机和开孔机加工；连接前应检查管道沟槽、孔洞尺寸和加工质量是否符合技术要求；沟槽、孔洞不得有毛刺、破损性裂纹和赃物；沟槽橡胶密封圈应无破损和变形，涂润滑剂后卡装在钢管两端；沟槽式管件的凸边应卡进沟槽后再紧固螺栓，两边应同时紧固，紧固时发现橡胶圈起皱应更换新的橡胶圈；机械三通连接时，应检查机械三通与孔洞的间隙，各部位应均匀，然后再紧固到位；立管与水平环管连接，应采用沟槽式管接头异径三通；水泵房内的埋地管道连接应采用挠性接头，埋地的管道应做防腐处理。

2）法兰连接可采用焊接法兰或螺纹法兰。焊接法兰焊接处应做防腐处理，并宜重新镀锌后再连接。焊接应符合现行国家标准《工业金属管道工程施工及验收规范》GB 50235、《现场设备、工业管道焊接工程施工及验收规范》GB 50236 的有关规定。螺纹法兰连接应预测对接位置，清除外露密封填料后再紧固、连接。

3）螺纹连接应符合下列要求：

A. 管道宜采用机械切割，切割面不得有飞边、毛刺；管道螺纹密封面应符合现行国家标准的有关规定。

B. 当管道变径时，宜采用异径接头，在管道弯头处不宜采用补芯，当需要采用补芯时，三通上可用 1 个，四通上不应超过 2 个；公称直径大于 50mm 的管道不宜采用活接头。

C. 螺纹连接的密封填料应均匀附着在管道的螺纹部分；拧紧螺纹时，不得将填料挤入管道内；连接后，应将连接处外部清理干净。

4）配水干管安装：首先应根据设计图纸的要求确定配水干管的位置，用线坠在墙上弹出或划出垂直线，并在有配水管的地方画出横线并标明，另根据配水干管管卡的高度在垂直线上确定出管卡的位置，并画好横线，然后根据所画的线栽好配水干管支架，层高小于 5m 的，每一层须安装一个支架，层高大于 5m 时，每层不得少于两个。配水干管支架的高度应距地面 1.8m 以上，两个以上的支架应均匀安装，成排管道或在同一房间里的配水干管支架的安装高度应一致。支架安装之后，根据画线测出立管的尺寸进行编号记录，在地面统一进行预制和组装，在检查和调直后方可进行安装。上立管时，两人以上配合，一人在下扶管，一人在上端上管，上管时要注意支管的位置和方向，上好的立管要进行最后的检查，保证垂直度（允许偏差：每米 4mm，10m 以上不大于 30mm）和离墙面距离，使其正面和侧面都垂直。最后上紧 U 形卡。

配水干管安装注意事项如下：地下配水干管在上管前，应将各分支管口堵好，防止杂物进入管内；在上配水干管时，要将各管口清理干净，保证管路畅通；

竖直安装的配水干管除中间用管卡固定外，还应在其始端和终端设防晃支架或采用管卡固定，其安装位置距地面或楼面的距离宜为 1.5～1.8m。

5）配水管的安装：一般在支架安装完毕后进行。可先将配水管的管段进行预制和预组安装（组装长度以方便吊装为宜），组装好的管道，在地面进行检查，若有弯曲，则进行调直。上管时，将管道滚落在支架上，随即用准备好的 U 形卡固定管道，防止管道滑落。干管安装好后，还要进行最后的校正调直，保证整根管道水平面和垂直面都在同一直线上并最后固定牢。

配水管安装注意事项如下：

A. 在上配水管时，要将各管口清理干净，保证管路畅通。

B. 安装完的配水管，不得有塌腰、拱起的波浪现象及左右扭曲的蛇弯现象。管网在安装中断时，应将管道的敞口封闭。

C. 管道安装应横平竖直，水平管道纵横方向弯曲的允许偏差，当管径小于100mm时为5mm，当管径大于100mm时为10mm，横向弯曲全长25m以上为25mm。

D. 高空作业时系好安全带，放好施工工具，不要让其掉下来。

E. 管道吊装时，如果用钢丝绳，则钢丝绳与钢管之间要加放至少两块的软木，以防管道吊装时滑落。

F. 管道穿过建筑物的沉降缝或伸缩缝时均加柔性连接。

G. 管道的安装位置应符合设计要求。当设计无要求时，管道的中心线与梁、柱、楼板等的最小距离应符合表2.3-3的规定：

H. 管道水平安装时宜设0.002～0.005的坡度，且应坡向排水管，当局部区域难以利用排水管将水排净时，应采取相应的排水措施。

I. 配水干管、配水管应做红色或红色环圈标志。红色环圈标志，宽度不应小于20mm，间隔不宜大于4m，在一个独立的单元内环圈不宜少于2处。

6）配水支管的安装：配水支管管径一般小于100mm，因此，通常采用螺纹连接。螺纹连接的管道，应按照施工工艺的要求，确保螺纹及连接的质量，套丝机或板牙套扣应不少于七道螺纹，连接不少于六道。铅油麻线应均匀缠绕在螺纹部分，连接完毕后应将外部清理干净，螺纹外露部分刷应防锈漆。配水支管一般也提前进行预制，其安装工艺要求同配水管。

（6）短立管安装

自动喷水灭火系统的短立管管径大多情况下为25mm，因此短立管的连接方式为螺纹连接。一般情况下可根据装修吊顶与否配置向上或向下的短立管，并可提前预制，短立管的螺纹连接施工工艺同配水支管的施工工艺。其安装难点在于短立管的预制，因短立管预制长度的控制决定了喷头安装的位置是否能够满足规范及设计图纸的要求。

2. 洒水喷头安装的技术要点

洒水喷头的安装是自动喷水灭火系统的关键工序，因为洒水喷头安装的质量不仅决定了工程的美观性，更是自动喷水灭火系统能否实现灭火功能、达到灭火效果的重要保障。

（1）喷头安装应在系统试压、冲洗合格后进行。

（2）喷头安装时，不得对喷头进行拆装、改动，并严禁给喷头附加任何装饰性涂层。

（3）喷头安装应使用专用扳手，严禁利用喷头的框架施拧；喷头的框架、溅水盘产生变形或释放元件损伤时，应采用规格、型号相同的喷头更换。

（4）安装在易受机械损伤处的喷头，应加设喷头防护罩。

（5）喷头安装时，溅水盘与吊顶、门、窗、洞口或障碍物的距离，应符合下列规定：

除吊顶型喷头及吊顶下安装的喷头外，直立型、下垂型标准喷头，其溅水盘与顶板的距离，不应小于75mm，不应大于150mm。如图3.3-1、图3.3-2所示。

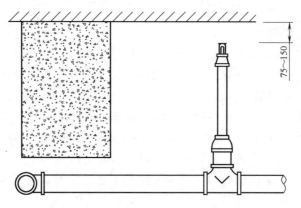

图 3.3-1　直立型喷头溅水盘与顶板的距离

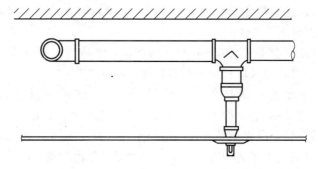

图 3.3-2　下垂型喷头吊顶下安装示意图

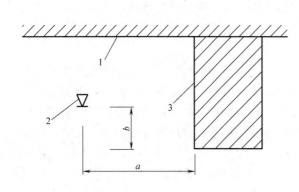

图 3.3-3　喷头与梁等障碍物的距离
1—顶棚或屋顶；2—喷头；3—障碍物

1) 当在梁或其他障碍物底面下方的平面上布置喷头时，溅水盘与顶板的距离不应大于300mm，同时，溅水盘与梁等障碍物底面的垂直距离不应小于25mm，不应大于100mm。

2) 当喷头溅水盘高于附近梁底或高于宽度小于1.2m的通风管道、排管、桥架腹面时，喷头溅水盘高于梁底或通风管道、排管、桥架腹面的最大垂直距离应符合表3.3-1～表3.3-7的规定，见图3.3-3。

喷头溅水盘高于梁底、通风管道腹面的最大垂直距离（直立与下垂喷头）　表 3.3-1

喷头与梁、通风管道、排管、桥架的 水平距离 a(mm)	喷头溅水盘高于梁底、通风管道、排管、桥架腹面的 最大垂直距离 b(mm)
$a<300$	0
$300 \leqslant a<600$	90
$600 \leqslant a<900$	190
$900 \leqslant a<1200$	300
$1200 \leqslant a<1500$	420
$a \geqslant 1500$	460

喷头溅水盘高于梁底、通风管道腹面的最大垂直距离（边墙型喷头，与障碍物平行）

表 3.3-2

喷头与梁、通风管道、排管、桥架的 水平距离 a(mm)	喷头溅水盘高于梁底、通风管道、排管、桥架腹面的 最大垂直距离 b(mm)
$a<150$	25
$150\leqslant a<450$	80
$450\leqslant a<750$	150
$750\leqslant a<1050$	200
$1050\leqslant a<1350$	250
$1350\leqslant a<1650$	320
$1650\leqslant a<1950$	380
$1950\leqslant a<2250$	440

喷头溅水盘高于梁底、通风管道腹面的最大垂直距离（边墙型喷头，与障碍物垂直）

表 3.3-3

喷头与梁、通风管道、排管、桥架的 水平距离 a(mm)	喷头溅水盘高于梁底、通风管道、排管、桥架腹面的 最大垂直距离 b(mm)
$a<1200$	不允许
$1200\leqslant a<1500$	25
$1500\leqslant a<1800$	80
$1800\leqslant a<2100$	150
$2100\leqslant a<2400$	230
$a\geqslant2400$	360

喷头溅水盘高于梁底、通风管道腹面的最大垂直距离（扩大覆盖面直立与下垂喷头）

表 3.3-4

喷头与梁、通风管道、排管、桥架的 水平距离 a(mm)	喷头溅水盘高于梁底、通风管道、排管、桥架腹面的 最大垂直距离 b(mm)
$a<450$	0
$450\leqslant a<900$	25
$900\leqslant a<1350$	125
$1350\leqslant a<1800$	180
$1800\leqslant a<2250$	280
$a\geqslant2250$	360

喷头溅水盘高于梁底、通风管道腹面的最大垂直距离（扩大覆盖面边墙型喷头）

表 3.3-5

喷头与梁、通风管道、排管、桥架的 水平距离 a(mm)	喷头溅水盘高于梁底、通风管道、排管、桥架腹面的 最大垂直距离 b(mm)
$a<2240$	不允许
$2240\leqslant a<3050$	25
$3050\leqslant a<3350$	50

续表

喷头与梁、通风管道、排管、桥架的水平距离 a(mm)	喷头溅水盘高于梁底、通风管道、排管、桥架腹面的最大垂直距离 b(mm)
$3350{\leqslant}a{<}3660$	75
$3660{\leqslant}a{<}3960$	100
$3960{\leqslant}a{<}4270$	150
$4270{\leqslant}a{<}4570$	180
$4570{\leqslant}a{<}4880$	230
$4880{\leqslant}a{<}5180$	280
$a{\geqslant}5180$	360

喷头溅水盘高于梁底、通风管道腹面的最大垂直距离（大水滴喷头）　表 3.3-6

喷头与梁、通风管道、排管、桥架的水平距离 a(mm)	喷头溅水盘高于梁底、通风管道、排管、桥架腹面的最大垂直距离 b(mm)
$a{<}300$	0
$300{\leqslant}a{<}600$	80
$600{\leqslant}a{<}900$	200
$900{\leqslant}a{<}1200$	300
$1200{\leqslant}a{<}1500$	460
$1500{\leqslant}a{<}1800$	660
$a{\geqslant}1800$	790

喷头溅水盘高于梁底、通风管道腹面的最大垂直距离（ESFR 喷头）　表 3.3-7

喷头与梁、通风管道、排管、桥架的水平距离 a(mm)	喷头溅水盘高于梁底、通风管道、排管、桥架腹面的最大垂直距离 b(mm)
$a{<}300$	0
$300{\leqslant}a{<}600$	80
$600{\leqslant}a{<}900$	200
$900{\leqslant}a{<}1200$	300
$1200{\leqslant}a{<}1500$	460
$1500{\leqslant}a{<}1800$	660
$a{\geqslant}1800$	790

3）密肋梁板下方的喷头，溅水盘与密肋梁板底面的垂直距离，不应小于 25mm，不应大于 100mm。

4）早期抑制快速响应喷头的溅水盘与顶板的距离，应符合表 3.3-8 的规定：

早期抑制快速响应喷头的溅水盘与顶板的距离（mm）　表 3.3-8

喷头安装方式	直 立 型		下 垂 型	
	不应小于	不应大于	不应小于	不应大于
溅水盘与顶板的距离	100	150	150	360

5）直立式边墙型喷头，其溅水盘与顶板的距离不应小于 100mm，且不宜大于 150mm，与背面的距离不应小于 50mm，并不应大于 100mm；水平边墙型喷头，其溅水盘与顶板的距离不应小于 150mm，且不应大于 300mm。如图 3.3-4、图 3.3-5 所示。

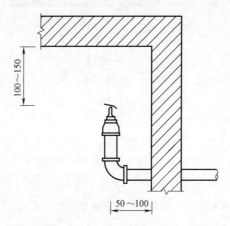

图 3.3-4　直立边墙型喷头安装示意图

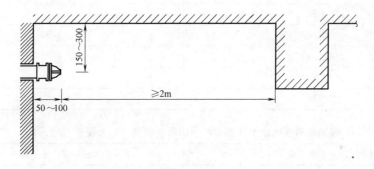

图 3.3-5　水平边墙型喷头安装示意图

6）当梁、通风管道、排管、桥架宽度大于 1.2m 时，增设的喷头应安装在其腹面以下部位。如图 3.3-6 所示。

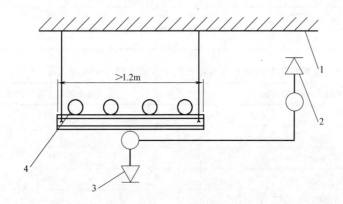

图 3.3-6　障碍物下方增设喷头示意图

1—顶板；2—直立型喷头；3—增设的下垂型喷头；4—管道

7）当喷头安装在不到顶的隔断附近时，喷头与隔断的水平距离和最小垂直距离应符合表3.3-9～表3.3-11的规定，如图3.3-7所示。

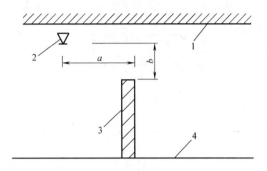

图 3.3-7　喷头与隔断障碍物的距离
1—顶板；2—喷头；3—障碍物；4—地面

喷头与隔断的水平距离和的最小垂直距离（直立与下垂喷头）　　表 3.3-9

喷头隔断的水平距离 a(mm)	喷头与隔断的最小垂直距离 b(mm)
$a<150$	75
$150\leqslant a<300$	150
$300\leqslant a<450$	240
$450\leqslant a<600$	320
$600\leqslant a<750$	390
$a\geqslant750$	460

喷头与隔断的水平距离和的最小垂直距离（扩大覆盖面喷头）　　表 3.3-10

喷头隔断的水平距离 a(mm)	喷头与隔断的最小垂直距离 b(mm)
$a<150$	80
$150\leqslant a<300$	150
$300\leqslant a<450$	240
$450\leqslant a<600$	320
$600\leqslant a<750$	390
$a\geqslant750$	460

喷头与隔断的水平距离和的最小垂直距离（大水滴喷头）　　表 3.3-11

喷头隔断的水平距离 a(mm)	喷头与隔断的最小垂直距离 b(mm)
$a<150$	40
$150\leqslant a<300$	80
$300\leqslant a<450$	100
$450\leqslant a<600$	130
$600\leqslant a<750$	140
$750\leqslant a<900$	150

8）装设通透性吊顶的场所，喷头应安装在顶板下。

9）顶板或吊顶为斜面时，喷头应垂直于斜面，并应按斜面距离确定喷头间距。

（6）喷头安装时，应尽量使喷头框架的方向保持一致，以确保喷头安装后的美观。

3. 报警阀组安装的技术要点

（1）报警阀组的安装应在供水管网试压、冲洗合格后进行。

（2）报警阀组安装时应先安装水源控制阀、报警阀，然后进行报警阀辅助管道的连接。水源控制阀、报警阀与配水干管的连接，应使水流方向一致。

（3）报警阀组安装的位置应符合设计要求，设计无要求时，报警阀组应安装在便于操作的明显位置，距室内底面管道宜为1.2m；两侧与墙的距离不应小于0.5m；正面与墙的距离不应小于1.2m；报警阀组凸出部位之间的距离不应小于0.5m，安装报警阀组的室内地面应有排水设施。

（4）报警阀组附件的安装应符合下列要求：

1）压力表应安装在报警阀上便于观测的位置。

2）排水管和试验阀应安装在便于操作的位置。

3）水源控制阀的安装应便于操作，且应有明显的开闭标志和可靠的锁定设施。

4）在报警阀与管网之间的供水干管上，应安装由控制阀、检测供水压力、流量用的仪表及排水管道组成的系统流量压力检测装置，其过水能力应与系统过水能力一致；干式报警阀组、雨淋报警阀组应安装检测时水流不进入系统管网的信号控制阀门。

（5）湿式报警阀组的安装应符合下列要求：

1）应使报警阀前后的管道中能顺利充满水；压力波动时，水力警铃不应发生误报警。

2）报警水流通路上的过滤器应安装在延迟器前，且便于排渣操作。

（6）干式报警阀组的安装应符合下列要求：

1）应安装在不发生冰冻的场所。

2）安装完成后，应向报警阀气室注入高度为50～100mm的清水。

3）充气连接管接口应在报警阀气室充注水位以上部位，且充气连接管的直径不应小于15mm；止回阀、截止阀应安装在充气连接管上。

4）气源设备的安装应符合设计要求和国家现行有关标准的规定。

5）安全排气阀应安装在气源与报警阀之间，且应靠近报警阀。

6）加速器应安装在靠近报警阀的位置，且应有防止水进入加速器的措施。

7）低气压预报警装置应安装在配水干管一侧。

8）下列部件应安装压力表：

A. 报警阀充水一侧和充气一侧；

B. 空气压缩机的气泵和储气罐上；

C. 加速器上。

（7）雨淋阀组的安装应符合下列要求：

1）雨淋阀组可采用电动开启、传动管开启或手动开启，开启控制装置的安装应安全可靠。水传动管的安装应符合湿式系统有关要求。

2）预作用系统雨淋阀组后的管道若需充气，其安装应按干式报警阀组有关要求进行。

3）雨淋阀组的观测仪表和操作阀门的安装位置应符合设计要求，并应便于观测和操作。

4) 雨淋阀组手动开启装置的安装位置应符合设计要求，且在火灾时应能安全开启和便于操作。

5) 压力表应安装在雨淋阀的水源一侧。

4. 水流指示器安装的技术要点

(1) 水流指示器的安装应在管道试压和冲洗合格后进行。

(2) 水流指示器具有单向动作性，因此，安装时应确认管道内水流动方向与水流指示器的箭头方向一致。

(3) 水流指示器的电气元件应竖直安装在水平管道上侧。

(4) 安装时应确保水流指示器的桨片、膜片动作灵活，不与管道内壁发生碰撞。

(5) 安装时，紧固螺母应对称上紧。

5. 压力开关安装的技术要点

压力开关应竖直安装在通往水力警铃的管道上，且不应在安装中拆装改动。

6. 水力警铃安装的技术要点

(1) 水力警铃应安装在公共通道或值班室附近的外墙上，且应安装检修、测试用的阀门。

(2) 水力警铃和报警阀的连接应采用热镀锌钢管，当镀锌钢管的公称直径为 20mm 时，其长度不宜大于 20m。

(3) 安装后的水力警铃启动时，警铃声强度应不小于 70dB。

(4) 水力警铃安装示意图如图 3.3-8 所示。

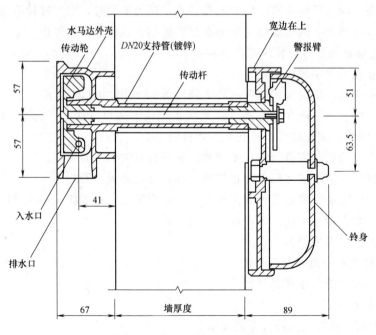

图 3.3-8 水力警铃安装示意图

7. 阀门安装的技术要点

(1) 阀门的规格、型号和安装位置应符合设计要求。

(2) 阀门的安装方向应正确，阀内应清洁、无堵塞、无渗漏。

(3) 主要控制阀应加设启闭标志。隐蔽处的阀门应在明显处设有指示其位置的标志。

(4) 信号阀应安装在水流指示器前的管道上，与水流指示器之间的距离不宜小于 300mm。

(5) 排气阀的安装应在系统管网试压和冲洗合格后进行；排气阀应安装在配水干管顶部、配水管的末端，且应确保无渗漏。

(6) 减压阀的安装应符合下列要求：

1) 减压阀安装应在供水管网试压、冲洗合格后进行。

2) 减压阀安装前应检查：其规格型号应与设计相符；阀外控制管路及导向阀各连接件不应有松动；外观应无机械损伤，并应清除阀内异物。

3) 减压阀水流方向应与供水管网水流方向一致。

4) 应在进水侧安装过滤器，并宜在其前后安装控制阀。

5) 可调式减压阀宜水平安装，阀盖应向上。

6) 比例式减压阀宜垂直安装；当水平安装时，单呼吸孔减压阀其孔口应向下，双呼吸孔减压阀其孔口应呈水平位置。

7) 安装自身不带压力表的减压阀时，应在其前后相邻部位安装压力表。

8. 末端试水装置安装的技术要点

末端试水装置和试水阀的安装应便于检查、试验，并应有相应排水能力的排水设施。

3.3.4 系统试压及冲洗

1. 自动喷水灭火系统管网安装完毕后，应对其进行强度试验、严密性试验和冲洗。

2. 自动喷水灭火系统管网的强度试验、严密性试验和冲洗宜用水进行。干式喷水灭火系统、预作用喷水灭火系统应做水压试验和气压试验。

3. 系统试压：

(1) 系统试压前应具备的条件

1) 埋地管道的位置及管道基础、支墩等经复查应符合设计要求。

2) 全部管道的位置及管道支吊架等经复查符合设计要求。

3) 试压用的压力表不应少于 2 只，精度不应低于 1.5 级，量程应为试验压力值 1.5～2 倍。

4) 对不能参与试压的设备、仪表、阀门及附件应加以隔离或拆除，加设的临时盲板应具有突出于法兰的边耳，且应做明显的标志，并记录临时盲板的数量。

5) 水压试验时的环境温度不宜低于 5℃，当低于 5℃时，水压试验应采取防冻措施。

(2) 水压强度试验的试验压力：当系统设计工作压力等于或小于 1.0MPa，水压强度大于 1.0MPa 时，水压强度试验压力应为该工作压力加 0.4MPa。

(3) 水压强度性试验的测试点应设在系统管网的最低点。对管网注水时，应将管网内的空气排净，并应缓慢升压；达到试验压力后，稳压 30min 后，管网应无泄漏、无变形，且压力降不应大于 0.05MPa。

(4) 水压严密性试验应在水压强度试验和管网冲洗合格后进行。试验压力应为设计工作压力，稳压 24h 应无泄漏。

(5) 自动喷水灭火系统的水源干管、进户管和室内埋地管道，应在回填前单独或与系统一起进行水压强度试验和水压严密性试验。

（6）气压严密性试验的介质宜采用空气或氮气，气压严密性试验压力应为 0.28MPa，且稳压 24h，压力降不应大于 0.01MPa。

4. 管网冲洗

（1）管网冲洗应在试压合格后分区、分段进行。

（2）对不能经受冲洗的设备和冲洗后可能存留赃物、杂物的管段，应进行清理。

（3）冲洗直径大于 100mm 的管道时，应对其死角和底部进行敲打，但不得损伤管道。

（4）管网冲洗的水流速度、流量不应小于系统设计的水流速度、流量。

（5）管网冲洗的水流方向应与灭火时管网的水流方向一致。

（6）管网冲洗宜设置临时专用排水管道，其排放应畅通和安全。排水管道的截面面积不得小于被冲洗管道截面面积的 60%。

（7）管网的地上管道与地下管道连接前，应在配水干管底部加设堵头后，对地下管道进行冲洗。

（8）管网冲洗应连续进行。当出口处水的颜色、透明度与入口处的颜色、透明度基本一致时，冲洗方可结束。

（9）管网冲洗结束后，应将管网内的水排除干净，必要时可采用压缩空气吹干。

3.3.5　系统调试

1. 系统调试应具备的条件

（1）系统调试应在系统施工完成后进行。

（2）消防水池、消防水箱已储存设计要求的水量。

（3）系统供电正常。

（4）气压给水设备的水位、气压符合设计要求。

（5）湿式喷水灭火系统管网已充满水；干式、预作用喷水灭火系统管网内的气压应符合设计要求；阀门均无泄漏。

（6）与系统配套的火灾自动报警系统处于工作状态。

2. 系统初始化注水

（1）先将报警阀阀前的检修阀关闭，接通泵房稳压泵电源，使泵房至此阀前压力逐步自动升至工作压力。

（2）检查各报警阀的状态，确认在自由状态时缓慢打开报警阀前的检修阀 30% 开度，观察报警阀前后的压力及通过报警阀的水力报警泄水口的泄水与否，判断阀后是否进水，除湿式报警阀外，其他阀后均不应有水注入，若其他管网内见水则说明控制阀关闭不严密，应迅速关闭已开启 30% 的检修阀，查明原因后重试。湿式系统通过逐层进水关闭各层排气阀，直至一个湿式系统全部充满水，并使整个系统逐渐达到工作压力。

（3）系统注水完毕后，将检修阀全开，同时将泵房加压泵投入自动状态，保证测试用水，此时系统为初始状态，功能正常的系统称为准工作状态。

3. 系统测试

（1）逐层开启末端泄水装置，水流指示器应在 10s 内动作，相应湿式报警阀应在 30s 内动作，包括水力警铃鸣响及压力开关动作。

（2）关闭末端泄水装置，系统应自动恢复正常。

（3）开启湿式报警阀的试验阀，湿式报警阀应立即动作。

（4）恢复系统各部件，系统进入准工作状态。

（5）当喷淋加压泵自动联动启动后，应有适时停泵的措施。

（6）通过对照原始记录和相关资料，确认系统所有功能均已调试合格后填写《调试报告》，并请有关人员签字。

4. 报警阀调试应符合下列要求

（1）湿式报警阀调试时，在试水装置处放水，当湿式报警阀进口水压大于0.14MPa、放水流量大于1L/s时，报警阀应及时启动；带延迟器的水力警铃应在5～90s内发出报警铃声，不带延迟器的水力警铃应在15s内发出报警铃声；压力开关应及时动作，并反馈信号。

（2）干式报警阀调试时，开启系统试验阀，报警阀的启动时间、启动点压力、水流到试验装置出口所需时间，均应符合设计要求。

（3）雨淋阀调试宜利用检测、试验管道进行。自动和手动方式启动的雨淋阀，应在15s之内启动；公称直径大于200mm的雨淋阀调试时，应在60s之内启动。雨淋阀调试时，当报警水压为0.05MPa时，水力警铃应发出报警铃声。

3.4 自动喷水灭火系统施工验收标准

自动喷水灭火系统施工验收执行以下国家现行标准的相关要求。

《自动喷水灭火系统施工及验收规范》GB 50261—2005。

3.5 自动喷水灭火系统施工质量记录

（1）自动喷水灭火系统施工过程质量检查记录，见表3.5-1。

自动喷水灭火系统施工过程质量检查记录应由施工单位质量检查员按表3.5-1填写，监理工程师进行检查，并作出检查结论。

（2）自动喷水灭火系统试压记录，见表3.5-2。

自动喷水灭火系统试压记录应由施工单位质量检查员按表3.5-2填写，监理工程师（建设单位项目负责人）组织施工单位项目负责人等进行验收。

（3）自动喷水灭火系统管网冲洗记录，见表3.5-3。

自动喷水灭火系统管网冲洗记录应由施工单位质量检查员按表3.5-3填写，监理工程师（建设单位项目负责人）组织施工单位项目负责人等进行验收。

（4）自动喷水灭火系统联动试验记录，见表3.5-4。

自动喷水灭火系统联动试验记录应由施工单位质量检查员按表3.5-4填写，监理工程师（建设单位项目负责人）组织施工单位项目负责人等进行验收。

（5）自动喷水灭火系统工程质量控制资料检查记录，见表3.5-5。

自动喷水灭火系统工程质量控制资料检查记录应由监理工程师（建设单位项目负责人）组织施工单位项目负责人进行验收并按表3.5-5填写。

（6）自动喷水灭火系统工程验收记录，见表3.5-6。

自动喷水灭火系统工程验收记录应由建设单位按表3.5-6填写，综合验收结论由参加验收的各方共同商定并签章。

自动喷水灭火系统施工过程质量检查记录   表 3.5-1

工程名称			施工单位	
施工执行规范名称及编号			监理单位	
子分部工程名称			分项工程名称	
项目	《规范》章节条款		施工单位检查评定记录	监理单位验收记录
结论	施工单位项目负责人： （签章） 　　　　　　　年　月　日		监理工程师（建设单位项目负责人）： （签章） 　　　　　　　年　月　日	

自动喷水灭火系统试压记录   表 3.5-2

工程名称				建设单位						
施工单位				监理单位						
管段号	材质	设计工作压力（MPa）	温度（℃）	强度试验				严密性试验			
				介质	压力（MPa）	时间（min）	结论意见	介质	压力（MPa）	时间（min）	结论意见
参加单位	施工单位项目负责人： （签章） 　　　　年　月　日			监理工程师： （签章） 　　　年　月　日				建设单位项目负责人： （签章） 　　　年　月　日			

自动喷水灭火系统管网冲洗记录 表 3.5-3

工程名称						建设单位		
施工单位						监理单位		
管段号	材质	冲洗						结论意见
		介质	压力（MPa）	流速（m/s）	流量（L/s）	冲洗次数		
参加单位	施工单位项目负责人：（签章）　　　　　年 月 日			监理工程师：（签章）　　　　　年 月 日		建设单位项目负责人：（签章）　　　　　年 月 日		

自动喷水灭火系统联动试验记录 表 3.5-4

工程名称			建设单位		
施工单位			监理单位		
系统类型	启动信号（部位）	联动组件动作			
		名称	是否开启	要求动作时间	实际动作时间
湿式系统	末端试水装置	水流指示器			
		湿式报警阀			
		水力警铃			
		压力开关			
		水泵			
水幕、雨淋系统	温与烟信号	雨淋阀			
		水泵			
	传动管启动	雨淋阀			
		压力开关			
		水泵			
干式系统	模拟喷头动作	干式阀			
		水力警铃			
		压力开关			
		充水时间			
		水泵			
预作用系统	模拟喷头动作	预作用阀			
		水力警铃			
		压力开关			
		充水时间			
		水泵			
参加单位	施工单位项目负责人：（签章）　　　　　年 月 日		监理工程师：（签章）　　　　　年 月 日	建设单位项目负责人：（签章）　　　　　年 月 日	

自动喷水灭火系统工程质量控制资料检查记录　表 3.5-5

工程名称		施工单位		
分部工程名称	资料名称	数量	核查意见	核查人
自动喷水灭火系统	1. 施工图、设计说明书、设计变更通知书和设计审核意见书、竣工图			
	2. 主要设备、组件的国家质量监督检验测试中心的检测报告和产品出厂合格证			
	3. 与系统相关的电源、备用动力、电气设备以及联动控制设备等验收合格证明			
	4. 施工记录表,系统试压记录表,系统管道冲洗记录表,隐蔽工程验收记录表,系统联动控制试验记录表,系统调试记录表			
	5. 系统及设备使用说明书			
结论	施工单位项目负责人: (签章) 　　　年　月　日	监理工程师: (签章) 　　　年　月　日		建设单位项目负责人: (签章) 　　　年　月　日

自动喷水灭火系统工程验收记录　表 3.5-6

工程名称		分部工程名称	
施工单位		项目负责人	
监理单位		监理工程师	

序号	检查项目名称	检查内容记录	检查评定结果
1			
2			
3			
4			
5			

综合验收结论			
验收单位	施工单位:(单位印章)	项目负责人:(签章) 　　　年　月　日	
	监理单位:(单位印章)	监理工程师:(签章) 　　　年　月　日	
	设计单位:(单位印章)	项目负责人:(签章) 　　　年　月　日	
	建设单位:(单位印章)	项目负责人:(签章) 　　　年　月　日	

4 气体灭火系统

4.1 概述

气体灭火系统是以某些在常温、常压下呈现气态的物质作为灭火介质，通过这些气体在整个防护区内或保护对象的周围局部区域建立起灭火浓度实现灭火的自动灭火系统，主要用于保护某些特定的场合，是建筑物内安装的灭火设施的一种重要形式，根据所采用的灭火剂的不同，气体灭火系统可分为二氧化碳气体灭火系统（高压、低压）、七氟丙烷（FM200）气体灭火系统、IG541 气体灭火系统、三氟甲烷气体灭火系统、热气溶胶灭火系统等几大类，本章就是对上述几类典型的气体灭火系统进行逐一介绍。

4.2 二氧化碳气体灭火系统

4.2.1 二氧化碳气体灭火系统概述

二氧化碳气体灭火系统是利用二氧化碳气体作为灭火剂的一种自动灭火系统。二氧化碳气体是一种能够用于扑救多种类型火灾的灭火剂。它的灭火作用主要是相对地减少空气中的氧气含量，降低燃烧物的温度，使火焰熄灭。因此，得到了越来越广泛的应用。

1. 二氧化碳气体灭火系统的分类

二氧化碳气体灭火系统按应用方式可分为全淹没灭火系统和局部应用灭火系统。全淹没灭火系统是指在规定的时间内，向防护区喷射一定浓度的二氧化碳，并使其均匀地充满整个防护区的灭火系统，局部应用灭火系统是指向保护对象以设计喷射率直接喷射二氧化碳，并持续一定时间的灭火系统。全淹没灭火系统用于扑救封闭空间内的火灾；局部应用灭火系统应用于扑救不需封闭空间条件的具体保护对象的非深位火灾。

二氧化碳气体灭火系统按系统结构可分为有管网系统和无管网系统。管网系统又可分为组合分配系统和单元独立系统。组合分配系统是指用一套二氧化碳储存装置保护两个或两个以上防护区或保护对象的灭火系统。单元独立系统是指用一套二氧化碳储存装置保护一个防护区或一个保护对象的灭火系统。

二氧化碳气体灭火系统按储存容器中的储存压力可分为高压系统和低压系统。高压二氧化碳气体灭火系统是指灭火剂在常温下储存的二氧化碳灭火系统；低压二氧化碳气体灭火系统是指灭火剂在 $-18 \sim -20℃$ 低温下储存的二氧化碳灭火系统。

2. 二氧化碳气体灭火系统的适用范围

（1）二氧化碳气体灭火系统可以用于扑救下列火灾：

1）灭火前可切断气源的气体火灾。

2）液体火灾或石蜡、沥青等可熔化的固体火灾。

3）固体表面火灾及棉毛、织物、纸张等部分固体的深位火灾。

4）电气火灾。

（2）二氧化碳气体灭火系统不得用于扑救下列火灾：

1）硝化纤维、火药等含氧化剂的化学制品火灾。

2）钾、钠、镁、钛、锆等活泼金属火灾。

3）氰化钾、氢化钠等金属氢化物火灾。

（3）二氧化碳气体灭火全淹没灭火系统不应用于经常有人停留的场所。

4.2.2　二氧化碳气体灭火系统的构成及组件技术要求

1. 二氧化碳气体灭火系统的构成

二氧化碳气体灭火系统一般为有管网灭火系统，由储存灭火剂的储存容器和容器阀、应急操作机构、连接软管和止回阀、泄压装置、集流管、固定支架、选择阀、管道和管道附件、喷嘴、储存启动气源的启动钢瓶和电磁瓶头阀、气源管路以及探测、报警、控制器等组成。

低压二氧化碳气体灭火系统还应有制冷装置、压力变送器等。

二氧化碳气体灭火系统中单元独立系统和组合分配系统的构成示意图，如图 4.2-1、图 4.2-2 所示。

（1）单元独立系统的构成

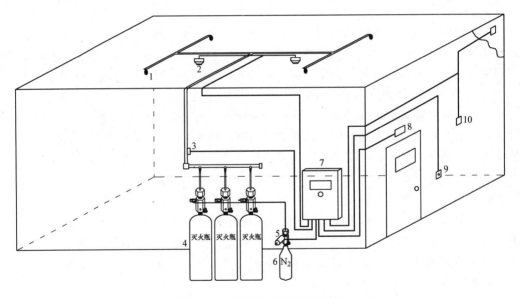

图 4.2-1　单元独立系统示意图

1—喷头；2—火灾探测器；3—压力信号器；4—灭火瓶组；5—电磁驱动器；6—启动钢瓶；

7—火灾报警及灭火控制器；8—喷洒指示灯；9—紧急启动/停止按钮；10—声光报警器

（2）组合分配系统的构成

2. 二氧化碳气体灭火系统的组件及技术要求

（1）灭火剂储存装置——灭火剂储存钢瓶

1）高压系统灭火剂储存钢瓶一般有 70L、80L、90L 三种规格，是在灭火系统中储存二氧化碳气体的容器，是由钢制气瓶、容器阀、压力显示器等元件组成。高压系统灭火剂储存钢瓶的主要性能参数见表 4.2-1。

高压系统灭火剂储存钢瓶的示意，如图 4.2-3 所示。

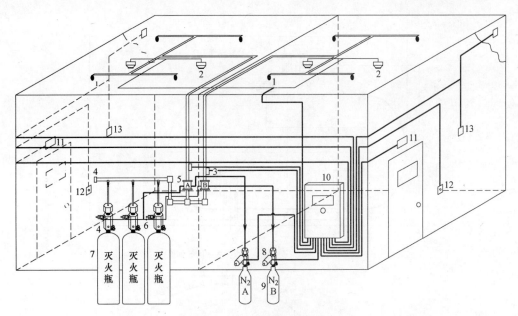

图 4.2-2 组合分配系统示意图

1—喷头；2—火灾探测器；3—压力信号器；4—安全阀；5—选择阀；6—单向阀；7—灭火瓶组；

8—电磁驱动器；9—启动气瓶；10—火灾报警及灭火控制器；11—喷洒指示灯；

12—紧急启停按钮；13—声光报警器

高压系统灭火剂储存钢瓶的主要性能参数表   表 4.2-1

工作压力(MPa)	15		
安全泄压压力(MPa)	19 ± 0.95		
气瓶容积(L)	70	80	90
气瓶总高(mm)	1440	1640	1840
气瓶直径(mm)	279	279	279

高压系统储存装置的环境温度应为 0～49℃。

2）低压系统储存容器——储罐

A. 储存容器——储罐的设计压力不应小于 2.5MPa，并应采取良好的绝热措施。储存容器上至少应设置两套安全泄压装置，其泄压动作压力应为 2.38MPa±0.12MPa。

B. 储存装置的高压报警压力设定值应为 2.2MPa，低压报警压力设定值应为 1.8MPa。

C. 储存装置应远离热源，其位置应便于再充装，其环境温度宜为－23～49℃。

D. 低压系统储存容器——储罐的外形结构如图 4.2-4 所示。

（2）容器阀（或称为瓶头阀）

1）容器阀应安装于二氧化碳储瓶上，具有封存、释放、充装、超压排放等功能。

2）容器阀由本体和气缸体组成，密封材料采用改进型

图 4.2-3 高压系统灭火剂储存钢瓶的示意图

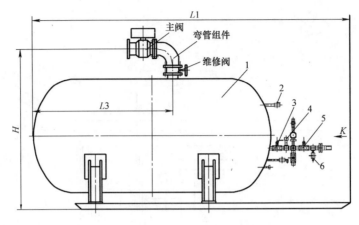

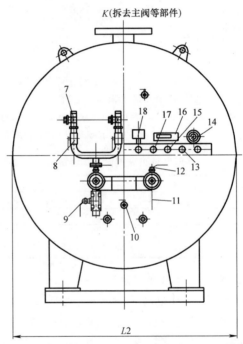

图 4.2-4   储罐的外形结构示意图

1—罐体；2—测满阀；3—气相维修阀；4—防爆装置；5—气相平衡阀；6—残气排放阀；

7—安全阀；8—气体通过阀；9—放空阀；10—排污阀；11—残液排放阀；

12—液相充装阀；13—液位仪下阀；14—电接点压力表；15—平衡阀；

16—液位仪；17—液位仪上阀；18—压力开关

聚四氟乙烯，密封性能好，阀门结构合理，流体阻力小，开启可靠且开启力小，零件材料为铜合金与不锈钢。

3）容器阀开启柄上的安全销在正常使用中应拔掉，在运输、安装、检修时均应插上，气缸体每两年进行一次检查。阀上的开启柄为应急启动时用，严禁随意推拉。

4）低压系统的容器阀应能在喷出要求的二氧化碳量后自动关闭。

5）容器阀的技术参数见表 4.2-2。

容器阀（瓶头阀）主要性能参数表	表 4.2-2
瓶头阀额定工作压力	15MPa
瓶头阀外形尺寸(mm)	S41×147

6）容器阀（或称为瓶头阀）结构如图 4.2-5 所示。

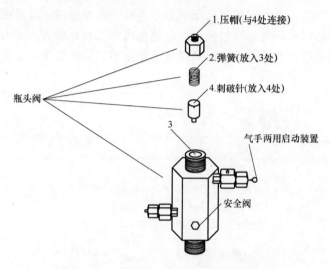

图 4.2-5　容器阀（瓶头阀）结构示意图

容器阀上的气手两用启动装置的结构如图 4.2-6 所示。

容器阀上的气手两用启动装置的技术参数见表 4.2-3。

（3）连接软管（高压软管）

连接软管（高压软管）安装于容器阀与液流单向阀之间，用以缓冲灭火剂释放时的冲击力。该元

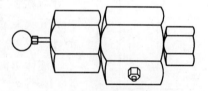

图 4.2-6　气手两用启动装置
结构示意图

件主要用于连接灭火瓶与集流管，在安装时消除刚性连接的困难和减小灭火剂释放时引起的振动。其结构如图 4.2-7 所示，是由钢丝编织胶管、连接套、接头芯和连接螺母等组成。

连接软管（高压软管）的主要性能参数见表 4.2-4。

容器阀上的气手两用启动装置的主要性能参数表	表 4.2-3
额定工作压力(MPa)	15
外形尺寸(mm)	S34×97

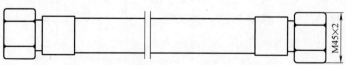

图 4.2-7　连接软管（高压软管）示意图

连接软管（高压软管）的主要性能参数见表　　　　　　　　　　表 4.2-4

实 验 压 力	6.3MPa
额定工作压力	12MPa
外形尺寸（mm）	$DN15 \times 350$

（4）集流管

集流管安装于瓶组架上部，通过高压软管与所有的储瓶连接，又通过选择阀与系统管网连接。当系统启动时，所有容器阀被打开的储瓶内的二氧化碳灭火剂由集流管汇集，再经过选择阀、管网及喷嘴喷入着火的保护区域。集流管的结构如图 4.2-8 所示。

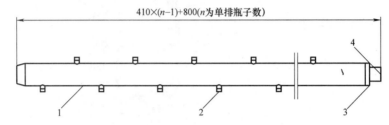

410×(n-1)+800(n为单排瓶子数)

图 4.2-8　集流管示意图

1—管体；2—固定接头；3—安全堵；4—安全阀

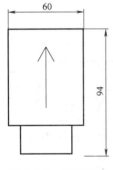

图 4.2-9　液体单向
阀示意图

（5）液体单向阀

液体单向阀是气体灭火系统中的一个主要元件，它安装在集流管与软管之间，用于阻止集流管中的灭火剂倒灌回来开启未打开的灭火瓶或已使用过的灭火瓶，同时还可以保证在灭火瓶更换的过程中不影响其他灭火瓶的使用。

液体单向阀示意图如图 4.2-9 所示。

（6）安全阀

安全阀装在集流管的一端，起安全泄压作用，其结构由阀座、滑阀、弹簧、挡圈组成，安全阀能防止灭火剂管道非正常受压时爆炸，安全阀为膜片式结构，采用精密爆破片，安全可靠。安全阀的性能参数见表 4.2-5。安全阀的示意图如图 4.2-10 所示。

安全阀的性能参数　　　　　　　　　　表 4.2-5

泄放压力	19 ± 0.95MPa
外形尺寸（mm）	$S\,27 \times 30$

（7）压力信号器（压力传感器）

压力信号器（压力传感器）是一个压力开关，安装在气体灭火管路中，当气体灭火剂释放，使管路中压力增加时，压力传感器动作，接通灭火剂释放显示装置，使之发出声光信号，提醒人员注意及时撤离现场。

压力信号器（压力传感器）主要性能参数见

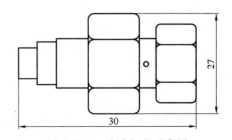

图 4.2-10　安全阀的示意图

表 4.2-6，结构形式如图 4.2-11 所示。

压力信号器（压力传感器）主要性能参数　　　　表 4.2-6

技 术 参 数	外 形 尺 寸
开关工作压力 0.5MPa 接点容量 DC 30V/2A	S 27×44

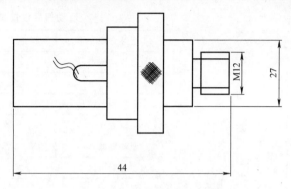

图 4.2-11　压力信号器示意图

（8）选择阀

1）选择阀主要用于气体防护区域分配气体灭火系统，安装在每一个对应保护区域的分流管始端，以控制灭火剂的需要流通方向，从而达到将灭火剂输送到被保护区域内的目的。其结构由阀体、活塞、O型圈、拉杆联板、手柄等零件组成。

2）选择阀用于组合分配系统中，安装在集流管与主管道之间，控制二氧化碳灭火剂流向发生火灾的保护区域。

3）选择阀由阀本体与气缸组成，零件由不锈钢和铜合金制造。

4）在组合分配系统中，每个选择阀均与某一保护区域对应，规格须与主管道相一致，在选择阀上应有该保护区的标志。

5）选择阀手柄均为应急启动时使用，禁止随意推拉。

6）安装选择阀时，选择阀的进气口接集流管管路，选择阀的出气口与灭火管路连接。

7）选择阀可采用电动、气动或机械操作方式。选择阀的工作压力：高压系统不应小于 12MPa，低压系统不应小于 2.5MPa。

8）动作之前或同时打开；采用灭火剂自身作为启动气源打开的选择阀，可不受此限制。

9）选择阀的结构示意如图 4.2-12 所示，其性能参数见表 4.2-7。

（9）启动气瓶

启动气瓶是由启动器连接组成。通过电、气、手动等多种功能打开，并通过管路与选择阀及容器阀相连，提供启动气源，打开灭火储存钢瓶对保护区进行灭火控制。其结构主要由驱动器、连接体、压力表、压力表开关等零件组成，如图 4.2-13 所示。

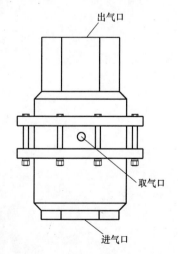

图 4.2-12　选择阀的结构示意图

选择阀的性能参数   表 4.2-7

最大工作压力	12MPa	强度试验压力	18MPa
气动压力	1.5MPa	气密试验压力	13.2MPa
手动启动	150N	使用温度	0～50℃

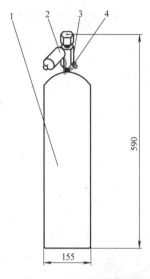

图 4.2-13　启动气瓶示意图

1—钢瓶；2—电磁驱动器；3—启
动瓶头阀；4—压力表

启动气瓶性能参数见表 4.2-8。

启动气瓶性能参数   表 4.2-8

充装介质	N₂
额定工作压力	8MPa
充装压力	4MPa
容积	6L
启动方式	燃气启动/电磁启动
驱动电源	DC 24V，0.2A/ DC 24V，1.2A
输出控制压力	0～4MPa
使用温度	—20～55℃

1）启动气瓶瓶头阀性能参数表见表 4.2-9。

启动气瓶瓶头阀性能参数   表 4.2-9

外形尺寸(mm)	S 41×130
技术参数	额定工作压力 8MPa

2）启动气瓶压力表开关阀及压力表性能参数表见表 4.2-10。

启动气瓶压力表开关阀及压力表性能参数   表 4.2-10

外形尺寸(mm)	38×68
技术参数	压力表量程 0～16MPa

3）启动气瓶驱动器：分为电磁驱动器和燃气驱动器两种，如图 4.2-14 所示。

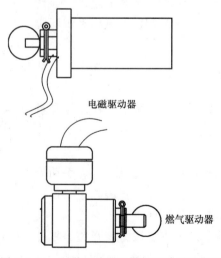

图 4.2-14　电磁驱动器和燃气驱动器示意图

4）启动安全阀性能参数表见表 4.2-11。

启动安全阀性能参数表 表 4.2-11

外形尺寸（mm）	S 27×30
技术参数	泄放压力 12±0.5MPa

5）气控单向阀性能参数表见表 4.2-12。

气控单向阀性能参数表 表 4.2-12

外形尺寸（mm）	S 17×48
额定工作压力（MPa）	8

6）气路紫铜管性能参数表见表 4.2-13。

气路紫铜管性能参数表 表 4.2-13

外形尺寸（mm）	$\phi 6 \times 1$
备注	约 0.4N+3Mm　N 为主钢瓶个数，M 为选择阀个数

（10）电磁阀

电磁阀安装在启动瓶上，由联动控制器提供的启动电流打开电磁阀，放出启动瓶内的启动气体以实现自动和手动电启动。电磁阀还具备机械应急启动功能，紧急启动时人工打开与着火保护区相对应的电磁阀即可实现二氧化碳灭火剂喷放灭火。应急开启前，应先拿下安全卡环。电磁阀采用金属膜片密封，可靠耐用，零件用铜合金与不锈钢材料制作，阀上配有一只压力表，供检查瓶内储存气体压力之用。电磁阀的技术参数见表 4.2-14。

电磁阀的技术参数 表 4.2-14

工作压力（MPa）	4～6
试验压力（MPa）	12
公称通径（mm）	6
电磁铁额定电压	DC24V
电磁铁额定电流	1.5A
系统配置量	每只启动瓶配一只

（11）气路单向阀

气路单向阀安装在气体启动管路上，用来控制启动气体流动方向，开启特定的二氧化碳瓶组。该阀门用铜合金制作，结构紧凑、密封可靠、开启灵活。气路单向阀的技术参数见表 4.2-15。

气路单向阀的技术参数 表 4.2-15

工作压力（MPa）	12
试验压力（MPa）	18
公称通径（mm）	6
动作压力（MPa）	0.3

（12）喷嘴（喷头）

喷嘴（喷头）安装于气体灭火系统管网末端，按设计要求将灭火剂喷洒到被保护区域或直接喷洒在被保护物体表面将火焰扑灭。喷嘴采用不锈钢制作，防腐蚀性能好。喷嘴分为全淹没型和局部应用型两类。

全淹没灭火系统的喷头布置应使防护区内二氧化碳分布均匀，喷头应接近顶棚或屋顶安装。

设置在有粉尘或喷漆作业等场所的喷头，应增设不影响喷射效果的防尘罩。

（13）称重检漏装置

称重检漏装置安装在气体储存钢瓶瓶组架的上方，悬挂钢瓶于其之下。通过杠杆作用始终监测着系统中每一只钢瓶的重量。当钢瓶中的二氧化碳因泄漏失重达到预设的量值时，本装置会以机械和声光的方式发出警报。系统每一只储瓶须配置一台称重检漏装置。

当储存容器中充装的二氧化碳损失量达到其初始充装量的 10% 时，应能发出声光报警信号并及时补充。

（14）制冷装置

制冷装置是低压二氧化碳气体灭火系统的专用装置，用以保证储罐内的二氧化碳灭火剂长期处于低温低压状态。当储罐的压力处于适中位置（1.9～2.1MPa）时，制冷装置不工作，当储罐的压力到达上限时，控制柜发出指令，制冷装置开始工作，直至压力降至下限。

制冷装置结构示意图如图 4.2-15 所示。

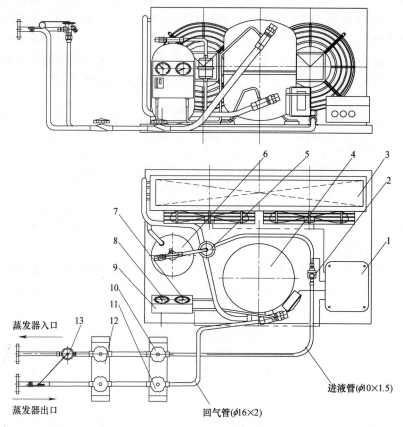

图 4.2-15　制冷装置结构示意图

1—电气盒；2—液管电磁阀；3—冷凝器；4—压缩机；5—干燥过滤器；6—储液器；
7—高压压力表；8—低压压力表；9—压力控制器；10—液管手控阀；
11—气管手控阀；12—手控阀座；13—膨胀阀

制冷机组的安全装置：

制冷机组中装有压力控制器，当压缩机排出压力超过额定值（2.2MPa）时，机组高压保护动作，切断压缩机电源。同样，当低压低于规定数值（0）时，机组低压保护动作，切断压缩机电源。

（15）管道及其附件

1）高压系统管道及其附件应能承受最高环境温度下二氧化碳的储存压力；低压系统管道及其附件应能承受 4.0MPa 的压力。并应符合下列规定：

A. 管道应采用符合现行国家标准《输送流体用无缝钢管》GB 8163 的规定，并应进行内外表面镀锌防腐处理。

B. 对镀锌层有腐蚀的环境，管道可采用不锈钢管、铜管或其他抗腐蚀的材料。

C. 挠性连接的软管应能承受系统的工作压力和温度，并宜采用不锈钢软管。

2）低压系统的管网中应采取防膨胀收缩的措施。

3）在可能产生爆炸的场所，管网应吊挂安装并采取防晃措施。

4）管道可以采用螺纹连接、法兰连接或焊接。公称直径等于或小于 80mm 的管道，宜采用螺纹连接；公称直径大于 80mm 的管道，宜采用法兰连接。

5）二氧化碳灭火剂输送管网不应采用四通管件分流。

6）管网中阀门之间的封闭管段应设置泄压装置，其泄压动作压力：高压系统应为 15MPa±0.75MPa，低压系统应为 2.38MPa±0.12MPa。

4.3　七氟丙烷气体灭火系统

4.3.1　七氟丙烷气体灭火系统概述

七氟丙烷气体灭火系统是利用七氟丙烷气体作为灭火剂的一种自动灭火系统。七氟丙烷（FM 200）是一种新型绿色清洁灭火剂，它无色、无味、无毒、不导电、不污染保护对象，目前是卤代烷灭火系统的最理想的代替物，具有卤代烷灭火剂的全部优点，而且在安全性方面还优于卤代烷系统，同时对大气臭氧层无破坏作用，是一种以化学抑制灭火方式为主的气体灭火剂。

1. 七氟丙烷气体灭火系统的分类

七氟丙烷气体灭火系统按应用方式可分为全淹没灭火系统和局部应用灭火系统。

七氟丙烷气体灭火系统按系统结构可分为有管网系统和无管网系统。管网系统又可分为组合分配系统和单元独立系统。

2. 七氟丙烷气体灭火系统的适用范围

（1）七氟丙烷气体灭火系统可以用于扑救下列火灾：

1）电气火灾；

2）液体火灾；

3）固体表面火灾；

4）灭火前能切断气源的气体火灾。

（2）七氟丙烷气体灭火系统不适用于扑救下列火灾：

1）硝化纤维、硝酸钠等氧化剂或含氧化剂的化学制品火灾；

2）钾、钠、镁、钛、锆、铀等活泼金属火灾；

3）氰化钾、氢化钠等金属氢化物火灾；

4）过氧化氢、联氨等能自行分解的化学物质火灾；

5）可燃固体物质的深位火灾。

4.3.2　七氟丙烷气体灭火系统的构成及组件技术要求

1. 有管网七氟丙烷气体灭火系统的构成

有管网七氟丙烷气体灭火系统主要由自动报警控制器、储存装置、选择阀、单向阀、压力信号器、框架（瓶组架）、喷头、管网等组成。有管网七氟丙烷气体灭火系统中单元独立系统和组合分配系统的主要部件及管网示意图，如图 4.3-1、图 4.3-2 所示。

（1）单元独立系统的构成

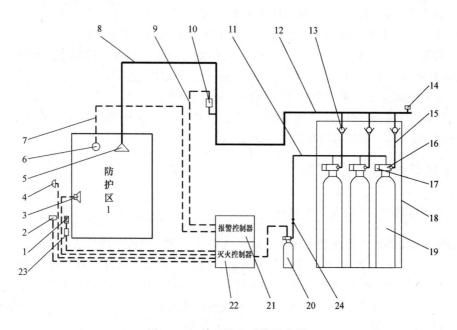

图 4.3-1　单元独立系统示意图

1—紧急启停按钮；2—放气指示灯；3—声报警器；4—光报警器；5—喷嘴；6—火灾探测器；

7—电气控制线路；8—灭火剂输送管道；9—信号反馈线路；10—信号反馈装置；

11—启动管路；12—集流管；13—液流单向阀；14—安全泄压阀；15—压力软管；

16—灭火剂容器阀；17—机械应急启动手；18—瓶组架；19—灭火剂容器；

20—启动装置；21—报警控制器；22—灭火控制器；

23—安全隔离装置；24—低泄高密阀

（2）组合分配系统的构成

2. 有管网七氟丙烷气体灭火系统的组件及技术要求

（1）灭火剂储存装置——七氟丙烷储瓶

七氟丙烷储存容器为高压焊接钢瓶和钢质无缝气瓶，用于储存七氟丙烷灭火剂。其结构形式与二氧化碳储存钢瓶基本相同，但其技术参数不同。七氟丙烷储瓶的技术参数见表 4.3-1，其结构如图 4.3-3 所示。

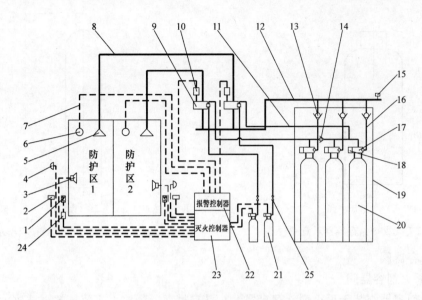

图 4.3-2　组合分配系统示意图

1—紧急启停按钮；2—放气指示灯；3—声报警器；4—声光报警器；5—喷嘴；6—火灾探测器；
7—电气控制线路；8—灭火剂输送管道；9—选择阀；10—信号反馈装置；11—启动管路；
12—集流管；13—灭火剂管路单向阀；14—启动管路单向阀；15—安全泄压阀；
16—压力软管；17—灭火剂容器阀；18—机械应急启动把手；19—瓶组架；
20—灭火剂储存装置；21—启动装置；22—报警控制器；23—灭火
控制器；24—安全隔离装置；25—低泄高密阀

七氟丙烷储瓶的技术参数　　　　　　　　　　　表 4.3-1

材　料	HP345,34Mn2V,30CrMo
工作压力	4.2MPa、5.6MPa(20℃)
钢瓶容积	40L,70L,90L,120L,150L,180L
钢瓶重量	55.2kg,62.0kg,84.9kg,108kg,152kg,176kg
充装介质	七氟丙烷、氮气

（2）启动气体储存容器

启动气体储存容器为高压无缝钢瓶，用以储存启动气体 N_2。启动气体储存容器的技术参数见表 4.3-2，其结构如图 4.3-4 所示。

启动气体储存容器的技术参数　　　　　　　　　表 4.3-2

材　料	45
公称工作压力	15.0MPa
钢瓶容积	4L
充装介质	氮气
最大充装压力	6.0MPa(20℃)
高度	200mm(4L)
直径	ϕ114mm(4L)

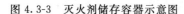

图 4.3-3 灭火剂储存容器示意图

图 4.3-4 启动气体储存容器示意图

（3）容器阀

1）灭火剂容器阀

灭火剂容器阀装于灭火剂储存容器上，具有封存、释放、充装、超压排放、检漏等功能。灭火剂容器阀的技术参数见表 4.3-3，其结构如图 4.3-5 所示。

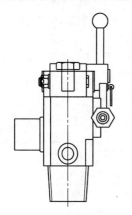

图 4.3-5 灭火剂容器阀示意图

灭火剂容器阀的技术参数　表 4.3-3

工作压力	4.2MPa、5.6MPa（20℃）
强度试验压力	10.1MPa、12.0MPa
公称通径	32mm，50mm
手动开启力	≤150N
手动开启行程	≤300mm
气动开启力	≤1.0MPa
安全泄压装置动作压力	9.0±0.45MPa、10.0±0.50MPa
检漏装置	七氟丙烷专用压力显示器

2）启动气体容器阀

启动气体容器阀装于启动气体储存容器上，具有封存、释放、充装、检漏等功能。启动气体容器阀的技术参数见表 4.3-4，其结构如图 4.3-6 所示。

启动气体容器阀的技术参数　表 4.3-4

工作压力	6.0MPa（20℃）
强度试验压力	9.9MPa
公称通径	6mm
检漏装置	专用压力显示器

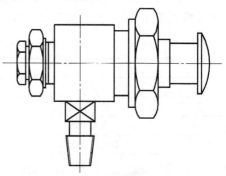

图 4.3-6 启动气体容器阀示意图

（4）单向阀

1）灭火剂管路单向阀

灭火剂管路单向阀装于连接管（压力软管）与集流管之间，防止七氟丙烷从集流管向灭火剂储存容器反流。灭火剂管路单向阀的技术参数见表 4.3-5，其结构如图 4.3-7 所示。

灭火剂管路单向阀的技术参数　　　　　　　　　　　表 4.3-5

工作压力	4.2MPa、5.6MPa(20 ℃)
强度试验压力	10.1MPa、12.0MPa
公称通径	32mm、50mm
开启压力	≤0.1MPa

2）启动管路单向阀

启动管路单向阀装于启动管路上，用来控制气体流动方向，启动灭火所需的瓶组。启动管路单向阀的技术参数见表 4.3-6，其结构如图 4.3-8 所示。

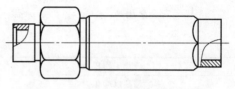

图 4.3-7　灭火剂管路单向阀示意图

启动管路单向阀的技术参数　　　　　　　　　　　表 4.3-6

工作压力	6.0MPa(20 ℃)
强度试验压力	9.9MPa
公称通径	6mm
开启压力	0.1MPa

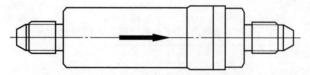

图 4.3-8　启动管路单向阀

（5）连接管（压力软管）

压力软管安装在灭火剂容器阀与灭火剂管路单向阀之间，用以缓冲灭火剂释放时的冲力。连接管（压力软管）的技术参数见表 4.3-7，其结构如图 4.3-9 所示。

连接管（压力软管）的技术参数　　　　　　　　　　　表 4.3-7

工作压力	4.2MPa、5.6MPa
强度试验压力	10.1MPa、12.0MPa
公称通径	32mm、50mm

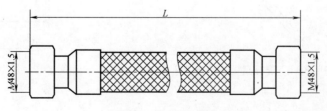

图 4.3-9　连接管

（6）安全泄压阀

安全泄压阀安装在灭火剂容器阀和集流管上，以防止灭火剂容器和灭火剂管道非正常受压时爆炸，安全阀为膜片式结构，安全可靠。安全泄压阀的技术参数见表4.3-8，其结构如图4.3-10所示。

安全泄压阀的技术参数　　　　　　　　　表 4.3-8

爆破压力	9.0±0.45MPa、10.0±0.50MPa
泄流口径	12mm

图 4.3-10　安全泄压阀

（7）选择阀

选择阀用于组合分配系统中，用于控制七氟丙烷灭火剂流向火灾现场。选择阀的技术参数见表4.3-9，其结构如图4.3-11所示。

选择阀的技术参数　　　　　　　　　表 4.3-9

公称工作压力	4.2MPa,5.6MPa(20℃)
强度试验压力	10.1MPa,12.0MPa
手动开启力	≤150N
手动开启行程	≤300mm
气动开启力	≤1.0MPa

（8）信号反馈装置（压力讯号器）

信号反馈装置安装在选择阀或相应的管道上，当灭火剂通过该管段时压力讯号器动作，将信号反馈给报警控制器。信号反馈装置（压力讯号器）的技术参数见表4.3-10，其结构如图4.3-12所示。

信号反馈装置（压力讯号器）的技术参数　　　　　表 4.3-10

工作压力	4.2MPa,5.6MPa(20℃)
强度试验压力	10.1MPa,12.0MPa
微动开关触点容量	DC24V,1A

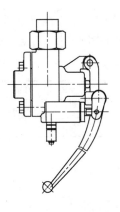

图 4.3-11　选择阀

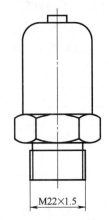

图 4.3-12　压力讯号器

（9）集流管

集流管装于瓶组顶部，各灭火剂储存容器释放的七氟丙烷由集流管集中后通过减压装置、选择阀（组合分配系统）或直接流向喷嘴喷洒。集流管的技术参数见表 4.3-11，其结构如图 4.3-13 所示。

<table>
<tr><td colspan="2" style="text-align:center">集流管的技术参数</td><td style="text-align:right">表 4.3-11</td></tr>
<tr><td>工作压力</td><td colspan="2">4.2MPa，5.6MPa(20℃)</td></tr>
<tr><td>强度试验压力</td><td colspan="2">10.1MPa，12.0MPa</td></tr>
<tr><td>安全泄压装置动作压力</td><td colspan="2">9.0±0.45MPa、10.0±0.50MPa</td></tr>
</table>

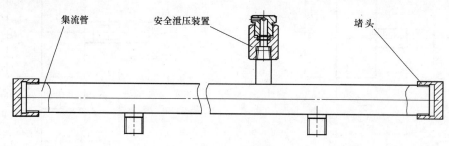

图 4.3-13　集流管

（10）电磁阀

电磁阀安装于启动气体容器阀上，通过报警控制器提供的启动电流启动电磁阀打开容器阀，提供启动气流，以实现自动和远距离手动启动。电磁阀还具备机械启动功能，紧急时由人工打开与防护区对应的电磁阀即可实现灭火剂喷放灭火。电磁阀的技术参数见表 4.3-12，其结构如图 4.3-14 所示。

<table>
<tr><td colspan="2" style="text-align:center">电磁阀的技术参数　　　　表 4.3-12</td></tr>
<tr><td>额定电压(DC)</td><td>24V</td></tr>
<tr><td>额定电流</td><td>1.5A</td></tr>
<tr><td>启动力</td><td>45N</td></tr>
<tr><td>启动行程</td><td>6mm</td></tr>
</table>

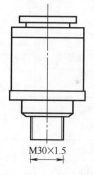

M30×1.5

图 4.3-14　电磁阀

（11）压力显示器

1）灭火剂储存容器压力显示器

灭火剂储存容器压力显示器安装在灭火剂容器阀上，是灭火剂瓶组的检漏装置。灭火剂储存容器压力显示器的技术参数见表 4.3-13，其结构如图 4.3-15 所示。

<table>
<tr><td colspan="2" style="text-align:center">灭火剂储存容器压力显示器的技术参数</td><td style="text-align:right">表 4.3-13</td></tr>
<tr><td>公称压力</td><td colspan="2">4.2MPa、5.6MPa(20℃)</td></tr>
<tr><td>最大工作压力</td><td colspan="2">8.0MPa、12.0MPa</td></tr>
<tr><td>最小工作压力</td><td colspan="2">0MPa</td></tr>
</table>

2）启动气体储存容器压力显示器

启动气体储存容器压力显示器安装在启动气体容器阀上，是启动气体瓶组的检漏装置。启动气体储存容器压力显示器的技术参数见表 4.3-14，其结构如图 4.3-16 所示。

启动气体储存容器压力显示器的技术参数　　　　表 4.3-14

公称压力	6.0MPa(20℃)
最大工作压力	10MPa
最小工作压力	0MPa

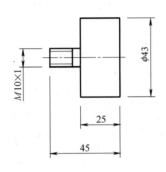

图 4.3-15　灭火剂储存容器压力显示器

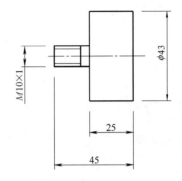

图 4.3-16　启动气体储存容器压力显示器

（12）管路附件

管接头采用 20 号钢材料，内外表面热镀锌处理。

局部阻力损失当量长度（m）见表 4.3-15。

局部阻力损失当量长度（m）　　　　表 4.3-15

公称通径 (mm)	局部阻力损失当量长度			
	90°弯头	直通	三通	
			直路	90°分支路
20	1.5	0.2	0.5	1.7
25	1.8	0.2	0.6	2.0
32	2.2	0.3	0.7	2.5
40	2.8	0.3	0.9	3.2
50	3.5	0.4	1.1	4.0
65	4.5	0.5	1.4	5.0
80	5.2	0.6	1.7	5.8
100	6.4	0.7	2.1	7.3

（13）全淹没喷嘴

全淹没喷嘴能向整个保护区均匀喷射。所有喷嘴均经过专门钻孔以适应特殊设计要求。喷嘴的最大保护高度为 5.0m，喷嘴的最小保护高度为 0.3m；当防护区高度小于 1.5m 时，喷嘴的保护半径小于等于 3.5m；当防护区高度大于 1.5m 时，喷嘴的保护半径小于等于 5m；喷嘴是用标准的黄铜制成。其结构如图 4.3-17 所示。

3. 柜式（无管网）七氟丙烷气体灭火系统（预制七氟丙烷气体灭火系统）的构成

柜式（无管网）七氟丙烷气体灭火系统主要由火灾自动报警控制器、储存装置、单向

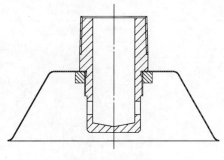

图 4.3-17　喷嘴

阀、压力信号器、框架（瓶组架）、喷头等组成。柜式（无管网）七氟丙烷气体灭火系统的系统组件和有管网中的相应组件的结构完全相同，在此不再赘述。柜式（无管网）七氟丙烷气体灭火系统的基本参数见表 4.3-16，系统组成示意图见图 4.3-18、图 4.3-19 和图 4.3-20。

柜式（无管网）七氟丙烷气体灭火系统的基本参数　　　　　表 4.3-16

装置设计工作压力	2.5MPa
装置最大工作压力(50℃)	4.2MPa
灭火剂储存容器充装压力(20℃)	2.5MPa
灭火剂储存容器容积	70L、90L、120L
喷射时间	$\leqslant$10s
最大喷射时间	10s
装置工作电源	AC220V 50Hz,DC24V
气体储存环境温度	$-10\sim50$℃
启动气体	氮气(N_2)
启动气体充装压力(20℃)	$5.0\sim6.0$MPa

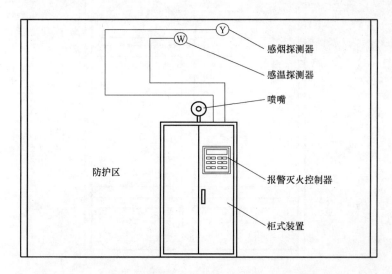

图 4.3-18　柜式（无管网）七氟丙烷气体灭火系统示意图（一）

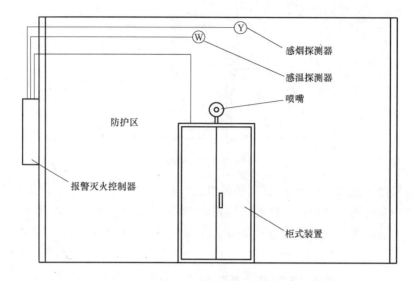

图 4.3-19 柜式（无管网）七氟丙烷气体灭火系统示意图（二）

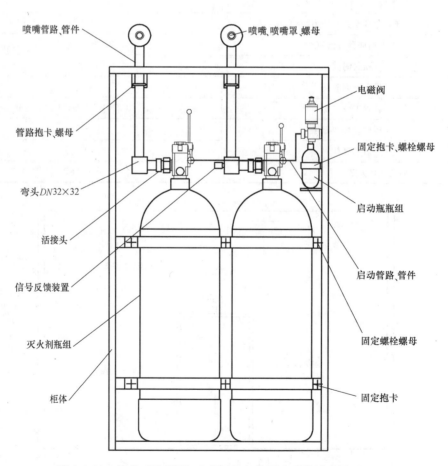

图 4.3-20 柜式（无管网）七氟丙烷气体灭火系统示意图（三）

4.4　IG541气体灭火系统

4.4.1　IG541气体灭火系统概述

IG541气体灭火系统采用的IG541混合气体灭火剂是由大气层中的氮气（N_2）、氩气（Ar）和二氧化碳（CO_2）三种气体以52%、40%、8%的比例混合而成，故它的释放只是将这些天然的气体放回大气层，对臭氧耗损潜能值（ODP）为零、温室效应潜能值（GWP）为零，且此灭火剂在灭火时不会发生化学反应、不污染环境、无毒、无腐蚀、电绝缘性能好。

IG541气体灭火系统的灭火作用主要是通过降低防护区内的氧气浓度（由空气正常含氧量的21%降至12.5%），降低燃烧物的温度，使火焰熄灭而达到灭火的目的。因此，得到了越来越广泛的应用。

1. IG541气体灭火系统的分类

IG541气体灭火系统按应用方式可分为全淹没灭火系统和局部应用灭火系统。

IG541气体灭火系统按系统结构可分为有管网系统和无管网系统。管网系统又可分为组合分配系统和单元独立系统。

2.　IG541气体灭火系统的适用范围

（1）IG541气体灭火系统可以用于扑救下列火灾：

1）灭火前可切断气源的气体火灾。

2）液体火灾或石蜡、沥青等可熔化的固体火灾。

3）固体表面火灾及棉毛、织物、纸张等部分固体的深位火灾。

4）电气火灾。

（2）IG541气体灭火系统不得用于扑救下列火灾：

1）硝化纤维、火药等含氧化剂的化学制品火灾。

2）钾、钠、镁、钛、锆等活泼金属火灾。

3）氰化钾、氢化钠等金属氢化物火灾。

4.4.2　IG541气体灭火系统的构成及组件技术要求

1. IG541气体灭火系统的构成

IG541气体灭火系统主要由自动报警控制器、储存装置、选择阀、单向阀、压力信号器、减压装置、框架（瓶组架）、喷头、管网等组成。IG541气体灭火系统有单元独立系统和组合分配系统两种形式。IG541混合气体灭火系统中单元独立系统和组合分配系统的构成示意，如图4.4-1、图4.4-2所示。

（1）单元独立系统的构成

（2）组合分配系统的构成

2. IG541气体灭火系统的组件及技术要求

（1）IG541气体灭火剂储存装置——灭火剂储存钢瓶：

灭火剂储存钢瓶一般有70L、80L两种规格，是在灭火系统中储存IG541气体的容器，是由钢制气瓶、容器阀、压力显示器等元件组成。IG541气体灭火剂储存钢瓶的主要性能参数见表4.4-1。其示意图如图4.4-3所示。

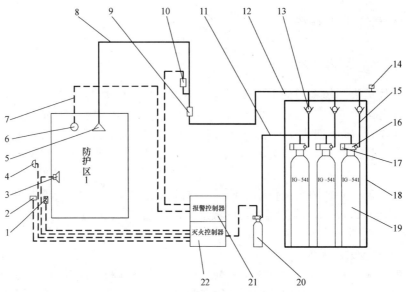

图 4.4-1　单元独立系统构成示意图

1—紧急启停按钮；2—放气指示灯；3—声报警器；4—光报警器；5—喷嘴；6—火灾探测器；7—电
气控制线路；8—灭火剂输送管道；9—减压装置；10—信号反馈装置；11—启动管路；
12—集流管；13—灭火剂管路单向阀；14—安全泄压阀；15—压力软管；
16—灭火剂容器阀；17—机械应急启动把手；18—瓶组架；19—灭火
剂容器；20—启动装置；21—报警控制器；22—灭火控制器

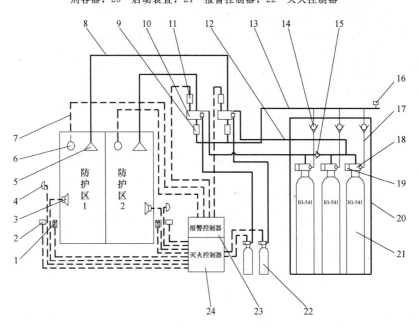

图 4.4-2　组合分配系统示意图

1—紧急启停按钮；2—放气指示灯；3—声报警器；4—光报警器；5—喷嘴；6—火灾探测器；
7—电气控制线路；8—灭火剂输送管道；9—减压装置；10—选择阀；11—信号反馈装置；
12—启动管路；13—集流管；14—灭火剂管路单向阀；15—启动管路单向阀；
16—安全泄压阀；17—压力软管；18—灭火剂容器阀；19—机械应急
启动把手；20—瓶组架；21—灭火剂容器；22—启动装置；
23—报警控制器；24—灭火控制器

灭火剂储存钢瓶的主要性能参数表

表 4.4-1

材　　料	30CrMo
工作压力(MPa)	20
钢瓶容积	70L、80L
钢瓶重量	85kg
充装介质	IG 541 混合气体
最大充装压力	15MPa(20℃)
高度	1570mm
直径	ϕ267mm

图 4.4-3　灭火剂储存钢瓶示意图

（2）储存启动气体容器

启动气体储存容器为高压无缝钢瓶，用以储存启动气体 N_2。储存启动气体容器的主要性能参数见表 4.4-2。其示意如图 4.4-4 所示。

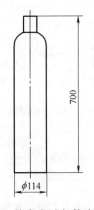

图 4.4-4　储存启动气体容器示意图

储存启动气体容器的技术参数

表 4.4-2

材　　料	45
工作压力	15MPa
试验压力	22.5MPa
充装介质	氮气
最大充装压力	6.0MPa(20℃)
高度	700mm
直径	ϕ114mm(4L)

（3）容器阀

容器阀分为灭火剂容器阀和启动气体容器阀两种。

1）灭火剂容器阀

灭火剂容器阀装于灭火剂储存容器上，具有封存、释放、充装、超压排放、检漏等功能。灭火剂容器阀的主要性能参数见表 4.4-3。其示意图如图 4.4-5 所示。

灭火剂容器阀的技术参数　表 4.4-3

工作压力	15MPa(20℃)
试验压力	24.75MPa
公称通径	12mm
手动开启力	≤150N
手动开启行程	≤5mm
气动开启力	≤1.0MPa
安全泄压装置动作压力	20.6±1.03MPa
检漏装置	IG541专用压力表

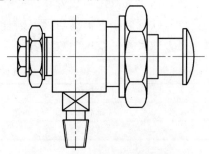

图 4.4-5　灭火剂容器阀示意图

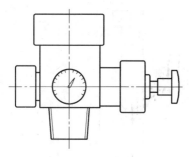

图 4.4-6 启动气体容器阀示意图

2）启动气体容器阀

启动气体容器阀装于启动气体容器上，具有封存、释放、充装、检漏等功能。启动气体容器阀的主要性能参数见表4.4-4。其示意图如图4.4-6所示。

启动气体容器阀的技术参数   表 4.4-4

工作压力	6.0MPa(20℃)
试验压力	9.9MPa
公称通径	6mm
检漏装置	压力表

（4）单向阀

1）灭火剂管路单向阀

灭火剂管路单向阀装于连接管（压力软管）与集流管之间，防止 IG541 混合气体从集流管向灭火剂储存容器反流。灭火剂管路单向阀的主要性能参数见表4.4-5。其示意图如图4.4-7所示。

灭火剂管路单向阀的技术参数

表 4.4-5

工作压力	15MPa(20℃)
试验压力	24.75MPa
公称通径	12mm
开启压力	0.1MPa

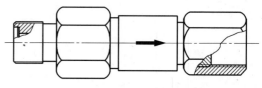

图 4.4-7 灭火剂管路单向阀示意图

2）启动管路单向阀

启动管路单向阀装于启动管路上，用来控制气体流动方向，启动特定的阀门。启动管路单向阀的技术参数见表4.4-6，其结构如图4.4-8所示。

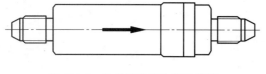

图 4.4-8 启动管路单向阀示意图

启动管路单向阀的技术参数

表 4.4-6

工作压力	6.0MPa(20℃)
试验压力	9.9MPa
公称通径	6mm
开启压力	0.1MPa

（5）连接管（压力软管）

压力软管装于容器阀与灭火剂管路单向阀之间，用以缓冲灭火剂释放时的冲劲。连接管（压力软管）的技术参数见表4.4-7，其结构如图4.4-9所示。

连接管（压力软管）的技术参数   表 4.4-7

工作压力	15MPa(20℃)
试验压力	24.75MPa
公称通径	12mm

（6）安全泄压阀

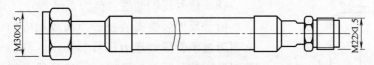

图 4.4-9 连接管示意图

安全泄压阀装于灭火剂储存容器容器阀和集流管上，以防止灭火剂储存容器和灭火剂管道非正常受压时爆炸，安全阀为膜片式结构，安全可靠。安全泄压阀的技术参数见表4.4-8，其结构如图 4.4-10 所示。

安全泄压阀的技术参数 表 4.4-8

爆破压力	20.6±1.03MPa
泄流口径	4mm

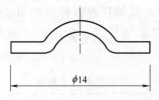

图 4.4-10 安全泄压阀示意图

(7) 选择阀

选择阀用于组合分配系统中，安装在减压装置的下游，控制 IG541 灭火剂流向火灾现场。选择阀的技术参数见表 4.4-9，其结构如图 4.4-11 所示。

选择阀的技术参数 表 4.4-9

公称工作压力	7MPa
强度试验压力	24.75MPa
手动开启力	≤150N
手动开启行程	≤300mm
气动开启力	≤1.0MPa

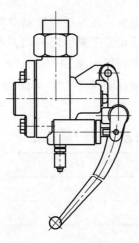

图 4.4-11 选择阀示意图

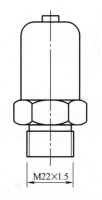

图 4.4-12　压力讯号器示意图

（8）信号反馈装置（压力讯号器）

信号反馈装置安装在选择阀或相应的管道上，当灭火剂通过该管段时压力讯号器动作，将信号反馈给报警控制器。信号反馈装置（压力讯号器）的技术参数见表 4.4-10，其结构如图 4.4-12 所示。

信号反馈装置（压力讯号器）的技术参数

表 4.4-10

工作压力	15MPa(20℃)
试验压力	24.75MPa
微动开关触点容量	DC 24V,1A

（9）集流管

集流管装于瓶组顶部，各灭火剂储存容器释放的 IG541 混合气体由集流管集中后通过减压装置、选择阀（组合分配系统）或直接流向喷嘴喷洒。集流管的技术参数见表 4.4-11，其结构如图 4.4-13 所示。

集流管的技术参数　　　　　　　　　　　　表 4.4-11

工作压力	15MPa(20℃)
试验压力	24.75MPa
安全泄压装置动作压力	20.6±1.03MPa

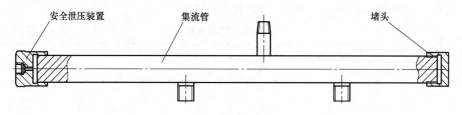

图 4.4-13　集流管示意图

（10）电磁阀

电磁阀安装于启动气体容器阀上，通过报警控制器提供的启动电流启动电磁阀打开容器阀，提供启动气流，以实现自动和远距离手动启动。电磁阀还具备机械启动功能，紧急时由人工打开与防护区对应的电磁阀即可实现 IG541 灭火剂喷放灭火。电磁阀的技术参数见表 4.4-12，其结构如图 4.4-14 所示。

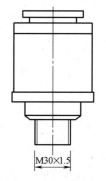

图 4.4-14　电磁阀示意图

电磁阀的技术参数　　　　　表 4.4-12

额定电压(DC)	24V
额定电流	1.5A
启动力	45N
启动行程	6mm

（11）压力表

1）灭火剂瓶组压力表

灭火剂瓶组压力表安装在灭火剂容器阀上，是灭火剂瓶组的检漏装置。灭火剂瓶组压力表的技术参数见表 4.4-13，其结构如图 4.4-15 所示。

灭火剂储存容器压力显示器的技术参数　　　　　　　　　　表 4.4-13

公 称 压 力	15MPa(20℃)
最大工作压力	30MPa
最小工作压力	0MPa

2）启动气体瓶组压力表

启动气体瓶组压力表安装在启动气体瓶组上，是启动气体瓶组的检漏装置。启动气体瓶组压力表的技术参数见表 4.4-14，其结构如图 4.4-16 所示。

启动气体瓶组压力表的技术参数　　　　　　　　　　表 4.4-14

公 称 压 力	6.0MPa(20℃)
最大工作压力	10MPa
最小工作压力	0MPa

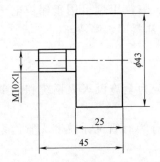

图 4.4-15　灭火剂瓶组压力表

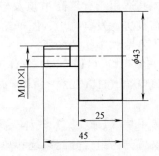

图 4.4-16　启动气体瓶组压力表

（12）全淹没喷嘴

全淹没喷嘴能向整个保护区均匀喷射。所有喷嘴均经过专门钻孔以适应特殊设计要求。封闭高度大于等于 0.5m 的区域，每个喷嘴可覆盖 30m² 以内。封闭高度小于 0.5m 的区域，每个喷嘴可覆盖 20m² 以内。高度的最大限值为 5m。

当保护区的尺寸大于以上一个喷嘴所能覆盖的区域时，必须将保护区从理论上划分成几个适当的子区。

喷嘴是用标准的黄铜制成。其结构见图 4.4-17。

（13）减压装置

减压装置装于集流管与选择阀之间，流过减压装置后的 IG541 混合气体最大压力为 7MPa。减压装置的技术参数见表 4.4-15，其结构如图 4.4-18 所示。

减压装置的技术参数　　　　　　　　　　表 4.4-15

工作压力	15MPa(20℃)
试验压力	24.75MPa

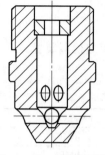

图 4.4-17 全淹没喷嘴

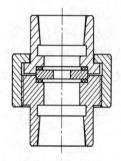

图 4.4-18 减压装置

4.5 三氟甲烷（HFC-23）气体灭火系统

4.5.1 三氟甲烷（HFC-23）气体灭火系统概述

三氟甲烷（HFC-23）气体是一种人工合成的无色、几乎无味、不导电气体，具有不破坏大气臭氧层、低毒、无污染等特点，是一种对人体无害的洁净气体。三氟甲烷灭火剂主要以物理方式和化学方式灭火，灭火时主要是降低火场中空气的氧气浓度使燃烧不能进行，同时灭火剂分离有破坏燃烧链反应的自由基，从而实现理想的灭火效果，其较高的蒸汽压力尤其适用于有较高吊顶及较长输送距离的场所。三氟甲烷可用于保护电子计算机房、通信机房、发电机房、图书馆、资料库、档案馆、油料库、喷漆车间等场所，可用于保护有人停留和工作的场所。

1. 三氟甲烷（HFC-23）气体灭火系统的分类

三氟甲烷（HFC-23）气体灭火系统按应用方式可分为全淹没灭火系统和局部应用灭火系统。

三氟甲烷（HFC-23）气体灭火系统按系统结构可分为有管网系统和无管网系统。管网系统又可分为组合分配系统和单元独立系统。

2. 三氟甲烷（HFC-23）气体灭火系统的适用范围

（1）三氟甲烷（HFC-23）气体灭火系统可以用于扑救下列火灾：

1）电气火灾；

2）液体火灾；

3）固体表面火灾；

4）灭火前能切断气源的气体火灾。

（2）三氟甲烷（HFC-23）气体灭火系统不适用于扑救下列火灾：

1）硝化纤维、硝酸钠等氧化剂或含氧化剂的化学制品火灾；

2）钾、钠、镁、钛、锆、铀等活泼金属火灾；

3）氢化钾、氢化钠等金属氢化物火灾；

4）过氧化氢、联氨等能自行分解的化学物质火灾；

5）可燃固体物质的深位火灾。

4.5.2 三氟甲烷（HFC-23）气体灭火系统的构成及组件技术要求

1. 三氟甲烷（HFC-23）气体灭火系统的构成

三氟甲烷（HFC-23）气体灭火系统主要由自动报警控制器、储存装置、选择阀、单向阀、压力信号器、框架（瓶组架）、喷头、称重检漏仪、管网等组成。三氟甲烷（HFC-23）气体灭火系统的管网灭火系统主要采用单元独立系统和组合分配系统，以下是三氟甲烷（HFC-23）气体灭火系统中单元独立系统和组合分配系统的主要部件及管网示意，如图 4.5-1、图 4.5-2 所示。

（1）单元独立系统的构成

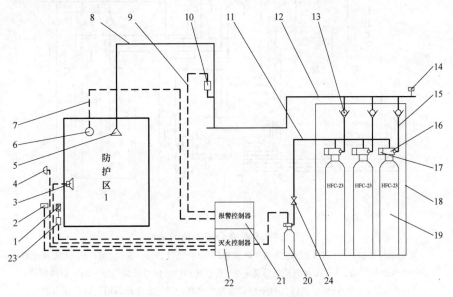

图 4.5-1　单元独立系统示意图

1—紧急启停按钮；2—放气指示灯；3—声报警器；4—光报警器；5—喷嘴；6—火灾探测器；

7—电气控制线路；8—灭火剂输送管道；9—信号反馈线路；10—信号反馈装置；

11—启动管路；12—集流管；13—液流单向阀；14—安全泄压阀；15—压力软管；

16—灭火剂容器阀；17—机械应急启动手；18—瓶组架；19—灭火剂容器；

20—启动装置；21—报警控制器；22—灭火控制器；

23—安全隔离装置；24—低泄高密阀

（2）组合分配系统的构成

2. 三氟甲烷（HFC-23）气体灭火系统的组件及技术要求

（1）灭火剂储存装置——三氟甲烷（HFC-23）储瓶

三氟甲烷（HFC-23）储存容器为高压无缝钢瓶，用于储存三氟甲烷灭火剂。三氟甲烷（HFC-23）储瓶的技术参数见表 4.5-1，其结构如图 4.5-3 所示。

三氟甲烷（HFC-23）储瓶的技术参数　　　　　　　表 4.5-1

材　料	30CrMo
公称工作压力	15.0MPa
钢瓶容积	70L，90L
钢瓶重量	78kg，87kg
充装介质	三氟甲烷
70L 钢瓶高度	1550mm
70L 钢瓶直径	ϕ267mm
90L 钢瓶高度	1350mm
90L 钢瓶直径	ϕ333mm

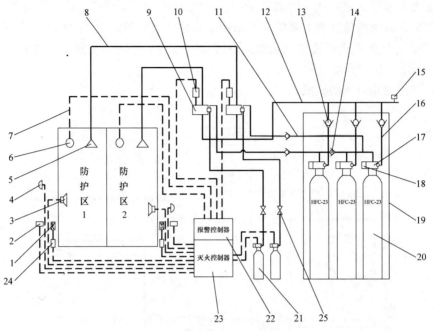

图 4.5-2　组合分配系统的构成

1—紧急启停按钮；2—放气指示灯；3—声报警器；4—光报警器；5—喷嘴；6—火灾探测器；
7—电气控制线路；8—灭火剂输送管道；9—选择阀；10—信号反馈装置；11—启动管路；
12—集流管；13—液流单向阀；14—启动管路单项阀；15—安全泄压阀；16—压力软管；
17—灭火剂容器阀；18—机械应急启动手；19—瓶组架；20—灭火剂容器；
21—启动装置；22—报警控制器；23—灭火控制器；24—安全
隔离装置；25—低泄高密阀

（2）储存启动气体容器

启动气体储存容器为高压无缝钢瓶，用以储存启动气体 N_2。储存启动气体容器的技术参数见表 4.5-2，其结构如图 4.5-4 所示。

储存启动气体容器的技术参数　　　　　　表 4.5-2

材　　料	45
公称工作压力	15.0MPa
钢瓶容积	4L,7L,40L
钢瓶重量	78kg,87kg
充装介质	N_2
最大充装压力	6MPa(20 ℃)
高度	200mm(4L)
直径	$\phi114mm(4L)$

（3）容器阀

容器阀分为灭火剂容器阀和启动气体容器阀两种。

1）灭火剂容器阀

灭火剂容器阀装于灭火剂储存容器上，具有封存、释放、充装、超压排放等功能。灭火剂容器阀的技术参数见表 4.5-3，其结构如图 4.5-5 所示。

图 4.5-3　三氟甲烷（HFC-23）储存容器

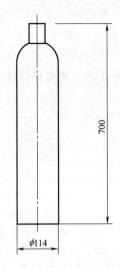

图 4.5-4　储存启动气体容器

灭火剂容器阀的技术参数　　　　　　　　　　　　　　　　　表 4.5-3

设计工作压力	13.7MPa
强度试验压力	20.55MPa
公称直径	32mm
手动操作力	≤150N
手动操作位移	≤300mm
气动开启力	≤1.0MPa
安全泄压装置动作压力	19±0.95MPa

2）启动气体容器阀

启动气体容器阀装于启动气体容器上，具有封存、释放、充装、检漏等功能。启动气体容器阀的技术参数见表 4.5-4，其结构如图 4.5-6 所示。

启动气体容器阀的技术参数　　　　　　　　　　　　　　　　表 4.5-4

工作压力	6MPa(20℃)
强度试验压力	9.9MPa
公称直径	6mm
检漏装置	压力显示器

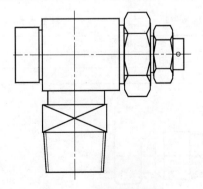

图 4.5-5　灭火剂容器阀

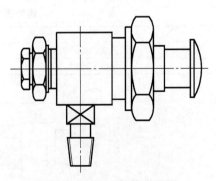

图 4.5-6　启动气体容器阀

（4）单向阀

1）液流单向阀

液流单向阀装于连接管（压力软管）与集流管之间，防止三氟甲烷从集流管向灭火剂储存容器反流。液流单向阀的主要性能参数见表 4.5-5，其示意如图 4.5-7 所示。

液流单向阀的技术参数 表 4.5-5

工作压力	13.7MPa
强度试验压力	20.55MPa
公称通径	32mm
开启压力	≤0.1MPa

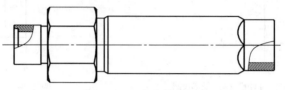

图 4.5-7 液流单向阀

2）气流单向阀

气流单向阀装于启动管路上，用来控制气体的流动方向，启动特定的阀门。气流单向阀的技术参数见表 4.5-6，其结构如图 4.5-8 所示。

气流单向阀的技术参数 表 4.5-6

工作压力	6.0MPa(20℃)
强度试验压力	9.9MPa
公称通径	6mm
开启压力	0.1MPa

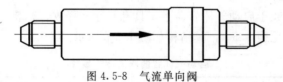

图 4.5-8 气流单向阀

（5）连接管（压力软管）

压力软管安装在容器阀与液流单向阀之间，用以缓冲灭火剂释放时的冲力。连接管（压力软管）的技术参数见表 4.5-7，其结构如图 4.5-9 所示。

连接管（压力软管）的技术参数 表 4.5-7

工作压力	13.7MPa
强度试验压力	20.55MPa
公称通径	32mm

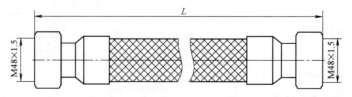

图 4.5-9 连接管（压力软管）

（6）安全泄压阀

安全泄压阀安装在灭火剂容器阀和集流管上，以防止灭火剂容器和灭火剂管道非正常受压时爆炸，安全阀为膜片式结构，安全可靠。安全泄压阀的技术参数见表 4.5-8，其结构如图 4.5-10 所示。

安全泄压阀的技术参数 表 4.5-8

爆破压力	$19\pm0.95MPa$
泄流口径	12mm

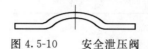

图 4.5-10 安全泄压阀

（7）选择阀

选择阀用于组合分配系统中，用于控制三氟甲烷灭火剂流向。选择阀的技术参数见表 4.5-9，其结构如图 4.5-11 所示。

选择阀的技术参数 表 4.5-9

公称工作压力	13.7MPa
强度试验压力	20.55MPa
手动操作力	≤150N
手动操作位移	≤300mm
气动开启力	≤1.0MPa

（8）信号反馈装置（压力讯号器）

信号反馈装置安装在选择阀或相应的管道上，当灭火剂通过该管段时压力讯号器动作，将信号反馈给报警控制器。信号反馈装置（压力讯号器）的技术参数见表 4.5-10，其结构如图 4.5-12 所示。

信号反馈装置（压力讯号器）的技术参数 表 4.5-10

工作压力	13.7MPa
强度试验压力	20.55MPa
微动开关触点容量	DC2 4V,1A

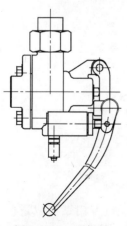

图 4.5-11 选择阀

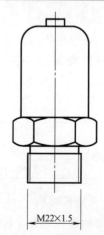

图 4.5-12 信号反馈装置（压力讯号器）

（9）集流管

集流管装于瓶组顶部，各灭火剂储存容器释放的三氟甲烷由集流管集中后通过选择阀（组合分配系统）或直接流向喷嘴喷洒。集流管的技术参数见表 4.5-11，其结构如图 4.5-13所示。

集流管的技术参数 表 4.5-11

工作压力	13.7MPa
强度试验压力	20.55MPa
安全泄压装置动作压力	19±0.95MPa

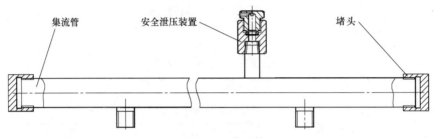

图 4.5-13 集流管

（10）电磁阀

电磁阀安装于启动气体容器阀上，通过报警控制器提供的启动电流启动电磁阀打开容器阀，提供启动气流，以实现自动和远距离手动启动。电磁阀还具备机械启动功能，紧急时由人工打开与防护区对应的电磁阀即可实现三氟甲烷灭火剂喷放灭火。电磁阀的技术参数见表 4.5-12，其结构如图 4.5-14 所示。

电磁阀的技术参数 表 4.5-12

额定电压(DC)	24V
额定电流	1.5A
启动力	45N
启动行程	6mm

（11）压力显示器

启动气体瓶组压力显示器：启动气体瓶组压力显示器安装在启动气体瓶组上，是启动气体瓶组的检漏装置。启动气体瓶组压力显示器的技术参数见表 4.5-13，其结构如图 4.5-15 所示。

启动气体瓶组压力显示器的技术参数 表 4.5-13

公称压力	6.0MPa(20℃)
最大工作压力	10MPa
最小工作压力	0MPa

（12）全淹没喷嘴

全淹没喷嘴能向整个保护区均匀喷射。所有喷嘴均经过专门钻孔以适应特殊设计要求。喷嘴的最大保护高度为 5.0m，喷嘴的最小保护高度为 0.3m；当防护区高度小于

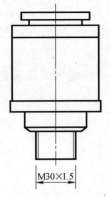

图 4.5-14　电磁阀

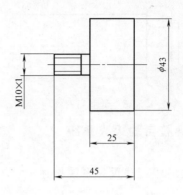

图 4.5-15　启动气体储存容器压力显示器

1.5m 时，喷嘴的保护半径小于等于 3.5m；当防护区高度大于 1.5m 时，喷嘴的保护半径小于等于 5m。全淹没喷嘴的结构如图 4.5-16 所示。

（13）称重检漏仪

称重检漏仪安装在瓶组架的上方，瓶组（钢瓶）悬挂于称重检漏仪上。通过杠杆作用始终监测着系统中每一套瓶组的重量。当瓶组中的三氟甲烷因泄漏失重达到预设的重量时，本仪器会以机械、声和光的方式发出警报。称重检漏仪的结构如图 4.5-17 所示。

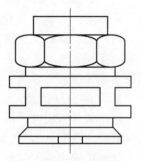

图 4.5-16　全淹没喷嘴

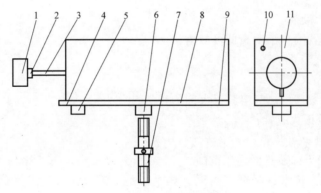

图 4.5-17　称重检漏仪

1—调节砝码；2—锁紧螺母；3—调节螺杆；4—支承点；5—电源触点；6—钢瓶悬挂柱；
7—双头螺栓；8—底板；9—支承点；10—泄漏指示灯；11—外壳

（14）低泄高密阀

低泄高密阀安装在启动管路和组合分配系统的集流管上，当启动气体和灭火剂泄漏到封闭管段时低泄高密阀动作，将泄漏的气体排泄到空气中；当灭火系统启动时，低泄高密阀自动关闭。低泄高密阀的技术参数见表 4.5-14，其结构如图 4.5-18 所示。

低泄高密阀的技术参数　　　　　　　　　表 4.5-14

工作压力	6MPa
强度试验压力	9.9MPa

图 4.5-18   低泄高密阀

（15）安全隔离装置

安全隔离装置使用在火灾自动报警及控制系统中，可以防止气体灭火系统的误动作，如：意外操作紧急启动按钮、雷击引起的脉冲电流等。

4.6   气溶胶自动灭火系统

4.6.1   气溶胶自动灭火系统概述

气溶胶自动灭火系统是国内首创，具有世界先进水平的新型环保消防产品。它是在国际蒙特利尔协定和我国环境保护意识增强的背景下诞生的造福人类的高科技绿色消防产品，是哈龙灭火装置的理想替代产品。

该产品特点：灭火速度快，全方位灭火，不受火源位置影响；通过气体灭火控制器控制从而实现自动灭火，无须人员值守；运行储存于常压状态；无须敷设管网，简便易行，安装维修简单；无毒害，无腐蚀；不损耗大气臭氧层，是绿色环保产品。

1. 气溶胶自动灭火装置的分类

根据中华人民共和国公共安全行业标准《GA499.1—2010 气溶胶灭火系统第 1 部分：热气溶胶灭火装置》，气溶胶灭火装置按不同的标准可分为：

（1）按灭火装置安装方式可分为：

1）落地式灭火装置；

2）悬挂式灭火装置。

（2）按灭火装置喷口温度高低可分为：

1）限温性灭火装置；

2）非限温性灭火装置。

（3）按灭火装置产生热气溶胶灭火剂的种类可分为：

1）S 型气溶胶灭火装置；

2）K 型气溶胶灭火装置。

2. 气溶胶自动灭火装置的适用范围

K 型气溶胶灭火技术也叫钾盐类灭火技术，是气溶胶灭火技术发展的第二阶段。此类气溶胶发生剂中主要采用钾的硝酸盐作为主氧化剂，其喷放物灭火效率高，但因为其中含有大量的钾离子，易吸湿，形成一种发黄发黏的强碱性导电液膜，这种物质对电子设备有很大的损坏性，故 K 型气溶胶自动灭火装置不能使用于电子设备、精密仪器和文物档案场所。目前在市场上使用正在逐渐减少。

S 型气溶胶是第三代气溶胶灭火技术的产品，主要由锶盐作主氧化剂，和第二代钾盐（K 型）气溶胶不同，锶离子不吸湿，不会形成导电溶液，不会对电器设备造成损坏，因此，S 型气溶胶已越来越为广大用户所接受。故本书主要介绍 S 型气溶胶自动灭火装置。

（1）S 型气溶胶适用范围如下：

S 型气溶胶自动灭火装置为全淹没系统，适用于扑灭相对封闭空间的 A、B 类火灾以及电气电缆初起火灾。

1）扑灭 A 类火灾：

如木材、纸张等固体物质初起火灾，适用于木制品库、档案库、博物馆、图书馆、资料室等场所；

2）扑灭 B 类火灾：

适用于生产、使用或贮存柴油（-35 号柴油除外）、重油、变压器油、动物油、植物油等各种丙类可燃液体场所的火灾；

3）扑灭电气电缆火灾：

适用于变（配）电间、发电机房、电缆夹层、电缆井、电缆沟、电子计算机房、通信房等场所的火灾。

(2) S 型气溶胶自动灭火装置不能用于扑救下列物质引起的火灾：

1）无空气仍能迅速氧化的化学物质，如硝酸纤维、火药等。

2）活泼金属，如钾、钠、镁、钛、锆、铀、钚等。

3）能自行分解的化合物，如某些过氧化物、联氨等。

4）金属氢化物，如氰化钾、氢化钠等。

5）能自燃的物质，如磷等。

6）强氧化剂，如氧化氮、氟等。

(3) S 型气溶胶自动灭火装置不适用于下列场所：

1）商业、饮食服务、娱乐等人员密集场所；

2）存放易燃、易爆物资的场所。

4.6.2　S 型气溶胶自动灭火系统的构成及组件技术要求

1. S 型气溶胶自动灭火系统的构成

S 型气溶胶自动灭火系统一般由 S 型气溶胶自动灭火装置、气体灭火控制器、火灾探测器、紧急启停按钮、释放显示灯等构成。S 型气溶胶自动灭火系统一般有两种控制模式，即单区控制模式和多区控制模式。单区控制模式和多区控制模式的 S 型气溶胶自动灭火系统构成如图 4.6-1、图 4.6-2 所示。

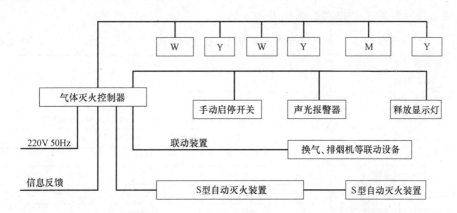

图 4.6-1　单区控制模式 S 型气溶胶自动灭火系统构成示意图

2. S 型气溶胶自动灭火装置组件技术要求

(1) S 型气溶胶自动灭火装置安装组合方式有：

1）立柜组合式（L）；

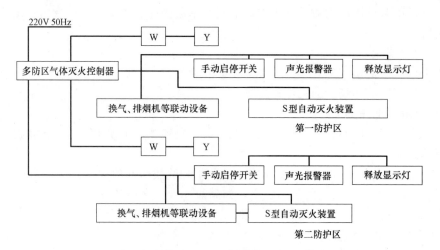

图 4.6-2　多区控制模式 S 型气溶胶自动灭火系统构成示意图

2）小立柜组合式（XL）；

3）立柜式（LG）。

（2）S 型气溶胶自动灭火装置的外形尺寸及重量如表 4.6-1 所示。

S 型气溶胶自动灭火装置外形尺寸及重量　　　　　　表 4.6-1

序　　号	外形尺寸(mm)	重量(kg)
1	1400×620×350	90～120
2	706×620×330	50～70
3	706×400×330	35～45
4	255×260×320	20
5	$\phi300×280$	13

（3）S 型气溶胶自动灭火装置的主要技术参数

S 型灭火装置的主要技术参数见表 4.6-2。

S 型灭火装置的主要技术参数　　　　　　表 4.6-2

适用温度范围	$-20～55℃$
喷射时间	≤2min
喷射滞后时间	≤5s
喷口温度	在喷口正前方 0.01m 处≤180℃，0.05m 处≤80℃
灭火装置箱体温度	箱体表面温度≤100℃
灭火效能	130～150g/m³
启动回路直流电阻	1～9Ω
最大安全电流及时间	150mA/5min
最大启动电流及时间	1A/5min
S 型灭火装置使用期限	6 年

（4）S 型气溶胶自动灭火装置的结构

1）落地式 S 型气溶胶自动灭火装置

落地式 S 型气溶胶自动灭火装置主要由药筒、气体发生器、箱体三部分组成。其中，药筒装在气体发生器中，而每个箱体又根据型号不同装有不同数量的气体发生器。其结构如图 4.6-3 所示。

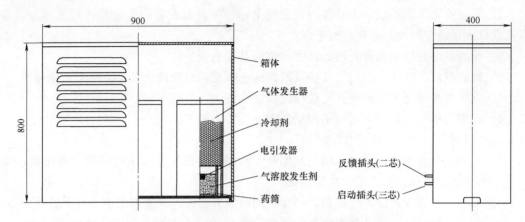

图 4.6-3 落地式 S 型气溶胶自动灭火装置结构示意图

2）悬挂式 S 型气溶胶自动灭火装置

悬挂式 S 型气溶胶自动灭火装置的结构图如图 4.6-4 所示。

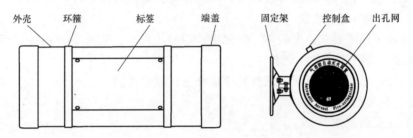

图 4.6-4 悬挂式 S 型气溶胶自动灭火装置结构示意图

4.7 气体灭火系统施工工艺

气体灭火系统施工工艺分为有管网气体灭火系统的施工工艺、无管网气体灭火系统的施工工艺及特殊气体灭火系统的施工工艺三种。

4.7.1 有管网气体灭火系统的施工工艺

1. 有管网气体灭火系统的施工工艺流程的适用范围

本工艺流程适用于民用和一般工业建筑中设置的二氧化碳（高压、低压）灭火系统、七氟丙烷（FM200）气体灭火系统、IG541 气体灭火系统（进口产品又称为烟烙烬气体灭火系统）、三氟甲烷气体灭火系统等的管道及设备安装。

2. 有管网气体灭火系统的施工工艺流程

安装准备→预留孔、洞、预埋铁件→管材、管件、设备及附件清点检查→支、吊架制作、安装→管道预制→管道安装→设备支架安装→集流管及配管件、选择阀安装→管道单项及系统试压→管道冲洗→设备、气瓶稳固安装→装配设备附件及压力开关→管道刷油→喷嘴安装→系统调试。

（1）安装准备

1）认真熟悉图纸，制定施工方案，并根据施工方案进行技术、安全交底。

2）核对有关专业图纸，查看各种管道的坐标、标高是否有交叉或排列位置不当，及时与设计人员研究解决，办理洽商手续。

3）检查预埋套管和预留孔洞的尺寸和位置是否准确。

4）检查管材、管件、阀门、设备及组件的选择是否符合设计要求和施工质量标准。

5）施工机具运至施工现场并完成接线和通电调试，运行正常。

6）合理安排施工顺序，避免工程交叉作业，影响施工。

（2）预留孔、洞及预埋铁件

1）在钢筋混凝土楼板、梁、墙上预留孔、洞时，应设专业人员按照设计图纸将管道及设备的位置、坐标、标高尺寸测量准确。

2）配合土建放线定位，定标高、尺寸。同时同有关部门解决施工中相互矛盾的问题。

3）标记好预留孔、洞及预埋铁件的部位。将预制模盒在绑扎钢筋前固定好，开口盒填塞柔性物材。在浇筑混凝土过程中，应设专业人员核对、看护，以免位移、错位，并且注意复验位置、尺寸。

4）如遇移位、错位，需剔凿处理时，须征得有关单位的同意后，方可进行。

（3）设备材料的清点检查

1）按照设计图纸要求，安装前，做规格、型号、尺寸、质量等方面的清点验证，保证数量、质量符合设计及安装要求。

2）对目测不易识别的材料（阀件）要抽样送试验室检测。

（4）支、吊架的制作安装

1）支、吊架的制作

管道支、吊架应按照设计图纸要求选用材料制作，其加工尺寸、型号、精度及焊接均应符合设计要求。

2）支、吊架的安装

A. 管道支、吊架安装时应及时进行支、吊架的固定和调整工作。

B. 安装支、吊架的位置、标高应准确、间距应合理。应按设计图纸要求，有关标准图规定进行安装。

C. 管道不允许位移时，应设置固定支架。必须严格安装在设计规定的位置上，并应使管子牢固地固定在支架上。

D. 埋入墙内的支架，焊接到预埋件上的支架，用射钉安装的支架，用膨胀螺栓固定安装的支架，都应遵照设计图纸要求进行安装。

E. 在没有预留孔、洞和预埋件的混凝土构件上，可以选用射钉或膨胀螺栓安装支架，但不宜安装推力较大的固定支架。

F. 采用膨胀螺栓有不带钻和带钻两种，常用规格为 $M8$、$M10$、$M12$ 等。

（A）用不带钻膨胀螺栓安装支架时，必须先在安装支架的位置上钻孔。

（B）钻出的孔必须与构件表面垂直。孔的直径与套管外径相等，深度为套管长度加 15mm。钻好后，将孔内的碎屑清除干净。

（C）把套管套在螺栓上，套管的开口端朝向螺栓的锥形尾部；再把螺母带在螺栓上。

然后打入已钻好的孔内，到螺母接触孔口时，用扳手拧紧螺母。随着螺母的拧紧，螺栓的锥形尾部就把开口的套管尾部胀开，使螺栓和套管一起紧固在孔内。如图 4.7-1 所示：

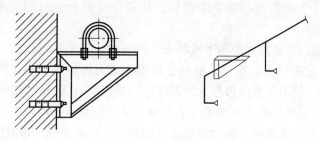

图 4.7-1　支、吊架安装示意图

G. 当安装并列管道时，应注意使管道间距排列标准化。

H. 气体灭火管道必须固定牢靠。管道支吊架安装最大间距应符合表 4.7-1 的规定。

管道支吊架安装最大间距　　　　表 4.7-1

公称直径(mm)	15	20	25	32	40	50	65	80	100	150
最大间距(m)	1.5	1.8	2.1	2.4	2.7	3.0	3.4	3.7	4.3	5.2

I. 公称直径大于或等于 50mm 的主干管道，垂直和水平方向至少应各安装一个防晃支架。当穿过建筑物楼层时，每层应设一个防晃支架。当水平管道改变方向时，应增设防晃支架。

J. 管道末端应采用防晃支架固定，支架与末端喷嘴间的距离不宜大于 500mm。

K. 管道穿过墙壁、楼板处应安装套管。套管公称直径比管道公称直径至少大 2 级，穿墙套管长度应与墙厚相等，穿楼板套管长度应高出地板 50mm。管道与套管间的空隙应采用防火封堵材料填塞密实。当管道穿越建筑物的变形缝时，应设置柔性管段。

（5）管道预制

1）管道切断：根据图纸和现场实际测量的管段尺寸，画出草图，按草图计算管道长度下料，在管段上画出所需的分段尺寸后，使工具与管道轴线成直角，将管道垂直切断，不能使用机械工具等。

2）管道切口的处理：管道的切口处必须用锉锉成一平滑平面，除去管道内外卷边、毛刺等。

3）管道内的检查、清扫、配管端的保护。

A. 管道切口在接合前一定要清扫管口内的存留物及管口边内外的铁屑等。

B. 加工完毕或配管作业临时中止时，必须用堵头将管端封闭好，不能使异物进入管内及管口边外的丝扣处。

C. 安装管道前一定要清扫管膛内及管口边外的丝扣处。

4）将预制加工好的管段配好零件并编号，放到适当位置调直，待安装。

（6）管道安装

1）气体灭火系统的管材应根据设计要求或储存压力选用，一般采用无缝钢管。其质量应符合现行国家标准《输送流体用无缝钢管》GB/T 8163、《高压锅炉用无缝钢管》GB 5310 等的规定。无缝钢管内外应进行防腐处理，防腐处理宜采用符合环保要求的方式。

2）输送气体灭火剂的管道安装在腐蚀性较大的环境里，应采用不锈钢管。其质量应符合现行国家标准《输送流体用不锈钢无缝钢管》GB/T 14976 的规定。

3）输送启动气体的管道，宜采用铜管。其质量应符合现行国家标准《拉制铜管》GB/T 1527 的规定。

4）管道的连接，当公称直径小于或等于 80mm 时，宜采用螺纹连接；当公称直径大于 80mm 的管道，宜采用法兰连接。钢制管道附件应内外防腐处理，防腐处理宜采用符合环保要求的方式。使用在腐蚀性较大的环境里，应采用不锈钢的管道附件。

5）管道安装前应进行调直并清理内部杂物。采用法兰连接时，被焊接损坏的镀锌层要做好防腐处理。丝扣连接时，丝扣填料应采用聚乙烯四氟胶带。切割的管口应用锉刀打净毛刺。

6）管道安装一般包括主干管、支干管、支立管、分支管、集流管、导向管的安装。安装时，由主管道开始，其他分支可依次进行，如图 4.7-2 所示。

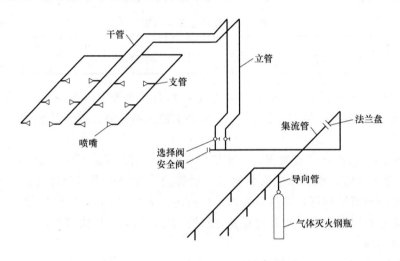

图 4.7-2　气体灭火系统管网示意图

7）管道安装的工艺要求

A. 干管安装

（A）将预制加工好的管道按环路核对编号、运到安装地点，按编号顺序散开放置就位。确定干管的位置、标高、坡度、管径及异变径等，按照尺寸固定好支、吊架。

（B）架设管线连接管道和管件可先在地面组装一部分，长度以便于吊装为宜。起吊后，轻落在支、吊架上，用卡环固定，防止滚落伤人。

（C）采用螺纹连接方式连接管道、管件时，管道吊到支、吊架上后，丝扣连接填料，应采用封闭性能好的聚四氟乙烯带，切忌使用高压橡胶垫，因为橡胶垫容易膨胀，导致漏气，更不能用麻丝做填料。一切就绪后即可上紧管道。

（D）干管安装后，还应拨正调直，从管端看过去，整根管道应在一条直线上。用水平尺在管段上复验，防止局部管段有"下垂"或"拱起"等现象。

（E）干管安装时，出钢瓶间的管段应先安装好，找准尺寸后固定牢靠，管与管之间的距离应严格按照施工图纸确定，确保设备安装尺寸，然后再顺序安装其他管道。所有管道的安装尺寸应与设计图纸一致，严禁任意改变管道方向和长度。

B. 立、支管道安装

（A）干管安装后即可准备安装立管，先检查各层预留孔、洞是否垂直合适，管道就位，放入预定地点，两管口对准，用线坠吊挂在立管一定高度上，找直、找正后，方可安装。

（B）立管安装后，准备安装支管，因支管一般成排，安装时先在墙壁上弹出位置线，以保证安装质量。

C. 灭火剂输送管道连接还应符合下列规定：

（A）采用螺纹连接时，管材宜采用机械切割；螺纹不得有缺纹、断纹等现象；螺纹连接的密封材料应均匀附着在管道的螺纹部分，拧紧螺纹时，不得将填料挤入管道内；安装后的螺纹根部应有2～3条外露螺纹；连接后，应将连接出外部清理干净并做防腐处理。

（B）采用法兰连接时，衬垫不得凸入管内，其外边缘宜接近螺栓，不得放双垫或偏垫。连接法兰的螺栓，直径和长度应符合标准，拧紧后，凸出螺母的长度不应大于螺杆直径的1/2且保证有不少于2条外露螺纹。

D. 启动气体输送管道（铜管）安装工艺

（A）管道连接采用扩口接头。

（B）把扩口螺母带入铜管，然后用胀管工具扩管，应用指定的胀管工具扩管，不能用其他的方法扩管。

（C）使用专用扳手把扩口螺母拧紧，不能用活扳手等。

（7）设备支架安装

1）按照设计图纸要求，进行设备支架组装，组装时注意按照图纸顺序编号进行安装，安装后应再矫正。

2）各部件的组装应使用配套附件螺栓、螺母、垫圈、U型卡等，注意不要组装错位，外露螺栓长度为其直径的1/2为宜。

3）储存容器支架组装完，经复核符合设计图纸要求后，用4根膨胀螺栓固定在储存容器室的地面上。储存容器支架组装示意如图4.7-3所示。

（8）集流管及配管件、选择阀安装

1）集流管及配管件安装示意如图4.7-4所示。

A. 药剂钢瓶一般通过弯管接头、高压软管和单向阀与集流管相接。集流管宜采用焊接方法制作，焊接前每个开口均应采用机械加工方法制造，焊接后镀锌处理。当储存压力不大于4.0MPa、管径不大于80mm时，也可采用丝扣连接方法。集流管应至少设两个固定支架固定牢靠。末端应设安全泄压阀。

B. 把集流管设置在支架上面，将固定螺栓临时拧紧，连接口（导向管）垂直向下，将容器连接管安装后，使其扭曲度不产生附加应力，把所定方向调整到符合要求后，固定拧紧即可。

C. 集流管是将气体灭火剂汇集后，再输送到支路管道中去的设备，应采用厚壁镀锌无缝钢管，其末端安装有安全阀，将其用螺栓固定在支架上。

D. 导向管的两端是螺纹接头，先把紧固侧安在集流管的位置上，然后把活动侧安在储存容器的配管件上。

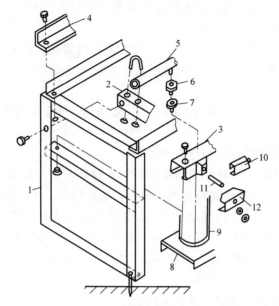

图 4.7-3　储存容器支架组装示意图

1—角钢；2—集合管固定角钢；3—贮藏容器固定后槽钢；4—上架固定角钢；

5—集合管；6—导向管上螺母；7—下螺母；8—贮藏容器底盘座；

9—气体贮藏容器；10—横槽钢架；11—固定螺栓；

12—梯形固定卡套

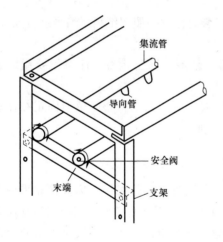

图 4.7-4　集流管及配管件安装示意图

E. 集流管上的泄压装置的泄压方向不应朝向操作面。

F. 连接储存容器与集流管间的单向阀的流向指示箭头应指向介质流动方向。

2）连接软管的安装

多个储存容器系统的容器阀与集流管之间应用软管和单向阀连接，连接软管是用钢丝编织而成，软管可调整安装误差、减轻喷雾时的冲击力。单向阀可防止管路中的灭火溶剂回流。

3）选择阀的安装

A. 选择阀安装在集流管的排气口，当安装高度超过 1.7m 时应采取便于操作的措施。选择阀采用螺纹连接时应增加一个法兰活接口。选择阀安装高度应一致。

B. 选择阀在手动开启杆上部，安装在容易用手操作的位置上。

C. 一般选择阀为法兰连接，应使法兰上的螺栓孔与水平或垂直中心线对称分布。安装螺栓时注意对角拧固。垫料采用耐热石棉"O"型图。安装后用直角尺和塞尺检查其垂直度及间隙数值。

D. 选择阀平常处于关闭状态，当某一防护区域失火时，灭火控制器发出喷放指令，此时通向该区域管网上的选择阀打开，向指令失火区域内喷放灭火剂。

E. 选择阀操作手柄应安装在操作面一侧。

F. 选择阀上应设置标明防护区名称或编号的永久性标志牌，并应将标志牌固定在操作手柄附近。

G. 选择阀的流向指示箭头应指向介质流动方向。

（9）管道单项及系统试压

管道在安装完毕后交付使用前，必须进行下列工作：

A. 系统内水压试验

灭火剂输送管道安装完毕后，应进行水压强度试验和气压严密性试验。

（A）在水压强度试验前，首先将高压管段与低压管段及系统不宜连接的试压设备隔开。并且在所需要的位置上加设盲板，做好标记、记录。系统内的阀门应开启。一般情况下系统水压强度试验的压力为：对于高压二氧化碳灭火系统，应取 15.0MPa；对于低压二氧化碳灭火系统，应取 4.0MPa；对于 IG541 混合气体灭火系统，应取 13.0MPa；对于七氟丙烷气体灭火系统，应取 1.5 倍系统最大工作压力；在进行水压强度试验时，以不大于 0.5MPa/s 的升压速率缓慢升压至试验压力，保压 5min，检查系统管路，无渗漏、无变形为合格。

（B）不宜进行水压强度试验的防护区，可采用气压强度试验代替。气压强度试验的试验压力取值：二氧化碳灭火系统取水压强度试验压力的 0.8 倍，对于 IG541 混合气体灭火系统，应取 10.5MPa；对于七氟丙烷气体灭火系统，应取 1.15 倍系统最大工作压力。

（C）气压强度试验应遵守下列规定：

试验前，必须用加压介质进行预试验，试验压力宜为 0.2MPa。

试验时，应逐步缓慢增加压力，当压力升至试验压力的 50% 时，如未发现异状或泄漏，继续按试验压力的 10% 逐级升压，每级稳压 3min，直至试验压力。保证检查管道各处无变形、无泄漏为合格。

（D）灭火剂输送管道在水压强度试验合格后或气密性试验前，应进行吹扫。吹扫管道可采用压缩空气或氮气，吹扫时，管道末端的气体流速不应小于 20m/s。

（E）吹扫工作一般用工艺装置内的气体压缩机进行。吹扫时在每个出口处放置白布或白纸板检查，不得有铁锈、铁屑、尘土、水分及其他脏物存在。吹扫合格后，应及时把该处接合件拧紧。

（F）灭火剂输送管道经水压强度试验合格后还应进行气密性试验，经气压强度试验合格且在试验后未拆卸过的管道可不进行气密性试验。

（G）气密性试验压力应按下列规定取值：

对灭火剂输送管道，应取水压强度试验压力的 2/3。

对气动管道，应取驱动气体储存压力。

（H）进行气密性试验时，应以不大于 0.5MPa/s 的升压速率缓慢升压至试验压力，关断试验气源 3min 内压力降不超过试验压力的 10% 为合格。

（I）气压强度试验和气密性试验必须采取有效的安全措施。加压介质可采用空气或氮气。

气动管道试验时应采取防止误喷射的措施。

（10）管道冲洗

气压试验完毕后，就可进行管道冲洗工作，要逐根管道地进行冲洗，直至符合设计要求时为合格。

（11）灭火剂储存装置的安装

1）灭火剂储存装置的稳固。按设计要求的编号、顺序进行储存容器的稳固。安装时注意底盘不要发生弯曲下垂，安装容器框架拧紧地脚螺栓后，把储存容器放入容器框架内，并用容器箍固定。

2）灭火剂储存装置的安装：灭火剂储存装置在运输时应采取保护措施，防止碰撞、擦伤。安装时压力表观察面及产品标牌应朝外。钢瓶应排列整齐，间距符合设计要求。钢瓶重量用楼板承担，其固定一般是先在墙面上固定一根槽钢，再用抱卡将钢瓶与槽钢卡在一起。抱卡的高度应在钢瓶 2/3 左右并尽量避开标牌。当槽钢在墙面上不能固定时，也可做成框架在地面上生根。

3）灭火剂储存装置安装后，泄压装置的泄压方向不应朝向操作面。低压二氧化碳灭火系统的安全阀应通过专用的泄压管接到室外。

4）储存装置上压力计、液位计、称重显示装置的安装位置应便于人员观察和操作。

5）储存容器的支、框架应固定牢靠，并应做防腐处理。

6）储存容器宜涂红色油漆，正面应标明设计规定的灭火剂名称和储存容器的编号。

（12）驱动装置的安装

首先将启动装置箱固定在框架上，拧紧螺栓，复核正直后，将小氮气瓶（启动气瓶）稳装在箱内的铁皮套里，再将压力开关固定在箱体内的正确位置上。如图 4.7-5 所示。

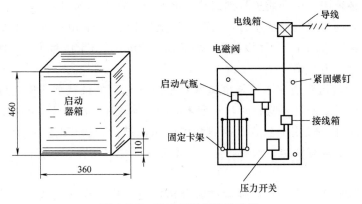

图 4.7-5　启动气瓶安装示意图

（13）阀驱动装置的安装

1）拉索式机械驱动装置的安装应符合下列规定：

A．拉索除必要外露部分外，应采用经内外防腐处理的钢管防护。

B．拉索转弯处应采用专用导向滑轮。

C．拉索末端拉手应设在专用的保护盒内。

D．拉索套管和保护盒应固定牢靠。

2）安装以重力式机械驱动装置时，应保证重物在下落行程中无阻挡，其下落行程应保证驱动所需距离，且不得小于 25mm。

3）电磁驱动装置驱动器的电气连接线应沿固定灭火剂储存容器的支、框架或墙面固定。

4）气动驱动装置的安装应符合下列规定：

A. 气动驱动装置由氮气瓶、铜管和压力启动阀等组成。氮气瓶安装与药剂钢瓶安装基本相同，铜管采用扩口器扩口用锁母等接头零件连接。铜管安装应横平竖直、固定支架间距及平行管道固定夹间距均不宜超过 0.6m，安装后应进行气压严密性试验，试验压力不应低于氮气瓶内的储存压力，稳压 5min，不掉压为合格。

B. 驱动气瓶的支、框架或箱体应固定牢靠，并做防腐处理。

C. 驱动气瓶上应有标明驱动介质名称、对应防护区或保护对象名称或编号的永久性标志，并应便于观察。

5）气动驱动装置的管道安装应符合下列规定：

A. 管道布置应符合设计要求。

B. 竖直管道应在其始端和终端设防晃支架或采用管卡固定。

C. 水平管道应采用管卡固定。管卡的间距不宜大于 0.6m。转弯处应增设 1 个管卡。

6）气动驱动装置的管道安装后应做气压严密性试验，并合格。

（14）压力开关安装

压力开关的作用是在系统工作时受压动作从而反馈工作状态信号，一般在集流管的末端锥丝安装，或在管接头连接件上锥丝安装。

（15）控制组件的安装

1）设置在防护区处的手动、自动转换开关应安装在防护区入口便于操作的部位，安装高度为中心点距地（楼）面 1.5m。

2）手动启动、停止按钮应安装在防护区入口便于操作的部位，安装高度为中心点距地（楼）面 1.5m；防护区的声光报警装置的安装应符合设计要求，并应安装牢固，不得倾斜。

3）气体喷放指示灯宜安装在防护区入口的正上方。

（16）管道刷油

管道及设备安装完毕后，按设计要求，进行管道及设备刷油；刷油时应做到管道及设备表面干净、无锈、油污、灰尘等缺陷。

（17）喷嘴安装

1）喷嘴安装时应按设计要求逐个核对其型号、规格及喷孔方向，安装时应采用专用扳手。

2）喷嘴保护罩安装：此罩一般采用小喇叭形状，作用是防止喷嘴孔口堵塞。

3）连接方法是丝扣连接，填充采用聚四氟乙烯胶带。

4）安装在顶棚下的不带装饰罩的喷嘴，其连接管管端螺纹不应露出顶棚；安装在顶棚下的带装饰罩的喷嘴，其装饰罩应紧贴顶棚。

（18）系统调试

1）一般规定

A. 气体灭火系统的调试应在系统安装完毕，并宜在相关的火灾报警系统和开口自动关闭装置、通风机械和防火阀等联动设备的调试完成后进行。

B. 气体灭火系统调试前应具备完整的技术资料，并应符合国家相关规范的规定。

C. 调试前应按相关规定检查系统组件和材料的型号、规格、数量以及系统安装质量，并应及时处理所发现的问题。

D. 进行调试试验时，应采取可靠措施，确保人员和财产安全。

E. 调试项目应包括模拟启动试验、模拟喷气试验和模拟切换操作试验，并应按要求填写施工过程检查记录。

F. 调试完成后应将系统各部件及联动设备恢复正常状态。

2）调试

A. 调试时，应对所有防护区或保护对象进行系统手动、自动模拟启动试验，并应合格。

B. 调试时，应对所有防护区或保护对象进行模拟喷气试验，并应合格。

柜式气体灭火装置、热气溶胶灭火装置等预制灭火系统的模拟喷气试验宜各取一套分别按产品标准中有关"联动试验"的规定进行试验。

C. 设有灭火剂备用量且储存容器连接在同一集流管上的系统应进行模拟切换操作试验，并应合格。

4.7.2　无管网气体灭火系统的施工工艺

1. 无管网气体灭火系统的施工工艺的适用范围

无管网气体灭火系统的施工工艺流程适用于七氟丙烷无管网气体灭火系统、三氟甲烷无管网气体灭火系统等。

2. 无管网气体灭火系统的安装要求

无管网气体灭火系统，属于预制灭火系统，因此，相对来讲比较简单，只需将预制好的系统安装在气体防护区内的预定位置即可，其控制器、声光报警器的安装与有管网气体灭火系统相同。无管网气体灭火系统的安装应符合以下要求：

（1）环境温度为 0～50℃，且干燥、通风良好；

（2）空气中不得含有易爆、导电尘埃及腐蚀部件的有害物质，否则必须予以保护，装置不得受到震动和冲击；

（3）整个柜体必须能安装平稳，不允许倾斜；

（4）防护区的面积不宜大于 $500m^2$，容积不宜大于 $1600m^3$；

（5）防护区围护结构及门窗的耐火极限均不宜低于 0.5h，吊顶的耐火极限不宜低于 0.25h；

（6）防护区围护结构承受内压的允许压强，不宜低于 1.2kPa；

（7）防护区灭火时应保持封闭条件，除泄压口以外的开口，以及用于该防护区的通风机和通风管道中的防火阀，在喷放气体药剂之前，应做到关闭；

（8）防护区的泄压口宜设在外墙上，应位于防护区净高的 2/3 以上，泄压口的面积应该根据相关的标准进行计算；

（9）当设有外开弹性闭门器或弹簧门时，如果其开口面积不小于泄压口计算面积，不须另设泄压口；

（10）安装在防护区里的位置应选择能避免接近热源和太阳光直接照射的地方，并靠近墙体安装。喷嘴的喷射方向应朝防护区。

3. 无管网气体灭火系统的施工工艺流程：

放置柜体→安装气瓶→连接管路组件及容器阀→校核、调整喷嘴位置→安装喷嘴→微调瓶组→瓶组固定→安装压力开关→系统调试。

（1）放置柜体

将柜体放置在保护区内指定位置。

（2）安装气瓶

将灭火剂瓶组放入柜体中，位置靠后并居中，放入时不得产生过大冲击，不得使瓶组倾倒。

（3）连接管路组件及容器阀

用连接螺母连接管路组件与瓶组的容器阀出口，注意与容器阀出口连接需要先将连接螺母拧到管路上（此处为左旋螺纹），旋入深度为连接管的密封圆弧面与连接螺母的右端螺纹底面基本重合，再将右端螺纹与容器阀出口连接（手力拧紧）。

（4）校核、调整喷嘴位置

观察喷嘴安装管是否与柜体的喷嘴安装孔对正，如不对正调节连接箍使之对正，同时注意连接箍上压力开关座的方向，不得使压力开关座的方向朝正前或正后，调节好后锁紧管路组件中的锁紧冒。

（5）安装喷嘴

将喷嘴连接管做辅助密封处理（缠乙烯带或涂密封胶）并将喷嘴安装。

（6）微调瓶组

微调灭火剂瓶组位置，使之靠在柜体后壁并居中。

（7）瓶组固定

安装抱箍及挂钩将瓶组固定。

（8）安装压力开关

用扳手拧紧连接螺母。将压力开关做辅助密封处理后安装到压力开关座上；并将电磁驱动器安装在容器阀上，锁好柜门。安装完毕。

（9）系统调试

待系统安装完毕后，即可对系统进行调试。

1）系统调试注意事项

A. 气体钢瓶电磁阀接入 24V 电源即会启动，造成气体喷洒，因此调试过程中一定不要把电磁阀安装在钢瓶上，待系统完全调试正常、消防检测、验收合格后再连接。

B. 控制盘在延时期间、延时启动之后以及检测到压力开关动作信号后均保持声光报警信号，直至复位，以此提醒现场人员。

C. 系统正常连接后（除电磁阀外），进行全面系统调试。

2）全面系统调试

A. 延时启动功能调试

（A）将紧急启动按钮按下，此时控制盘的"延时"指示灯亮、声光讯响器动作；控制器"气体启动"动作。等到延时时间结束，控制盘启动电磁阀，此时控制盘的"启动"指示灯常亮，电磁阀动作且保持时间应在 5s 左右（可以进行设置）。如同一个区有多个电磁阀时，电磁阀应能同时动作，且误差不能大于 5s。

（B）用导线将压力开关短接，此时控制盘的"喷洒"指示灯点亮，外接喷洒指示灯点亮；控制器报"气体启动"动作。

（C）系统重新启动后，将主备转换开关打到"备工作"，此时控制盘的"备用工作"指示灯点亮；控制器报"备用工作"动作，重复1～5次，功能应不变。

（D）利用控制器进行联动启动控制，控制盘的"延时"指示灯点亮、声光讯响器动。

B. 立即启动功能调试

（A）利用按下控制盘上的启动按键进行启动，此时控制盘的"启动"指示灯常亮，电磁阀动作且能保持时间应在5s左右（可以进行设置）。

（B）按下控制器上"气体启动"编码点所对应的手动消防启动盘的按键后，此时控制盘的"启动"指示灯常亮，电磁阀动作且能保持时间应在5s左右（可以进行设置）。

C. 故障显示和上报功能调试

（A）将控制盘与紧急启动/停动按钮的任意连线断开，控制盘"故障"指示灯点亮，控制器报"气体启动"故障。

（B）将紧急启动/停动按钮3个接线端子（L1、G、L3）中的任意2个端子用导线短接，控制盘"故障"指示灯点亮，控制器报"气体启动"故障。

（C）将与电磁阀输入端用导线短接，控制盘"故障"、"输出故障"指示灯点亮，控制器报"气体启动"故障。

（D）将控制盘与压力开关的任意连线断开，控制盘"故障"指示灯点亮，控制器报"气体启动"故障。

（E）将控制盘与喷洒指示灯的任意连线断开，控制盘"故障"指示灯点亮，控制器报"气体启动"故障。

（F）喷洒指示灯的输入端用导线短接，控制盘"故障"指示灯点亮，控制器报"气体启动"故障。

注意：在调试过程中应注意，一个终端模块只能启动一个电磁阀，若同时启动多个电磁阀，电磁阀虽能动作，但可能达不到穿破钢瓶安全膜片所需的力（具体结果有待试验证明）。解决方案：需增加继电器和备用电源来解决。

4.7.3 特殊气体灭火系统的施工工艺

下面以S型气溶胶自动灭火装置为例介绍特殊气体灭火系统的施工工艺。

1. S型气溶胶自动灭火装置的安装要求

（1）应根据不同场所的安装条件选择适用型号的S型气溶胶自动灭火装置。

（2）S型气溶胶自动灭火装置的正前方1.0m内，其他各面0.2m内不允许有设备、器具或其他阻碍物。

（3）S型气溶胶自动灭火装置的安装不受位置高低的影响。

（4）S型气溶胶自动灭火装置上盖不允许放置其他任何物品。

（5）落地式S型气溶胶自动灭火装置不宜安装在下列位置

1）临近明火、火源处。

2）临近进风、排风口、门、窗及其他开口处。

3）容易被雨淋、水浇、水淹处。

4）疏散通道。

5）经常受振动、冲击、腐蚀影响处。

2. S型气溶胶自动灭火装置的施工工艺流程

S型气溶胶自动灭火装置的施工工艺流程如下：

装置安装→系统接线→系统调试。

（1）装置安装

1）落地式S型气溶胶自动灭火装置的安装

落地式S型气溶胶自动灭火装置安装的固定方式可以分为地面固定安装、墙壁固定安装两种，安装方式示意如图 4.7-6、图 4.7-7 所示。

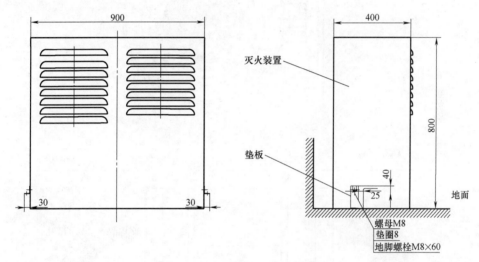

图 4.7-6 地面固定方式示意图

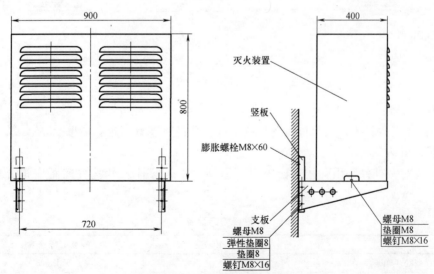

注：安装箱体时，在箱体底座筋上配钻2～ϕ8.5孔。

图 4.7-7 墙壁固定方式示意图

2）悬挂式 S 型气溶胶自动灭火装置的安装

悬挂式 S 型气溶胶自动灭火装置的安装根据不同场所的安装条件选择适用型号的灭火装置。同时，根据《气体灭火系统设计规范》GB 50370—2005 第 3.1.18 条规定：热气溶胶预制灭火系统装置的喷口宜高于防护区地面 2.0m。因此，建议 S 型气溶胶自动灭火装置安装在墙壁上和顶棚上。

墙壁安装和顶棚安装的固定方式如图 4.7-8、图 4.7-9 所示。

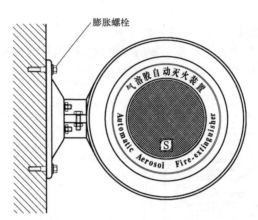

图 4.7-8　墙壁安装方式示意图

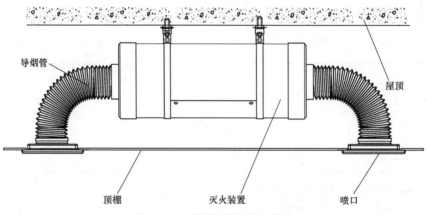

图 4.7-9　吊顶安装方式示意图

A. 墙壁安装

按照图 4.7-8 所示，在承重墙壁相应位置打孔并将装置固定在墙壁上。

B. 吊顶安装

（A）先将"挂件"用膨胀螺栓固定于屋顶，膨胀螺栓及两挂件间距应符合表 4.7-2 的规定。

吊顶固定尺寸　　　　　　　　　　　　　　表 4.7-2

产品外形尺寸	L 长度（mm）	膨胀螺栓型号
$\phi220\times600$	220	M8×80
$\phi300\times800$	390	M10×96
$\phi350\times900$	445	M10×96

（B）按图 4.7-10 所示①、②步骤将装置挂于挂件上。

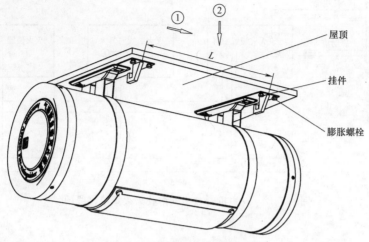

图 4.7-10　顶棚内固定示意图

（C）按图 4.7-11 安装导烟管及面板部件，吊顶安装完成后效果如图 4.7-9 所示。

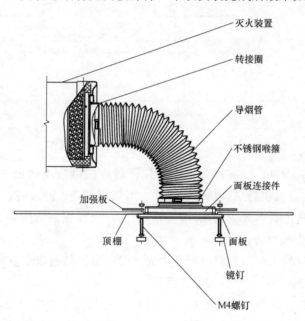

图 4.7-11　导烟管及面板部件的安装

（2）系统接线

1）落地式 S 型气溶胶自动灭火装置的接线

落地式 S 型气溶胶自动灭火装置的系统接线分为有主机时的系统接线和无主机时的接线，这两种接线方式的接线如图 4.7-12、图 4.7-13 所示。

说明：

A. 插件①为反馈端口，两芯插头，属常开无源开关量。接法："1"、"2"脚为接线脚。多台采用并联方式、包括主机。

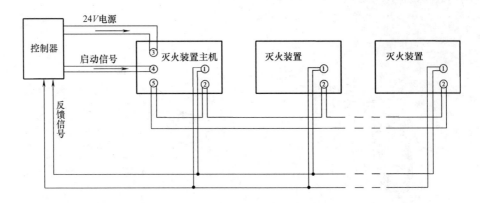

图 4.7-12　有主机时 S 型气溶胶灭火系统接线图

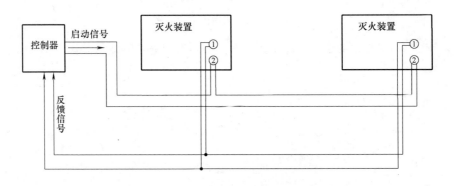

图 4.7-13　　无主机时 S 型灭火系统接线图

B. 插件②为启动端口，三芯插头，连接控制器或主机高压输出端口来的启动信号。在无主机时，接控制器提供的启动信号。接法："1"、"2"脚为接线脚，"3"脚接地。

C. 插件③为主机主备电源输入端口，四芯插头。连接控制器常供 DC 24V/1A 电源。接法："1"、"3"脚为接线脚。

D. 插件④为启动输入信号端口（当发生火灾时，由控制器送来直流 24V/1A 启动信号），五芯插头。接法："1"、"3"脚为接线脚。

E. 插件⑤为高压输出端口，六芯插头，其向灭火装置主机本身及其他灭火装置提供启动信号，高压输出端口至各灭火装置的启动端口②的接线均为串联。接法："1"、"3"脚为接线脚。

以上各接线脚均无极性，插件③、④、⑤仅主机有。

2）悬挂式 S 型气溶胶自动灭火装置的系统接线

悬挂式 S 型气溶胶自动灭火装置的接线方式采用电连接器进行接线，电连接器接线端子示意如图 4.7-14 所示，电连接器接线示意如图 4.7-15 所示。

说明：

A. 电接连器接线端子说明

将灭火装置的电连接器打开，取下胶木芯，如图 4.7-14 所示。其中"1"、"2"为启

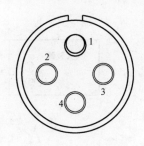

图 4.7-14　电连接器胶木芯示意图

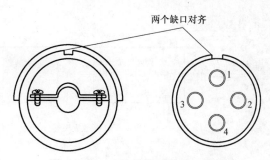

图 4.7-15　电连接器的装配示意图

动端子，无极性，接气体灭火控制器启动放大器（以下简称放大器）的高压输出信号，无放大器时，接控制器的启动信号。"3"、"4"为反馈端子，即装置启动后给控制器的启动信号，在装置内反馈属无源信号。

B. 接线

将启动线及反馈线与电连接器相应的接线脚焊接，套上 $\phi 6$ 热缩管并缩紧。将消防地线接在电连接器外壳紧固线卡上，并用紧固线卡将导线紧固。

注意：焊接好启动及反馈线组装电连接器时，一定要将胶木芯上的缺口与外壳的缺口对齐，否则将导致电连接器插错。如图 4.7-15 所示。

（3）系统调试

系统调试包括落地式 S 型气溶胶自动灭火装置的调试和悬挂式 S 型气溶胶自动灭火装置的调试两种。

1）落地式 S 型气溶胶自动灭火装置调试包括以下内容：

A. 主机的调试

（A）主机功能要求：同一防护区内的 S 型灭火装置应同时启动。当防护区内配置 S 型灭火装置超过 3 台及以上时，与控制器连接的 S 型灭火装置必须采用放大器，以确保该防护区内所有灭火装置同时启动。含有放大器的 S 型灭火装置称为 S 型灭火装置主机（以下简称主机），其他装置与主机连接方式：启动部分为串联、反馈部分为并联。每个放大器最多可启动 10 台落地式灭火装置，一个控制器可带 2 个放大器。

（B）主机的调试

将主机与控制器按要求全部接好连接线（即 24V 电源线、启动信号线、反馈线、高压输出可暂接模拟负载）。

按自检按钮，高压指示灯亮，说明放大器工作正常；启动回路灯亮，说明回路工作正常。

高压输出检测：

高压输出检测时，必须将主机启动输入端口②以及 S 型灭火装置启动输入端口②断开，以确保在检测过程中无电信号输入至主机或 S 型灭火装置的启动输入端，如图 4.7-16 所示。

在高压输出端口⑤上，接上 220V、40W 灯泡。

给主机接通启动信号，应在 2～3s 后有高压输出，220V/40W 灯应闪亮，这说明主机一切正常。

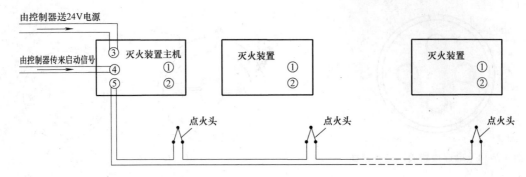

图 4.7-16   主机高压输出检测接线示意图

B. 系统调试

在主机及 S 型灭火装置检测正常的前提下方可进行系统调试，具体方法如下：

在 S 型灭火装置主机高压输出端口⑤（无主机的场合即为控制器的启动输出线路），通往 S 型灭火装置主机及各个 S 型灭火装置的启动端口②的插头上连接检测用点火头（即用一个检测用点火头替代一台灭火装置，而灭火装置主机及各灭火装置的启动端口②与系统线路处于断开状态）如图 4.7-16 所示，然后通过控制器启动灭火装置。若经过控制器预先设定的延时时间后，点火头全部起爆，说明系统调试正常。

2）悬挂式 S 型气溶胶自动灭火装置调试包括以下内容：

A. 放大器的调试

（A）放大器的功能：当防护区内配置气溶胶灭火装置超过 7 台（含 7 台）时，与控制器连接的气溶胶灭火装置必须采用放大器，以确保该防护区内所有灭火装置同时启动，灭火装置与放大器连接方式为串联。每个放大器最多可带 20 台悬挂式灭火装置，一个控制器可带 2 个放大器。

（B）放大器的接线：放大器与气溶胶灭火装置的接线方法如图 4.7-17 所示。

（C）放大器与控制器接线如图 4.7-17 所示。

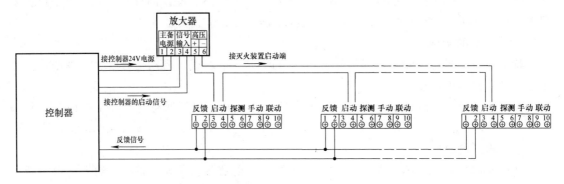

图例：————— 多台灭火装置

图 4.7-17   放大器与控制器的接线图

（D）放大器与电接连器的接线方法如图 4.7-18 所示。

B. 放大器的检测

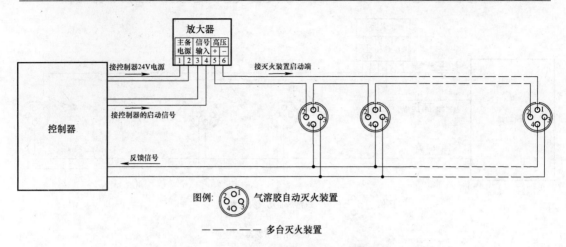

图 4.7-18　放大器与电接连器的接线图

（A）将放大器与控制器按图 4.7-17 和图 4.7-18 全部接好连接线。

（B）按自检按钮，高压指示灯亮——说明放大器工作正常；启动回路灯亮——说明回路工作正常。

（C）高压输出检测：

高压输出检测时，必须将同一防护区内所有气溶胶灭火装置的插头从装置上拔下，以确保在检测过程中无电信号输入至气溶胶灭火装置的启动输入端。

在高压输出端接上 220V/40W 灯泡。

给放大器接通启动信号，应在 2～3s 后有高压输出，220V/40W 灯应闪亮，则说明放大器一切正常。

C. 系统调试

在放大器及气溶胶灭火装置检测正常的前提下方可进行系统调试，具体方法如下：用一个检测用电引发器替代一台灭火装置，而灭火装置的启动端与系统线路处于断开状态（如图 4.7-19、图 4.7-20），然后通过控制器启动灭火装置。若经过控制器预先设定的延时后，检测用电引发器全部起爆，说明系统调试正常。

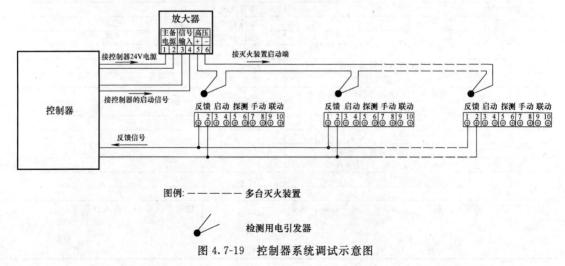

图 4.7-19　控制器系统调试示意图

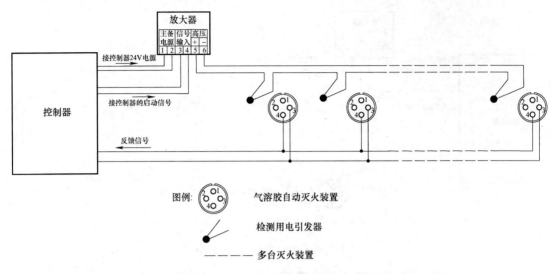

图例：气溶胶自动灭火装置

检测用电引发器

————　多台灭火装置

图 4.7-20　电连接器系统调试示意图

4.8　气体灭火系统施工验收标准

气体灭火系统施工验收标准执行以下国家现行标准的相关要求。

《气体灭火系统施工及验收规范》GB 50263—2007；

《气体灭火系统设计规范》GB 50370—2005；

《二氧化碳气体灭火系统设计规范》GB 50193—93（2010 年版）。

4.9　气体灭火系统施工质量记录

气体灭火系统的主要施工质量记录包括：

（1）施工现场质量管理检查记录，见表 4.9-1。

施工现场质量管理检查记录　　　　　　　　　　表 4.9-1

工程名称		施工许可证	
建设单位		项目负责人	
设计单位		项目负责人	
监理单位		项目负责人	
施工单位		项目负责人	
序　号	项　　目	内　　容	
1	现场质量管理制度		
2	质量责任制		
3	主要专业工种人员操作上岗证书		
4	施工图审查情况		
5	施工组织设计、施工方案及审批		
6	施工技术标准		
7	工程质量检验制度		
8	现场材料、设备管理		
9	其他		
10			
施工单位项目负责人：(签章)　　　　　年　月　日	监理工程师：(签章)　　　　年　月　日	建设单位项目负责人：(签章)　　　　　年　月　日	

(2) 气体灭火系统工程施工过程检查记录，见表4.9-2、表4.9-3、表4.9-4。

(3) 隐蔽工程验收记录，见表4.9-5。

(4) 气体灭火系统工程质量控制资料核查记录，见表4.9-6。

(5) 气体灭火系统工程质量验收记录，见表4.9-7。

气体灭火系统工程施工过程检查记录（一）   表 4.9-2

工程名称				
施工单位		监理单位		
施工执行规范名称及编号		子分部工程名称		进场检验
分项工程名称	质量规定《气体灭火系统施工及验收规范》章节条款	施工单位检查记录		监理单位检查记录
管材、管道连接件	4.2.1			
	4.2.2			
	4.2.3			
	4.2.4			
灭火剂储存容器及容器阀、单向阀、连接管、集流管、选择阀、安全泄放装置、阀驱动装置、喷嘴、信号反馈装置、检漏装置、减压装置等系统组件	4.3.1			
	4.3.2			
	4.3.4			
灭火剂储存容器内的充装量与充装压力	4.3.3			
低压二氧化碳灭火系统储存装置，柜式气体灭火装置、热气溶胶灭火装置等预制灭火系统	4.3.5			
施工单位项目负责人：(签章)			监理工程师：(签章)	
	年 月 日			年 月 日

气体灭火系统工程施工过程检查记录（二）　　　　　表 4.9-3

工程名称				
施工单位		监理单位		
施工执行规范名称及编号			子分部工程名称	系统安装
分项工程名称	质量规定《气体灭火系统施工及验收规范》章节条款	施工单位检查记录	监理单位检查记录	
灭火剂储存装置	5.2.1			
	5.2.2			
	5.2.3			
	5.2.4			
	5.2.5			
	5.2.6			
	5.2.7			
	5.2.8			
	5.2.9			
	5.2.10			
选择阀及信号反馈装置	5.3.1			
	5.3.2			
	5.3.3			
	5.3.4			
	5.3.5			
阀驱动装置	5.4.1			
	5.4.2			
	5.4.3			
	5.4.4			
	5.4.5			
	5.4.6			
灭火剂输送管道	5.5.1			
	5.5.2			
	5.5.3			
	5.5.4			
	5.5.5			
喷嘴	5.6.1			
	5.6.2			
预制灭火系统	5.7.1			
	5.7.2			
控制组件	5.8.1			
	5.8.2			
	5.8.3			
	5.8.4			
施工单位项目负责人:(签章) 　　　　　　年　　月　　日			监理工程师:(签章) 　　　　　　年　　月　　日	

气体灭火系统工程施工过程检查记录（三）　　表 4.9-4

工程名称					
施工单位			监理单位		
施工执行规范名称及编号				子分部工程名称	系统调试
分项工程名称	质量规定《气体灭火系统施工及验收规范》章节条款		施工单位检查记录	监理单位检查记录	
模拟 启动试验	6.2.1				
模拟 喷气试验	6.2.2				
备用灭火剂储存容器 模拟切换操作试验	6.2.3				
调试人员：(签字)				年　月　日	
施工单位项目负责人：(签章) 年　月　日			监理工程师：(签章) 年　月　日		

隐蔽工程验收记录　　表 4.9-5

工程名称		建设单位	
设计单位		施工单位	
防护区/保护对象名称		隐蔽区域	
验收项目		验收结果	
管道、管道连接件品种、规格、尺寸及偏差、性能和质量			
管道的安装质量和涂漆			
支、吊架型号、数量和安装质量			
喷嘴的型号、规格、数量和安装质量			
施工过程检查记录			

验收结论：

验收单位	设计单位：(公章)	项目负责人：(签章) 年　月　日
	施工单位：(公章)	项目负责人：(签章) 年　月　日
	监理单位：(公章)	监理工程师：(签章) 年　月　日

气体灭火系统工程质量控制资料核查记录　　　　　　表 4.9-6

序号		资料名称	资料数量	核查结果	核查人
	工程名称		施工单位		
1		经批准的施工图、设计说明书及设计变更通知书			
		竣工图等其他文件			
2		成套装置与灭火剂储存容器及容器阀、单向阀、连接管、集流管、安全泄放装置、选择阀、阀驱动装置、喷嘴、信号反馈装置、检漏装置、减压装置等系统组件,灭火剂输送管道及管道连接件的产品出厂合格证和市场准入制度要求的有效证明文件			
		系统及其主要组件的使用、维护说明书			
3		施工过程检查记录,隐蔽工程验收记录			

核查结论:

验收单位	设计单位	施工单位	监理单位	建设单位
	(公章)	(公章)	(公章)	(公章)
	项目负责人:(签章)	项目负责人:(签章)	监理工程师:(签章)	项目负责人:(签章)
	年　月　日	年　月　日	年　月　日	年　月　日

气体灭火系统工程质量验收记录　　　　　表 4.9-7

工程名称				
施工单位		监理单位		
施工执行规范名称及编号			子分部工程名称	系统验收
分项工程名称	质量规定《气体灭火系统施工及验收规范》章节条款		验收内容记录	验收评定结果
防护区或保护对象与储存装置间验收	7.2.1			
	7.2.2			
	7.2.3			
	7.2.4			
设备和灭火剂输送管道验收	7.3.1			
	7.3.2			
	7.3.3			
	7.3.4			
	7.3.5			
	7.3.6			
	7.3.7			
	7.3.8			
系统功能验收	7.4.1			
	7.4.2			
	7.4.3			
	7.4.4			

验收结论：

验收单位	设计单位	施工单位	监理单位	建设单位
	（公章）	（公章）	（公章）	（公章）
	项目负责人：(签章)	项目负责人：(签章)	监理工程师：(签章)	项目负责人：(签章)
	年月日	年　月　日	年　月　日	年　月　日

5 消防炮灭火系统

5.1 概述

在无人值守的大空间和需要重点保护的场所，适用于安装具有高度智能化的消防炮进行监控及灭火。消防炮灭火系统有着喷射量大、喷射距离远、灭火迅速等特点。消防炮灭火系统包括自动扫描射水高空水炮灭火系统以及固定消防炮灭火系统。

5.1.1 自动扫描射水高空水炮灭火系统的概念及特点

自动扫描射水高空水炮灭火系统是在发生火灾时自动探测着火部位并主动喷水的灭火系统。本系统通过设置于保护区域内的探测器监视火灾信号，自动对起火点进行精确定位，并在定位过程中进行火灾确认，自动启动电磁阀和消防水泵进行喷水灭火。

自动扫描射水高空水炮的特点为：

1. 发现火情早，扑救火灾准确、及时；
2. 灭火效率高，射水流量大，保护范围大；
3. 供水、供电管路简单，有利于工程设计和施工；
4. 火灾扑灭后自动停止射水，有效避免水渍，减少损失；
5. 系统调试及维护简单、方便。

自动扫描射水高空水炮灭火系统广泛应用于会展中心、大型商场、办公楼、医院、机场、火车站、图书馆、电影院、体育馆、厂房、仓库、批发市场等大空间的场所。

5.1.2 固定消防炮灭火系统

固定消防炮灭火系统是由固定消防炮和相应配置的系统组件组成的固定灭火系统。按照喷射灭火介质的不同，固定消防炮灭火系统又可分为消防水炮灭火系统、消防泡沫炮灭火系统以及消防干粉炮灭火系统等。

1. 消防水炮灭火系统：喷射灭火介质为水，本系统用于一般固体可燃物火灾的场所。
2. 消防泡沫炮灭火系统：喷射介质为泡沫混合液，本系统适用于甲、乙、丙类液体、固体可燃物火灾的场所。
3. 消防干粉炮灭火系统：喷射介质为干粉，本系统适用于液化石油气、天然气等可燃气体火灾的场所。

5.2 消防炮灭火系统的系统构成及组件技术要求

5.2.1 消防炮灭火系统的构成

1. 自动扫描射水高空水炮灭火系统主要由自动扫描射水高空水炮灭火装置、信号阀组、水流指示器、消防水泵、消防水池、水泵接合器、消防水箱及稳压装置、现场控制箱等组件以及管道等组成。自动扫描射水高空水炮灭火系统示意如图 5.2-1 所示。

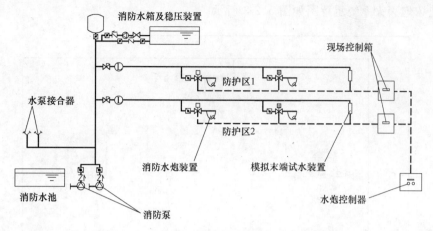

图 5.2-1 自动扫描射水高空水炮灭火系统示意图

2. 固定消防炮灭火系统

(1) 固定消防水炮灭火系统

消防水炮灭火系统为喷射水灭火剂的固定消防炮系统。本系统主要由水源、消防泵组、管道、阀门、消防水炮、动力源和控制装置组成。固定消防水炮灭火系统示意如图5.2-2所示。

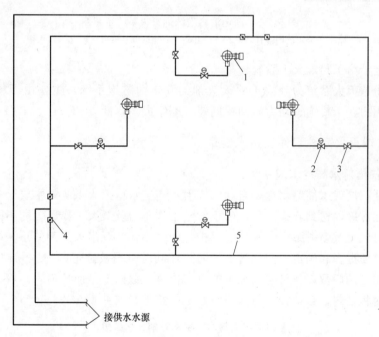

图 5.2-2 固定消防水炮灭火系统示意图

1—消防水炮；2—电动阀；3—信号阀；4—蝶阀；5—供水管

(2) 固定消防泡沫炮灭火系统

消防泡沫炮灭火系统为喷射泡沫混合液灭火剂的固定消防炮系统。本系统主要由水源、消防泵组、泡沫比例混合装置、管道、阀门、泡沫炮、动力源和控制装置等组成。固定消防泡沫炮灭火系统示意图如图 5.2-3 所示。

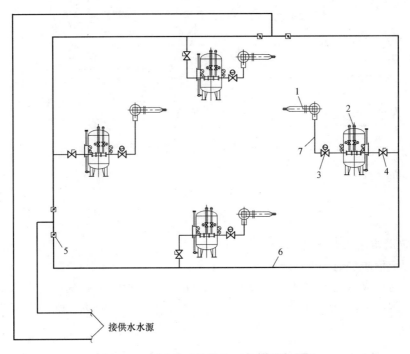

图 5.2-3　固定消防泡沫炮灭火系统示意图

1—消防泡沫炮；2—储罐压力式比例混合器；3—电动阀；4—信号阀；5—蝶阀；6—供水管；7—泡沫混合液管

（3）固定消防干粉炮灭火系统

消防干粉炮灭火系统为喷射干粉灭火剂的固定消防炮系统，主要由干粉罐、氮气瓶组、管道、阀门、干粉炮、动力源和控制装置等组成。

5.2.2　消防炮灭火系统组件及技术要求

1. 自动扫描射水高空水炮系统

（1）自动扫描射水高空水炮是自动扫描射水高空水炮灭火系统的主要灭火设备，灭火剂通过消防炮准确输送到着火部位。由于额定工作压力及最大工作压力的不同，每门炮具有不同的喷射流量及喷射距离。根据被保护物的大小，计算出灭火剂的总需用量和单位时间所需量，以便选择和确定不同流量的消防炮。同时根据被选炮的射程和被保护的面积，确定所需消防炮的门数，并可得出炮位的分布位置，原则上是使任何一处着火点，都应处于两门炮的射程之内。自动扫描射水高空水炮的技术参数见表 5.2-1。

自动扫描射水高空水炮的技术参数　　　　　　　　　表 5.2-1

参 数 名 称	单位	参　　　数
工作电压	V	交流 220±10%
功耗	W	监视≤3W、扫描≤17W
标准工作压力	MPa	0.6
标准射水流量	L/s	10
保护半径	m	35

续表

参 数 名 称	单位	参 数
启动时间	s	≤25
工作环境温度	℃	5~55
安装高度 H	m	8≤H≤35

（2）自动扫描射水高空水炮在安装形式上分为中悬式和吸顶式两种。如图 5.2-4、图 5.2-5 所示。

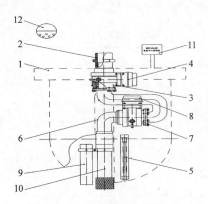

图 5.2-4　中悬式水炮结构图

1—外罩；2—入口联接；3—水平转动关节；4—水平驱动电机；5—水平探测器；6—水剂通道；7—垂直旋转关节；
8—垂直驱动电机；9—垂直探测器；10—喷嘴；11—控制电路；12—火灾探测器

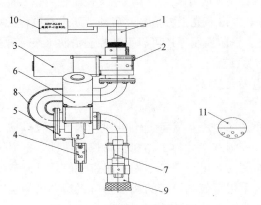

图 5.2-5　吸顶式水炮结构图

1—基座；2—水平转动关节；3—水平驱动电机；4—水平探测器件；5—垂直转动关节；6—垂直驱动电机；
7—垂直探测器件；8—水剂通道；9—喷射头；10—控制电路；11—水灾探测器

（3）消防水源及消防用水量

消防水炮灭火系统的水源由天然水源或消防水池提供，天然水源应保证枯水期的消防用水量的措施。根据《固定消防炮灭火系统设计规范》的要求，利用消防水炮系统灭火的持续灭火时间，扑救室内火灾的灭火用水连续供给时间不应小于 1.0h，扑救室外火灾的灭火用水连续供给时间不应小于 2.0h。同时，民用建筑的用水量不应小于 40L/s，工业建筑的用水量不应小于 60L/s。因此，根据以上参数，可确定消防水炮灭火系统的消防用水量。

（4）消防水泵：详见本书第 7 章相关内容。

（5）现场控制箱

现场控制箱与自动扫描射水高空水炮灭火系统配合使用，每一套自动扫描射水高空水炮灭火系统必须配有一台现场控制箱，现场控制箱可以安装在顶棚、墙壁或管网上。现场控制箱的作用是为自动扫描射水高空水炮灭火系统提供电源供给及信号传递。它可以直接驱动一个或多个电磁阀，并同时给出对应的无源接点信号，提供报警信号给其他控制设备。当接收到自动扫描射水高空水炮灭火系统火警信号时，传递信号给相关装置，相关装置启动实行灭火。现场控制箱的技术参数见表 5.2-2。

现场控制箱的技术参数
表 5.2-2

输入电压	AC220V
输出电压	DC24V
总输出功率	60W
对外输出	24V,1A
耐压	AC1500V
无源输出端子	2 对及以上
触点容量	DC24 10A、AC250V 10A
信号输出方式	多线、CAN 总线、视频总线

（6）消防水箱及气压罐稳压装置   详见本书第 7 章相关内容。

（7）水泵接合器   详见本书第 7 章相关内容。

（8）消防控制柜：自动扫描射水高空水炮系统控制柜可以实时接收灭火装置送来的火警信号，并显示火警信号，发出声光报警信号，启动消防水泵进行灭火，同时切断非消防电源及其他联动设备。此外，消防控制柜还可以手动控制消防水泵。详见本书第 8 章相关内容。

2. 固定消防炮灭火系统

（1）固定消防水炮灭火系统

1）固定消防水炮

消防水炮主要有连接座、进水管、仰俯机构、水平回转机构、水喷射系统、动力源等组成。固定消防水炮按控制方式分为手动和自动控制两种。根据工程需要，在安装中水炮的仰俯角应满足举高喷射的要求，消防炮炮头流量一般是可调节的，举高喷射不应受供水流量的限制，消防炮头采用直流和喷雾的调节，可根据火场的实际情况选用。固定消防水炮主要技术参数见表 5.2-3。

固定消防水炮主要技术参数
表 5.2-3

水量	30L/s	40L/s	50L/s
喷射压力	1.0MPa		
水射程	≥55m	≥60m	≥70m
俯角	≤-70°		
水平回转角	90°		
仰角	≥40°		

A. 手动消防炮

手动式消防水炮结构如图 5.2-6 所示。

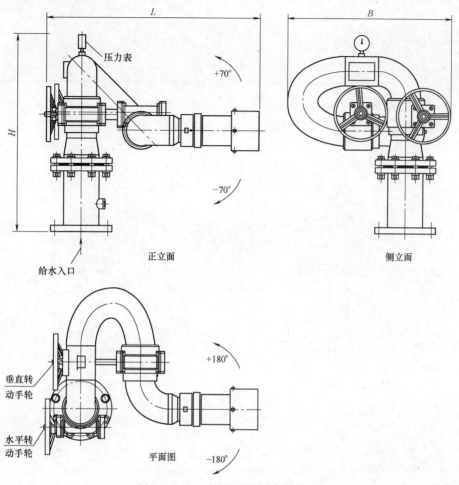

图 5.2-6   手动式消防水炮结构图

手动式消防水炮外形尺寸参数见表 5.2-4。

手动式消防水炮外形尺寸参数表   表 5.2-4

序号	型号	L	B	H	进口法兰 DN	毛重(kg)
1	L20					
2	L25					
3	L30	750	585	770		≤70
4	L40				100	
5	L50					
6	L60					
7	L70	845	675	860		≤90
8	L80					
9	L100	960	715	885	150	≤105
10	L120					

序号	型号	L	B	H	进口法兰 DN	毛重(kg)
11	L150					
12	L180	985	855	990	200	≤165
13	L200					

B. 电动消防水炮

电动消防水炮结构如图 5.2-7 所示。

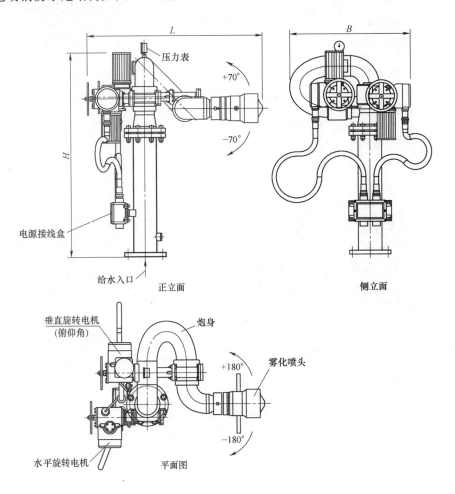

图 5.2-7　电动消防水炮结构图

电动消防水炮外形尺寸参数见表 5.2-5。

2）固定消防泡沫炮

水成膜泡沫灭火剂储存在泡沫液灌内，通过泡沫比例混合装置与水混合后，输出的泡沫混合液经通过泡沫炮喷射产生灭火泡沫，喷射到燃烧液体表面，泡沫层析出的水分能在燃料表面形成一层封闭性很好的水膜，起到隔离燃料与空气的接触，靠泡沫和保护膜双重作用，能迅速、高效率的扑救气体火灾。下面对泡沫比例混合器及泡沫炮分别进行介绍。

电动消防水炮外形尺寸参数表　　　　　　表 5.2-5

序号	型号	L	B	H	进口法兰 DN	毛重(kg)
1	20	980	680	1325	100	≤200
2	25					
3	30					
4	40					
5	50					
6	60	1075	770	1365		≤205
7	70					
8	80					
9	100	1185	810	1385	150	≤215
10	120					
11	150	1200	890	1490	200	≤315
12	180					
13	200					

A. 泡沫比例混合器

在固定消防泡沫炮灭火系统中，设置泡沫比例混合器，使灭火管网中产生足够的泡沫，通过管网至消防泡沫炮对着火部位进行喷射。泡沫比例混合器主要用于泡沫炮系统中，它是由胶囊、压力式比例混合器、安全阀、控制阀门、液位计及一些辅助零部件组成。当消防压力水流经该设备时，比例混合器将其按比例分流，其中一小部分水进入带胶囊的泡沫液储罐夹层，挤压胶囊，置换出的泡沫液与其余主管道的消防水混合为一定比例的泡沫混合液，并输给泡沫产生设备。卧式隔膜型储罐压力式泡沫比例混合装置示意，如图 5.2-8 所示。

卧式隔膜型储罐压力式泡沫比例混合装置名称见表 5.2-6。

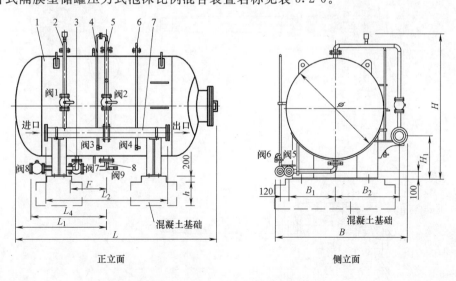

正立面　　　　　　　　　　　　侧立面

图 5.2-8　卧式隔膜型储罐压力式泡沫比例混合装置示意图

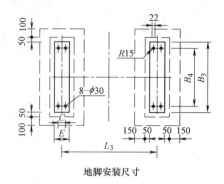

地脚安装尺寸

图 5.2-8 卧式隔膜型储罐压力式泡沫比例混合装置示意图（续）

卧式隔膜型储罐压力式泡沫比例混合装置名称表 表 5.2-6

编号	名称	编号	名称	编号	名称
1	罐体	7	混合器管	阀4	罐排气阀
2	进水管	8	加排液及位标管	阀5	位标显示阀
3	排水管			阀6	位标排空阀
4	胆内排气管	阀1	进水阀	阀7	排液阀
5	出液管	阀2	出液阀	阀8	排水阀
6	罐排气管	阀3	胆排气阀	阀9	加液阀

B. 泡沫炮

消防泡沫炮是产生和喷射泡沫，远距离扑救甲、乙、丙类液体火灾的消防炮。泡沫炮主要有手把、底座、进水管、回转体、锁紧装置、泡沫喷射系统及转动机构组成。在 $0.8 \sim 1.0$ MPa 的压力范围内具有良好的性能，喷射空气泡沫时，将比例混合器调整到与之配套的泡沫炮流量值后即可使用。消防泡沫炮的示意图如图 5.2-9 所示。

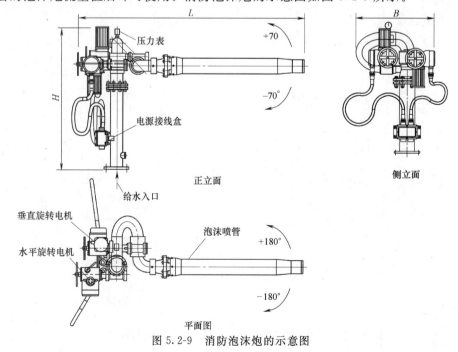

图 5.2-9 消防泡沫炮的示意图

消防泡沫炮外形尺寸见表 5.2-7。

消防泡沫炮外形尺寸表   表 5.2-7

序号	型号	L(mm)	B(mm)	H(mm)	进口法兰 DN	毛重 kg
1	24	1780	680	1325		≤200
2	32					
3	40	1880	680	1325	100	
4	48					
5	64	2230	770	1365		≤215
6	80	2280	770	1365		
7	100	2425	810	1320	150	≤225
8	120	2540	810	1320		

3) 固定消防干粉炮

在工程中常用的干粉种类有碳酸氢钠干粉、碳酸氢钾干粉、氨基干粉以及磷酸铵盐干粉等。干粉炮系统的干粉连续供给时间不应小于 60s。固定干粉炮灭火系统主要由干粉罐、氮气瓶组、管道、阀门、干粉炮、动力源和控制装置等组成。固定干粉炮灭火系统采用氮气驱动储存容器内的超细干粉灭火剂，当火灾探测器探测到火灾发生时，将在没有人为因素影响的情况下启动灭火装置，由氮气瓶组内的高压氮气，进入超细干粉灭火剂储罐，推动灭火剂往输出管设置在保护区的干粉炮喷出高效、环保、灭火迅速的超细干粉灭火剂。下面对干粉罐及氮气瓶组分别进行介绍。

A. 干粉罐

干粉罐的容积经计算确定，其总量应满足在规定的时间内需要同时开启干粉炮所需干粉量的要求，并不应小于单位面积干粉灭火剂供给量与灭火面积的乘积。在停靠大型液化石油气、天然气船的液化石油气码头装卸臂附近宜设置喷射量不小于 2000kg 干粉的干粉炮系统。干粉罐必须选用压力储罐，宜采用耐腐蚀材料制作；当采用钢质罐时，其内壁应做防腐蚀处理；干粉罐应按现行压力容器国家标准设计和制造，并应保证其在最高使用温度下的安全强度。同时，干粉罐的干粉充装系数不应大于 1.0kg/L，且干粉罐上应设安全阀、排放孔、进料孔和人孔。

B. 氮气瓶组

干粉驱动装置应采用高压氮气瓶组，氮气瓶的额定充装压力不应小于 15MPa，水压试验压力为 22.5MPa。干粉罐和氮气瓶应采用分开设置的形式。氮气瓶的性能应符合现行国家有关标准 GB5099 的要求。在氮气储瓶的数量方面，根据有关规范的要求，当干粉输送管道总长度大于 10m 小于 20m 时，每千克干粉需配给 50L 氮气，当干粉输送管道总长度不大于 10m 时，每千克干粉需配给 40L 氮气。

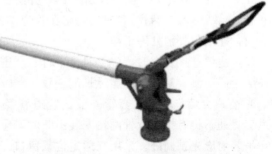

图 5.2-10 固定消防干粉炮的参考图

固定消防干粉炮的参考图如图 5.2-10 所示。

5.3　消防炮灭火系统施工工艺

5.3.1　工艺流程

根据施工设计图纸及工程特点，合理安排施工工序。消防炮灭火系统施工工艺流程具体为：

管件及支架预制→管件丝扣加工及滚槽加工→管道支架安装→干管安装→支管安装→管道试压→管道冲洗→设备安装→系统调试等几个阶段。

1. 材料、设备进场时必须报监理检验合格后方可使用。管道安装采用分段施工，由下而上的秩序进行。支管采用各层支管集中预制，现场安装的施工方法。管道支架、吊架的安装位置，应符合给水管道对于防晃支吊架间距的要求。管道支、吊架之间的最大间距应符合本手册第 2 章中表 2.3-2 的规定。

2. 消防炮灭火系统管材应根据设计要求，采用镀锌钢管及相应管件。一般要求，当管子公称直径小于 100mm 时，应采用螺纹连接；当管子公称直径大于等于 100mm 时，采用沟槽式卡箍连接。管网安装前应校直管子并清除内部杂物，停止安装时已安装的管道出口应封堵好。管网安装后，管道不得有塌腰、起拱的波浪现象和左右扭曲的蛇弯现象。管道应做红色环圈标志或均匀涂刷大红漆。

（1）管道连接卡箍式接头时的工艺要求：

1）先检查管端部：从管端头到凹槽必须无凹凸不平或滚痕在其外表面，以保证密封圈密封不泄漏。

2）检查密封圈及润滑：在密封圈凸缘及其外边涂一薄层润滑剂液或肥皂液。

3）安装密封圈：把密封圈套在钢管的管端，确保密封圈凸缘不伸出在管接头。

4）连接管子两端：把两钢管或管件摆放在一条直线上，对准管子，把两端连在一起，使密封圈滑入两管凹槽定位，使之跨压在两个连接管端上，密封圈既不能盖住或挡住沟槽，也不应伸入另一端的凹槽。

5）施加卡箍，把卡箍放在密封圈上，确保卡箍嵌入凹槽。插入螺栓并带上螺母，用工具均匀拧紧两边的螺母，直到卡箍之间紧靠在一起。

（2）管子套丝的工艺要求：

1）DN32mm 管子套丝两次，DN40～DN50 管子套丝三次，DN70～DN80 管子套丝3～4 次，管螺纹加工精度应符合国家标准中的有关规定，要求无断丝、镀锌层无破损，螺纹清洁、规整，组装后管螺纹有 2～3 扣外露，并防腐良好，无外露油麻等缺陷，连接牢固。

2）螺纹连接的密封填料应均匀附在管道的螺纹部位，拧紧管子时不得将密封材料挤入管内，连接后外部处理干净。

（3）法兰连接管道时，法兰对接平行、严密，与管子中心线垂直、衬垫材质良好，螺母在法兰同一侧，螺杆露出螺母长度一致。

3. 管道穿墙作套管，套管一般比管道管径大两号，管套间隙填密封膏或沥青麻丝，管道套管处不得有接头。管网在安装中断时，应将管口封闭。支管安装，管道的分支预留口在吊装前应先预制好。采用三通定位预留口。所有预留口均加好临时堵板。当管道变径时，宜采用异径接头。

5.3.2 安装准备

熟悉图纸并对照现场复核管路、设备位置、标高是否有交叉或排列不当，及时与设计人员研究解决，如有问题及时办理洽商手续。

1. 安装前进场设备材料进行检验，即进场设备材料规格、型号应满足设计要求：外观整洁，无缺损、变形及锈蚀；镀锌或涂漆均匀无脱落；法兰密封面应完整光洁，无毛刺及径向沟槽；丝扣完好无损伤；水泵盘车应灵活无阻滞及异常声响；设备配件应齐全；各类阀门逐个进行渗漏试验。进场阀门进行外观检查的同时，应进行强度及严密性压力试验。

2. 高空水炮、干粉罐、氮气储罐、水泵、控制柜及气压给水设备等均到达现场，在建设单位、施工单位、监理单位及设备厂家相关人员均到场的情况下，进行开箱检验。以上设备应具有检测报告、合格证及安装技术手册，经现场各方人员确认，设备完好无损，所有配件齐全，与设计图纸的型号、参数一致。

3. 水泵、气压给水设备等设备基础已施工完毕，具备安装条件。

4. 施工现场施工机具接线完成，试运行正常，具备施工条件。起重、吊装等设备安装完毕，并经监理等单位检查合格。施工测量工具的精度及数量达到要求。

5. 施工单位技术人员根据系统组成及设备特点，制定设备安装作业指导书，并经监理单位认可。

5.3.3 安装技术要点

针对本章介绍的固定消防炮灭火系统，故安装技术要点主要介绍高空水炮、室外固定消防炮、干粉罐及氮气储罐的安装。

1. 高空水炮

对于不同的建筑特点，为到达最好的灭火效果，室内消防高空水炮的安装形式有中悬式、吸顶式两种。高空水炮的体积较小，可直接与供水管道连接。在连接水炮的管道处，安装固定支架，保证水炮在喷射过程中不震动、不位移等。一般管道固定采用角钢，根据管道的管径不同，选择不同型号的角钢。水炮与管道连接可采用丝接或法兰连接。水炮安装完成后，定期转动部位需加注润滑脂，保证转动灵活。若发现喷射压力过高或射程较近时，应检查喷头处是否有堵塞物，若有应及时清除。在安装消防炮前，必须对管路进行冲洗，以防杂物进入消防炮堵塞喷头。各部件应保持完好，如果发现紧固件松动，应及时修复。若消防炮使用很长时间后，应对表面进行相应的处理。中悬式及吸顶式消防炮安装示意如图5.3-1所示。

消防炮入口法兰下250mm处应设置固定架，支架角钢做法参考标准图集《室内管道支架及吊架》03S402，具体选型时需重新计算。

2. 对于室外安装的固定水炮，应安装专用消防炮塔。消防炮塔具有良好的耐腐蚀性能，其结构强度应能同时承受使用场所最大风力和消防炮喷射反力。消防炮塔有钢结构及框架结构两种，并安装可靠的防雷设施，同时其形式能保证水炮的正常操作使用的要求，不得影响消防炮的左右回转或上下俯仰等常规动作。在通常情况下，消防炮塔为双平台，上平台安装泡沫炮，下平台安装水炮；也有三平台（或多平台）消防炮塔，上平台安装泡沫炮，中平台安装水炮，下平台安装干粉炮。这主要是根据泡沫、水、干粉等不同灭火剂

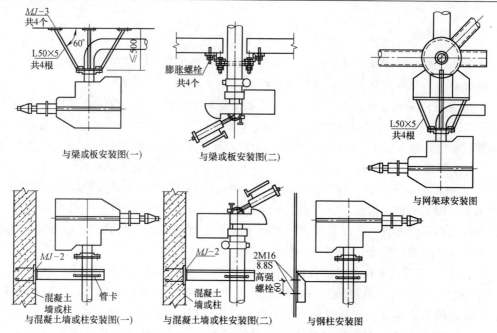

图 5.3-1 中悬式及吸顶式消防炮安装示意图

各自的喷射特性以及泡沫炮的炮筒较长等因素决定的。为保证泡沫炮的喷射效果,将其放置在上平台是有利的、必要的。正是由于泡沫炮的炮筒较长,其仰角和俯角均较大,安装在层高间隔较小的下层平台有困难,故需安装在最上层平台。下面就固定炮的安装形式及部位分别进行介绍:

(1) 消防炮安装于平台上。消防炮引入管应牢固固定在平台上,平台为现浇钢筋混凝土平台或钢平台。肋板与预埋钢板及引入管在平台上表面焊接,必要时也可在平台下表面

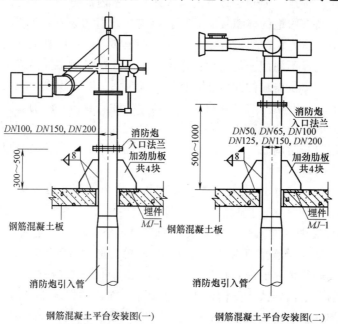

图 5.3-2 消防炮在钢筋混凝土平台上安装示意图

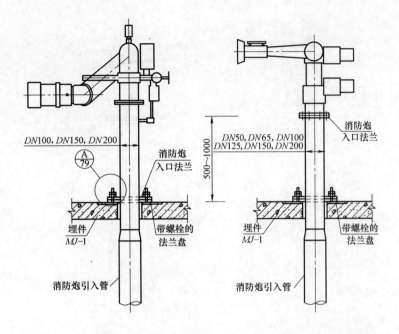

钢筋混凝土平台安装图(三)　　　　钢筋混凝土平台安装图(四)

图 5.3-3　消防炮在钢筋混凝土平台上安装示意图

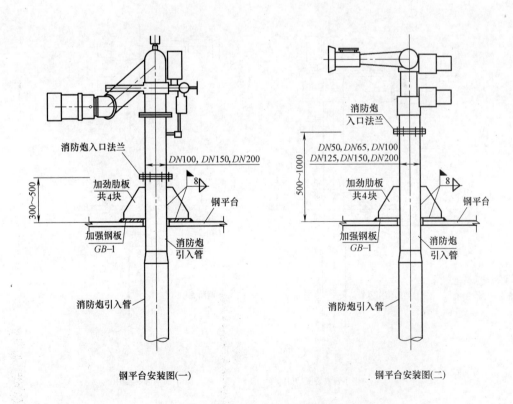

钢平台安装图(一)　　　　　　　钢平台安装图(二)

图 5.3-4　消防炮在钢平台上安装示意图

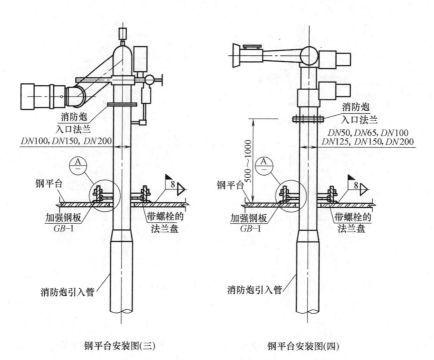

钢平台安装图(三)　　　　钢平台安装图(四)

图 5.3-5　消防炮在钢平台上安装示意图

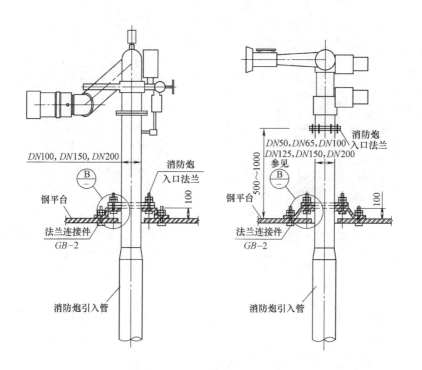

钢平台安装图(五)　　　　钢平台安装图(六)

图 5.3-6　消防炮在钢平台上安装示意图

焊接。带螺栓的法兰盘先焊接在平台预埋钢板或加强钢板上，再与消防炮入口法兰拧紧。消防炮口的安装高度，应结合平台尺寸、消防炮的位置及俯角、仰角的要求等因素，经计算后确定。消防炮在钢筋混凝土平台及钢平台上安装示意如图 5.3-2～图 5.3-6 所示。

（2）消防炮安装在砌体墙上。消防炮在砌体墙上的安装如图 5.3-7 所示。

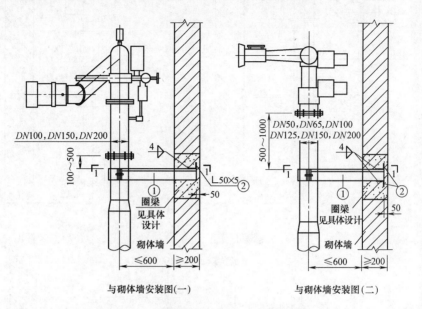

图 5.3-7　消防炮在砌体墙上安装示意图

（3）消防炮安装于混凝土墙上。消防炮在混凝土墙上的安装如图 5.3-8、图 5.3-9 所示。

（4）消防炮在基础上安装图。消防炮在基础上安装示意图如图 5.3-10 所示。

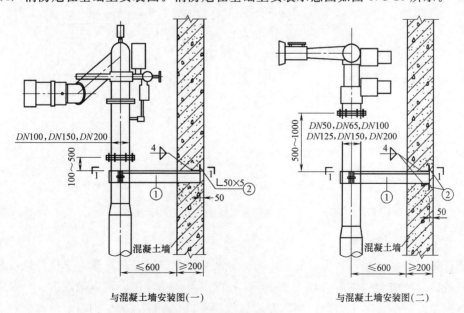

图 5.3-8　消防炮在混凝土墙上安装示意图

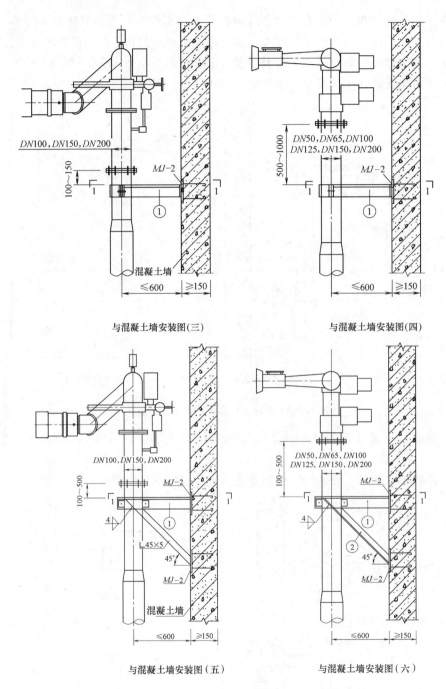

与混凝土墙安装图(三)　　　　　与混凝土墙安装图(四)

与混凝土墙安装图(五)　　　　　与混凝土墙安装图(六)

图 5.3-9　消防炮在混凝土墙上安装示意图

3. 干粉储罐及氮气瓶

干粉储罐及氮气瓶，均为设备出厂的组合装置。根据设备的自重，选择合适的起重工具和机械。对于较大的钢瓶组，在设备厂家技术人员的指导下，可以采取拆、分安装，即将整体钢瓶组拆解为单个钢瓶，到达安装部位后再进行组装。安装钢瓶组的部位，要求地面平坦、坚固，周围有充足的维修及管道安装的空间。根据钢瓶组的外形尺寸，首先用槽

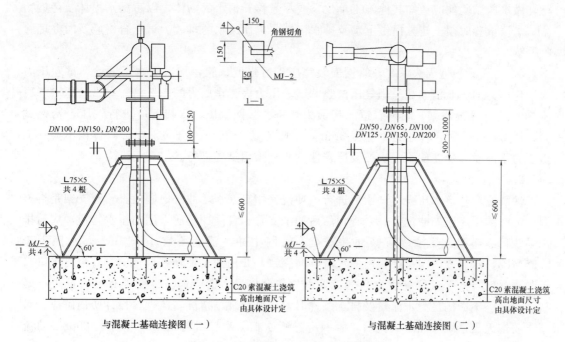

图 5.3-10　消防炮在基础上安装示意图

钢制作安装用底盘，并涂刷防锈漆，将钢瓶组放置于底盘上，便于钢瓶组固定，底盘安装要水平、无晃动。同时，在底盘上安装固定支架，将钢瓶组固定在固定支架上。

5.3.4　试压及冲洗

1. 管道试压

（1）阀门试验

安装前进场的各种阀门应逐一试压。根据阀门检测报告中关于上密封检测、壳体检测以及密封检测的试验压力的要求，将阀门压力缓慢升至试验压力，5min 内管网无降压、无渗漏，目测无变形为合格。

（2）系统试压

1）如果管网较大，可采取分段进行系统试压。试压前应编制试压、冲洗方案，将管网系统分段情况、压力试验程序、压力数据、防止事故的措施等方面的问题作详细的交底，并通过监理认可。试压全过程邀请总包方与监理参加。试验前，全面检查管材、阀门、支架是否符合设计及规范要求。水压试验时环境温度不宜低于 5℃，水压强度试验的测试点设在系统管网的最低点。对不能参与试压的压力表、阀门及附件应拆除。加设的临时盲板应具有突出于法兰的边耳，且做明显标志，并记录临时盲板的数量。对管网注水后，最高点要有排气装置，并应将管网内的空气排净，并应缓慢升压，达到试验压力后，稳压 30min，目测管网应无泄漏和变形，且压力下降不应大于 0.05MPa，如有卡箍式柔性管接头、阀门等部位泄漏，应在加压前紧固，升压后再出现泄漏时做好标记，卸压后对其进行处理。必要时进行泄水处理。水压严密性试验应在水压强度试验和管网冲洗合格后进行，试验压力应为设计工作压力，稳压 24h，无泄漏。此项工作在管网全部敷设完毕后进行，做水压试验前应通知其他施工单位，应尽量移开怕水的物体，以防漏水损坏及污染物品。水压试验时须土建方提供上水及排水区域，以便废水的排放。试压合格后及时办理验收手续。

2）对于干粉炮灭火系统，管网安装完应进行强度试验，如采用水压试验，试验压力为工作压力的 1.5 倍。如采用气压试验，试验压力为工作压力的 1.2 倍。在试验压力下稳压 5min，无明显渗漏，目测管道无变形为合格。管网试压、吹扫后应进行气压严密性试验，试验压力采用工作压力，稳压 3min，压降不大于 10% 为合格。在管网容积不大，工作压力不高时，强度试验、吹扫及严密性试验宜采用氮气进行。

2. 管道冲洗

冲洗应在管道水压强度试压后进行，冲洗使用自来水，冲洗前应检查管道支架是否牢固。冲洗的顺序应先冲洗干、立管，然后冲洗支管。管网冲洗所采用的排水管道，应与排水系统可靠连接，其排放应畅通和安全。管网中冲洗流速不宜小于 3m/s，水压大于 0.25MPa，水流方向与系统管网的水流方向一致，并用锤子轻轻敲打管子，直至出水口水色和透明度与入水口处一致为合格。管道冲洗合格后，请监理、建设等有关人员进行确认。当现场不能满足上水流量及排水条件时，应结合现场情况与监理、设计协商解决。对于干粉炮灭火系统，强度试验后，管网应进行吹扫。吹扫时管道末端应保证 20m/s 的流速，采用白布进行检查，直至无铁锈、尘土、水渍及其他脏物出现为合格。

5.3.5　系统调试

1. 管道及设备安装已经完成，现场具备水源及电源的供给。管道的压力试验及冲洗合格，水炮、水泵等设备安装均达到设计要求，水池、高位水箱均有足够水量，系统压力平稳。报警系统控制柜安装完成，报警点报警灵敏正常，报警主机的联动程序编制完成。模拟火灾的发烟枪准备就绪，水炮设备生产单位技术人员、工程施工单位技术人员以及监理等人员到达现场，并编制切实可行的调试方案。

2. 根据消防水炮灭火系统的保护范围，在报警系统中编制逻辑关系，当任意探测器、手动报警按钮等报警点报警，启动水炮泵，并使相关的水炮通过转动对准着火点并开始喷射。

3. 将系统调整在手动状态，模拟火灾情况，调试报警点报警情况，报警点均应灵敏正常。手动开启水炮泵，水泵启动正常，并接收到运行反馈信号。在控制室内手动调整水炮的出水方向，水炮应转动灵活。

4. 将系统调整到自动状态，在水炮保护区内模拟火灾发生，相关位置的探测器报警，或远红外监视装置及时发现火情，消防控制室应立即接收报警信号。通过逻辑关系，自动启动水炮泵，同时自动调整水炮出水管位置，打开水炮处的电磁阀，对准着火点进行喷水，达到灭火的作用。

5. 系统运行正常，有效的实施灭火后，调试人员将报警主机调整为手动状态，停止水炮泵，关闭水炮出水处的电磁阀，使系统恢复到准工作状态。

6. 将系统调整到自动状态，重新模拟火灾，系统将重新启动。当火情得到控制且无报警点的情况下，系统将自动停止喷水。

5.4　消防炮灭火系统施工验收标准

（1）《固定消防炮灭火系统设计规范》GB 50338—2003；

（2）《大空间智能型主动喷水灭火系统设计规范》DBJ15-34-2004；

（3）《泡沫灭火系统施工及验收规范》GB 50281—98。

5.5　消防炮灭火系统施工质量记录

消防炮灭火系统的施工质量记录包括：

（1）建筑给排水、采暖、通风、空调工程隐蔽验收记录，详见本书第 2 章表 2.6-1。

（2）建筑给排水、采暖、通风、空调工程主要材料进场验收记录，详见本书第 2 章表 2.6-2。

（3）室内给水管道及配件安装工程检验批质量验收记录表，详见本书第 7 章表 7.5-1。

（4）给水设备安装工程检验批质量验收记录表，详见表本书第 7 章表 7.5-2。

（5）承压管道系统、设备、阀门强度及严密性试验记录，详见表 5.5-1。

（6）通水、冲洗试验记录，详见本书第 2 章表 2.6-5。

（7）干粉炮灭火系统涉及的施工质量记录可参考本书第 12 章的相关记录。

承压管道系统、设备、阀门强度及严密性试验记录　　　　表 5.5-1

工程名称			施工单位			分包单位		
子分部工程			试验名称			管道材质		
序号	试验日期	试验内容及部位	工作压力（MPa）	试验压力（MPa）	持续时间（min）	实测压降（MPa）	渗漏检查	试验人员

施工单位检查结果 项目专业负责人： 年　月　日	分包单位检查结果 项目专业负责人： 年　月　日	监理（建设）单位验收结论 监理工程师： （建设单位项目专业负责人） 年　月　日

6 泡沫灭火系统

6.1 概述

泡沫灭火系统主要由消防水泵、泡沫灭火剂储存装置、泡沫比例混合装置、泡沫发生装置及管道等组成。它是通过泡沫比例混合器将泡沫灭火剂与水按比例混合成泡沫混合液，再经泡沫发生装置制成泡沫并施放到着火对象上实施灭火的系统。泡沫体积与其混合液体积之比称为泡沫的倍数，按照系统产生泡沫的倍数不同，泡沫灭火系统分为低倍数泡沫灭火系统、中倍数泡沫灭火系统、高倍数泡沫灭火系统。

低倍数泡沫灭火系统被广泛用于生产、加工、储存、运输和使用甲、乙、丙类液体的场所，并早已成为甲、乙、丙类液体储罐区及石油化工装置区等场所主要的消防灭火设施。

高倍数、中倍数泡沫灭火系统是继低倍数泡沫系统之后发展起来的泡沫灭火技术。目前，我国开发了高倍数泡沫灭火剂和系统设备，颁布了《高倍数、中倍数泡沫灭火系统设计规范》，高倍数泡沫灭火系统在我国得到了一定的推广。高倍数、中倍数泡沫灭火系统可用于扑救汽油、煤油、柴油、工业苯等 B 类火灾；木材、纸张、橡胶、纺织品等 A 类火灾；封闭的带电设备场所的火灾；控制液化石油气、液化天然气的流淌火灾。

但在含有下列物质的场所，不应选用泡沫灭火系统：

1. 硝化纤维、炸药等在无空气的环境中仍能迅速氧化的化学物质和强氧化剂；
2. 钾、钠、烷基铝、五氧化二磷等遇水发生危险化学反应的活泼金属和化学物质。

6.2 泡沫灭火系统的类型与选择

泡沫灭火系统按发泡倍数分为：低倍数泡沫灭火系统（发泡倍数不大于 20 的泡沫）、中倍数泡沫灭火系统（发泡倍数为 21～200 的泡沫）、高倍数泡沫灭火系统（发泡倍数为 201～1000 的泡沫）三种类型。

6.2.1 低倍数泡沫灭火系统

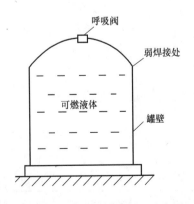

图 6.2-1　固定顶储罐剖面示意图

1. 低倍数泡沫灭火系统概述

甲、乙、丙类液体储罐的基本结构：

甲、乙、丙类液体储罐主要为地上立式金属储罐，分为固定顶、外浮顶、内浮顶储罐三种类型。

（1）固定顶储罐

固定顶储罐是指在金属圆柱型储罐上安装了一个固定的拱形（或锥形）金属顶的储罐，见图 6.2-1。固定顶储罐的罐顶中央通常设置呼吸阀，以保持罐内为常压。为控制固定顶储罐爆炸着火时在罐顶与罐壁处爆裂泄压，使可燃液体仍能保存在储罐内，避免火灾范围进一步扩大，其罐顶与罐壁间采用弱焊接。

固定顶储罐相对较危险，火灾案例最多，所以目前除储存原油外，多用来储存乙类和丙类液体。目前使用的固定顶储罐，其直径一般在 35mm 以内，直径更大的很少。固定顶储罐的蒸发面积为其横截面积，其发生火灾时是在整个液面上燃烧的，所以保护面积应按其储罐的横截面积计算。

（2）外浮顶储罐

外浮顶储罐是指在圆柱形金属储罐内安装了一个随液面上下浮动之罐顶的储罐。为使浮顶浮动自如、避免卡住，浮顶与储罐内壁间的密封不可能十分严密，所以一般不用它储存轻质易燃液体，多用来储存原油。正常条件下浮顶与所储存的液体直接接触，没有气相空间，其安全性较好；与其他类型储罐相比，它的容积易于做大。正是由于外浮顶储罐在上述方面的优势，被广泛使用，且容积大型化，建造容量 100000m³（直径约 80m）及其以上的外浮顶储罐已较为普遍。

目前外浮顶储罐普遍采用钢制浮船式和双盘式结构的浮顶，见图 6.2-2、图 6.2-3，这些储罐一般只在环形密封处着火，发生全液面火灾的几率极小，其低倍数泡沫灭火系统主要针对扑灭环形密封区域的火灾而进行设计安装。本章所述的外浮顶储罐泡沫灭火系统设计就是建立在保护其环形密封区基础上的。

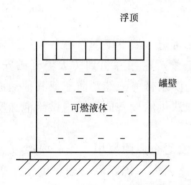

图 6.2-2 双盘式外浮顶储罐剖面示意图

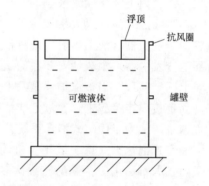

图 6.2-3 浮船式外浮顶储罐剖面示意图

（3）内浮顶储罐

通俗地讲，在固定顶储罐内又设置了一个随液面上下漂浮之浮顶的储罐称为内浮顶储罐（见图 6.2-4）。由于内浮顶储罐为双重罐顶结构，其屏蔽性较好，比前两种储罐的火灾危险性小，尤其比固定顶储罐小，一般用它储存闪点和沸点较低的甲类液体。尽管它比固定顶储罐安全，但仍然会发生火灾，有火灾案例可查，所以世界各国对这类储罐一般均设防火装置。

内浮顶储罐的浮顶又称浮盘，其结构形式较多，主要有钢制单、双盘、浅盘、铝或其他易熔材料制成的浮盘（以下简称易熔浮盘）。目前工程中内浮顶储罐采用钢制浅盘和易熔浮盘的较多。

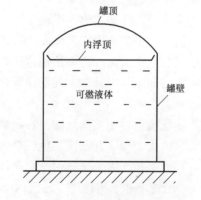

图 6.2-4 内浮顶储罐剖面示意图

单、双盘式内浮顶储罐发生沉盘事故的可能性较小，一般按上述外浮顶储罐的思路设防，保护面积为罐壁与泡沫堰板间的环形面积。浅盘式和易熔浮盘式内浮顶储罐发生火灾时，沉盘、熔盘的可能性大，保护面积应为其储罐的横截面积。

2. 储罐区低倍数泡沫灭火系统类型选择

储罐区低倍数泡沫灭火系统有固定式、半固定式和移动式三种类型。

(1) 固定式泡沫灭火系统

由消防水源、消防水泵、泡沫比例混合装置、泡沫发生器等设备或组件通过固定钢制管道连接起来，永久安装在使用场所，当被保护的储罐发生火灾需要使用时，不需其他临时设备配合的泡沫灭火系统称为固定式泡沫灭火系统。这类系统所有设备或组件均为永久性安装。

目前，固定式泡沫系统多设计为手动控制系统，即手动启动泡沫消防泵和有关阀门，向储罐内排放泡沫实施灭火；也有少数自动控制系统，即首先靠火灾自动报警及联动控制系统自动启动泡沫消防泵及有关阀门向储罐内排放泡沫实施灭火，自动操纵出现故障时，由手动启动系统。

固定式泡沫灭火系统适用于独立甲、乙、丙类液体储罐区和机动消防设施不足的企业附属甲、乙、丙类液体储罐区。

(2) 半固定式泡沫灭火系统

将泡沫发生器（液上喷射）或将带控制阀的泡沫管道（液下喷射，有些系统还安装了高背压泡沫发生器）永久性安装在储罐上，通过固定管道连接并引到防火堤外的安全处，且安装上固定接口，当被保护储罐发生火灾时，用消防水带将泡沫消防车或其他泡沫供给设备与固定接口连接起来，通过泡沫消防车或其他泡沫供给设备向储罐内供给泡沫实施灭火的泡沫系统称为半固定式泡沫系统。

半固定式泡沫灭火系统适用于机动消防设施较强的企业附属甲、乙、丙类液体储罐区。我国各大石油化工企业的储罐区多采用该类泡沫灭火系统，但一些单位未正确安装它，主要表现为连接泡沫发生器的管道只引到了储罐壁的根部而没有引至防火堤外，当储罐发生火灾时，因其接口距储罐太近而使半固定式泡沫系统无法连接使用，需要在实际施工中重视。

(3) 移动式泡沫灭火系统

用水带将消防车或机动消防泵、泡沫比例混合装置、移动式泡沫发生装置等连接组成的灭火系统即为移动式泡沫灭火系统。设置移动式泡沫灭火系统的甲、乙、丙类液体储罐区，其储罐上未安装固定泡沫发生器或泡沫管道，当被保护储罐发生火灾时，靠移动式泡沫发生装置向着火储罐内供给泡沫灭火。需要指出，移动式泡沫系统的各组成部分都是针对所保护的储罐区设计的，其泡沫混合液供给量、机动设施到场时间等方面都有要求，而不是随意组合的。

有些场所设置了泡沫泵站并在储罐区安装了环形泡沫混合液管道，着火时连接泡沫枪喷射泡沫灭火。因为其泡沫发生装置为移动式，应视为移动式泡沫灭火系统。

移动式泡沫灭火系统适用于总储量不大于 $500m^3$、单罐储量不大于 $200m^3$、且罐高不大于 7m 的地上非水溶性甲、乙、丙类液体立式储罐；总储量小于 $200m^3$、单罐储量不大于 $100m^3$、且罐高不大于 5m 的地上水溶性甲、乙、丙类液体立式储罐；卧式储罐区；

甲、乙、丙类液体装卸区易于泄漏的场所等。

3. 储罐区泡沫灭火系统泡沫喷射形式选择

储罐区泡沫灭火系统有液上、液下、半液下三种泡沫喷射形式。

（1）液上喷射泡沫灭火系统

1）液上喷射泡沫灭火系统是指将泡沫从燃烧液体上方施加到燃烧液体表面上实现灭火的泡沫灭火系统。可分为固定式（见图 6.2-5）、半固定式（见图 6.2-6）、移动式三种，并适用于固定顶储罐、外浮顶储罐、内浮顶储罐。

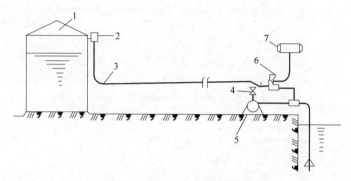

图 6.2-5　固定式液上喷射泡沫灭火系统

1—油罐；2—泡沫发生器；3—混合液管；4—闸阀；5—水泵；
6—比例混合器；7—泡沫液罐

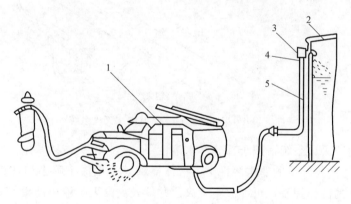

图 6.2-6　半固定式液上喷射泡沫灭火系统

1—泡沫消防车；2—油罐；3—空气泡沫发生器；4—空气吸入口；5—混合液管

2）液上喷射泡沫灭火系统工作原理

一旦油罐发生火灾，首先开启水供给设施出水管阀，自动（或手动）启动水供给设施，自动（或手动）开启水供给设施出口阀和泡沫比例混合器（装置），泡沫液和水按一定比例混合，形成泡沫混合液并通过管道流到被保护场所的泡沫产生器，再由泡沫产生器的吸气口吸入空气形成泡沫，通过缓冲器、导流罩沿油罐内壁淌至燃烧的油面上，产生厚厚的一层泡沫覆盖油面，将火窒息扑灭。

（2）液下喷射泡沫灭火系统

液下喷射泡沫灭火系统是将高背压泡沫发生器产生的 2～4 倍数泡沫通过泡沫喷射口

从液面下喷射到储罐内，泡沫在初始动能和浮力的推动下到达燃烧液面实施灭火的泡沫系统。可分为固定式（如图 6.2-7）、半固定式（如图 6.2-8）两种。

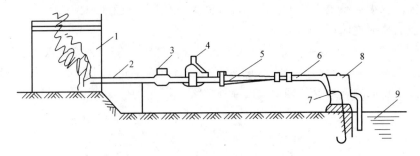

图 6.2-7　固定式液下喷射泡沫灭火系统

1—油罐；2—泡沫管线；3—止回阀；4—闸阀；5—高背压泡沫产生器；

6—混合液管线；7—水泵；8—泡沫比例混合器；9—水池

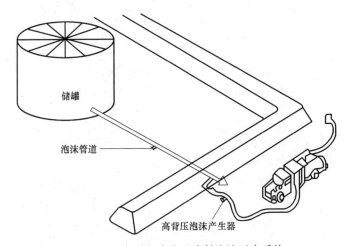

图 6.2-8　半固定式液下喷射泡沫灭火系统

　　液下喷射泡沫灭火系统适用于部分非水溶性甲、乙、丙类液体常压固定顶储罐。闪点低于 23℃、沸点低于 38℃的非水溶性甲类液体储罐若采用液下喷射泡沫灭火系统，由于泡沫会加剧液体的翻腾挥发，可能灭不了火。黏度较大的丙类液体储罐若采用液下喷射泡沫灭火系统，泡沫可能难于从液下到达液面。

　　化学成分中含有氧元素的有机液体呈现一定的极性，各种泡沫喷射到其液体中会因脱水而湮灭，致使无法灭火，所以水溶性及含氧添加剂体积比大于 10%的甲、乙、丙类液体储罐，不能采用液下喷射泡沫灭火系统。

　　（3）半液下喷射泡沫灭火系统

　　半液下喷射泡沫灭火系统不适用于内、外浮顶储罐，因为浮顶阻碍了泡沫的流动，使之难以到达预定的着火处。

　　半液下喷射泡沫灭火系统主要为水溶性甲、乙、丙类液体固定顶储罐而设计的，它同样适用于非水溶性甲、乙、丙类液体固定顶储罐，但由于其结构比液下喷射泡沫灭火系统复杂，一般非水溶性甲、乙、丙类液体固定顶储罐不采用。

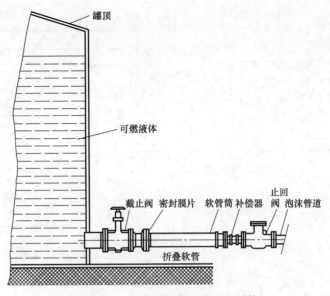

图 6.2-9　半液下喷射泡沫灭火系统

4. 泡沫喷淋灭火系统与泡沫-水喷淋灭火系统

（1）系统组成与类型

泡沫喷淋灭火系统是一种以泡沫喷头为喷洒装置的自动低倍数泡沫灭火系统，如图 6.2-10 和图 6.2-11 所示，主要由火灾自动报警及联动控制系统、消防供水系统、泡沫比例混合装置、雨淋阀组、泡沫喷头等组成，多为顶喷式，与自动喷水系统中的雨淋系统类似，主要用来扑救室内、外甲、乙、丙类液体初期溢流火灾。

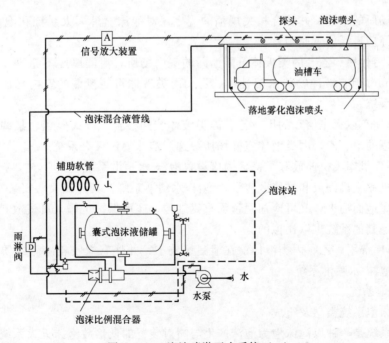

图 6.2-10　泡沫喷淋灭火系统（一）

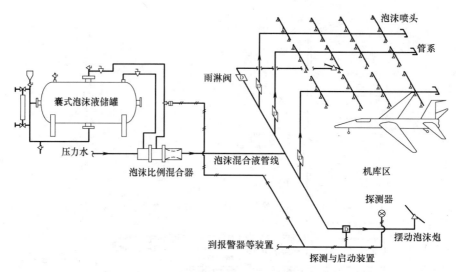

图 6.2-11　泡沫喷淋灭火系统（二）

传统的泡沫喷淋灭火系统是采用吸气型喷头，主要以泡沫来灭火。成膜类泡沫液研制成功后，相继出现了采用泡沫-水两用喷头、乃至水喷头的泡沫-水喷淋灭火系统。泡沫-水喷淋灭火系统是将传统泡沫喷淋系统与自动喷水灭火系统相结合的灭火系统，这种灭火系统先喷洒一定时间的泡沫灭火再喷洒水冷却以防复燃。按所用喷头的不同，泡沫-水喷淋灭火系统又分为泡沫-水雨淋系统和闭式泡沫-水喷淋灭火系统。

因为泡沫-水喷淋灭火系统具备灭火、冷却双重功效，并且可采用标准水洒水喷头，使系统安装方便、造价低，因此得到了更广泛的应用。

（2）系统选择

按使用场所的不同，并综合相关规范的规定，对泡沫喷淋灭火系统和泡沫-水喷淋灭火系统的选择应遵循如下原则：

1）非水溶性甲、乙、丙类液体可能泄漏的室内场所；泄漏厚度不超过25mm或泄漏厚度超过25mm但有缓冲物的水溶性甲、乙、丙类液体可能泄漏的室内场所，宜选用泡沫喷淋灭火系统。

2）汽车槽车或火车槽车的甲、乙、丙类液体装卸栈台；卧式储罐、某些石化工艺装置等设有围堰的甲、乙、丙类液体室外场所可选用泡沫喷淋灭火系统。

3）Ⅰ类飞机库飞机停放和维修区内应设置泡沫-水雨淋系统。

Ⅰ类飞机库飞机停放和维修区应设置泡沫-水雨淋系统，其开式喷头安装在屋面板下，既可灭飞机库地面油火，又可冷却屋顶承重钢结构，还可保护工作人员疏散和消防救援人员的安全，是其他系统难以比拟的。

4）汽车库等甲、乙、丙类液体潜在泄漏量较小，并伴有橡胶轮胎等物质火灾的场所宜设置闭式泡沫-水喷淋系统。

5. 泡沫炮系统

（1）泡沫炮系统类型及组成

泡沫炮系统是一种以泡沫炮为泡沫产生与喷射装置的低倍数泡沫灭火系统，可分为固定式与移动式两种。固定泡沫炮系统一般可分为手动泡沫炮系统与远控泡沫炮系统。手动泡沫炮系统一般由泡沫炮、炮架、泡沫液储罐、比例混合装置、消防泵组等组成；远控泡沫炮系统一般由电控（或液控、气控）泡沫炮、消防炮塔、动力源、控制装置、泡沫液储罐、比例混合装置、消防泵组等组成。

（2）泡沫炮系统的适用场所

泡沫炮系统作为主要灭火设施或辅助灭火设施适用于下列场所：

1）直径小于18m的非水溶性液体固定顶储罐

储存汽油、轻质原油等低闪点可燃液体的小容积固定顶储罐发生火灾时，罐顶被全部爆掀的可能性较大，尤其是处于中低液面的小容积固定顶储罐，罐顶被全部爆掀的可能性更大。所以对于小容积非水溶性甲、乙、丙类液体储罐，尽管泡沫炮系统不是最佳方案但也可选作主要灭火设施。

大直径（容积大于3000m³）的固定顶储罐发生火灾时多在罐顶与罐壁的弱焊接处局部掀开一条口子，全掀的几率较小，且直径越大全掀的几率越小。对于只是局部掀开一条口子的大直径储罐，不管采用哪种泡沫炮和如何定位，显然都不能有效地将灭火泡沫施加到着火的储罐内，所以它也就不能作为大直径固定顶（含内浮顶）储罐的主要灭火设施。泡沫炮不能将泡沫有效地喷射到外浮顶储罐的密封区域，且外浮顶储罐的浮顶也没有考虑其冲击载荷，所以泡沫炮系统不能有效扑救外浮顶储罐的火灾，一旦使用，有击沉浮顶之危险。泡沫炮作为强施放装置，即使能将泡沫供给到水溶性甲、乙、丙类液体储罐内，也会因大部分泡沫潜入液体中湮灭而不能灭火。所以泡沫炮系统不能作为水溶性甲、乙、丙类液体储罐的主要灭火设施。

2）围堰内的甲、乙、丙类液体流淌火灾

石油化工装置区、卧式储罐区等场所，为防止液体泄漏后随处流淌，在其周围筑有围堰，液体泄漏导致流淌火灾时仅在围堰限定的区域内，由于泡沫炮的机动性强，对这类场所有较强的实用性，所以泡沫炮系统可作为这类场所的主要灭火设施。

3）甲、乙、丙类液体汽车槽车栈台或火车槽车栈台；

4）室外甲、乙、丙类液体流淌火灾

室外甲、乙、丙类液体流淌火灾是指液体发生泄漏火灾时无道牙、堤、墙等结构物阻挡的场所。这类场所发生流淌火灾的具体位置通常不确定，宜选泡沫炮系统作为主灭火设施，通常可选移动式泡沫炮。

5）飞机库

Ⅰ类飞机库的翼下泡沫系统可选用远控泡沫炮系统。Ⅰ类飞机库通常除设置泡沫-水雨淋系统外，还设置作为辅助灭火系统的翼下泡沫系统，其作用是：对飞机机翼和机身下部喷洒泡沫，弥补泡沫-水雨淋系统被大面积机翼遮挡之不足；控制和扑灭飞机初期火灾和地面燃油流散火；飞机停放和维修时发生燃油泄漏，可及时用泡沫覆盖，防止着火。

Ⅱ类飞机库可选用远控泡沫炮系统作主要灭火系统。

6.2.2　高倍数泡沫灭火系统

1. 系统组成与类型

高倍数泡沫灭火系统一般由消防水源、消防水泵、泡沫比例混合装置、泡沫发生器以及连接管道等组成。它分为全淹没式、局部应用式、移动式三种类型。

（1）全淹没式高倍数泡沫灭火系统

全淹没式高倍数泡沫灭火系统是指用管道输送高倍数泡沫灭火剂和水，连续地将高倍数泡沫按规定的高度充满被保护区域，并将泡沫保持到所需的时间，进行控火或灭火的固定系统。全淹没系统的控制方式通常以自动为主，辅以手动。

（2）局部应用式高倍数泡沫灭火系统

局部应用系统是指向局部空间喷放高倍数泡沫，进行控火或灭火的固定、半固定系统。

（3）移动式高倍数泡沫灭火系统

是指车载式或便携式系统，它可作为固定系统的辅助设施，也可作为独立系统用于某些场所。

2. 系统选择

高倍数泡沫灭火系统能迅速充满大空间，以淹没或覆盖的方式扑灭 A 类和 B 类火灾，也可用于控制液化烃储罐因泄漏导致的大面积流淌。高倍数泡沫用水量少，灭火区域不存在排水问题，且保护区荷载增加少，用于地下工程上有一定的优势。高倍数泡沫灭火系统与自动喷水系统联合使用，集高倍数泡沫灭火系统灭火和自动喷水系统冷却之长，在灭火的同时保护建筑物，可用于大纸卷仓库、大型橡胶轮胎仓库等危险性极大，一旦发生火灾会产生极高热量的场所。

应当指出，人淹没于含有大量烟气的高倍数泡沫中，因迷失方向而无法逃生的可能性很大，所以有人进入的场所要慎用高倍数泡沫灭火系统。

（1）在不同高度上都存在火灾危险的大范围封闭空间和有固定围墙或其他围挡设施的场所宜选择全淹没式高倍数泡沫灭火系统。

Ⅱ类飞机库飞机停放和维修区可选择全淹没式高倍数泡沫灭火系统。

（2）大范围内的局部封闭空间或局部设有阻止泡沫流失围挡设施的场所可选择局部应用式高倍数泡沫灭火系统。

（3）地下工程、矿井巷道等发生火灾的部位难以确定或人员难以接近的场所，需要排烟、降温或排除有害气体的封闭空间等宜选择移动式高倍数泡沫灭火系统。

6.2.3　中倍数泡沫灭火系统

中倍数泡沫灭火系统应用较少，且多用作辅助灭火设施。它分为局部应用式、移动式两种类型。

1. 局部应用式中倍数泡沫灭火系统

向局部空间喷放中倍数泡沫的固定式、半固定式系统。适用于大范围内的局部封闭空间或局部设有阻止泡沫流失围挡设施的场所，以及流淌面积在 $100m^2$ 以内的液体流淌火灾。

2. 移动式中倍数泡沫灭火系统

全部组件可以手提的一套机动灭火装置。该系统的泡沫发生装置的射程一般在 10～20m，适用于流淌面积不超过 $100m^2$ 的液体流淌火灾场所。

6.3　泡沫灭火系统设备构成及组件技术要求

泡沫系统灭火设备包括通用设备和专用设备。通用设备主要是消防水泵等除泡沫灭火系统外其他消防系统也使用的设备；专用设备一般指泡沫比例混合器和泡沫发生装置等只在泡沫灭火系统使用的设备。

6.3.1　泡沫灭火剂

1. 泡沫灭火剂的基本组分及其作用

（1）发泡剂

发泡剂是泡沫灭火剂中的基本组分，多为各种类型的表面活性物质，作用是使泡沫灭火剂的水溶液易发泡。

（2）稳泡剂

稳泡剂多为一些持水性强的大分子或高分子物质，它能提高泡沫的持水时间，增强泡沫的稳定性。

（3）耐液添加剂

耐液添加剂多为既疏水又疏油的表面活性剂和某些抗醇性高分子化合物，使泡沫有良好的耐燃料破坏性。

（4）助溶剂与抗冻剂

助溶剂与抗冻剂一般为一些醇类或醇醚类物质，使泡沫灭火剂体系稳定、泡沫均匀、抗冻性好。

（5）其他添加剂

泡沫灭火剂中还有泡沫改进剂、防腐蚀剂、防腐败剂等添加剂。所有泡沫灭火剂配成预混液后，有效期会大大缩短，尤其是蛋白类泡沫灭火剂，很快会腐败，所以通常应以原液状态储存。

2. 泡沫灭火剂分类

（1）蛋白泡沫灭火剂

蛋白泡沫灭火剂是由动物的蹄、角、毛、血及豆饼、草籽饼等动、植物蛋白质水解产物为基料制成的泡沫灭火剂。其优势在于原料易得、生产工艺简单、成本低，泡沫稳定性和持水性及抗烧性好，一般适于咸水、海水等。不适用于液下喷射泡沫系统，储存期较短，质量好的蛋白泡沫灭火剂储存期在 5 年以上，我国目前的蛋白泡沫灭火剂一般储存2～3年。蛋白泡沫灭火剂适用于扑救诸如原油、汽油、柴油、苯、甲苯等非水溶性甲、乙、丙类液体火灾，也可扑救如纸张、木材等 A 类火灾。

（2）氟蛋白泡沫灭火剂

在蛋白泡沫灭火剂中添加氟碳表面活性剂制成了氟蛋白泡沫灭火剂，由于氟碳表面活性剂的表面张力较低，并具有较好的疏油性，所以氟蛋白泡沫灭火剂与蛋白泡沫灭火剂相比，其泡沫流动性与封闭性好，灭火效力提高了一倍，可用于液下喷射泡沫系统，并能与干粉联合使用。

（3）抗溶氟蛋白泡沫灭火剂

抗溶氟蛋白泡沫灭火剂是在氟蛋白泡沫灭火剂的基础上添加了高分子多糖和其他添加

剂等制成的，兼有氟蛋白泡沫灭火剂和凝胶型抗溶泡沫灭火剂的特点。主要用于扑救水溶性甲、乙、丙类液体火灾，也可用于扑救非水溶性甲、乙、丙类液体火灾和 A 类火灾。

（4）成膜氟蛋白泡沫灭火剂

成膜氟蛋白泡沫灭火剂以水解蛋白为基础，添加适宜的氟碳表面活性剂制成的，具有蛋白灭火剂抗烧性能好的优点，同时还具有成膜性，作为高性能的氟蛋白泡沫灭火剂可配非吸气式泡沫喷射装置使用。由于它的基料为水解蛋白，储存期与蛋白泡沫灭火剂相同。

（5）抗溶成膜氟蛋白泡沫灭火剂

抗溶成膜氟蛋白泡沫灭火剂是在成膜氟蛋白泡沫灭火剂的基础上，添加高分子抗醇化合物制成的，主要用于扑救水溶性甲、乙、丙类液体火灾，当扑救非水溶性甲、乙、丙类液体火灾时，可使用普通水成膜泡沫灭火剂。

（6）普通水成膜泡沫灭火剂

普通水成膜泡沫灭火剂是以氟碳表面活性剂和碳氢表面活性剂为基料制成的。由于所用氟碳表面活性剂的表面张力较低，泡沫析出的混合液能在所保护的非水溶性液体表面上形成一层具有隔绝空气和降温作用的防护膜，增强了泡沫的流动性，同时增强了泡沫的封闭性和抗复燃性，因此其灭火效力不仅与泡沫性能有关，还依赖于其防护膜的牢固性。水成膜泡沫灭火剂与蛋白类泡沫灭火剂相比，灭火性能较好，但抗烧性能较差；由于它是合成原料制成的，其储存期较长，通常可储存 15～20 年。它能与干粉灭火剂联合使用，适用于液下喷射泡沫系统，还适用于非吸气型泡沫喷射装置。水成膜泡沫灭火剂主要适用于扑灭汽油、煤油、柴油、苯等非水溶性甲、乙、丙类液体火灾，由于其渗透性强，对于 A 类火灾，它比纯水的灭火效率高，所以也适用于扑灭木材、织物、纸张等 A 类火灾。

（7）抗溶水成膜泡沫灭火剂

抗溶水成膜泡沫灭火剂是在普通水成膜泡沫灭火剂的基础上，添加一种抗醇的高分子化合物制成的，在灭非水溶性液体火灾时，具有普通水成膜泡沫灭火剂的成膜特点，在灭醇、酯、醚、醛、酮等水溶性液体火灾时，在燃料表面上能形成一层高分子胶膜，保护上面的泡沫免受极性液体脱水而导致的破坏。主要用于扑救水溶性甲、乙、丙类液体火灾，也可用于扑救非水溶性甲、乙、丙类液体火灾和 A 类火灾。

（8）凝胶型抗溶泡沫灭火剂

凝胶型抗溶泡沫与水溶性液体接触时，泡沫中的多糖凝聚并在水溶性液体燃料上形成一层薄膜，保护上面的泡沫免受极性液体脱水而导致的破坏。凝胶型抗溶泡沫主要用于扑灭水溶性甲、乙、丙类液体火灾。

3. 泡沫灭火剂的灭火机理

低倍数泡沫的主要灭火机理是通过泡沫的遮断作用，将燃烧液体与空气隔离实现灭火。高倍数泡沫的主要灭火机理是通过密集状态的大量高倍数泡沫封闭火灾区域，以阻断新空气的流入达到窒息灭火。由于泡沫中水的成分占 97％以上，所以它同时伴有冷却而降低燃烧液体蒸发的作用，以及灭火过程中产生的水蒸气的窒息作用。中倍数泡沫的灭火机理取决于其发泡倍数和使用方式，当以较低的倍数用于扑救甲、乙、丙类液体流淌火灾时，其灭火机理与低倍数泡沫相同；当以较高的倍数用于全淹没方式灭火时，其灭火机理与高倍数泡沫相同。

4. 泡沫灭火剂的主要性能参数

泡沫灭火剂的主要性能参数有：泡沫倍数、析液时间、灭火时间、抗烧时间。

6.3.2　泡沫比例混合装置

泡沫比例混合装置的功用是将泡沫液与水按比例混合成泡沫混合液。下面对泡沫系统常用的几种泡沫比例混合装置进行论述。

1. 环泵式泡沫比例混合器

（1）工作原理

环泵式泡沫比例混合器是利用文丘里管原理的第一代产品，它安装在泵的旁路上，进口接泵的出口，出口接泵的进口，泵工作时大股液流流向系统终端，小股液流回流到泵的进口。当回流的小股液流经过其比例混合器时，在其腔内形成一定的负压，泡沫液储罐内的泡沫液在大气压力作用下被吸到腔内与水混合，再流到泵进口与水进一步混合后抽到泵的出口，如此循环往复一定时间后其泡沫混合液的混合比达到产生灭火泡沫要求的正常值（如图 6.3-1）。根据其工作原理，消防泵进出口压力、泡沫液储罐液面与比例混合器的高差是影响其泡沫混合液混合比的两方面因素。消防泵进口压力由泵轴心与水池、水罐等储水设施液面的高差决定，进口压力愈小，在一定范围内混合比愈大，反之混合比愈小，零或负压较理想；进口压力一定时出口压力愈高，在一定范围内混合比愈高，反之愈小；在重力的作用下，泡沫液储罐液面愈高混合比愈高，反之愈小。

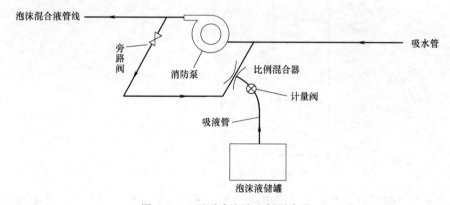

图 6.3-1　环泵式泡沫比例混合器

（2）适用场所

环泵式泡沫比例混合器的限制条件较多，如不熟悉它难以设计出满足使用要求的系统，因此设计难度较大。但环泵式泡沫比例混合器结构简单、且配套的泡沫液储罐为常压储罐，易于操作、维护、检修、试验等，其工程造价与日常维护费用低，适用于建有独立泡沫消防泵站的单位，尤其适用于储罐规格较单一的甲、乙、丙类液体储罐区。

（3）注意事项与设计要求

采用环泵泡沫比例混合器的系统，其消防泵的工作介质是泡沫混合液；必须单独配置泡沫消防泵，且泡沫消防泵送水管必须与其他水泵的进水管分开，否则当泡沫消防泵与其他泵同时工作时，部分泡沫液可能会被其他水泵吸取而影响泡沫混合液的混合比。确定泡沫消防泵的额定流量时，应将回流部分的流量计算在内，通常取系统设计流量的 1.1 倍。

采用该泡沫比例混合器的系统，如果拧开泡沫液储罐与水池相通的阀门，当泡沫液液面高于水液面时，泡沫液会流到水池中；当水液面高于泡沫液液面时，水会流到泡沫液储罐中。上述两种现象实际中均发生过，为此应采取必要的措施加以预防。比例混合器有可能被异物堵塞，宜设置备用比例混合器。

2. 压力式泡沫比例混合装置

（1）工作原理

压力式泡沫比例混合装置分为标准压力比例混合装置（图 6.3-2）和囊式压力比例混合装置（图 6.3-3）两种。它们主要由比例混合器与泡沫液压力储罐及管路构成，从比例混合器向泡沫液储罐内分别引入两根管路，用文丘里管、孔板或文丘里管与孔板组合，在其比例混合器内的两极管路之间制造流体动压差，系统工作时压力高的管路向泡沫液储罐内充水，压力低的管路将泡沫液引进比例混合器，即用水置换泡沫液的方式实现泡沫液与水混合，其泡沫混合液的混合比靠更换孔板来调整。

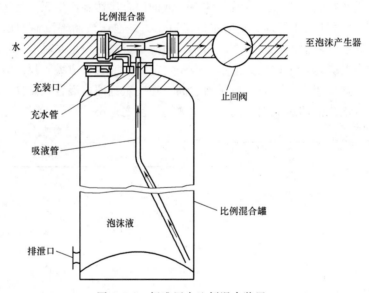

图 6.3-2　标准压力比例混合装置

标准压力比例混合装置是利用泡沫液与水短时间内不混合，能在两者之间形成分界面的现象，工作时将压力水直接充入储罐内泡沫液液面上。它适用于蛋白类泡沫液，不适用于与水之间不能形成稳定界面、水充入储罐后很快与泡沫液混合的某些合成类泡沫液，如高倍数泡沫液、水成膜泡沫液等。由于该比例混合装置工作时泡沫液与水直接接触，泡沫系统一经使用，储罐内泡沫液即使剩余也不能再用，所以不便于系统调试及日常试验等。

囊式压力比例混合装置克服了标准压力比例混合装置的缺点，它用胶囊将泡沫液与水隔开，系统工作时泡沫液与水不直接接触，泡沫液一次未使用完可再次使用，便于调试、日常试验等。

（2）适用场所

压力式泡沫比例混合装置是由比例混合器与泡沫液储罐组成一体的独立装置，安装时不需要再调整其混合比，其产品样本中画出了安装图，所以设计与安装方便、配置简单、利于自动控制。适用于全厂统一供高压或稳高压消防水的石油化工企业，尤其适用于分散

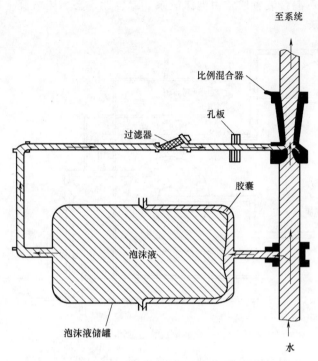

至系统

比例混合器

孔板

过滤器

胶囊

泡沫液

泡沫液储罐

水

图 6.3-3　囊式压力比例混合装置

设置独立泡沫站的石油化工生产装置区。

（3）注意事项与设计要求

由于各种控制阀门存在制造误差，即使合格产品也往往因一侧长期充高压水而向另一侧渗漏；控制阀门经一定次数开、关后，密封部件磨损不严；操作不当使控制阀门未关严；控制阀门选型不当或不合格等原因造成标准压力比例混合装置的泡沫液储罐进水，使泡沫液失效。

囊式压力比例混合装置的囊是用橡胶制成的，因老化使之使用寿命有限，实践中因囊老化破裂而使系统瘫痪的事例多有发生。有的装置将囊的接口放在了储罐底部，这对减小囊所受的拉力是有益的，但因接口处长期受压有的发生了泡沫液渗漏。有的装置为使囊平时不受力，将泡沫液储存在囊外，囊内用于充水，这种装置对延长囊的使用寿命可能会有一定作用，但由于泡沫液与罐壁直接接触，所以除了囊外，更重要的是考虑储罐内部材料或防腐材料是否相适宜储存泡沫液。

泡沫液储罐的内部材料或防腐与所储存的泡沫液不适宜，导致储罐损坏和（或）泡沫液的变质。强调指出，水成膜泡沫液含有较大比例的碳氢表面活性剂与氟碳表面活性剂以及有机溶剂，长期储存，碳氢表面活性剂和有机溶剂不但对金属有腐蚀作用，而且对许多非金属材料也有很强的溶解、溶胀和渗透作用，若内壁材料不相宜，其泡沫液储罐使用寿命会缩短；碳钢长期与水成膜泡沫液直接接触，铁离子会使氟碳表面活性剂变质，碳氢表面活性剂和有机溶剂溶解的非金属材料分子或离子进入泡沫液中也会影响其性能。所以采用压力比例混合装置时，应考虑囊或储罐内壁材料是否与水成膜泡沫液相适宜。

3.平衡压力式比例混合装置

（1）工作原理

平衡压力式比例混合装置通常由泡沫液泵、混合器、平衡压力流量控制阀及管道等组成，如图 6.3-4 所示。

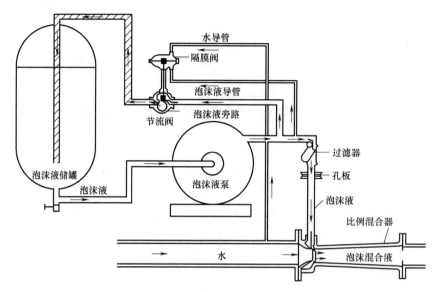

图 6.3-4　平衡压力比例混合装置

平衡压力流量控制阀由隔膜腔、阀杆和节流阀组成，隔膜腔下部通过导管与泡沫液泵出口管道相连，上部通过导管与水管道相通，其作用是通过控制泡沫液的回流量达到控制泡沫混合液混合比。平衡压力式比例混合装置的工作原理是，泡沫液泵供给的泡沫液一股进入混合器，另一股经平衡压力流量控制阀回流到泡沫液储罐，当水压升高时，说明系统供水量增大，泡沫液供给量也应增大，平衡压力流量控制阀的隔膜带动阀杆向下，节流阀的节流口减小，泡沫液回流量减小，而供系统的量增大，同理水压降低时供系统的泡沫液量减小。平衡压力式比例混合装置的比例混合精度较高，适用的泡沫混合液流量范围较大，泡沫液储罐为常压储罐。

平衡压力流量控制阀与混合器有分体式和一体式两种，工程中采用分体式的较多，并且某些设备用水力驱动泵取代了电动泵，使平衡式压力比例混合装置更简捷可靠。

一体式平衡压力式比例混合装置不设泡沫液回流管，而是利用消防泵压力升高流量降低的原理，用其平衡阀直接控制进入混合器的泡沫液流量的方式来控制泡沫混合液的混合比。它的流量调节范围相对要小些。

（2）适用场所

平衡压力式比例混合装置的适用范围较广，目前工程中采用的较多，尤其设置若干个独立泡沫站的大型甲、乙、丙类液体储罐区，多采用水力驱动式平衡压力比例混合装置。

4. 管线式泡沫比例混合器

管线式比例混合器与环泵比例混合器的工作原理相同，它们都是利用文丘里管的原理在混合腔内形成负压，在大气压力作用下将容器内的泡沫液吸到腔内与水混合，所以又称负压比例混合器。不同的是，环泵比例混合器是装在泡沫消防泵的回流管上，而管线式比例混合器直接装在主管线上，所以它们的结构尺寸有所区别。

管线式比例混合器的工作压力通常在 0.7～1.3MPa 范围内，压力损失在进口压力的三分之一以上，混合比精度通常较差。因此主要用于移动式泡沫系统，且许多是与泡沫炮、泡沫枪、泡沫发生器装配一体使用的，在固定式泡沫系统中很少使用。有关管线式比例混合器的结构见图6.3-5。

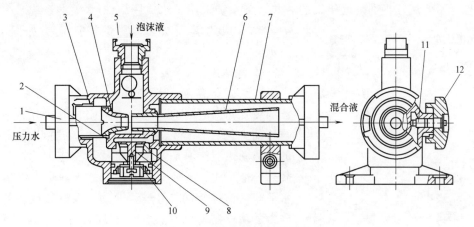

图 6.3-5　管线式比例混合器

1—管牙接口；2—混合器本体；3—过滤网；4—喷嘴；5—吸液管接口；6—扩散管；7—外接管；
8—底阀座；9—底阀芯；10—橡胶膜片；11—调节阀芯；12—调节手柄

6.3.3　泡沫发生装置

将空气混入并产生一定倍数空气泡沫的设备称为泡沫发生装置。泡沫发生装置分为吸气型和吹气型，低倍数泡沫发生装置和部分中倍数泡沫发生装置是吸气型的，高倍数和部分中倍数泡沫发生装置是吹气型的。

吸气型泡沫发生装置由液室、气室、变截面喷嘴或孔板、混合扩散管等部分组成。其工作原理是基于紊流理论，当一股压力泡沫混合液流经喷嘴或孔板时，由于通流截面的急剧缩小，液流的压力位能迅速转变为动能而使液流成为一束高速射流。射流中的流体微团呈无规则运动，当微团横向运动时，与周围空气间相互摩擦、碰撞、掺混，将动量传给与射流边界接触的空气层，并将这部分空气连续挟带进入混合扩散管，形成气-液混合流。由于空气不断被带走，气室内形成一定负压，在大气压作用下外部空气不断进入气室，这样就连续不断产生一定倍数的泡沫。

吹气型泡沫发生装置主要由喷嘴、发泡筒、发泡网、风叶等组成，其工作原理是，一定压力泡沫混合液通过喷嘴以雾化形式均匀喷向发泡网，在网的内表面上形成一层混合液薄膜，由风叶送来的气流将混合液薄膜吹胀成大量的气泡。

1. 泡沫发生器

泡沫发生器是为甲、乙、丙类液体储罐液上喷射泡沫灭火系统配套安装的一种低倍数泡沫发生装置，按其安装方式的不同分为横式和立式两种。其额定工作压力为 0.5MPa，发泡倍数大于 5 倍。

2. 高背压泡沫发生器

高背压泡沫发生器是为甲、乙、丙类液体储罐液下或半液下喷射泡沫灭火系统配套安装的一种低倍数泡沫发生装置。高背压泡沫发生器的发泡倍数为 2～4 倍，额定进口压力为 0.7MPa，最大出口压力约为 0.2MPa。

3. 泡沫喷头

泡沫喷淋灭火系统通常使用的是吸气型泡沫喷头，随着成膜类泡沫的出现，非吸气型喷头也开始使用，特别是近年来的一些大型系统采用了水成膜泡沫-水喷淋系统，多使用洒水喷头或水雾喷头。常用的泡沫喷头如图 6.3-6 所示。

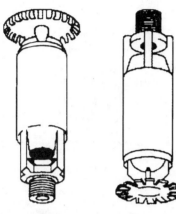

图 6.3-6　常用的泡沫喷头

4. 泡沫炮

泡沫混合液流量大于 16L/s，以射流形式喷射泡沫的装置称为泡沫炮。泡沫炮从安装方式分为固定式与移动式两种。固定式泡沫炮是安装在固定支座上的；移动式泡沫炮是安装在可移动支座上的，包括车载式、拖车式、手推式等。固定式泡沫炮通常应能在水平和铅垂两个方向上进行摆动，控制其摆动的方式分为手动控制、电动控制、液动控制、气动控制等。手动泡沫炮要就地进行控制；电动、液动、气动泡沫炮则可实现有线或无线远距离控制，因此又称为远控炮。远控炮是以电驱动、液压驱动或气压驱动为主，并都配有手动机构，需要时也可就地手动。

5. 泡沫枪

泡沫枪是一种小流量的泡沫产生与喷射装置，主要用来辅助扑救一些小面积的甲、乙、丙类液体流散火灾。从外形上可分为泡沫枪和泡沫管枪两类，从构造上有管线式比例混合器、泡沫枪组合式与单独的泡沫枪两种。

6.3.4　消防水泵

详见本书 7 相关内容。

6.3.5　高位水箱

详见本书 7 相关内容。

6.3.6　气压给水设备

详见本书 7 相关内容。

6.3.7　消防水泵接合器

详见本书 7 相关内容。

6.4　各类泡沫灭火系统的施工工艺

泡沫灭火系统的施工工艺流程：

检验材料、部件→管道防锈处理→放线、敷管→管网冲洗、试压→设备安装→设备单体试运转→系统调试→设备管道刷漆→联动试验→竣工验收。

6.4.1　常用压力式比例混合装置的安装、调试

1. 常用压力式比例混合装置的安装

压力式泡沫比例混合装置应安装在有防护棚的场所，避免日晒、雨淋，环境温度应保持在 0~10℃之间，装置应水平安装并用地脚螺栓加以固定。常用压力式比例混合装置的结构及安装基础示意如图 6.4-1~图 6.4-4 所示。

2. 泡沫液充装方法

（1）有胶囊装置的泡沫液充装

关闭所有阀门，开启两个排气阀，通过进水管或排水口往胶囊与储罐壁之间充入约 1/3 至 1/2 储罐的水，打开加液口球阀，用一寸橡胶管自加液口球阀中插入至罐底，通过胶管向储罐的胶囊内注入泡沫灭火剂，待排气口有水排出后打开排水阀，并以与泡沫充装流量相近的流量进行排水，直至泡沫液充完。充装完毕后关闭球阀及排水阀，打开进水阀，再次向胶囊与储罐壁之间缓慢充水至排气口有液体流出，关闭排气阀及进水阀，最后用清水冲刷掉散落在装置外部的灭火剂。

（2）无胶囊装置的泡沫液充装

无胶囊储罐的充装方法：打开加液口球阀，将加液胶管从加液口插入至罐底，向罐内充入泡沫灭火剂，充装完毕后关闭加液口球阀，用清水冲刷掉散落在装置外部的灭火剂。

3. 常用压力式比例混合装置的调试

（1）有胶囊装置的调试

开启两个排气阀和进水阀，向比例混合器低压供水，水充满储罐后关闭进水阀，打开

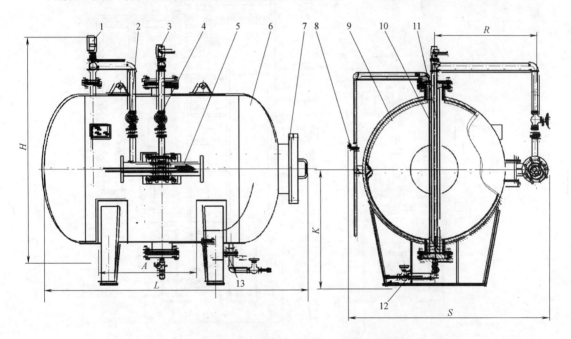

图 6.4-1　卧式有胶囊单比例混合装置示意图

1—安全阀；2—进水截止阀；3—球阀（加液口）；4—出液截止阀；5—比例混合器；
6—储罐；7—人孔；8—排气阀；9—胶囊；10—滤管；11—吸液管；12—排污阀；13—排水阀

排水阀，放出储罐内约 15％左右的水，关闭排水阀。然后打开球阀注入泡沫灭火剂至完全充满，关闭球阀及排气阀。即调试准备完毕。

启动水泵，当水泵正常供水后，依次开启进水阀和出液阀，这时比例混合装置即开始正常工作，泡沫混合液将从比例混合器出口流出。

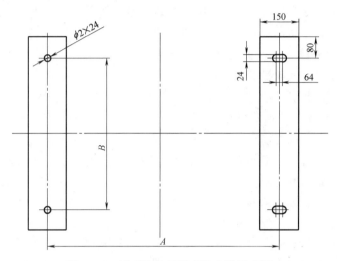

图 6.4-2　卧式泡沫储罐底脚安装示意图

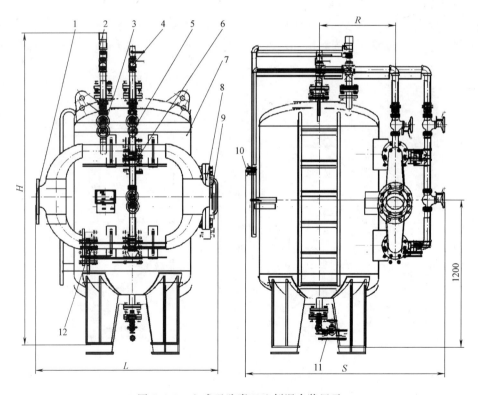

图 6.4-3　立式无胶囊双比例混合装置示

1—进水口；2—安全阀；3—进水截止阀；4—球阀（加液口）；5—出液截止阀；6—比例混合器；
7—储罐；8—人孔；9—出水口；10—排气阀；11—排污阀；12—蝶阀

调试完毕后，关闭进水阀和出液阀，再打开排气阀让储罐内卸压，然后关闭所有阀门。

（2）无胶囊装置的调试

向罐内加入约占总容积 1/3 的泡沫灭火剂，通过进水口向储罐内低压供水至储罐充满，关闭进水阀。

启动水泵，当水泵正常供水后，依次开启进水阀和出液阀，这时比例混合装置即开始正常工作。试验完毕后，关闭进水阀和出液阀，再打开排气阀和排污阀，排净储罐内液污，加入适量水冲洗储罐内壁，然后将水排净。

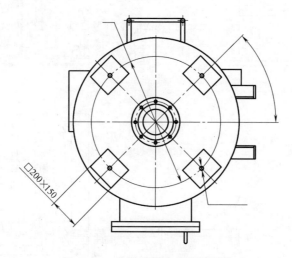

图 6.4-4 立式储罐底座安装示意

6.4.2 平衡压力式泡沫比例混合装置的安装、调试

1. 平衡压力式泡沫比例混合装置的安装

平衡压力式泡沫比例混合装置的结构示意图如图 6.4-5 所示，其安装的技术要求如下：

（1）泡沫液储罐和机组应安装在同一个水泥基础上，如两者距离较远，可安装在两个水泥基础上，两个水泥基础应保持同一个水平面或泡沫液储罐比机组高。

（2）泡沫液储罐和机组可用膨胀螺丝或地脚螺栓固定在水泥基础上。

（3）标准型平衡压力式泡沫比例混合装置的进水管、出液管的连接为 $DN150$ 的法兰连接，连接法兰高度可根据实际要求确定。

（4）混合器进水管路和出液管路中都应安装手动或电动阀门，供水阀与混合器进口端距离不小于管路通径的 5 倍，并且应保证管路直而无阻塞；出液阀与混合器出口端距离不小于管路通径的 10 倍，并且应保证管路直而无阻塞。

2. 平衡压力式泡沫比例混合装置的调试

（1）向泡沫液储罐内加泡沫液或补充泡沫液

向空的泡沫液储罐内加泡沫液前，应确保泡沫液储罐内清洁、干燥，然后关闭排液阀28、吸液阀4、回液阀9，打开注液口球阀30，打开液位计29下部的开关，然后用专用

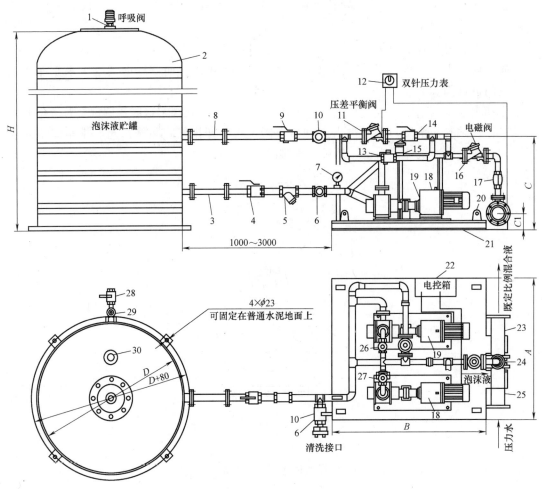

图 6.4-5　平衡压力式泡沫比例混合装置结构图

1—呼吸阀（常闭）；2—泡沫液储罐（不锈钢）；3—金属软管；4—吸液阀（常开）；5—Y 型过滤器；
6—清洗进水阀（常闭）；7—真空/压力组合表；8—金属软管；9—回液阀（常开）；10—清洗出水阀（常闭）；
11—压差平衡阀（常开）；12—双针压力表；13—旁通阀（常闭）；14—球阀（常开）；15—快速泄放阀（常闭）；
16—电磁阀（常闭）；17—立式止回阀；18—泡沫液泵（主用）；19—泡沫液泵（备用）；20—挂耳；21—雪橇式底座；
22—电控箱；23—混合液出管；24—比例混合器；25—进水管；26—水平止回阀；27—水平止回阀；
28—排液阀（常闭）；29—液位计；30—注液阀

的电动加液泵将桶装泡沫液从注液口 30 加入泡沫液储罐内。液位计可以显示罐内泡沫液的液位，当泡沫液加满后，关闭注液口球阀 30，关闭液位计 29 下部的开关，如投入使用，则需打开阀 4 和 9，使泡沫液通向泡沫液泵。每次使用或性能试验后，罐内需及时补充泡沫液，打开注液口球阀 30，打开液位计 29 下部的开关，然后用专用的电动加液泵将桶装泡沫液从注液口 30 加入泡沫液储罐内。液位计可以显示罐内泡沫液的液位，当泡沫液加满后，关闭注液口球阀 30，关闭液位计 29 下部的开关。

（2）正常工作条件下阀门状态

正常工作条件下各阀门状态参照图 6.4-5（明细中已注明的各阀门常态位置），例如：4 吸液阀（常开），即吸液阀 4 处于开启状态。

（3）启动与停止

该装置用于消防工程，通常与火灾报警控制器联用，一旦有火灾发生，火灾报警控制器通过联动控制箱首先打开消防水泵和混合器进出管路的电动阀，混合器便有压力水流过，泡沫液泵控制箱接到报警控制器的信号，立即启动泡沫液主泵，泡沫液被注入混合器，按既定比例与水混合后形成混合液，供给泡沫炮、泡沫枪、泡沫产生器等喷射泡沫灭火。当需要停止运行时，可遥控或手动关闭泡沫液泵和混合器进出管路的电动阀（水轮机驱动时水轮机停止压力水后自动停止）。该装置也可手动操作，手动打开混合器供水阀，混合器便有压力水流过，按动控制箱上的泵启动按钮，泡沫液泵立即启动，泡沫液被注入混合器，按规定比例与水混合后形成混合液，供给泡沫炮、泡沫枪、泡沫产生器等喷射泡沫灭火。当需要停止运行时，按动控制箱上的泵停止按钮，即可停止运行。在环境温度低于4℃时，若保证管路中平时无泡沫液，则可省去寒冷季节给管路保温的麻烦。

（4）阀门调节

为了保证所要求的混合比，应保证混合器进液口处压力比进水口处压力高 0～0.2MPa，如没有达到此值，可调整快速泄压阀 15，以确保供液压力稳定，并调整压差平衡阀 11，使双针压力表 12 的双针反映出混合器进液口处压力比进水口处压力高 0～0.2MPa。产品出厂时，此值已调整好，如无变化，施工时不必重新调整。

（5）管路冲洗

当需要对该装置的管路进行冲洗时，首先关闭图 1 中的阀 4 和阀 9，打开阀 6 和阀 10，用消防水带从阀 6 供水，轮流启动泵 18 和泵 19，脏水即从阀 10 通过水带排出。管路冲洗干净后，关闭阀 6 和阀 10，打开阀 4 和阀 9，管路中充满泡沫液，装置进入备用状态。

（6）性能试验

按第 1 步的操作方法向泡沫液贮罐内加一定量的泡沫液后，并将各阀门处于工作的常态位置，按第 3 步、第 4 步的操作方法进行试验，试验性能应符合规范所规定的装置技术性能要求，试验完成后应按第 5 步的操作方法进行管路冲洗。

3. 平衡压力式泡沫比例混合装置的注意事项

（1）所选用的泡沫液的混合比应符合本装置中的比例混合器的铭牌上所注的混合比；泡沫液的储存环境温度应高于泡沫液的最低使用温度，否则应对泡沫罐作好保温处理。

（2）对于供水水源，应符合所选取的泡沫液的使用要求，水的使用温度宜为4～35℃。

（3）对于用于扑灭水溶性（极性）甲、乙、丙类液体火灾，必须选用抗溶性泡沫液。

（4）初次填充泡沫液时，应对罐体进行冲洗，并将水放尽后方可进行。

（5）向泡沫液储罐内补充泡沫液时，必须与罐内原有泡沫液的型号一致，并且，泡沫液中不允许混进其他杂质。

（6）为了保证在规定的灭火时间内有充足的泡沫液，设备在备用状态，泡沫液储罐内必须充满泡沫液（性能试验时除外），使用过程中遇不足应即时添加。

（7）为了缩短泡沫液从泡沫液储罐到混合器的供液时间，设备在备用状态，管路中需充满泡沫液。

（8）泡沫液的储存期应按泡沫液厂的说明书，如发现变质，应立即更换。

（9）如发现泡沫液变质，在排放变质泡沫液后及更换泡沫液之前，应对管路进行冲洗。

（10）使用注液泵时，需按注液泵使用说明书进行操作，使用后，应用清水把泵清洗干净，以防泡沫液的腐蚀。

（11）泡沫液泵在运行时，严禁将进出口阀门全部关死，并注意压力和真空度是否在正常范围。

6.4.3　液上喷射泡沫灭火系统

1. 液上喷射泡沫灭火系统的构成与安装

液上喷射泡沫灭火系统是指吸入空气的已经发泡的泡沫混合液从液体的顶部向下喷射，将可燃液体与空气隔绝，降低温度，从而扑灭甲、乙、丙等油类火灾的灭火系统。

液上喷射泡沫灭火系统由固定消防泵组、压力式空气泡沫比例混合装置、泡沫产生器及各种阀门、管道和附件组成。如图 6.4-6 所示。

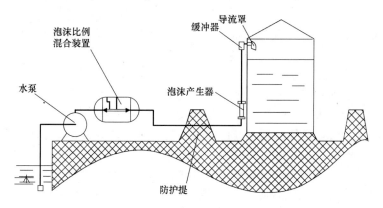

图 6.4-6　液上喷射泡沫灭火系统的构成

（1）横式泡沫产生器

1）横式泡沫产生器的构成

横式泡沫产生器由壳体、焊接法兰、连接法兰、导板及喷管组等五部分组成。如图 6.4-7 所示。

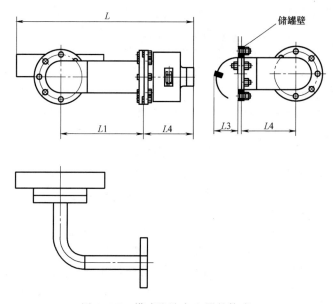

图 6.4-7　横式泡沫产生器的构成

2）横式泡沫产生器的主要性能参数，见表 6.4-1。

横式泡沫产生器的主要性能参数　　　　　表 6.4-1

型号	额定工作压力(MPa)	工作压力范围(MPa)	额定流量(L/s)	发泡倍数	25%吸液时间(S)	流量特性系数 K
PC4			4			107
PC8	0.5	0.3～0.6	8	≥5	≥120	215
PC16			16			429
PC24			24			644

3）横式泡沫产生器的安装

安装泡沫产生器时，在储罐壁上开孔时应保证储罐顶部要留有足够的空间，储存液体的液面要低于产生器出口，以免影响泡沫质量及泡沫层的形成，并防止液体从产生器出口流出。

横式泡沫产生器应水平安装在储罐壁上部，不宜安装在储罐的顶部。为保证泡沫产生器能从储罐外安装，在储罐上的开孔位置按图 6.4-8 所规定的位置尺寸安装。

泡沫产生器安装在直径较小的储罐壁上连接法兰平面与储罐壁圆弧面连接处密封有困难时或 PC4 的导板组安装有困难时，可采用直接将连接法兰焊接在储罐壁上的办法。

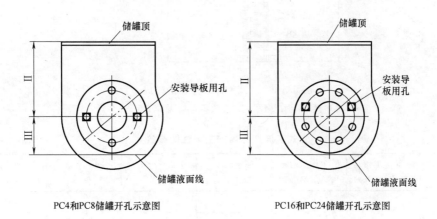

图 6.4-8　横式泡沫产生器的安装开孔示意图

（2）立式泡沫产生器

1）立式泡沫产生器的构成

立式泡沫产生器由泡沫发生器、缓冲器、导流罩及管道组件等四部分组成。如图 6.4-9 所示。

2）立式泡沫产生器的主要性能参数见表 6.4-2。

3）立式泡沫产生器的安装

立式泡沫产生器的发生器应垂直安装在储罐壁的下部，缓冲器安装在储罐的上部，在泡沫产生器下应设有支架，以保证产生器安装牢固。

泡沫产生器安装在直径较小的储罐壁上连接法兰平面与储罐壁圆弧面连接处密封有困难时或导板组件安装有困难时，可采用直接将连接法兰焊接在储罐壁上的办法。

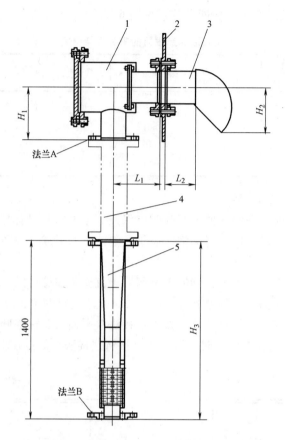

图 6.4-9　立式泡沫产生器的构成

1—缓冲器；2—储罐壁；3—导流罩；4—管道；5—发生器

立式泡沫产生器的主要性能参数　　　　表 6.4-2

型号	额定工作压力（MPa）	工作压力范围（MPa）	额定流量（L/s）	发泡倍数	25%吸液时间（s）	流量特性系数 K
PC4	0.5	0.5～0.6	4	≥5	≥120	107
PC8			8			215
PC16			16			429
PC24			24			644

2. 液上喷射泡沫灭火系统的泡沫降落槽

泡沫降落槽是水溶性液体储罐内安装的泡沫缓冲装置中的一种。为了避免泡沫自高处跌入溶剂内，由于重力和冲击力的作用，造成泡沫破裂，影响灭火性能，通过使用缓冲装置泡沫降落槽，可以使泡沫平缓地布满液面，并保持一定厚度。

6.4.4　泡沫喷淋灭火系统

1. 泡沫喷淋灭火系统的构成

泡沫喷淋灭火系统是指用喷头喷洒泡沫的固定式灭火系统。泡沫喷淋灭火系统与火灾自动探测报警系统联动时，可组成自动泡沫喷淋灭火系统；系统采用蛋白泡沫或氟蛋白泡沫灭火剂、水成膜泡沫灭火剂、抗溶性泡沫灭火剂。

泡沫喷淋灭火系统主要由消防泵组、压力式泡沫比例混合装置、泡沫喷头、各种阀、管道及附件组成。

其构成示意如图 6.4-10 所示：

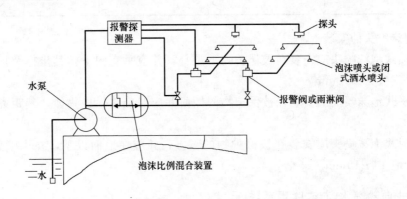

图 6.4-10　泡沫喷淋灭火系统构成示意图

当被保护的危险场所发生火灾后，火灾自动报警系统报警，自动或手动启动消防泵，开启泵出口阀和泡沫比例混合器，将泡沫灭火剂和水按一定比例混合（6%～7%）或（3%～4%）形成泡沫混合液并通过管道送到被保护场所的泡沫喷头，流经喷头的泡沫液与由于负压而吸入的空气混合并经滤网和分流片形成泡沫，均匀地喷洒在被保护对象的表面，隔绝空气，从而将火扑灭。

2. 泡沫喷头的安装

泡沫喷头是泡沫喷淋系统的主要部分，是布置在被保护区，并使泡沫混合液发泡，达到最终灭火的功效的关键元件。

其具体可分为以下几种：

（1）吸气式泡沫喷头

1）吸气式泡沫喷头的结构

吸气式泡沫喷头主要有喷头本体、连接螺母、孔板、折流板、滤网、喷头罩等零件组成。如图 6.4-11 所示。

2）吸气式泡沫喷头的主要性能参数见表 6.4-3。

（2）非吸气式泡沫喷头

非吸气式泡沫喷头是指无须吸入空气即可使用的喷

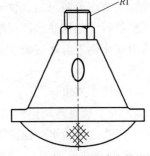

图 6.4-11　吸气式泡沫喷头外形图

头。该喷头仅适用于使用水成膜泡沫液或成膜氟蛋白泡沫液的系统。

非吸气式喷头分开式喷头和闭式喷头两种。

1）开式喷头

同自动喷水灭火系统中的中速水雾喷头。

2）闭式喷头

同自动喷水灭火系统中的玻璃球喷头。

吸气式泡沫喷头的主要性能参数表   表 6.4-3

型号	额定工作压力(MPa)	工作压力范围(MPa)	额定流量(L/s)	发泡倍数	25%吸液时间(s)	流量特性系数 K
PT50			50			25
PT70	0.4	0.3～0.6	70	≥5	≥120	35
PT90			90			45

（3）泡沫喷头的安装

1）顶喷式泡沫喷头应安装在被保护物的上部，并应垂直向下，其坐标及标高的允许偏差，室外安装为±10mm。

2）水平式泡沫喷头应安装在被保护物的侧面并应对准被保护物体，其距离允许偏差为±20mm。

3）弹射式泡沫喷头应安装在被保护物的下方，并应在地面以下，在未喷射泡沫时，其顶应低于地 10～15mm。

6.4.5　闭式自动喷水-泡沫联用系统

1. 闭式自动喷水-泡沫联用系统的适用场所及构成

（1）适用场所：闭式自动喷水—泡沫联用系统广泛用于柴油机房、炼油厂、油罐区、运油轮、加油站、海上采油平台等可燃液体存在的场所；也常用于高危险的厂房或设备，如停车场、车库、飞机库、危险品仓库、电厂、发电机房、化工厂等场所。

（2）系统特点：闭式自动喷水—泡沫联用系统具有能迅速扑灭油类（易燃液体）火灾，灭火效率高、节约用水、设备投入与维护、保养费用低等优点。

（3）系统构成：闭式自动喷水—泡沫联用系统是将低倍数比例混合装置（有隔膜）与自动喷水灭火系统进行有机的结合，并选用泡沫和水喷淋两用喷头的一种新型的高效灭火系统。主要由消防泵组、供液装置、压力式比例混合器、雨淋阀装置、压力信号发生器、水流指示器、泡沫和水两用喷头、各种阀、管道及附件组成。其结构同泡沫喷淋系统，只是压力式比例混合器安装在保护区，详见图 6.4-12 闭式自动喷水—泡沫联用系统工作流程简图。

（4）技术要求：

1）为了满足泡沫比例混合器在流量等于和大于 4L/s 时输出的混合液的混合比满足要求，闭式自动喷水—泡沫联用系统采用 4～32L/s 的压力式泡沫比例混合器，混合比为 3% 或 6%；

2）这了保证每一个防护区中的混合液的输出时间不大于 3min，从比例混合器的出口至该支管的最不利端喷头间，水流经的管道的总容积应不大于 720L；

3）泡沫混合液的注入具有自动和手动功能；

4）泡沫液的储存量满足持续喷射 10min 泡沫混合液的要求；

5）系统选用的洒水喷头应能满足喷水或泡沫，所以应选用水成膜泡沫液；

6）由于泡沫混合液供给系统长期与泡沫液接触，泡沫液对管道的具有一定的腐蚀性，所以泡沫液供给系统的管道和控制阀门采用铜或不锈钢的材料制成，储罐采用有胶囊的形式。

（5）工作原理：当闭式喷头的玻璃球因火灾而爆破后，系统管网内的水向爆破的喷头流动（湿式报警阀同时被打开，从报警阀流出的水经延时后驱动水力警铃报警），安装于支管上的水流指示器将水流信号传输到灭火控制器，延时器计时，延时期满后，控制器向电磁阀发出开启指令，打开电磁阀，两用控制阀打开，释放泡沫储罐内处于受压状态的泡沫灭火剂，泡沫灭火剂经管道流向比例混合器，形成一定比例的泡沫混合液流向喷头，并通过已爆破的喷头（或开式喷头）实施灭火。系统配有应急电源，防止意外断电，同时还配有应急启动球阀，当电磁阀失效时，可用应急开启释放泡沫灭火剂。

系统可通过消防控制中心的灭火控制器对电磁阀的开关进行转换，则可产生泡沫喷淋-自动喷水-泡沫喷淋-自动喷水交叉灭火的效果。电磁阀常开时系统等同于泡沫喷淋系统，电磁阀常闭时系统等同自动喷水灭火系统。

其工作流程简图如下：

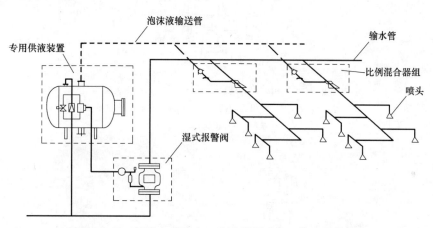

图 6.4-12　闭式自动喷水—泡沫联用系统工作流程简图

2. 闭式自动喷水-泡沫联用系统的主要部件

（1）闭式自动喷水-泡沫联用系统供液装置

闭式自动喷水-泡沫联用系统供液装置是闭式自动喷水-泡沫联用系统的主要关键装置，是提供系统泡沫液、实施自动喷水-泡沫联用的部件。由泡沫储罐、胶囊、两用控制阀定比减压阀、手动球阀、各种阀、管道及附件组成。其结构如图 6.4-13 所示。

（2）闭式自动喷水-泡沫联用系统的专用比例混合器

其结构如图 6.4-14 所示。

（3）闭式自动喷水-泡沫联用系统的湿式报警阀

见本书 3 中湿式报警阀的技术要求。

3. 闭式自动喷水-泡沫联用系统的调试

（1）泡沫液充装方法

关闭所有阀门，开启两个排气阀，通过进水管或排水口往胶囊与储罐壁之间充入约 1/3~1/2 储罐的水，打开加液口球阀，用一寸橡胶管自加液口球阀中插入至罐底，通过胶管向储罐的胶囊内注入泡沫灭火剂，待排气口有水排出后打开排水阀，并以与泡沫充装流量相近的流量进行排水，直至泡沫液充完。充装完毕后关闭球阀及排水阀，打开进水

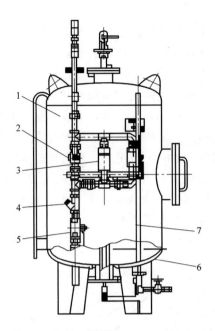

图 6.4-13 闭式自动喷水-泡沫联用系统供液装置

1—泡沫储罐；2—两用控制阀；3—定比减压阀；4—过滤器；

5—球阀；6—胶囊；7—液位计

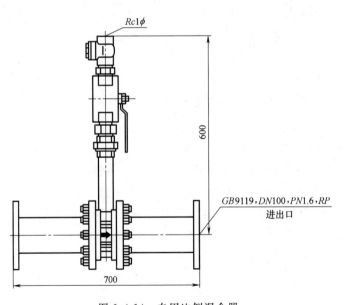

图 6.4-14 专用比例混合器

阀，再次往胶囊与储罐壁之间缓慢充水至排气口有液体流出，关闭排气阀及进水阀，最后用清水冲刷掉散落在装置外部的灭火剂。

（2）装置的调试

开启两个排气阀和进水阀，向比例混合器低压供水，水充满储罐后关闭进水阀，打开排水阀，放出储罐内约15%左右的水，关闭排水阀。然后打开球阀注入泡沫灭火剂至完全充满，关闭球阀及排气阀。即调试准备完毕。

启动水泵，当水泵正常供水后，依次开启进水阀和出液阀，这时比例混合装置即开始正常工作，泡沫混合液将从比例混合器出口流出。

6.4.6　低倍数泡沫枪

1. 低倍数泡沫枪的构成

低倍数泡沫枪是产生和喷射空气泡沫，用于扑救甲、乙、丙类液体火灾或喷射水用于扑救一般固体火灾。主要由枪筒、手轮、枪体、球阀、吸液管和KY65管牙接口构成，如图6.4-15所示：

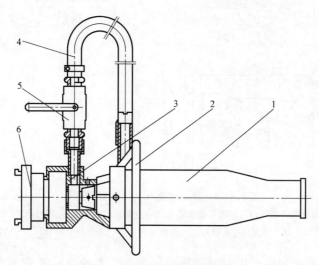

图 6.4-15　低倍数泡沫枪的构成

1—枪筒；2—手轮；3—枪体；4—球阀；5—吸液管；6—KY65管牙接口

2. 低倍数泡沫枪的使用方法

（1）泡沫枪可在消防系统供给3％或6％的各种类型泡沫混合液的情况下使用；此时应将球阀处于关闭状态。

（2）泡沫枪也可在消防系统供给压力水的情况下自吸泡沫液使用；此时应将球阀处于完全开启状态。

（3）泡沫枪装有便于操作和起保护枪作用的圆形手轮，使用时操作者应抓紧枪的手轮；同时要注意供给枪的水或混合液的压力应逐渐提高，但不能超出使用压力范围；以免突然冲击或压力过高对操作者造成伤害。

（4）喷射时尽量要顺着风向。

6.4.7　推车式泡沫灭火装置

1. 推车式泡沫灭火装置的构成

推车式泡沫灭火装置是新型移动式泡沫灭火装置，其操作迅速简便、可靠性强。用于扑灭甲、乙、丙类非水溶性液体火灾。被广泛用于市政住宅区、厂矿企业、油库、化工部门、热处理车间、加油站等场所。主要由泡沫液储罐、喷枪、比例混合器、水带及推车底盘等构成，其构成如图 6.4-16 所示。

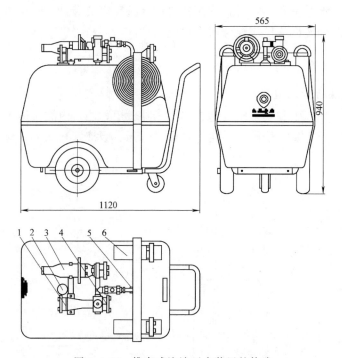

图 6.4-16　推车式泡沫灭火装置的构成
1—泡沫混合液出口（接泡沫枪水带）；2—泡沫液加液口；3—4L 空气泡沫枪；
4—压力水进口（接消防栓水带）；5—泡沫液吸液口（接消防栓水带）；6—消防水带

　　推车式泡沫灭火装置在灭火时其管线式比例混合器的两端的管牙接口与消防水带连接，并连接压力水源，当有不低于 0.6MPa 压力的水以很高的速度流过比例混合器的喷嘴时，由于射流点的横向移动的扩散作用，比例混合器的室内形成真空（负压），于是泡沫液储罐内的泡沫液在大气的压力作用下通过吸液管进入混合器，与压力水混合，最终达到一定比例的混合液。当具有一定压力的混合液流到喷枪时，因为喷枪的性能会吸入一定量的空气，使泡沫混合液发泡，从而达到泡沫灭火的效果。

　　2. 推车式泡沫灭火装置的使用

　　推车式泡沫灭火装置一般应由两人操作；一人接喷射水枪带并持枪灭火，另一人接消防栓水带并打开消防栓球阀供水。其操作步骤如下：

　　（1）用消防水带将供水源与设备的压力水进口相联接；

　　（2）取下喷枪并展开其消防水带；

　　（3）将喷枪的联接水带与设备的出口相联接；

　　（4）打开供水源供水；

　　（5）手持泡沫喷射枪进行灭火。

6.4.8　泡沫消火栓箱

1. 泡沫消火栓箱的构成

　　泡沫消火栓箱是一种简单高效的固定式泡沫灭火设备，应用十分广泛。泡沫消火栓箱主要由比例混合器 2、泡沫喷枪 7、泡沫液罐 11、软管卷盘（消防水带）1、滴水阀 5（低压泄漏阀）、液面计 11、进气阀 8、进水（排污）阀（6,13 可互换）等构成。其结构如图 6.4-17 所示。

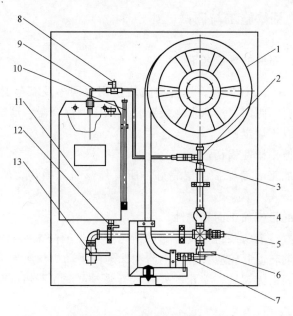

图 6.4-17　泡沫消火栓箱的构成

1—软管卷盘（消防水带）；2—比例混合器；3—泡沫液出液阀；4—控制阀；5—滴水阀；6—排污阀；
7—泡沫喷枪；8—进气阀；9—管路组件；10—液面计；11—泡沫液罐；12—止回阀；13—进水阀

泡沫消火栓箱在灭火时当有不低于 0.6MPa 压力的水以很高的速度流过泡沫消火栓箱的管道及管线比例混合器时，由于射流点的横向移动的扩散作用，比例混合器的室内形成真空（负压），于是泡沫液储罐内的泡沫液在大气的压力作用下通过吸液管进入混合器，与压力水混合，最终达到一定比例的混合液。当具有一定压力的混合液流到喷枪时使泡沫混合液发泡，从而达到泡沫灭火的效果。

2. 泡沫消火栓箱的安装、调试与使用

（1）泡沫消火栓箱的安装

将泡沫消火栓箱固定在需要保护的场所，并使泡沫消火栓箱的门开关方便。将消防管道与泡沫消火栓箱的进水球阀连接好。

（2）泡沫消火栓箱的调试

将消防管道的水压调到要求的压力范围内，打开泡沫消火栓箱的进水球阀，紧接着取下喷枪并打开，同时拖动消防软管到指定位置，到喷枪口喷出泡沫混合液。

关闭进水球阀，打开泡沫消火栓箱的进气阀，打开排水阀将软管和立管中的混合液和水排干净，关闭进气球阀，关闭喷枪。将软管圈入卷盘上（复原）。

（3）泡沫消火栓箱的使用

1）打开消火栓箱门；

2）打开消火栓箱的进水球阀；

3）取下喷枪并拖动消防软管；

4）手持泡沫喷射枪进行灭火；

5）灭火结束后，关闭进水球阀，打开泡沫消火栓箱的进气球阀；

6）打开排水阀，排净管内混合液和水，关闭进气球阀，关闭喷枪，将软管复原。

6.5　泡沫灭火系统总体施工与调试

6.5.1　材料、设备、部件的外观检查

1. 根据设计施工图、设计说明、设备的安装使用说明书及其他必要的技术文件，逐一对照，并对各种材料、阀门、泡沫发生装置、泡沫比例混合器、消防泵组等零配件进行外观检查，应能符合以下规定：

（1）无变形及其他机械性损伤；

（2）外露非机械加工表面保护涂层完好，所有外露口无损伤、堵、盖等保护物包装良好；

（3）无保护涂层的机械加工面无锈蚀；

（4）泡沫发生装置、消防泵组等设备铭牌清晰牢固，消防泵组盘车应灵活，无阻滞、异常，泡沫发生器手动转动叶轮应灵活，消防泡沫炮的手动机构应无卡阻现象；

（5）管道及配件表面无裂纹、缩孔、夹渣、折叠、重皮和不超过壁厚负偏差的锈蚀或凹陷等缺陷；

（6）螺纹表面完整无损伤，法兰密封面平整光洁，无毛刺及径向沟槽，垫片无老化变质或分层现象，表面无折皱等缺陷。

2. 检查各种预埋件及预留孔是否符合图纸的设计要求。

6.5.2　管道的防腐处理

在地面上将钢管排列整齐，逐一除锈、刷第一遍防锈漆（管道两端留 10cm 不能刷漆），并对需埋地部分的钢管作好三油二布的防腐处理。

6.5.3　放线、敷管

1. 严格按施工设计图纸要求进行放线、敷管。

2. 管材按施工图尺寸进行下料、校直、套丝、去毛刺、飞边，并清除管道内部的杂物。

3. 泡沫灭火系统管道安装，管材采用无缝钢管，当管径＜100mm 时采用螺纹连接，当管径≥100mm 时采用焊接或法兰连接，连接后的管道均不得减小管道的通水横断面积。

4. 焊前准备

（1）焊件的切割采用砂轮切割机进行，坡口采用氧乙炔加工办法，但在坡口加工完后必须除去坡口表面氧化皮、溶渣及影响质量的表面层，并将凹凸不平行处用手提砂轮机将其打磨平整；

（2）对焊前将坡口及其内外侧表面≥10mm 范围内的油漆、毛刺等清除干净且不得有裂纹、夹层等缺陷；

（3）焊缝组对时，内壁应齐平，内壁错边量不允许超过管壁厚度的 10％，且不大于

2mm，对设备、容器对接焊组时的错边量，应符合表 6.5-1 的规定：

对接焊组错边量表　　表 6.5-1

母材厚度 δ	错边量（mm）	
	纵向焊缝	环向焊缝
δ≤12	≤1/4δ	≤1/4δ
12<δ≤20	≤3	≤1/4δ

5. 管道焊接按以下要求进行：

（1）管道焊接连接采用手工电弧焊方法焊接，保证焊缝均匀，焊缝高度 3mm，焊后清除焊渣。

（2）管道直径等于或大于 100mm 时，水平管段每 20m 加法兰，净空高度大于 8m 的场所内，立管上应加法兰。

6. 管道采用螺纹连接按以下工序进行：

（1）钢管先在地面上校直，然后抬在切管套丝机上按施工图尺寸下料、套丝；

（2）当管道变径时采用异径接头，在管道弯头处不得采用补芯；当需要采用补芯时，三通上可用一个，四通上不应超过两个。

（3）螺纹连接的密封填料采用麻丝、油漆；拧紧螺纹时，不得将填料挤入管道内；连接后，应将连接处外部清理干净。

7. 管道的安装位置应符合设计施工图要求。当设计施工图无要求时，管道的中心线与梁、柱、楼板等的最小距离应不大于表 6.5-2 的规定：

管道的中心线与梁、柱、楼板等的最小距离　　表 6.5-2

公称直径（mm）	25	32	40	50	70	80	100	150	200
距离（mm）	40	40	50	60	70	80	100	150	200

8. 管道支架、吊架、防晃支架的安装

管道固定应牢固，管道支架或吊架之间的距离应不大于表 6.5-3 的规定：

管道支架或吊架之间的距离　　表 6.5-3

公称直径（mm）	25	32	40	50	70	80	100	150	200
距离（m）	3.5	4	4.5	5	6	6	6.5	8	9.5

（1）管道支架、吊架、防晃支架的形式（见图 6.5-1～图 6.5-4）、材质、加工尺寸及焊接质量等应符合设计施工图要求和国家现行有关标准的规定。

 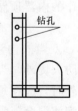  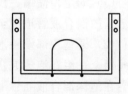

图 6.5-1　形式一　　　图 6.5-2　形式二　　　图 6.5-3　形式三　　　图 6.5-4　形式四

（2）竖直安装的配水干管应在其始端和终端设防晃支架或采用管卡固定，其安装位置距地面或楼面的距离为 1.5～1.8m。

9. 管道穿过建筑物的变形缝时，应设置柔性接头，如图 6.5-5 所示。穿过墙体或楼板时加设套管，套管长度不得小于墙体厚度，或应高出楼面或地面 50mm，如图 6.5-6 所示；管道的焊缝不得位于套管内。套管与管道的间隙间采用石棉绳、水泥材料填塞密实。

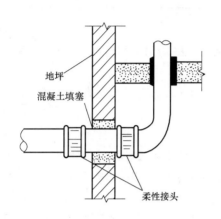

图 6.5-5　形式五

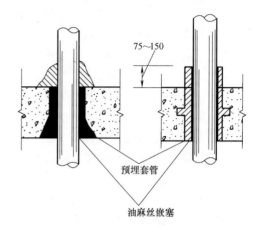

图 6.5-6　形式六

10. 管道横向安装宜设 0.002～0.005 的坡度，且应坡向排水管。

11. 管道设置的有关规定：

（1）防火堤内泡沫混合液管道，地上泡沫混合液水平管道，应敷设在管墩或管架上，但不应与管墩、管架固定。与罐壁上的泡沫混合液立管之间宜用金属软管连接；

（2）埋地管道距离地面的深度应大于 0.3m，与罐壁上的泡沫混合液立管之间应用金属软管或金属转向接头连接；

（3）泡沫混合液的管道，应有 3‰坡度坡向防火堤。

12. 防火堤外泡沫混合液管道的设置，应符合下列规定：

（1）在靠近防火堤外侧处的水平管道上，应设置供检测泡沫产生器工作压力的压力表接口；

（2）泡沫混合液的管道应有 2‰的坡度坡向放空阀，管道上的控制阀，应设置在防火堤外，并应有明显标志；

（3）泡沫混合液管道上的高处应设排气阀。

13. 储罐上泡沫混合液管道的设置，应符合下列规定：

（1）固定顶储罐、浅盘式和浮盘采用易熔材料制作的内浮顶储罐，每个泡沫产生器应用独立的混合液管道引至防火堤外；

（2）罐壁顶部设置泡沫喷射口的外浮顶储罐和单、双盘式内浮顶储罐的泡沫产生器，可每两个一组在泡沫混合液立管下端用一根管道引至防火堤外。当三个或三个以上泡沫产生器在泡沫混合液立管下端使用一根管道引至防火堤外时，应在每个泡沫混合液立管上设控制阀。半固定式泡沫灭火系统引出防火堤外的每根泡沫混合液管道所需的混合液流量不应大于一辆消防车的供给量；

（3）连接泡沫产生器的泡沫混合液立管应用管卡固定在罐壁上，其间距不宜大于3m，泡沫混合液的立管下端应设锈渣清扫口。对于外浮顶储罐泡沫喷射口浮顶上设置方式，当泡沫混合液管道从储罐内通过时，应采用具有重复扭转运动轨迹的耐压软管，并不得与浮顶支承相碰撞，且应相距储罐底部的伴热管0.5m以上；

（4）外浮顶储罐的梯子平台上，应设置带闷盖的管牙接口，此接口用管道沿罐壁引至防火堤外距地面0.7m处，且应设置相应的管牙接口。

6.5.4　管网试压、冲洗

1. 试压前，应将泡沫发生器装置、比例混合器储气罐等设备加以隔离、封堵。泡沫管网试压、冲洗应分段进行，试压时水温不低于4℃，管网水压强度试验压力值为1.6MPa，缓慢升压，达到试验压力后稳压30min，管网应无泄漏和变形，且压力下降不应大于0.05MPa。

2. 管网冲洗应连续进行，水流速度不小于3m/s，水流方向应与灭火时管网的水流方向一致，出水颜色与进水颜色基本一致时，冲洗方可结束。

3. 水压严密性试验，该试验应在强度试验和管网冲洗合格后进行，试验压力为设计工作压力，稳压24h，应无泄漏。

4. 管网试压、冲洗时，应请建设方、监理参加。

5. 试压、冲洗合格后，将试压前各隔离封堵的设备与管道连接好并不能影响管内清洁。

6.5.5　设备安装

检查设备的三证（合格证、生产许可证和产品检测报告）是否齐全，外观有无明显的机械损伤，规格、品种、型号是否符合施工图要求，铭牌是否清晰，其内容应符合设计要求。

1. 泡沫液储罐的安装

（1）根据泡沫液储罐的形状按立式或卧式安装在支架或支座上，支架应与基础固定，安装时不应拆卸或损坏其储罐上的配管和附件；

（2）泡沫液储罐的安装位置和高度应符合设计要求，储罐四周应留有宽度不小于0.7m的通道，顶部至楼板或梁底的距离不小于1.0m，消防泵房主要通道的宽度应大于泡沫液储罐外形的最小尺寸。

（3）压力泡沫储罐安装在室外时，应根据环境条件设置防晒、防雨、防冻设施。

2. 泡沫比例混合器的安装

（1）泡沫比例混合器安装时，液流方向与标注的方向一致。

（2）环泵式泡沫比例混合器的安装应符合下列规定：

1）环泵式泡沫比例混合器的安装坐标及标高的允许偏差为±10mm；

2）环泵式泡沫比例混合器的连接管道及附件的安装必须严密；

3）备用的环泵式泡沫比例混合器应并联安装在系统上。

（3）带压力储罐的压力式泡沫比例混合器应整体安装，并应与基础牢固固定。

（4）压力式泡沫比例混合器应安装在压力水的水平管道上，泡沫液的进口管道应与压力水的水平管道垂直，其长度不宜不于 1.0m；压力表与压力式泡沫比例混合器的进口处的距离不宜大于 0.3m。

（5）平衡压力式泡沫比例混合器应整体垂直安装在压力水的水平管道上；压力表应分别安装在水和泡沫液进口的水平管道上，并与平衡压力式泡沫比例混合器进口处的距离不宜大于 0.3m。

（6）管线式、负压式泡沫比例混合器应安装在压力水的水平管道上，吸液口与泡沫液储灌或泡沫液桶最低液面的距离不得大于 1.0m。

3. 泡沫发生器的安装

（1）液上喷射的泡沫发生器应水平安装在储罐壁上部，不宜安装在储罐顶部。安装时罩板朝上，不应侧装。用于外浮顶储罐时，应安装在储罐顶端的泡沫导流罩上。安装泡沫发生器时在储罐壁的开孔，应保证储罐上部要留有足够的空间，储存液体的液面要低于泡沫发生器的进口，应在储存液面线以下，以免影响泡沫质量及泡沫层形成，并防止液体从产生器口流出。

（2）导板组安装在储罐内壁上，其作用是使泡沫沿储罐内壁流淌到燃烧液面上。如果使用泡沫发生器用于扑救水溶性甲、乙、丙类液体火灾，导板组则不适用，而应换成其他合适的缓冲装置（如降落槽、泡沫溜槽等）。

（3）泡沫发生器的喷嘴不能被杂物堵塞。在泡沫系统安装完毕进行通水试验前，可将喷嘴拆下，密封玻璃处用铁板挡住，然后对管道进行冲洗，待确保管道中无杂物后再将喷嘴装好，然后进行泡沫系统调试。

（4）为防止储罐内气体从泡沫发生器处外泄，在泡沫发生器壳体组出口端装有密封玻璃。密封玻璃一面划有易碎划痕，有划痕面应朝出口方向安装。密封玻璃受到 0.2MPa 压力的混合液冲击时将破碎。密封玻璃应在泡沫调试后再安装。每使用一次或其他原因造成密封玻璃损坏，应及时更换。

（5）泡沫发生器壳体组上装有不锈钢材料制成的防雨罩和防杂物进入的滤网，安装时不应漏装。

（6）为保证产生器的性能和导板组从储罐外进行安装，在储罐壁上的开孔应按储罐壁上开孔规定的尺寸。

1）水溶性液体储罐内泡沫溜槽的安装应沿罐壁内侧螺旋下降到距罐底 1.0～1.5m 处，溜槽与罐底平面夹角宜为 30°；泡沫降落槽应垂直安装，其垂直度允许偏差不应大于 10mm，坐标及标高的允许偏差为 ±5mm；

2）液下喷射的高背压泡沫产生器应水平安装在泡沫混合液管道上。

（7）中倍数泡沫发生器的安装位置及尺寸应符合设计要求，安装时不得损坏或随意拆卸附件。

（8）高倍数泡沫发生器的安装应符合下列规定：

1）距高倍数泡沫发生器的进气端小于或等于 0.3m 处不应有遮挡物；

2）在高倍数泡沫发生器的发泡网前小于或等于 1.0m 处，不应有影响泡沫喷放的障碍物；

3）高倍数泡沫发生器安装时不得拆卸，并应固定牢固。

（9）单个泡沫发生器的最大保护周长见表 6.5-4 的规定。

单个泡沫发生器的最大保护周长　　　　　表 6.5-4

泡沫喷射口设置部位	堰板高度(m)		保护周长(m)
罐壁顶部、密封或挡雨板上方	软密封	≥0.9	24
	机械密封	<0.6	12
		≥0.6	24
金属挡雨板下部	<0.6		18
	≥0.6		24

4. 消防泵组的安装

(1) 检查运到安装地点的水泵的轴承油脂是否变色，泵室内有无杂物，手盘动靠背轮能转动，外观是否完好无损，电机和水泵有关参数是否与设计施工图相符，发现异常，应进行清理或通知生产厂家。

(2) 根据泵房设计图检查泵的基础的纵横坐标、中心线、标高、基础几何尺寸、地脚螺栓孔预留位置大小、深度是否符合要求。

(3) 将清理检查验收合格后的消防泵，穿好地脚螺栓吊放在基础上，调整位置，使其轴中线与基础中心一致。

(4) 在地脚螺栓附近垫塞楔形垫铁，垫高在 20mm 以上时，应加垫平垫铁，进行初步调平。

(5) 初调后浇固地脚螺栓，栓头露出螺帽 1/2 直径，待地脚螺栓混凝土干固后进行精平，拧紧地脚螺栓帽，并用水泥砂浆将基础抹光。

(6) 根据水泵说明书复查泵轴与电机轴的同心度和两靠背轮的间隙尺寸。

(7) 非整体组装出厂的消防泵安装应先安装好泵体，再安装电动机。

(8) 泵试压运转时间按出厂说明书要求，试运转后，应保证各固定连接部位应坚固，不得松动；转子及各运动部件运转应正常，不得有异常声响；管道连接应牢固无渗漏；泵的各部分仪表应灵敏正确、可靠；轴承的温度和各润滑点的温度应符合说明书要求。

(9) 固定式消防泵组进水管吸水口处设置滤网时，其滤网的过水面积应大于进水管截面积的 4 倍；滤网架的安装应坚固。

5. 泡沫消火栓的安装

(1) 当采用固定式泡沫灭火系统的储罐区时，沿防火堤外侧均匀布置的泡沫消火栓，其间距应小于等于 60m，且数量不小于 4 个；

(2) 泡沫混合液管道上下设置消火栓的规格、型号、数量、位置、安装方式应符合设计要求；

(3) 消火栓应垂直安装；

(4) 当采用地上式消火栓时，其大口径出水口应面向道路；

(5) 当采用地下式消火栓时，应有明显的标志，其顶部出口与井盖底面的距离不得大于 400mm；

(6) 当采用室内消火栓或消火栓箱时，栓口应朝外或面向通道，其坐标及标高的允许偏差为 ±20mm。

6. 泡沫喷头的安装

(1) 泡沫喷头的规格、型号、数量应符合设计要求；

(2) 泡沫喷头的安装应在系统试压、冲洗合格后进行；

(3) 泡沫喷头的安装应牢固、规整，安装时不得拆卸或损坏其喷头上的附件；

(4) 顶喷式泡沫喷头应安装在被保护物的上部，并应垂直向下，其坐标及标高的允许偏差，室外安装为±15mm，室内安装为±10mm；

(5) 水平式泡沫喷头应安装在被保护物的侧面并应对准被保护物体，其距离允许偏差为±20mm；

(6) 弹射式泡沫喷头应安装在被保护物的下方，并应在地面以下；在未喷射泡沫时，其顶部应低于地面10～15mm。

7. 泡沫炮的安装

(1) 固定式泡沫炮的立管应垂直安装，炮口应朝向防护区；

(2) 安装在炮塔或支架上的固定式泡沫炮应牢固；

(3) 电动泡沫炮的控制设备、电源线、控制线的规格、型号及设置位置、敷设方式、接线等应符合设计要求。

8. 管道、阀门的安装

(1) 泡沫混合液管道和阀门的安装应符合下列规定：

1) 泡沫混合液立管安装时，其垂直度偏差不宜大于0.002。

2) 泡沫混合液立管与水平管道连接的金属软管安装时，不得损坏其不锈钢编织网。

3) 泡沫混合液水平管道安装时，其坡向、坡度应符合设计要求。

4) 泡沫混合液管道上设置有自动排气阀应直立安装，并应在系统试压、冲洗合格后进行，放空阀应安装在低处。

5) 泡沫喷淋系统干管、支管、分支管的安装，其坡向、坡度除应符合设计要求外，还应符合现行国家标准《自动喷水灭火系统施工及验收规范》(GB 50261—2005)的有关规定。

6) 高倍数泡沫发生器进口端泡沫混合液管道上设置的压力表、管道过滤器、控制阀应安装在水平支管上。

(2) 液下喷射泡沫灭火系统泡沫管道和阀门的安装应符合下列规定：

1) 泡沫水平管道安装时，其坡向、坡度应符合设计要求，放空阀应安装在低处。

2) 泡沫管道进储罐处设置的钢质控制阀和止回阀应水平安装，其止回阀上标注的方向应与泡沫的流动方向一致。

3) 泡沫喷射口的安装应符合设计要求。当喷射口设在储罐中心时，其泡沫喷射管和泡沫管道应固定在与储罐底焊接的支架上。

(3) 泡沫混合液管道、泡沫管道埋地安装时还应符合下列规定：

1) 埋地安装的泡沫混合液管道、泡沫管道应符合设计要求；安装前应做好防腐，安装时不应损坏防腐层。

2) 埋地安装采用焊接时，焊缝部位应在试压合格后进行防腐处理。

3）埋地安装的泡沫混合液管道、泡沫管道在回填土前应进行隐蔽工程验收，合格后及时回填土，分层夯实，并填写隐蔽工程验收记录。

6.5.6　管道、设备刷漆

泡沫产生器、泡沫液储罐、比例式混合器、压力开关、泡沫混合液管道、泡沫液管道、管道过滤器应刷红色漆。

水泵、泡沫液泵、给水管道应刷绿色漆。

6.5.7　试压、冲洗和防腐

1. 管道试压应符合下列规定：

（1）管道安装完毕后宜用清水进行强度和严密性试验。

（2）试压前应将泡沫发生装置、泡沫比例混合器加以隔离或封堵。

（3）试验合格后，应填写试压记录表。

2. 管道冲洗应符合下列规定：

（1）管道试压合格后要用清水进行冲洗。

（2）冲洗前要将试压时安装的隔离或封堵设施拆下，打开或关闭有关阀门，冲洗应按合理程序分段进行。

（3）冲洗合格后，不得再进行影响管内清洁的其他施工，并填写冲洗记录表。

3. 防腐应符合下列规定：

（1）现场制作的常压钢质泡沫液储罐内、外表面应按设计要求防腐。

（2）现场制作的常压钢质泡沫液储的防腐应在严密性试验合格后进行。

（3）常压钢质泡沫液储罐罐体与支座接触部位的防腐，应符合设计要求，当设计无规定时，应按加强防腐层的做法施工。

6.5.8　调试

泡沫灭火系统的调试应在整个系统施工结束后和与系统有关的火灾报警装置及联动控制设备调试合格后进行。

调试负责人应由专业技术人员担任，参加调试人员应明确，并应按照预定的调试程序进行。

调试前应检查系统的设备材料的规格、型号、数量以及系统的施工质量，合格后方可进行调试。

调试前安装好调试的用的仪器、仪表，调试时所需的检验设备和有关技术资料应准备齐全。

1. 单机调试

（1）单机调试可用清水代替泡沫液进行。

（2）单机调试的项目包括泡沫灭火系统的消防泵和固定式消防泵组、泡沫比例混合器、泡沫发生装置和消防栓等。

（3）泡沫灭火系统的单机调试应严格按《泡沫灭火系统施工及验收规范》及现行国家

有关标准的规定进行。

2. 系统调试

（1）泡沫灭火系统的调试应在单机调试合格后进行。

（2）泡沫灭火系统调试应符合下列规定：

1）系统调试时应使系统中所有的阀门处于正常状态；

2）每个防护区均应进行喷水试验，当对储罐进行喷水试验时，喷水口可设在靠近储罐的水平管道上。

3）当为手动灭火系统时，应以手动控制的方式进行一次喷水试验；当为自动灭火系统时，应以手动和自动控制的方式各进行一次喷水试验，其各项性能指标均应达到设计要求。

4）低、中倍数泡沫灭火系统试验完毕将系统中的水放空后，应选择最不利点的防护区或储罐进行一次喷泡沫试验；当为自动灭火系统时，应以自动控制的方式进行；喷射泡沫的时间不宜小于1min；实测泡沫混合液的混合比及泡沫混合液的发泡倍数应符合设计要求。

5）高倍数泡沫灭火系统除应符合上述1）、3）条的规定外，还应对每个防护区分别进行喷泡沫试验，喷射的时间不宜小于30s，泡沫最小供给速率应符合设计要求。

（3）泡沫灭火系统调试合格后，应用清水冲洗后放空，将系统恢复到正常状态，并应填写系统调试记录表。

6.6　泡沫灭火系统施工验收标准

泡沫灭火系统施工验收执行以下国家现行标准的相关要求。

（1）《泡沫灭火系统施工及验收规范》GB 50281—2006；

（2）《低倍数泡沫灭火系统设计规范》GB 50151—2000；

（3）《高倍数、中倍数泡沫灭火系统设计规范》GB 50196—2002。

6.7　泡沫灭火系统施工质量记录

泡沫灭火系统的施工质量记录包括：

（1）施工现场质量管理检查记录，详见表6.7-1。

（2）泡沫液储罐的强度和严密性试验记录，详见表6.7-2。

（3）阀门的强度和严密性试验记录，详见表6.7-3。

（4）管道试压记录，详见表6.7-4。

（5）管道冲洗记录，详见表6.7-5。

（6）隐蔽工程中间验收记录，详见表6.7-6。

（7）泡沫灭火系统调试记录，详见表6.7-7。

（8）泡沫灭火系统施工过程质量检查记录，详见表6.7-8。

（9）泡沫灭火系统质量控制资料核查记录，详见表6.7-9。

（10）泡沫灭火系统工程质量验收记录，详见表6.7-10。

施工现场质量管理检查记录　　表 6.7-1

工程名称			
建设单位		监理单位	
设计单位		项目负责人	
施工单位		施工许可证	

序号	项　目	内　容
1	现场质量管理制度	
2	质量责任制	
3	操作上岗证书	
4	施工图审查情况	
5	施工组织设计、施工方案及审批	
6	施工技术标准	
7	工程质量检验制度	
8	现场材料、设备存放与管理	
9		

检查结论	施工单位项目经理 年 月 日	监理工程师： 年 月 日

泡沫液储罐的强度和严密性试验记录　　表 6.7-2

工程名称									
施工单位				监理单位					
编号	名称	规格型号	设计压力（MPa）	强度试验			严密性试验		
				压力（MPa）	时间（min）	结果	压力（MPa）	时间（min）	结果
	常压储罐								
	压力储罐								
	带胶囊压力储罐								
	结论								

参加单位及人员	施工单位项目专业技术负责人： 年 月 日	监理工程师： 年 月 日

注：结果栏内填写合格、不合格。

阀门的强度和严密性试验记录

表 6.7-3

工程名称										
施工单位				监理单位						
阀门编号	名称	规格型号	公称压力（MPa）	强度试验			严密性试验			
				压力（MPa）	时间（min）	结果	压力（MPa）	时间（min）	结果	
结论										
参加单位及人员	施工单位项目专业技术负责人： 年 月 日					监理工程师： 年 月 日				

注：结果栏内填写合格、不合格。

管道试压记录

表 6.7-4

工程名称										
施工单位					监理单位					
管道编号	设计参数				强度试验			严密性试验		
	管径	材质	介质	压力（MPa）	压力（MPa）	时间（min）	结果	压力（MPa）	时间（min）	结果
结论										
参加单位及人员	施工单位项目专业技术负责人： 年 月 日					监理工程师： 年 月 日				

注：结果栏内填写合格、不合格。

管道冲洗记录　　　　　　　　　　　　　　　　　　　　　表 6.7-5

工程名称									
施工单位				监理单位					
管道编号	设计参数				冲洗				
	管径	材质	介质	压力(MPa)	压力(MPa)	流量(L/s)	流速(m/s)	冲洗时间或次数	结果
结论									
参加单位及人员	施工单位项目专业技术负责人：　　　　　　　年 月 日				监理工程师：　　　　　　　　　　　　　年 月 日				

注：结果栏内填写合格、不合格。

隐蔽工程中间验收记录　　　　　　　　　　　　　　　　　表 6.7-6

工程名称											
建设单位					设计单位						
监理单位					施工单位						
管道编号	设计参数				强度试验			严密性试验			防腐
	管径	材料	介质	压力(MPa)	压力(MPa)	时间(min)	结果	压力(MPa)	时间(min)	结果	等级	结果
隐蔽前的检查											
隐蔽方法											
简图或说明											
验收结论											
参加单位及人员	施工单位项目经理：　　　　　　　　　　　　　年 月 日										
	监理单位总监理工程师：　　　　　　　　　　　年 月 日										
	设计单位项目负责人：　　　　　　　　　　　　年 月 日										
	建设单位项目负责人：　　　　　　　　　　　　年 月 日										

注：结果栏内填写合格、不合格。

泡沫灭火系统调试记录 　　　　　　　　表 6.7-7

工程名称			
施工单位		监理单位	
项目分类	项　目		结　果
调试	消防泵或固定式消防泵组		
	泡沫比例混合器		
	泡沫发生装置		
	消火栓		
	主动力源和备用动力源切换试验		
	工作与备用固定式消防泵组运行试验		
	系统喷水试验		
	系统喷泡沫试验		
调试结论			
参加单位及人员	施工单位项目 专业技术负责人： 　　　　　年 月 日		监理工程师： 　　　　　年 月 日

注：1. 项目栏内应根据系统的形式和选择的具体设备进行填写。

　　2. 结果栏内填写合格、不合格。

　　3. 必要时设备生产厂家也应参加调试。

泡沫灭火系统施工过程质量检查记录 　　　　　　表 6.7-8

工程名称				
施工单位		监理单位		
施工执行规范名称及编号				
项目	《规范》章节编号	质量规定	施工单位检查记录	监理单位检查记录
设备和材料进场				
固定式消防泵组的安装				
泡沫液储罐的安装				
泡沫比例混合器的安装				

续表

项目	《规范》章节编号	质量规定	施工单位检查记录	监理单位检查记录
管道、阀门和消火栓的安装				
泡沫发生装置的安装				
调试				

结论	施工单位 项目经理： 　　　　　　年　月　日	监理工程师 　　　　　　年　月　日

注：施工过程若用到其他表格，则应作为附件一并归档。

泡沫灭火系统质量控制资料核查记录　　　　　　表 6.7-9

工程名称		施工单位		
序号	资料名称	资料数量	核查结果	核查人
1	竣工图、设计说明书、设计变更文件和设计审核意见书等			
2	开工(施工)证和施工现场质量管理检查记录			
3	主要设备、泡沫液的国家市场准入制度要求的准入文件,配件、材料出厂检验报告或合格证			
4	系统及设备的使用说明书			
5	系统的施工记录(含泡沫液储罐和阀门的强度和严密性试验记录、管道试压和管道冲洗记录、隐蔽工程中间验收记录)			
6	系统调试记录			
7	泡沫灭火系统施工过程质量检查和质量验收及质量控制资料核查记录			
8	与系统相关的水源、电源、备用动力、电气设备以及火灾自动报警系统和联动控制设备等验收合格的证明			
9	竣工图			
核查结论				

核查单位	施工单位 项目经理： 年　月　日	监理单位 监理工程师： 年　月　日	设计单位 项目负责人： 年　月　日

泡沫灭火系统工程质量验收记录   表 6.7-10

工程名称			
施工单位		项目经理	
监理单位		总监理工程师	

序号	检查项目名称	检查内容记录	检查评定结果
1	泡沫液储罐	规格、型号、数量、安装位置及安装质量	
2	泡沫比例混合器	规格、型号、数量、安装位置及安装质量	
3	泡沫发生装置	规格、型号、数量、安装位置及安装质量	
4	消防泵或固定式消防泵组	规格、型号、数量、安装位置及安装质量	
5	消火栓、阀门、压力表、管道过滤器、金属软管	规格、型号、数量、安装位置及安装质量	
6	管道及附件	规格、型号、位置、坡向、坡度、连接方式及安装质量	
7	管道支、吊架;管墩	位置、间距及牢固程度	
8	管道穿防火堤、楼板、墙等的处理	套管尺寸和填充材料等	
9	管道和设备的防腐	涂料种类、颜色、涂层质量及防腐层的层数、厚度	
10	水源及水位指示装置	进水管管径及管网压力;水池或水罐的容量及补水设施;天然水源水质和枯水期最低水位;水位指示标志应明显	
11	电源、备用动力及电气设备	供电级别、备用动力的容量及电气设备的规格、型号、数量和安装质量	
12	泡沫液见证取样检验	理化性能和泡沫性能等主要指标	
13	系统功能抽验	1)主电源和备用电源的切换试验 2)工作与备用消防泵或固定式消防泵组运行试验 3)系统喷泡沫试验	

质量验收结论	

验收单位	施工单位:	项目经理: 年　月　日
	监理单位:	监理工程师: 年　月　日
	设计单位:	项目负责人: 年　月　日

泡沫灭火系统竣工验收记录　　　　　　　　表 6.7-11

工程名称			
建设单位		施工单位	
监理单位		设计单位	
开工时间		竣工时间	

施工过程记录审查结论：

资料核查结论：

工程质量验收结论：

竣工验收结论：

	建设单位	施工单位	监理单位	设计单位
参加竣工验收单位	（公章） 项目负责人 年　月　日	（公章） 项目负责人 年　月　日	（公章） 总监理工程师 年　月　日	（公章） 项目负责人 年　月　日

附录一：泡沫液的选择、储存和配制

1. 对非水溶性甲、乙、丙类液体储罐，当采用液上喷射泡沫灭火时，可选用蛋白、氟蛋白、水成膜或成膜氟蛋白泡沫液；当采用液下喷射泡沫灭火时，应选用氟蛋白、水成膜或成膜氟蛋白泡沫液。

2. 保护非水溶性甲、乙、丙类液体的泡沫喷淋系统、泡沫枪系统、泡沫炮系统，当选用泡沫喷头、泡沫枪、泡沫炮等吸气型泡沫产生装置时，可选用蛋白、氟蛋白、水成膜或成膜氟蛋白泡沫液；当采用水喷头、水枪、水炮等非吸气型喷射装置时，应选用水成膜或成膜氟蛋白泡沫液。

3. 对水溶性甲、乙、丙类液体和含氧添加剂含量体积比超过 10% 的无铅汽油，以及用一套泡沫灭火系统同时保护水溶性和非水溶性甲、乙、丙类液体的，必须选用抗溶性泡沫液。

4. 泡沫液的储存温度，应为 0～40℃，且宜储存在通风干燥的房间或敞棚内。

5. 用于配制泡沫混合液的水源，应符合下列要求：

（1）配制泡沫混合液的水源应按泡沫液适宜的水质要求配备；

（2）配制泡沫混合液的水温度宜为 4～35℃。

附录二：泡沫灭火系统形式的选择

1. 选择固定式、半固定式或移动式泡沫灭火系统类型时，应符合相关规范的要求。

2. 储罐区泡沫灭火系统的选择，应符合下列要求：

（1）非水溶性甲、乙、丙类液体的固定顶储罐，可选用液上喷射泡沫灭火系统，液下喷射泡沫灭火系统或半液下喷射泡沫灭火系统；

（2）水溶性甲、乙、丙类液体的固定顶储罐，应选用液上喷射泡沫灭火系统或半液下喷射泡沫灭火系统；

（3）甲、乙、丙类液体的外浮顶和内浮顶储罐应选用液上喷射泡沫灭火系统；

（4）非水溶性液体的外浮顶储罐、内浮顶储罐、直径大于 18m 的固定顶储罐以及水溶性液体的立式储罐，不应选用泡沫炮作为主要灭火设施；

（5）高度大于 7m、直径大于 9m 的固定顶储罐，不应选用泡沫枪作为主要灭火设施。

3. 下列场所宜选用泡沫喷淋系统：

（1）非水溶性甲、乙、丙类液体可能泄漏的室内场所；

（2）泄漏厚度不超过 25mm 的水溶性甲、乙、丙类液体可能泄漏的室内场所；

（3）泄漏厚度超过 25mm 但有缓冲物的水溶性甲、乙、丙液体可能泄漏的室内场所。

4. 汽车槽车或火车槽车的甲、乙、丙液体装卸栈台可选用泡沫喷淋系统或泡沫炮系统。

5. 设有围堰的甲、乙、丙液体室内流淌火灾区域，应根据保护区域具体情况选用泡沫喷淋系统、泡沫炮或泡沫枪系统。

6. 无围堰的甲、乙、丙液体室外流淌火灾区域宜选用移动式泡沫炮或泡沫枪系统。

7 消防给水系统设备安装

7.1 概述

消防给水系统是自动消防灭火系统的重要组成部分，是自动消防灭火系统的水源保障，一般包括消防水泵、消防水箱、消防气压给水设备、消防水泵接合器等设备以及阀门、管网等。

7.1.1 消防水泵

消防水泵是消防给水系统的心脏，为自动消防灭火系统提供水源保障，消防水泵应采用离心泵，一般分为卧式离心泵和立式离心泵两种，根据水泵级数又可分为单级离心泵和多级离心泵。消防水泵形式的选择一般需根据建筑物的性质及高度来确定消防水泵的流量和扬程，进而选择消防水泵的形式和级数。

7.1.2 消防水箱

消防水箱是用来储存扑灭初期火灾所需 10min 消防用水量与水压的装置。一般设置在建筑物的最高部位，一般有钢筋混凝土水箱、玻璃钢水箱、不锈钢水箱和搪瓷水箱等四类，通常情况下，多采用玻璃钢水箱。

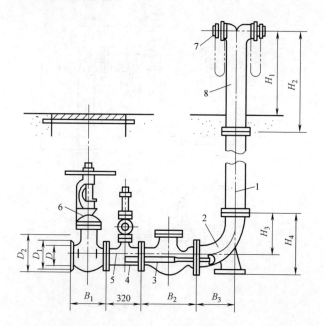

图 7.1-1 地上式水泵接合器

1—法兰接管；2—弯管；3—升降式单向阀；4—放水阀；

5—安全阀；6—闸阀；7—进水用消防接口；8—本体

7.1.3 消防气压给水设备

消防气压给水设备是利用密闭的压力罐内空气的可压缩性进行储存、调节和输送水量和水压的给水装置，主要用于消防水箱不能满足消防系统最不利点灭火设备的静水压力的情况。

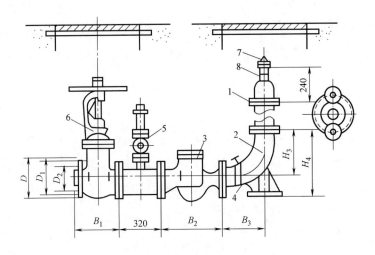

图 7.1-2 地下式水泵接合器

1—法兰接管；2—弯管；3—升降式单向阀；4—放水阀；5—安全阀；

6—闸阀；7—进水用消防接口；8—本体

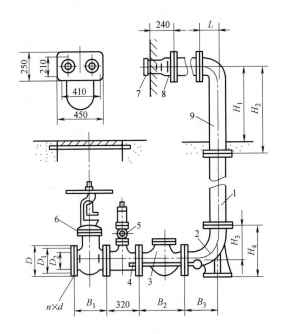

图 7.1-3 墙壁式水泵接合器

1—法兰接管；2—弯管；3—升降式单向阀；4—放水阀；5—安全阀；

6—闸阀；7—进水用消防接口；8—本体；9—法兰弯管

7.1.4 消防水泵接合器

消防水泵接合器是一种简单有效的备用供水快速接头装置。它附设与室内消防系统，其作用在于：当室内消防系统的供水加压设施发生故障，或受停电的影响停止了供水，再或因火势猛烈原消防供水设施的输出不足以控制火势发展，可以通过消防车从室外管道或消防水池抽水，通过接合器向室内消防管网送水。

水泵接合器一般有地上式、地下式及墙壁式3种形式。见图7.1-1～图7.1-3所示。

7.2 系统构成及组件技术要求

7.2.1 系统构成

消防给水系统一般由消防水泵、消防水箱、消防气压给水设备、消防水泵接合器等设备以及阀门、管网等组成。如图7.2-1所示。

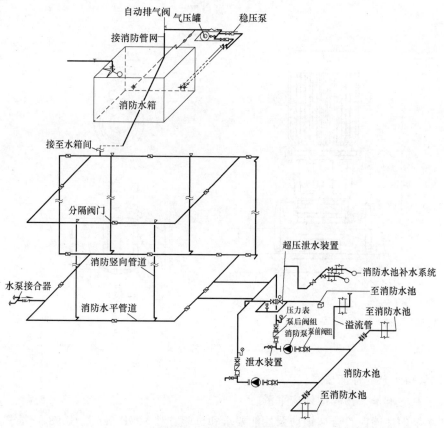

图7.2-1 消防给水系统

7.2.2 系统组件及技术要求

1. 消防水泵
（1）消防水泵的形式：消防泵应采用离心泵，按安装方式可分为卧式离心泵和立式离心泵。见图 7.2-2、图 7.2-3。

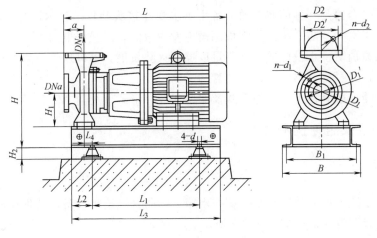

图 7.2-2　卧式离心泵

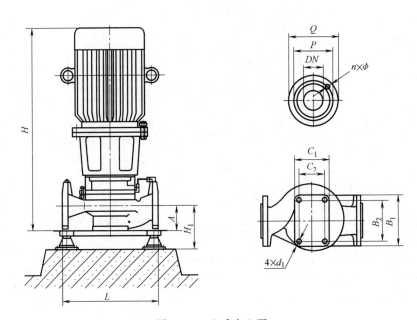

图 7.2-3　立式离心泵

（2）消防水泵的性能要求

1）水泵的流量—扬程曲线应平滑。

2）水泵的性能应符合《消防泵性能要求和试验方法》GB 6245—1998 的要求。

3）水泵材料要求见表 7.2-1。

4）消防水泵应具有自动启动和强制启动两种控制方式。

5）消防系统应设独立的供水泵，并应按一运一备或两运一备比例设置备用泵。

6）消防系统的供水泵、稳压泵，应采用自灌式吸水方式。采用天然水源时，水泵的吸水口应采取防止杂物堵塞的措施。消防水泵自灌式吸水安装如图 7.2-4 所示。

水泵材料要求表　　　　　　　　　　　表 7.2-1

水泵构件	可选配置	水泵构件	可选配置
泵座	铸铁、球墨铸铁、不锈钢	传动轴	不锈钢、碳钢
壳体	铸铁、球墨铸铁、不锈钢	轴套	不锈钢
叶轮	青铜、铸铁、球墨铸铁、不锈钢	密封	机械密封、填料密封

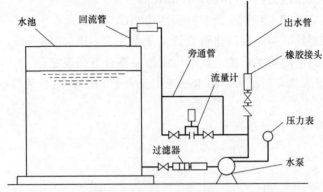

图 7.2-4　消防水泵自灌式吸水安装示意图

7）每组水泵的吸水管不应少于 2 根。对于自动喷水灭火系统，当报警阀入口前设置环状管道的系统，每组供水泵的出水管不应少于 2 根。供水泵的吸水管应设控制阀；出水管应设控制阀、止回阀、压力表和直径不小于 65mm 的试水阀。必要时，应采取控制供水泵出口压力的措施。消防水泵与环状管网连接方式如图 7.2-5 所示。

2. 消防水箱

（1）消防水箱的储水量：消防水箱应储存 10min 消防用水量。

（2）对于国家现行《建筑设计防火规范》GB 50016—2006 所适用的建筑，当室内消防用水量小于等于 25L/s，经计算消防水箱所需消防储水量大于 12m³ 时，仍可采用 12m³；当室内消防用水量大于 25L/s，经计算消防水箱所需消防储水量大于 18m³ 时，仍可采用 18m³。

（3）对于国家现行《高层民用建筑设计防火规范》GB 50045—95（2005 年版）所适用的建筑，高位消防水箱的消防储水量，一类公共建筑不应小于 18m³；二类公共建筑和一类居住建筑不应小于 12m³；二类居住建筑不应小于 6m³。

（4）消防用水与其他用水合用的水箱，应采取确保消防用水不作他用的技术措施。

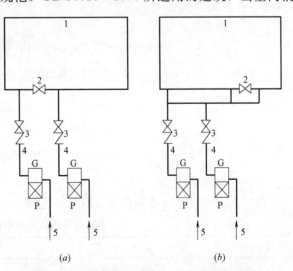

图 7.2-5　消防水泵与环状管网连接方式示意图

（a）正确的布置方法；（b）不正确的布置方法

1—室内管网；2—消防分隔阀门；3—控制阀及止回阀；

4—出水管；5—吸水管；P—水泵电机；G—消防水泵

（5）消防水箱可分区设置。

（6）消防水箱的材质可选用钢筋混凝土、玻璃钢、不锈钢或搪瓷，并应采取保温防冻措施。

3. 消防气压给水设备

（1）一般由隔膜式气压罐、增压泵、电控柜、管道附件等组成。见图7.2-6所示。

（2）气压水罐工作压力：1.0MPa，1.6MPa。

（3）气压水罐消防储水容积（调节容积）：300L，450L。

（4）根据国家现行《高层民用建筑设计防火规范》GB 50045—95（2005年版）的规定，设有高位水箱的消防给水系统，其增压设施应符合下列规定：

1）增压泵的出水量，对消火栓给水系统不应大于5L/s；对自动喷水灭火系统不应大于1L/s。

2）气压水罐的调节容积宜为450L。

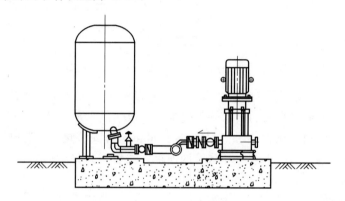

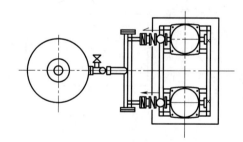

图7.2-6　消防气压给水设备

4. 消防水泵接合器

（1）消防水泵接合器的构成及材质，见表7.2-2。

消防水泵接合器的构成及材质　　　　　　　　　　表7.2-2

序号	名　　称	规　　格	材质
1	消防接口、本体	DN 100 或 DN 150	铸铁
2	安全阀	DN 32	铸铁
3	止回阀	DN 100 或 DN 150	铸铁
4	蝶阀或闸阀	DN 100 或 DN 150	铸铁

续表

序号	名　称	规　格	材质
5	联接管	DN 100 或 DN 150	铸铁
6	放空管	DN 25	镀锌钢管

（2）水泵接合器的数量应按室内消防用水量经计算确定，每个水泵接合器的流量按10～15L/s计算。

（3）消防给水为竖向分区供水时，在消防车供水压力范围内的分区，应分别设置水泵接合器。

（4）水泵接合器应设置在室外便于消防车使用的地点，距室外消火栓或消防水池的距离宜为15～40m。

（5）水泵接合器宜采用地上式；当采用地下式水泵接合器时，应有明显标志。

（6）各类水泵接合器的安装示意图见图7.2-7～图7.2-9。

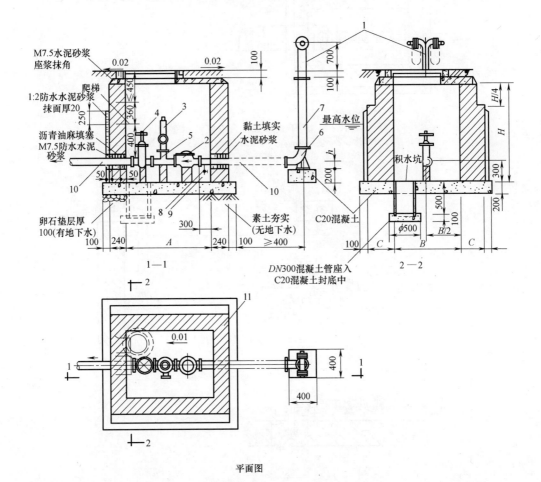

图 7.2-7　地上式水泵接合器

1—消防接口、本体；2—止回阀；3—安全阀；4—闸阀；5—三通；6—90°弯头；

7—法兰直管；8—截止阀；9—镀锌管；10—法兰直管；11—阀门井

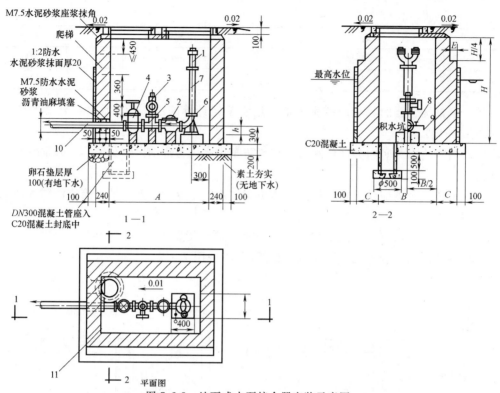

图 7.2-8　地下式水泵接合器安装示意图

1—消防接口、本体；2—止回阀；3—安全阀；4—闸阀；5—三通；6—90°弯头；
7—法兰直管；8—截止阀；9—镀锌管；10—法兰直管；11—阀门井

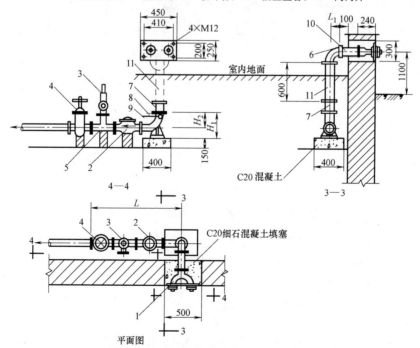

图 7.2-9　墙壁式水泵接合器安装示意图

1—消防接口、本体；2—止回阀；3—安全阀；4—闸阀；5—三通；6—90°弯头；
7—法兰直管；8—截止阀；9—镀锌管；10—法兰直管；11—法兰直管

7.3　消防给水系统施工工艺

7.3.1　一般工艺要求

1. 消防水泵、消防水箱、消防气压给水设备、消防水泵接合器等供水设施及其附属管道的安装，应清除其内部污垢和杂物。安装中断时，其敞口处应封闭。

2. 消防供水设施应采取安全可靠的防护措施，其安装位置应便于日常操作和维护管理。

3. 消防供水管直接与市政供水管、生活供水管连接时，连接处应安装倒流防止器。

4. 供水设施安装时，环境温度不应低于5℃；环境温度低于5℃时，应采取防冻措施。

7.3.2　消防水泵安装要点

1. 消防水泵的布置，一般采用一字排列的形式，泵间距离以便于通行及拆装与检修水泵、电机为度留出位置，泵台后面留出宽裕空位以备现场进行拆检工作。

2. 一般连体泵组不需另设底座，使用地脚螺栓将泵/电机座直接在泵基础上找正、找平；泵与电机分体安装的泵组一般先安装专用底座，将底座找平、找正后固定，再分别将电机、水泵在专用底座上就位，以联轴器（对轮）的轴向、径向为基准调整后固定电机及泵体；水泵固定后方可进行进/出口管道的连接。

3. 泵底座与混凝土基础的固定

(1) 底座吊上基础前应将地脚螺栓预留孔中的杂物清除干净，并用清水润湿内部。

(2) 将底座置于基础上，放置好地脚螺栓，调整纵横中心的位置、基本标高与设计一致，当多台泵成组安装时应拉线保持一致。

(3) 用水平尺在底座加工面上测量平面的水平度，并通过在底座下增、减铁垫片，使水平误差小于0.1‰，测量前应将加工面上的油漆、油污清理干净。

(4) 底座水平调整完毕后调整地脚螺栓，地脚螺栓应放置在底座固定孔中间外露4～7扣，浇筑混凝土时应保证螺栓的垂直度，混凝土标号应比基础标号高一号。

(5) 地脚螺栓的拧紧固定应在预留孔浇筑的混凝土达到规定强度的75%后进行，拧紧时继续检查底座加工面的水平度，通过均匀施加固定力使底座保持在规定的水平度范围内。

(6) 用水泥砂浆将底座下的缝隙填上，再用混凝土将底座下的空间填实，以保证底座的稳定。

4. 泵、电机与底座的固定

(1) 将泵及电机吊引到底座相应的位置上，穿好固定螺栓稍加固定力，用千分表测量泵轴及电机轴的偏心度，并用铜箔或薄钢片垫在电机或泵下调整垂直方向偏差、通过水平移动泵或电机调整水平偏差。

(2) 水泵或电机找平、找正的参考面有泵轴、泵出口法兰、电机轴等，紧固螺栓过程中应监测水平度、对轮偏心度在允许范围内。

(3) 水泵、电机找正固定后，连接好联轴器，其间隙应为2～3mm，连接完毕后用手盘车，转动应灵活不卡塞。

5. 消防水泵安装的允许偏差和检验方法见表7.3-1。

<table>
<tr><td colspan="3">消防水泵安装的允许偏差和检验方</td><td>表 7.3-1</td></tr>
</table>

项　目		允许偏差（mm）	检 验 方 法
立式泵体垂直度（每 m）		0.1	水平尺和塞尺检查
卧式泵体水平度（每 m）		0.1	水平尺和塞尺检查
联轴器同心度	轴向倾斜（每 m）	0.8	在联轴器互相垂直的四个位置上用水准仪、百分表或测微螺钉和塞尺检查
	径向位移	0.1	

6. 水泵吸水管及其附件的安装应符合下列规定：

（1）吸水管上应设过滤器，并应安装在控制阀后。

（2）吸水管上的控制阀应在消防水泵固定于基础之后再进行安装，其直径不应小于消防水泵吸水口直径，且不应采用没有可靠锁定装置的蝶阀，蝶阀应采用沟槽式或法兰式蝶阀。

（3）当消防水泵和消防水池位于独立的两个基础上且相互为刚性连接时，吸水管上应加设柔性连接管。如图 7.3-1 所示。

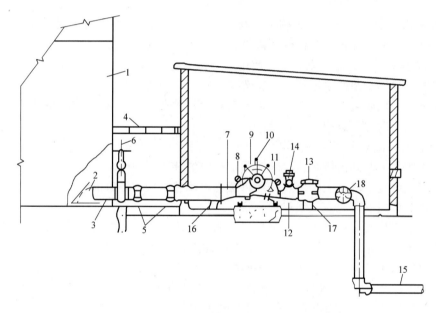

图 7.3-1　消防水泵消除应力的安装示意图

1—消防水池；2—进水弯头；3—吸水管；4—防冻盖板；5—消除应力的柔性连接管；6—闸阀；7—偏心异径接头；8—吸水压力表；9—消防泵；10—自动排气装置；11—出水压力表；12—渐缩的出水三通；13—多功能水泵控制阀或止回阀；14—泄压阀；15—出水管；16—泄水阀；17—管道支座；18—指示性闸阀或蝶阀

（4）吸水管水平管段不应有气囊和漏气现象。变径连接时应采用偏心异径管件并应采用管顶平接，如图 7.3-2 所示。

7. 消防水泵的出水管上应安装止回阀、控制阀和压力表，或安装控制阀、多功能水泵控制阀和压力表；系统的总出水管上还应安装压力表和泄压阀；安装压力表时应加设缓冲装置。压力表和缓冲装置之间应安装旋塞；压力表的量程应为工作压力的 2～2.5 倍。

7.3.3　消防水箱安装技术要点

消防水箱的安装示意图见图 7.3-3、图 7.3-4。

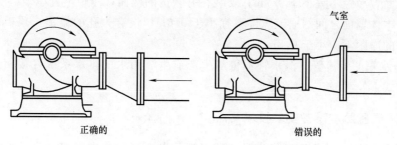

图 7.3-2　正确和错误的水泵吸水管安装示意图

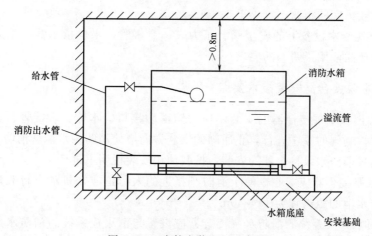

图 7.3-3　水箱安装立面示意图

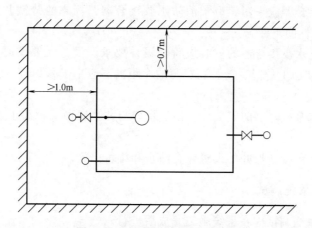

图 7.3-4　水箱安装平面示意图

1. 钢筋混凝土消防水箱的施工应符合现行国家标准《供水排水构筑物施工及验收规范》GBJ 141 的规定。钢筋混凝土消防水箱的进水管、出水管应加设防水套管,对有振动的管道应加设柔性接头。

2. 对于组合式消防水箱,如玻璃钢水箱、不锈钢水箱及搪瓷水箱,其进水管、出水管接头宜采用法兰连接,采用其他连接时应做防锈处理。

3. 消防水箱安装时,箱外壁与建筑本体结构墙面的净距,应满足施工或装配的需要。

无管道的侧面，净距不宜小于 0.7m；安装在有管道的侧面，净距不宜小于 1.0m，且管道外壁与建筑本体墙面之间的通道宽度不宜小于 0.6m；设有人孔的箱顶，顶板面与上面建筑本体板底的净距不应小于 0.8m。

4. 消防水箱的溢流管、泄水管不得与生产或生活用水的排水系统直接相连，应采用间接排水方式。

7.3.4　消防气压给水设备安装技术要点

1. 消防气压给水设备的安装位置、进水管及出水管的方向应符合设计要求；出水管上应设止回阀，安装时其四周应设检修通道，其宽度不应小于 0.7m，消防气压给水设备的顶部至楼板或梁底的距离不宜小于 0.6m。

2. 消防气压给水设备上的安全阀、压力表、泄水管、水位指示器、压力控制仪表等的安装应符合产品使用说明书的要求。

7.3.5　消防水泵接合器安装技术要点

1. 组合式消防水泵接合器的安装，应按照消防接口、本体、联接管、止回阀、安全阀、放空管、控制阀的顺序进行，止回阀的安装方向应使消防用水能从消防水泵接合器进入系统；整体式消防水泵接合器的安装，按其使用安装说明书进行。

2. 消防水泵接合器应安装在便于消防车接近的人行道或非机动车行驶地段，距室外消火栓或消防水池的距离宜为 15～40m。

3. 自动喷水灭火系统的消防水泵接合器应设置与消火栓系统的消防水泵接合器区别的永久性固定标志，并有分区标志。

4. 地下水泵接合器应采用铸有"消防水泵接合器"标志的铸铁井盖，并在附近设置指示其位置的永久性固定标志。

5. 墙壁式消防水泵接合器的安装应符合设计要求。设计无要求时，其安装高度距地面宜为 0.7m，与墙面上的门、窗、孔、洞的净距离不应小于 2.0m，且不应安装在玻璃幕墙下方。

6. 地下消防水泵接合器的安装，应使进水口与井盖底面的距离不大于 0.4m，且不应小于井盖的半径。

7. 地下消防水泵接合器井的砌筑应有防水和排水措施。

7.3.6　消防给水系统调试

1. 消防给水系统调试应在系统施工完成后进行。

2. 消防给水系统调试应具备下列条件：

（1）消防水池、消防水箱已储存设计要求的水量；

（2）系统供电正常；

（3）消防气压给水设备的水位、气压符合设计要求；

（4）室内消火栓系统管网、湿式喷水灭火系统管网内已充满水；干式、预作用喷水灭火系统管网内的气压符合设计要求；阀门均无泄漏；

（5）与系统配套的火灾自动报警系统处于工作状态。

3. 消防给水系统调试的内容

(1) 消防水箱测试；

(2) 消防水泵接合器测试；

(3) 消防水泵调试；

(4) 稳压泵调试；

(5) 消防气压给水设备调试；

(6) 排水设施调试；

(7) 联动试验。

4. 消防水箱测试技术要求

首先按设计要求核实消防水箱的容积；消防水箱的设置高度应符合设计要求；消防储水应有不作他用的技术措施。

5. 消防水泵接合器测试技术要求

按设计要求核实消防水泵接合器的数量和给水能力，并通过移动式消防设备做供水试验进行验证。

6. 消防水泵调试技术要求

(1) 以自动或手动方式启动消防水泵时，消防水泵应在 30s 内投入正常运行。

(2) 以备用电源切换方式或备用泵切换启动消防水泵时，消防泵应在 30s 内投入正常运行。

7. 稳压泵调试技术要求

稳压泵应按设计要求进行调试。当达到设计启动条件时，稳压泵应立即启动；当达到系统设计压力时，稳压泵应自动停止运行；当消防主泵启动时，稳压泵应停止运行。

8. 排水设施调试技术要求

调试过程中，系统排出的水应通过排水设施全部排走。

9. 联动试验技术要求

(1) 室内消火栓系统的联动试验，应根据室内消火栓系统的消防用水量开启相应数量的消火栓（含屋顶层或水箱间内的试验消火栓）做试射试验，消火栓充实水柱应符合设计要求，水泵启动；启动消火栓按钮，水泵启动，火灾自动报警系统接收报警信号。

(2) 湿式系统的联动试验，启动 1 只喷头或以 $0.94\sim1.5$L/s 的流量从末端试水装置处放水时，水流指示器、报警阀、压力开关、水力警铃和消防设水泵等应及时动作，并发出相应的信号。

(3) 预作用系统、雨淋系统、水幕系统的联动试验，可采用专用测试仪表或其他方式，对火灾自动报警系统的各种探测器输入模拟火灾信号，火灾自动报警控制器应发出声光报警信号并启动自动喷水灭火系统；采用传动管启动的雨淋系统、水幕系统联动试验时，启动 1 只喷头，雨淋阀打开，压力开关动作，水泵启动。

(4) 干式系统的联动试验，启动 1 只喷头或模拟 1 只喷头的排气量排气，报警阀应及时启动，压力开关、水力警铃动作并发出相应信号。

7.4　消防给水系统施工验收标准

消防给水系统施工验收执行以下国家现行标准或规范：

《建筑给水排水及采暖工程施工质量验收规范》GB 50242；
《自动喷水灭火系统施工及验收规范》GB 50261。

7.5 消防给水系统施工质量记录

(1) 建筑给排水、采暖、通风、空调工程隐藏验收记录，见表2.6-1。
(2) 建筑给排水、采暖、通风、空调工程主要材料进场验收记录，见表2.6-2。
(3) 室内给水管道及配件安装工程检验批质量验收记录表，见表7.5-1。
(4) 给水设备安装工程检验批质量验收记录表，见表7.5-2。
(5) 通水、冲洗试验记录，见表2.6-4。

室内给水管道及配件安装工程检验批质量验收记录表 　　表 7.5-1

单位(子单位)工程名称												
分包(子分部)工程名称							验收部位					
分包单位							项目经理					
施工单位							分包项目经理					
施工执行标准名称及编号												
		施工质量验收规范的规定					施工单位检查评定记录					监理(建设)单位验收记录
主控项目	1	给水管道 水压试验		设计要求								
	2	给水系统 通水试验		第4.2.2条								
	3	生活给水系统管冲洗和消毒		第4.2.3条								
	4	直埋金属给水道防腐		第4.2.4条								
	1	给排水管铺设的平行、垂直净距		第4.2.5条								
	2	金属给排水管道及管件焊接		第4.2.6条								
	3	给水水平管道 坡度坡向		第4.2.7条								
	4	管道支、吊架		第4.2.9条								
	5	水表安装		第4.2.10条								
	6	水平管道纵、横方向弯曲允许偏差	钢管	每米	1mm							
				全长25米以上	≯25mm							
			塑料管复合管	每米	1.5mm							
				全长25米以上	≯25mm							
			铸铁管	每米	2mm							
				全长25米以上	≯25mm							
		立管垂直度允许偏差	钢管	每米	3mm							
				5m以上	≯8mm							
			塑料管复合管	每米	2mm							
				5m以上	≯8mm							
			钢管	每米	3mm							
				5m以上	≯10mm							
		成排管段和成排阀门	在同一平面的间距	3mm								
施工单位检查评定结果		专业工长(施工员)					施工班组长					
		项目专业质量检查员：								年 月 日		
监理(建设)单位验收结论		专业监理工程师： (建设单位项目专业技术负责人)								年 月 日		

给水设备安装工程检验批质量验收记录表 表 7.5-2

单位(子单位)工程名称						
分部(子分部)工程名称				验收部位		
施工单位				项目经理		
分包单位				分包项目经理		
施工执行标准名称及编号						

		施工质量验收规范的规定					施工单位检查评定记录						监理(建设)单位验收记录
主控项目	1	水泵基础			设计要求								
	2	水泵试运转的轴承温升			设计要求								
	3	敞口水箱满水试验和密闭水箱(罐)水压试验			第4.4.3条								
一般项目	1	水箱支架或底座安装			第4.4.4条								
	2	水箱溢流管和泻放管安装			第4.4.5条								
	3	立式水泵减振装置			第4.4.6条								
	4	安装允许偏差	静置设备	坐标	15mm								
				标高	±5mm								
				垂直度(每米)	5mm								
			离心式水泵	立式垂直度(每米)	0.1mm								
				卧式水平度(每米)	0.1mm								
			联轴器同心度	轴向倾斜(每米)	0.8mm								
				经向移位	0.1mm								
	5	保温层允许偏差	允许偏差	厚度δ	+0.1δ −0.05δ								
			表面平整度(mm)	卷材	5								
				涂抹	10								

	专业工长(施工员)		施工班组长	
施工单位检查评定结果	项目专业质量检查员:			年 月 日
监理(建设)单位验收结论	专业监理工程师: (建设单位项目专业负责人)			年 月 日

8 火灾自动报警系统

8.1 概述

火灾自动报警系统是人们为了早期发现和通报火灾，并及时采取有效措施控制和扑灭火灾而设置在建筑中或其他场所的一种自动消防设施，目前广泛应用于工业与民用建筑，是我国消防安全工作中的一项重要的技术措施，并得到了大力的推广和应用。

8.1.1 火灾自动报警系统的形式

目前常用的火灾自动报警系统有区域、集中、控制中心火灾自动报警系统三种形式。

1. 区域报警系统

由区域火灾报警控制器和火灾探测器等组成，或由火灾报警控制器和火灾探测器等组成，属功能简单的火灾自动报警系统。如图 8.1-1 所示。

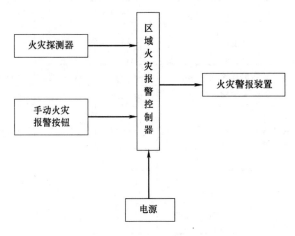

图 8.1-1 区域报警系统示意图

2. 集中报警系统

由集中火灾报警控制器、区域火灾报警控制器和火灾探测器等组成，或由火灾报警控制器、区域显示器和火灾报警探测器等组成，功能简单的火灾自动报警系统。如图 8.1-2 所示。

3. 控制中心报警系统

由消防控制室的消防控制设备、集中火灾报警控制器、区域火灾报警控制器和火灾探测器等组成，或由消防控制室的消防控制设备、火灾报警控制器、区域显示器和火灾探测器等组成，功能复杂的火灾自动报警系统。如图 8.1-3 所示。

8.1.2 火灾自动报警系统的适用场所

1. 区域报警系统，宜用于二级保护对象；

2. 集中报警系统，宜用于一级和二级保护对象；

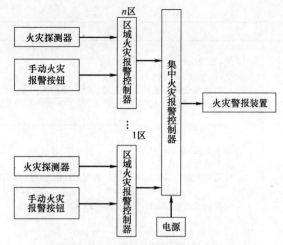

图 8.1-2 集中报警系统示意图

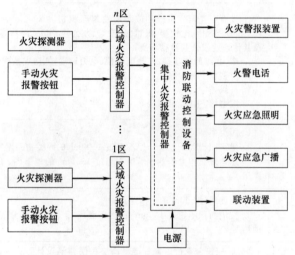

图 8.1-3 控制中心报警系统

3. 控制中心报警系统，宜用于特级和一级保护对象。

火灾自动报警系统保护对象分级具体详见表 8.1-1。

火灾自动报警系统保护对象分级   表 8.1-1

等级	保护对象	
特级	建筑高度超过 100m 的高层民用建筑	
一级	建筑高度不超过 100m 的高层民用建筑	一类建筑
	建筑高度不超过 24m 的民用建筑及 建筑高度超过 24m 的单层公共建筑	1. 200 床及以上的病房楼，每层建筑面积 1000m² 及以上的门诊楼； 2. 每层建筑面积超过 3000m² 的百货楼、商场、展览楼、高级旅馆、财贸金融楼、电信楼、高级办公楼； 3. 藏书超过 100 万册的图书馆、书库； 4. 超过 3000 座位的体育馆； 5. 重要的科研楼、资料档案楼； 6. 省级（含计划单列市）的邮政楼、广播电视楼、电力调度楼、防灾指挥调度楼； 7. 重点文物保护场所； 8. 大型以上的影剧院、会堂、礼堂

等级	保护对象	
一级	工业建筑	1. 甲、乙类生产厂房； 2. 甲、乙类物品库房； 3. 占地面积或总建筑面积超过 $1000m^2$ 的丙类物品库房； 4. 总建筑面积超过 $1000m^2$ 的地下丙、丁类生产车间及物品库房
	地下民用建筑	1. 地下铁道、车站； 2. 地下电影院、礼堂； 3. 使用面积超过 $1000m^2$ 的地下商场、医院、旅馆、展览厅及其他商业或公共活动场所； 4. 重要的实验室、图书、资料、档案库
二级	建筑高度不超过100m的高层民用建筑	二类建筑
	建筑高度不超过24m的民用建筑	1. 设有空气调节系统的或每层建筑面积超过 $2000m^2$、但不超过 $3000m^2$ 的商业楼、财贸金融楼、电信楼、展览楼、旅馆、办公楼、车站、海河客运站、航空港等公共建筑及其他商业或公共活动场所； 2. 市、县级的邮政楼、广播电视楼、电力调度楼、防灾指挥调度楼； 3. 中型以下的影剧院； 4. 高级住宅； 5. 图书馆、书库、档案楼
	工业建筑	1. 丙类生产厂房； 2. 建筑面积大于 $50m^2$，但不超过 $1000m^2$ 的丙类物品库房； 3. 总建筑面积大于 $50m^2$，但不超过 $1000m^2$ 的地下丙、丁类生产车间及地下物品库房
	地下民用建筑	1. 长度超过500m的城市隧道； 2. 使用面积不超过 $1000m^2$ 的地下商场、医院、旅馆、展览厅及其他商业或公共活动场所

注：1. 一类建筑、二类建筑的划分，应符合现行国家标准《高层民用建筑设计防火规范》GB 50045 的规定；工业厂房、仓库的火灾危险性分类，应符合现行国家标准《建筑设计防火规范》GB 50016 的规定。

2. 本表未列出的建筑的等级可按同类建筑的类比原则确定。

8.2　火灾自动报警系统的构成及组件技术要求

8.2.1　火灾自动报警系统的构成

火灾自动报警系统一般由触发器件、火灾报警装置、火灾警报装置和电源四部分设备以及组成系统的电气线路构成，复杂系统还包括消防联动控制设备。火灾自动报警系统的构成如图 8.2-1 所示。

1. 火灾自动报警系统的触发器件主要包括火灾探测器和手动火灾报警按钮，火灾探测器是能对火灾参数（如烟、温、光、火焰辐射、可燃气体浓度等）响应，并自动产生火灾报警信号的器件；手动火灾报警按钮是用手动方式产生火灾报警信号、启动火灾自动报警系统的器件，是火灾自动报警系统中不可缺少的组成部分之一。

2. 火灾报警装置是火灾自动报警系统中用来接收、显示和传递火灾报警信号，并能发出控制信号和其他辅助功能的控制指示设备，主要包括火灾报警控制器、区域显示器、火灾显示盘等。

3. 火灾警报装置是火灾自动报警系统中用来区别于环境声、光的火灾警报信号的装置，主要包括声光报警器、火灾警铃等。

4. 火灾自动报警系统属于消防用电设备，其主电源应采用消防电源，备用电源应采用蓄电池。系统电源除为火灾报警控制器供电外，还为与系统相关的消防控制设备等供电。

5. 电气线路，用于传输系统信号的网络。

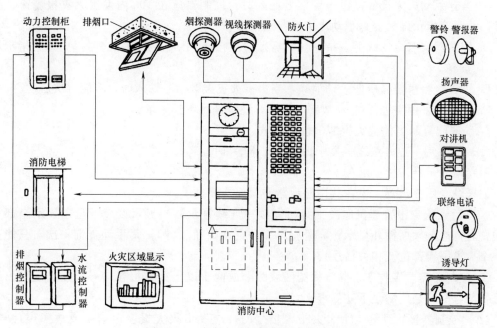

图 8.2-1　火灾自动报警系统的构成示意图

8.2.2　火灾自动报警系统组件及技术要求

1. 火灾报警控制器

（1）火灾报警控制器的分类

火灾报警控制器按其用途不同，可以分为区域火灾报警控制器、集中火灾报警控制器、通用火灾报警控制器三种基本类型。

（2）火灾报警控制器的主要技术性能

火灾报警控制器是整个火灾自动报警系统的心脏，是消防系统的指挥中心，一般应具有以下基本功能。

1）一般要求

A. 控制器主电源应采用 220V \ 50Hz 交流电源，电源线输入端应设接线端子。

B. 控制器应设有保护接地端子。

C. 控制器能为其连接的部件供电，直流工作电压应符合国家标准 GB 156 规定，可优先采用直流 24V。

D. 控制器应具有中文功能标注和信息显示。

2) 火灾报警功能

A. 控制器应能直接或间接地接收来自火灾探测器及其他火灾报警触发器件的火灾报警信号，发出火灾报警声、光信号，指示火灾发生部位，记录火灾报警时间，并予以保持，直至手动复位。

B. 当有火灾探测器火灾报警信号输入时，控制器应在10s内发出火灾报警声、光信号。对火灾探测器的火灾报警信号可设置报警延时，其最大延时不应超过1min，延时期间应有延时光指示，延时设置信息应能通过本机操作查询。

C. 当有手动火灾报警按钮报警信号输入时，控制器应在10s内发出火灾报警声、光信号，并明确指示该报警是手动火灾报警按钮报警。

D. 控制器应有专用火警总指示灯（器）。控制器处于火灾报警状态时，火警总指示灯（器）应点亮。

E. 火灾报警声信号应能手动消除，当再有火灾报警信号输入时，应能再次启动。

F. 控制器采用字母（符）-数字显示时，还应满足下述要求：

（A）应能显示当前火灾报警部位的总数。

（B）应采用下述方法之一显示最先火灾报警部位：

用专用显示器持续显示；

如未设专用显示器，应在共用显示器的顶部持续显示。

（C）后续火灾报警部位应按报警时间顺序连续显示。当显示区域不足以显示全部火灾报警时，应按顺序循环显示；同时应设手动查询按钮（键），每手动查询一次，只能查询一个火灾报警部位及相关信息。

G. 控制器需要接收来自同一探测区域两个或两个以上火灾报警信号才能确定发出火灾报警信号时，还应满足下述要求：

（A）控制器接收到第一个火灾报警信号时，应发出火灾报警声信号或故障声信号，并指示相应部位，但不能进入火灾报警状态。

（B）接收到第一个火灾报警信号后，控制器在60s内接收到要求的后续火灾报警信号时，应发出火灾报警声、光信号，并进入火灾报警状态。

（C）接收到第一个火灾报警信号后，控制器在30min内仍未接收到要求的后续火灾报警信号时，应对第一个火灾报警信号自动复位。

H. 控制器需要接收到不同部位两只火灾探测器的火灾报警信号才能确定发出火灾报警信号时，还应满足下述要求：

（A）控制器接收到第一只火灾探测器的火灾报警信号时，应发出火灾报警声信号或故障声信号，并指示相应部位，但不能进入火灾报警状态。

（B）控制器接收到第一只火灾探测器火灾报警信号后。在规定的时间间隔（不小于5min）内未接收到要求的后续火灾报警信号时，可对第一个火灾报警信号自动复位。

I. 控制器应设手动复位按钮（键），复位后，仍然存在的状态及相关信息均应保持或在20s内重新建立。

J. 控制器火灾报警计时装置的日计时误差不应超过30s，使用打印机记录火灾报警时间时，应打印出月、日、时、分等信息，但不能仅使用打印机记录火灾报警时间。

K. 具有火灾报警历史事件记录功能的控制器应能至少记录999条相关信息，且在控制器断电后能保持信息14d。

L. 通过控制器可改变与其连接的火灾探测器响应阈值时，对探测器设定的响应阈值应能手动可查。

M. 除复位操作外，对控制器的任何操作均不应影响控制器接收和发出火灾报警信号。

3）火灾报警控制功能

A. 控制器在火灾报警状态下应有火灾声和/或光警报器控制输出。

B. 控制器可设置其他控制输出（应少于6点），用于火灾报警传输设备和消防联动设备的控制，每一控制输出应有对应的手动直接控制按钮（键）。

C. 控制器在发出火灾报警信号后3s内应启动相关的控制输出（有延时要求时除外）。

D. 控制器应能手动消除和启动火灾声和/或光警报器的声警报信号，消声后，有新的火灾报警信号时，声警报信号应能重新启动。

E. 具有传输火灾报警信息功能的控制器，在火灾报警信息传输期间应有光指示，并保持至复位，如有反馈信号输入，应有接收显示。对于采用独立指示灯（器）作为传输火灾报警信息显示的控制器，如有反馈信号输入，可用该指示灯（器）转为接收显示，并保持至复位。

F. 控制器发出消防联动设备控制信号时，应发出相应的声光信号指示，该光信号指示不能被覆盖且应保持至手动恢复；在接收到消防联动控制设备反馈信号10s内应发出相应的声光信号，并保持至消防联动设备恢复。

G. 如需要设置控制输出延时，延时应按下述方式设置：

（A）对火灾声和/或光警报器及对消防联动设备控制输出的延时，应通过火灾探测器和/或手动火灾报警按钮和/或特定部位的信号实现。

（B）控制火灾报警信息传输的延时应通过火灾探测器和/或特定部位的信号实现。

（C）延时应不超过10min，延时时间变化步长不应超过1min。

（D）在延时期间，应能手动插入或通过手动火灾报警按钮而直接启动输出功能。

（E）任一输出延时均不应影响其他输出功能的正常工作，延时期间应有延时光指示。

H. 当控制器要求接收来自火灾探测器和/或手动火灾报警按钮的1个以上火灾报警信号才能发出控制输出时，当收到第一个火灾报警信号后，在收到要求的后续火灾报警信号前，控制器应进入火灾报警状态；但可设有分别或全部禁止对火灾声和/或光警报器、火灾报警传输设备和消防联动设备输出操作的手段。禁止对某一设备输出操作不应影响对其他设备的输出操作。

I. 控制器在机箱内设有消防联动控制设备时，即火灾报警控制器（联动型），还应满足GB 16806相关要求，消防联动控制设备故障应不影响控制器的火灾报警功能。

4）故障报警功能

A. 控制器应设专用故障总指示灯（器），无论控制器处于何种状态，只要有故障信号存在，该故障总指示灯（器）应点亮。

B. 当控制器内部、控制器与其连接的部件间发生故障时，控制器应在100s内发出与火灾报警信号有明显区别的故障声、光信号，故障声信号应能手动消除，再有故障信号输入时，应能再启动；故障光信号应保持至故障排除。

C. 控制器应能显示下述故障的部位：

（A）控制器与火灾探测器、手动火灾报警按钮及完成传输火灾报警信号功能部件间连接线的断路、短路（短路时发出火灾报警信号除外）和影响火灾报警功能的接地，探头与底座间连接断路；

（B）控制器与火灾显示盘间连接线的断路、短路和影响功能的接地；

（C）控制器与其控制的火灾声和/或光警报器、火灾报警传输设备和消防联动设备间连接线的断路、短路和影响功能的接地。

其中（A）、（B）两项故障在有火灾报警信号时可以不显示，（C）项故障显示不能受火灾报警信号影响。

D. 控制器应能显示下述故障的类型：

（A）给备用电源充电的充电器与备用电源间连接线的断路、短路；

（B）备用电源与其负载间连接线的断路、短路；

（C）主电源欠压。

E. 控制器应能显示所有故障信息。在不能同时显示所有故障信息时，未显示的故障信息应手动可查。

F. 当主电源断电，备用电源不能保证控制器正常工作时，控制器应发出故障声信号并能保持 1h 以上。

G. 对于软件控制实现各项功能的控制器，当程序不能正常运行或存储器内容出错时，控制器应有单独的故障指示灯显示系统故障。

H. 控制器的故障信号在故障排除后，可以自动或手动复位。复位后，控制器应在 100s 内重新显示尚存在的故障。

I. 任一故障均不应影响非故障部分的正常工作。

J. 当控制器采用总线工作方式时，应设有总线短路隔离器。短路隔离器动作时，控制器应能指示出被隔离部件的部位号。当某一总线发生一处短路故障导致短路隔离器动作时，受短路隔离器影响的部件数量不应超过 32 个。

5）屏蔽功能（仅适于具有此项功能的控制器）

A. 控制器应有专用屏蔽总指示灯（器），无论控制器处于何种状态，只要有屏蔽存在，该屏蔽总指示灯（器）应点亮。

B. 控制器应具有对下述设备进行单独屏蔽、解除屏蔽操作功能（应手动进行）：

（A）每个部位或探测区、回路；

（B）消防联动控制设备；

（C）故障警告设备；

（D）火灾声和/或光警报器；

（E）火灾报警传输设备。

C. 控制器应在屏蔽操作完成后 2s 内启动屏蔽指示。在有火灾报警信号时，B. 中（A）、（B）、（C）三项的屏蔽信息可以不显示，（D）、（E）二项屏蔽信息显示不能受火灾报警信号影响。

D. 控制器应能显示所有屏蔽信息，在不能同时显示所有屏蔽信息时，则应显示最新屏蔽信息，其他屏蔽信息应手动可查。

E. 控制器仅在同一个探测区内所有部位均被屏蔽的情况下，才能显示该探测区被屏蔽，否则只能显示被屏蔽部位。

F. 控制器在同一个回路内所有部位和探测区均被屏蔽的情况下，才能显示该回路被屏蔽。

G. 屏蔽状态应不受控制器复位等操作的影响。

6）监管功能（仅适于具有此项功能的控制器）

A. 控制器应设专用监管报警状态总指示灯（器），无论控制器处于何种状态，只要有监管信号输入，该监管报警状态总指示灯（器）应点亮。

B. 当有监管信号输入时，控制器应在100s内发出与火灾报警信号有明显区别的监管报警声、光信号；声信号仅能手动消除，当有新的监管信号输入时应能再启动；光信号应保持至手动复位。如监管信号仍存在，复位后监管报警状态应保持或在20s内重新建立。

C. 控制器应能显示所有监管信息。在不能同时显示所有监管信息时，未显示的监管信息应手动可查。

7）自检功能

A. 控制器应能检查本机的火灾报警功能（以下称自检），控制器在执行自检功能期间，受其控制的外接设备和输出接点均不应动作。控制器自检时间超过1min或其不能自动停止自检功能时，控制器的自检功能应不影响非自检部位、探测区和控制器本身的火灾报警功能。

B. 控制器应能手动检查其面板所有指示灯（器）、显示器的功能。

C. 具有能手动检查各部位或探测区火灾报警信号处理和显示功能的控制器，应设专用自检总指示灯（器），只要有部位或探测区处于检查状态，该自检总指示灯（器）均应点亮，并满足下述要求：

（A）控制器应显示（或手动可查）所有处于自检状态中的部位或探测区。

（B）每个部位或探测区均应能单独手动启动和解除自检状态。

（C）处于自检状态的部位或探测区不应影响其他部位或探测区的显示和输出，控制器的所有对外控制输出接点均不应动作（检查声和/或光警报器警报功能时除外）。

8）信息显示与查询功能

控制器信息显示按火灾报警、监管报警及其他状态顺序由高至低排列信息显示等级，高等级的状态信息应优先显示，低等级状态信息显示不应影响高等级状态信息显示，显示的信息应与对应的状态一致且易于辨识。当控制器处于某一高等级状态显示时，应能通过手动操作查询其他低等级状态信息，各状态信息不应交替显示。

9）系统兼容功能（仅适用于集中、区域和集中区域兼容型控制器）

A. 区域控制器应能向集中控制器发送火灾报警、火灾报警控制、故障报警、自检以及可能具有的监管报警、屏蔽、延时等各种完整信息，并应能接收、处理集中控制器的相关指令。

B. 集中控制器应能接收和显示来自各区域控制器的火灾报警、火灾报警控制、故障报警、自检以及可能具有的监管报警、屏蔽、延时等各种完整信息，进入相应状态，并应能向区域控制器发出控制指令。

C. 集中控制器在与其连接的区域控制器间连接线发生断路、短路和影响功能的接地时应能进入故障状态并显示区域控制器的部位。

D. 集中区域兼容型控制器应满足 A. ～C. 的要求。

10）电源功能

A. 控制器的电源部分应具有主电源和备用电源转换装置。当主电源断电时，能自动转换到备用电源；主电源恢复时，能自动转换到主电源；应有主、备电源工作状态指示，主电源应有过流保护措施。主、备电源的转换不应使控制器产生误动作。

B. 控制器至少一个回路按设计容量连接真实负载，其他回路连接等效负载，主电源容量应能保证控制器在下述条件下连续正常工作 4h。

（A）控制器容量不超过 10 个报警部位时，所有报警部位均处于报警状态。

（B）控制器容量超过 10 个报警部位时，20％的报警部位（不少于 10 个报警部位，但不超过 32 个报警部位）处于报警状态。

C. 控制器至少一个回路按设计容量连接真实负载，其他回路连接等效负载。备用电源在放电至终止电压条件下，充电 24h，其容量应可提供控制器在监视状态下工作 8h 后，在下述条件下工作 30min。

（A）控制器容量不超过 10 个报警部位时，所有报警部位均处于报警状态；

（B）控制器容量超过 10 个报警部位时，十五分之一的报警部位（不少于 10 个报警部位，但不超过 32 个报警部位）处于报警状态。

D. 当交流供电电压变动幅度在额定电压（220V）的 110％和 85％范围内，频率为 50Hz±1Hz 时，控制器应能正常工作。在 B. 条件下，其输出直流电压稳定度和负载稳定度应不大于 5％。

E. 采用总线工作方式的控制器至少一个回路按设计容量连接真实负载（该回路用于连接真实负载的导线为长度 1000m、截面积 1.0mm² 的铜质绞线，或生产企业声明的连接条件），其他回路连接等效负载，同时报警部位的数量应不少于 10 个。

11）软件控制功能（仅适于软件实现控制功能的控制器）

A. 控制器应有程序运行监视功能，当其不能运行主要功能程序时，控制器应在 100s 内发出系统故障信号。

B. 在程序执行出错时，控制器应在 100s 内进入安全状态。

C. 控制器应设有对其存储器内容（包括程序和指定区域的数据）以不大于 1h 的时间间隔进行监视的功能，当存储器内容出错时，应在 100s 内发出系统故障信号。

D. 手动或程序输入数据时，不论原状态如何，都不应引起程序的意外执行。

E. 控制器采用程序启动火灾探测器的确认灯时，应在发出火灾报警信号的同时，启动相应探测器的确认灯，确认灯可为常亮或闪亮，且应与正常监视状态下确认灯的状态有明显区别。

12）主要部（器）件性能

A. 控制器的主要部（器）件，应采用符合相关标准的定型产品。

B. 指示灯（器）

（A）应以红色指示火灾报警状态、监管状态、向火灾报警传输设备传输信号和向消防联动设备输出控制信号；黄色指示故障、屏蔽、自检状态；绿色表示电源工作状态。

（B）指示灯（器）功能应有标注。

（C）在不大于 500lx 环境光条件下，在正前方 22.5°视角范围内，状态指示灯（器）和电源指示灯（器）应在 3m 处清晰可见；其他指示灯（器）应在 0.8m 处清晰可见。

（D）采用闪亮方式的指示灯（器）每次点亮时间应不小于 0.25s，其火警指示灯（器）闪动频率应不小于 1Hz，故障指示灯（器）闪动频率应不小于 0.2Hz。

（E）用一个指示灯（器）显示具体部位的故障、屏蔽和自检状态时，应能明确分辨。

C. 在 100～500lx 环境光线条件下，字母（符）-数字显示器，显示字符应在正前方 22.5°视角内，0.8m 处可读。

D. 音响器件

（A）在正常工作条件下，音响器件在其正前方 1m 处的声压级（A 计权）应大于 65dB，小于 115dB。

（B）在控制器额定工作电压 85% 条件下音响器件应能正常工作。

E. 熔断器

用于电源线路的熔断器或其他过电流保护器件，其额定电流值一般应不大于控制器最大工作电流的 2 倍。当最大工作电流大于 6A 时，熔断器电流值可取其 1.5 倍。在靠近熔断器或其他过电流保护器件处应清楚地标注其参数值。

F. 接线端子

每一接线端子上都应清晰、牢固地标注其编号或符号，相应用途应在有关文件中说明。

G. 充电器及备用电源

（A）电源正极连接导线为红色，负极为黑色或蓝色。

（B）充电电流应不大于电池生产厂规定的额定值。

H. 开关和按键

开关和按键应在其上或靠近的位置清楚地标注出其功能。

2. 楼层显示器（区域显示器、火灾显示盘）

（1）概述

楼层显示器与火灾报警控制器配套使用，可接于报警联动总线，用于显示楼层或分区内的火警、监管、故障、动作等信息，采用液晶汉字显示，具有声光报警指示，清晰直观。

（2）主要性能特点

1）通过现场编程，可将任意火灾显示盘设置为火灾显示盘或重复显示器。

2）作为火灾显示盘时，可显示相关楼层的火警、监管、故障、动作等信息，并发出声、光报警信号，液晶显示报警部件的地址、报警总数以及部件类型和安装位置。

3）作为重复显示器时，可显示控制器的全部火警、监管、故障、动作等信息，便于在消防控制中心之外对系统进行监视。

4）设有节电功能，显示盘在几十秒内无按键操作或无新的报警信息时将自动关闭液晶背光，这时显示盘运行于节电方式下，如有按键操作或有新的报警信息到来时，显示盘自动将液晶背光打开。

5）电子编码，唯一 ID，在线编址，自动登录。

6）与报警联动总线直接相连，施工布线方便。

3. 火灾探测器

火灾探测器是探测火灾信息的传感器，是火灾自动报警系统最基本的部件之一，对被监控区域进行不间断的监视和探测，把火灾初期阶段能够引起火灾的参量（烟、热及光等信息）尽早、及时、准确的检测出来并报警，是火灾自动报警系统的布设在现场的关键部件。

根据火灾探测器对不同火灾参量的响应，以及不同的响应方式，火灾探测器可以分为感烟、感温、感光、可燃气体和复合等五种类型。同时，根据探测器警戒范围的不同，可分为点型和线型两种类型。

（1）点型感烟火灾探测器

1）点型感烟火灾探测器的分类

点型感烟火灾探测器依据其工作原理可以分为离子感烟探测器和光电感烟探测器两大类。光电感烟探测器是利用散射光、透射光工作原理进行火灾探测的点型感烟探测器，而离子感烟探测器则是利用电离原理的点型感烟探测器。

2）点型感烟火灾探测器的技术要求

A. 每个探测器上应有红色报警确认灯。当被监视区域烟参数符合报警条件时，探测器报警确认灯应点亮，并保持至被复位。通过报警确认灯显示探测器其他工作状态，被显示状态应与火灾报警状态有明显区别。可拆卸探测器的报警确认灯可安装在探头或其底座上。确认灯点亮时在其正前方 6m 处，在光照度不超过 500lx 的环境条件下，应清晰可见。

B. 可拆卸探测器

可拆卸探测器在探头与底座分离时，应为监控装置发出故障信号提供识别手段。

C. 点型感烟火灾探测器外形结构如图 8.2-2 所示：

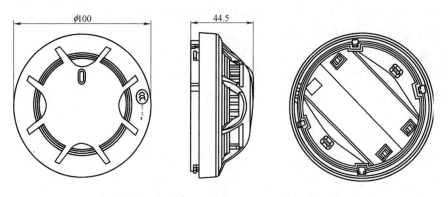

图 8.2-2   点型感烟火灾探测器外形结构示意图

（2）点型感温火灾探测器

1）点型感温火灾探测器的分类

点型感温火灾探测器可分为定温探测器、差温探测器、差定温探测器等三种。

2）点型感温火灾探测器技术要求

A. 每个探测器上应有红色报警确认灯。当被监视区域温度参数符合报警条件时，探测器报警确认灯应点亮，并保持至被复位。通过报警确认灯显示探测器其他工作状态，被显示状态应与火灾报警状态有明显区别。可拆卸探测器的报警确认灯可安装在探头或其底座上。确认灯点亮时在其正前方6m处，在光照度不超过500lx的环境条件下，应清晰可见。

B. 可拆卸探测器

可拆卸探测器在探头与底座分离时，应为监控装置发出故障信号提供识别手段。

C. 点型感温火灾探测器外形结构如图8.2-3所示。

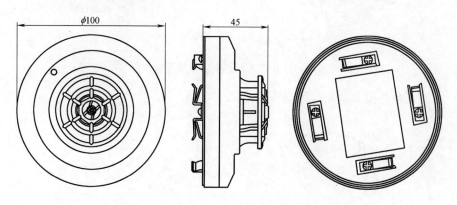

图8.2-3　点型感温火灾探测器外形结构示意图

（3）线型光束火灾探测器

1）概述

线型光束感烟火灾探测器主要为红外光束感烟探测器，是应用烟粒子吸收或散射红外光使红外光束强度发生变化的原理而工作的一种火灾探测器。这种探测器是由发射器和接收器两部分组成。特点是具有保护面积大、安装位置较高、在相对湿度较高的和强电场环境中反应速度快等优点。

2）线型光束火灾探测器的技术要求

保护面积：最大宽度14m，探测器距离为8～100m，探测最大保护面积为 $14 \times 100 = 1400\text{m}^2$。

3）线型光束探测器外形示意图如图8.2-4所示。

（4）点型紫外火焰探测器

1）概述

点型紫外火焰探测器通过探测物质燃烧所产生的紫外线来探测火灾，适用于火灾发生时易产生明火的场所，对发生火灾时有强烈的火焰辐射或无阴燃阶段的火灾以及需要对火焰作出快速反应的场所均可采用点型紫外火焰探测器。点型紫外火焰探测器与其他探测器配合使用，更能及时发现火灾，尽量减少损失。

2）点型紫外火焰探测器技术要求

A. 多级灵敏度设置，适用于不同干扰程度的场所。

B. 传感部件选用技术先进的紫外光敏管，具有灵敏度高，性能可靠，抗粉尘污染、抗潮湿及抗腐蚀能力强等优点。

C. 指示灯：报警确认灯，红色，巡检时闪亮，报警时常亮。

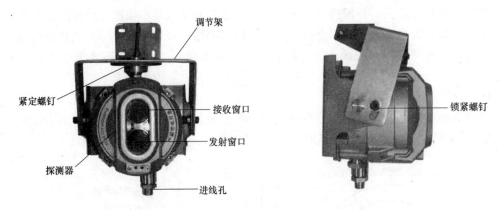

图 8.2-4　线型光束探测器外形示意图

D. 探测视角如图 8.2-5 所示。

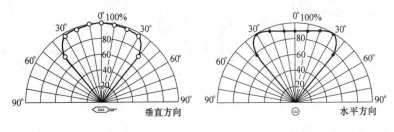

图 8.2-5　探测视角

E. 探测距离：探测器设有多个灵敏度级别，不同的灵敏度级别对应着不同的探测距离。

F. 线制：控制器二总线，无极性。

3）探测器结构示意如图 8.2-6 所示。

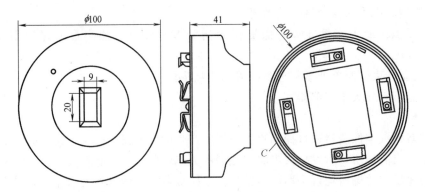

图 8.2-6　点型紫外火焰探测器结构示意图

（5）缆式线型感温火灾探测器

1）概述

缆式线型感温火灾探测器是一种新型的报警温度可以设定、可多级报警的线型缆式探测器，技术性能指标符合《线型感温火灾探测器》GB 16280—2005，并通过国家消防电子产品监督检验中心的型式检验。缆式线型感温火灾探测器由感温电缆、转换盒（微机调制器）、终端盒、温度补偿接线盒或中间接线盒（可选）四部分组成，分为开关量型和可恢复式，采用多线制的接线方式，可方便地与各种型号火灾报警控制器配套使用，特别适用于电缆隧道内的动力电缆及控制电缆的火警早期预报，可在电厂、钢厂、化工厂、油库等场合使用。

2) 缆式线型感温火灾探测器技术要求

A. 可恢复式感温电缆在安全温度范围内探测器报警后不损坏感温电缆，感温电缆可重复使用。

B. 通过无极性二总线，可以有效的将探测器的火警、故障状态上传给控制器。

C. 探测器总线可延长 1km 正常工作，感温电缆最大长度可接 200m 正常工作，可以应用于室内、室外、防酸、防爆型场所。

D. 探测器报警温度可设定。

E. 可调节定温火警、预警报警温度阀值。

F. 火警、预警信号可分别于故障信号合成为两线输出，并与各种类型的报警控制系统连接、直接接于总线制输入模块或 N+1 线制输入端。

G. 可以监视感温电缆、终端盒连接电缆的开路、短路故障并能指示故障类型。

H. 系统工作正常、故障、预警、火警 LED 指示。

I. 可进行火警、预警、故障模拟测试。

J. 具有火警、故障继电器无源触点输出。

K. 可对运行环境温度进行有效补偿。

(6) 可燃气体火灾探测器

1) 可燃气体火灾探测器分类

可燃气体火灾探测器是一种能够对空气中可燃气体含量进行检测并发出报警信号的火灾探测器。根据使用环境条件可分为室内使用型和室外使用型，根据防爆要求可分为防爆型和非防爆型。

测量范围为 0～100%LEL 的普通点型可燃气体探测器和测量人工煤气的普通点型可燃气体探测器用于检测可燃气体的泄漏，适用于家庭、宾馆、公寓等存在可燃气体的场所进行安全监控，可与火灾报警控制器组网连接。

测量范围为 0～100%LEL 的防爆点型可燃气体探测器是一种安装在爆炸性危险环境的气体探测设备，它将现场的可燃气体浓度转换成数字信号并传送到位于安全区的可燃气体报警控制器，以达到监测现场可燃气体浓度的目的。防爆点型可燃气体探测器适用于石油、化工、机械、医药、储运等行业爆炸危险环境的 1 区和 2 区，也可用于室外环境。

2) 可燃气体火灾探测器技术要求

A. 控制方式

有源触点：适用于 DC 12V 单向直流脉冲电磁阀；

无源触点：无源常开触点，可方便的控制联动设备，严禁直接驱动 AC 220V 设备。

B. 报警浓度

天然气（BT 系列）：3000×10^{-6}（6%LEL）；

煤　气（BR 系列）：400×10^{-6}（1%LEL）；

液化石油气（BY 系列）：2000×10^{-6}（10％LEL）。

C. 检测范围：0～100％LEL。

D. 指示灯：

电源指示灯：绿色；预热状态，电源指示灯闪亮；正常监视状态，绿灯常亮。

报警、故障指示灯：一般为双色指示灯，报警状态为红色，故障状态为黄色。

E. 线制：四线（两根 DC 24V 电源线，两根总线）。

F. 防爆点型可燃气体探测器符合《爆炸性气体环境用电气设备　第 1 部分：通用要求》GB 3836.1—2000、《爆炸性气体环境用电气设备　第 2 部分：隔爆型"d"》GB 3836.2—2000 及《可燃气体探测器　第 1 部分：测量范围为 0～100％LEL 的点型可燃气体探测器》GB 15322.1—2003 等标准的要求。

G. 防爆点型可燃气体探测器应通过四芯电缆与处在安全区的可燃气体报警控制器连接，其中两根线为 DC24V 电源线，另两根为总线。

3）结构特征

A. 普通点型可燃气体探测器外形示意图如图 8.2-7、图 8.2-8 所示。

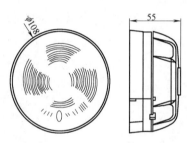

图 8.2-7　吸顶式探测器外形示意图

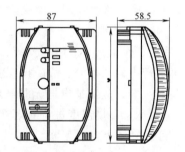

图 8.2-8　壁挂式探测器外形示意图

B. 防爆点型可燃气体探测器外壳零件采用不锈钢精铸制成，有足够的机械强度，能承受较大冲击能量，最高表面温度不超过 85℃。探测器外形如图 8.2-9 所示。

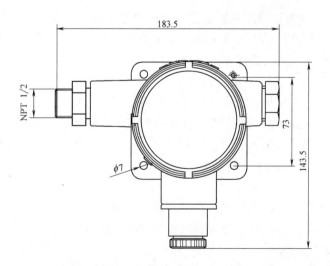

图 8.2-9　防爆点型可燃气体探测器外形示意图

（7）吸气式空气采样火灾探测器

吸气式空气采样火灾探测器是一种新型的感烟探测器，它通过灵活的管网系统主动抽取空气样品，克服了保护区空气流动的影响；使用激光探测烟雾，具有超高灵敏度，其灵敏度范围可达 0.005%～20%遮光率/米，能在火灾的极早期阶段，精确地探测出烟雾浓度的变化，能够探测出火灾发生初期的不可见烟，达到早期预警的目的；采用灰尘过滤技术、识别技术及人工神经网络智能技术判别火灾，避免了误报警。目前也得到了越来越多的应用。

4. 手动报警按钮

（1）概述

手动火灾报警按钮安装在公共场所，通常包括普通型、电话插孔型、防爆型等等，手动报警按钮（含电话插孔）操作原理是当人工确认发生火灾后，按下手动报警按钮上的按片，即可向火灾自动报警控制器发出报警信号，火灾自动报警控制器接收到报警信号后，将显示出手动报警按钮的编码信息并发出报警声响，将消防电话分机插入电话插孔即可与电话主机通信。

防爆型手动火灾报警按钮安装在易燃、易爆场所，当人工确认发生火灾后，按下此手动报警按钮，即可向火灾自动报警控制器发出报警信号，火灾自动报警控制器接收到报警信号，将显示出与手动报警按钮相连的防爆型单输入模块的编号，并发出报警声响。手动报警按钮防爆类型通常为本质安全型，符合《爆炸性气体环境用电气设备　第 1 部分：通用要求》GB 3836.1—2000 和《爆炸性气体环境用电气设备　第 4 部分：本质安全型"i"》GB 3836.4—2000 的有关规定，并应取得国家防爆产品检验机关颁发的产品防爆合格证书，同时满足国标《手动火灾报警按钮》GB 19880—2005 的有关规定，主要应用于石油及化工等易燃、易爆场所。

（2）手动报警按钮技术要求

1）按下手动报警按钮按片，可由手动报警按钮提供独立输出触点，可直接控制其他外部设备。

2）采用微处理器实现信号处理，用数字信号与火灾自动报警控制器进行通信，工作稳定可靠，对电磁干扰有良好的抑制能力。

3）地址码为电子编码，可现场改写。

4）启动零件型式为可重复使用型。

5）启动方式为人工按下按片。

6）复位方式为用专用钥匙复位，手动火灾报警按钮上的按片在按下后可用专用工具复位。

7）指示灯为火警，红色，正常巡检时约 3s 闪亮一次，报警后点亮；电话指示，红色，约 5s 闪亮一次。

8）线制为与控制器采用无极性信号二总线连接。

9）防爆型手动火灾报警按钮按下报警按钮按片，可由报警按钮提供独立输出触点，可通过外接安全栅控制其他设备。

5. 联动模块

（1）模块种类

　　模块按常规分为：单输入模块、双输入模块、非编码探测器接口模块、单输出模块、单输入单输出模块、双输入双输出模块、多线联动输入输出模块、总线隔离模块、终端接口模块、切换接口模块、电话接口模块。

　　(2) 各类典型模块介绍

　　1) 单输入模块

　　A. 概述

　　普通单输入模块用于接收消防联动设备输入的常开或常闭开关量信号，并将联动信息传回火灾报警控制器（联动型）。主要用于配接现场各种主动型设备如水流指示器、压力开关、位置开关、信号阀及能够送回开关信号的外部联动设备等。这些设备动作后，输出的动作信号可由模块通过信号二总线送入火灾报警控制器，产生报警，并可通过火灾报警控制器来联动其他相关设备动作。

　　防爆型单输入模块可与防爆设备（防爆感温、感烟、烟温复合探测器、防爆手动报警按钮等）配接，组成本安型防爆系统。一旦发生火灾，防爆型单输入模块将报警信号通过总线传入火灾报警控制器，火灾报警控制器产生报警信号并显示出防爆型单输入模块的报警地址信息。当防爆型单输入模块本身出现故障时，火灾报警控制器将产生故障信号并显示防爆型单输入模块故障地址信息。

　　B. 技术特性

　　(A) 输入端可现场设为常闭检线、常开检线输入，应与无源触点连接。

　　(B) 地址码为电子编码，可由电子编码器事先写入，也可由控制器直接更改，工程调试简便可靠。

　　(C) 由微处理器对运行情况进行监视，分别以正常、动作、故障三种形式将模块的状态传给控制器。

　　(D) 电路部分和接线底壳采用插接方式，接触可靠、便于施工。

　　(E) 编码方式：电子编码方式，占用一个总线编码点。

　　(F) 线制：与火灾报警控制器的信号二总线无极性连接。

　　(G) 输入方式：常开检线时线路发生断路（短路为动作信号）、常闭检线输入时输入线路发生短路（断路为动作信号），模块将向控制器发送故障信号。

　　(H) 防爆型单输入模块输出信号采用光电隔离技术，使用安全，对工频干扰有良好的抑制能力；内含安全栅，可直接配接本安设备。

　　C. 工作原理

　　普通单输入模块内嵌处理器，负责对输入信号的逻辑状态进行判断，并对该逻辑状态进行处理，分别以正常、动作、故障三种形式传给火灾自动报警控制器。

　　防爆型单输入模块可连接多只防爆设备组成本安型防爆系统，防爆型单输入模块内探测回路具有断路与短路检测功能，当探测回路断路、短路或防爆设备被摘除时，防爆型单输入模块将故障信号传给控制器，防爆型单输入模块内置单片机，通过检测探测回路电流来区分故障、火警及正常状态。

　　D. 应用方法

　　(A) 普通单输入模块与具有常开无源触点的现场设备连接方法连线如图 8.2-10 所示。模块输入设定参数设为常开检线。

（B）普通单输入模块与具有常闭无源触点的现场设备连接方法连线如图 8.2-11 所示，模块输入设定参数设为常闭检线。

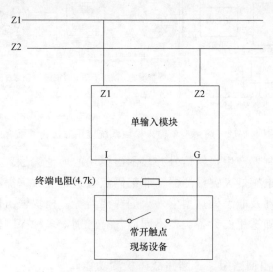

图 8.2-10　模块与具有常开无源触点的现场设备连接方法连线示意图

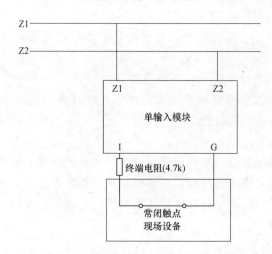

图 8.2-11　模块与具有常闭无源触点的现场设备连接方法连线示意图

（C）防爆型单输入模块用于本安型防爆系统时，在系统连线末端必须连接一只 4.7kΩ 终端电阻，且一只防爆型单输入模块混接的防爆设备的数量不能超过不同设备类型具体规定。系统应用方法连线示意如图 8.2-12 所示。

2）双输入模块

双输入模块在单输入模块的工作原理的基础上增加了一组常开（或常闭）无源触点，其他介绍详见"1）单输入模块"。

3）非编码探测器接口模块

A. 概述

非编码探测器接口模块是一种编码模块，用于连接非编码探测器，只占用一个编码点，当接入模块输出回路的任何一只现场设备报警后，模块都会将报警信息传给火灾报警

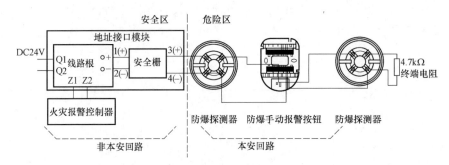

图 8.2-12　防爆型单输入模块系统应用方法连线示意图

控制器，火灾报警控制器产生报警信号并显示出模块的地址编号。非编码探测器接口模块可配接非编码点型光电感烟火灾探测器、非编码点型差定温火灾探测器、非编码点型复合式感烟感温火灾探测器及非编码点型紫外火焰探测器等。模块输出回路最多可连接非编码现场设备的具体数量随选用的设备类型不同而各有区别，多种探测器可以混用。

B. 技术特性

（A）模块具有输出回路短路、断路故障检测功能。

（B）模块具有对探测器被摘掉后的故障检测功能。

（C）模块具有短路保护功能。

（D）模块通过数字信号与控制器进行通信，工作稳定可靠，对电磁干扰有良好的抑制能力。

（E）模块的地址码为电子编码，可现场改写。

（F）线制：与火灾报警控制器采用无极性二总线连接，与电源线采用无极性二线制连接，与非编码探测器采用有极性二线制连接。

C. 工作原理

非编码探测器接口模块具有输出回路短路、断路检测功能，输出回路的末端连接终端器，当输出回路断路时，模块将故障信息传送给火灾报警控制器，火灾报警控制器显示出模块的编码地址；当输出回路中有现场设备被取下时，模块会报故障但不影响其他现场设备正常工作。

D. 应用方法

（A）非编码探测器接口模块与非编码探测器串联连接时，探测器的底座上应接二极管，且输出回路终端必须接终端器，终端器可当探测器底座使用，即在此终端器上可安装非编码探测器，其系统构成如图 8.2-13 所示。

（B）当终端器不作为探测器底座使用时，应加装上盖，系统构成如图 8.2-14 所示。

（C）若输出回路终端接终端电阻，则探测器的底座上不接二极管，系统构成如图 8.2-15 所示。

4）单输出模块

A. 概述

单输出模块一般用于总线制消防广播系统中正常广播和消防广播间的切换。

B. 技术特性

（A）单输出模块与消防广播主机间线路或模块与音箱间线路发生短路、断路，模块

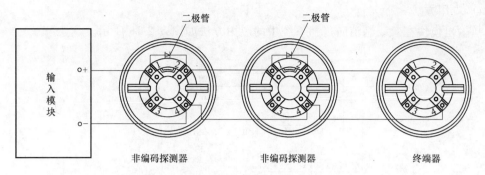

图 8.2-13 终端器做探测器底座的系统构成示意图

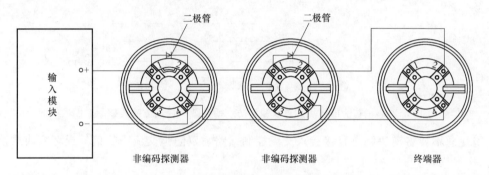

图 8.2-14 终端器不做探测器底座的系统构成示意图

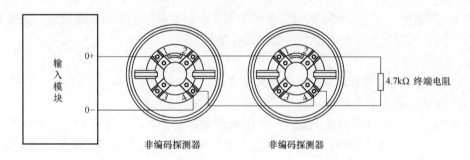

图 8.2-15 回路接终端电阻系统构成示意图

向控制器发送故障信号；

（B）地址码为电子编码，占用一个总线编码点，可由电子编码器事先写入，也可由控制器直接更改，工程调试简便可靠；

（C）线制：与控制器的信号二总线和电源二总线连接；可接入两根正常广播线、两根消防广播线及两根音响线。

C. 工作原理

单输出模块内嵌微处理器，微处理器实现与火灾报警控制器通信、电源总线掉电检测、输入输出线路故障检测、输出控制、输入信号逻辑状态判断、状态指示灯控制。单输出模块接收到火灾报警控制器的启动命令后，吸合继电器，现场音箱从正常广播切换到消防广播，并点亮指示灯，同时将回答信号信息传到火灾报警控制器，表明切换成功。

D. 应用方法

单输出模块在总线制消防广播系统中的应用方法如图 8.2-16 所示。

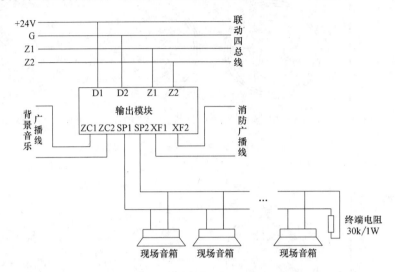

图 8.2-16　单输出模块在总线制消防广播系统中应用方法连线示意图

请注意不要将模块触点直接接入交流控制回路，以防强交流干扰信号损坏模块或控制设备。

5）单输入/单输出模块

A. 概述

单输入/输出模块主要用于连接需要火灾报警控制器控制的消防联动设备，如排烟阀、送风阀、防火阀等，并可接收设备的动作回答信号。

B. 技术特性

（A）输出可设置为有源输出或无源输出方式。

（B）输入、输出具有检线功能。

（C）输入端可现场设为常开检线、常闭检线或自回答方式，可与无源触点连接。

（D）地址码为电子编码，占用一个总线编码点，可由电子编码器事先写入，也可由控制器直接更改，工程调试简便可靠。

（E）输入检线：常开检线时线路发生断路（短路为动作信号）、常闭检线输入时输入线路发生短路（断路为动作信号），模块将向控制器发送故障信号。

（F）输出检线：输出线路发生短路、断路，模块将向控制器发送故障信号。

（G）输出控制方式：脉冲、电平（继电器常开触点输出或有源输出）。

（H）线制：与火灾报警控制器采用无极性信号二总线连接，与电源线采用无极性二线制连接。

C. 工作原理

单输入/输出模块内嵌微处理器，微处理器实现与火灾报警控制器通信、电源总线掉电检测、输出控制、输入信号逻辑状态判断、输入输出线故障检测、状态指示灯控制。单输入/输出模块接收到火灾报警控制器的启动命令后，吸合输出继电器，并点亮指示灯。单输入/输出模块接收到设备传来的回答信号后，将该信息传到火灾报警控制器。

D. 应用方法

（A）单输入/输出模块通过有源输出直接驱动一台排烟口或防火阀等（电动脱扣式）设备的接线示意如图 8.2-17 所示。

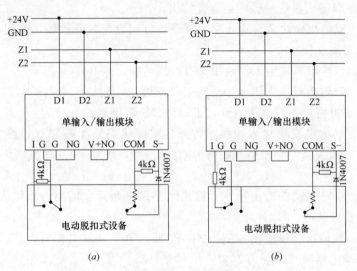

图 8.2-17 模块控制电动脱扣式设备接线示意图

（a）为无源常开检线输入；（b）为无源常闭检线输入

（B）单输入/输出模块无源输出触点控制设备的接线示意如图 8.2-18 所示：

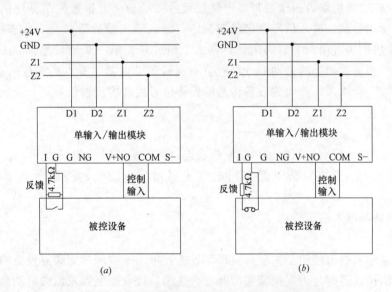

图 8.2-18 模块无源输出触点控制设备接线示意图

（a）为无源常开检线输入；（b）为无源常闭检线输入

6）双输入/双输出模块

A. 概述

双输入/双输出模块主要用于双动作消防联动设备的控制，同时可接收联动设备动作后的回答信号。例如：可完成对二步降防火卷帘门、水泵、排烟风机等双动作设备的控制。用于防火卷帘门的位置控制时，既能控制其从上位到中位、从中位到下位，同时也能确认是处于上、中、下的哪一位。

B. 技术特性

（A）双输入/双输出模块提供两组有源输出。

（B）双输入/双输出模块两组输入端，可现场分别设为常开检线、常闭检线或自回答方式，可与无源触点连接。

（C）双输入/双输出模块输入、输出具有检线功能。

（D）双输入/双输出模块占用两个总线编码点地址，地址码为电子编码，可由电子编码器事先写入，也可由控制器直接更改，工程调试简便可靠。

（E）双输入/双输出模块输入检线：常开检线时线路发生断路（短路为动作信号）、常闭检线输入时输入线路发生短路（断路为动作信号），双输入/双输出模块将向控制器发送故障信号。

（F）双输入/双输出模块输出检线：输出线路发生短路、断路，双输入/双输出模块将向控制器发送故障信号。

（G）双输入/双输出模块输出控制方式：脉冲、电平（继电器常开/常闭无源触点输出，脉冲启动时继电器吸合时间为 10s）。

（H）双输入/双输出模块线制：与火灾报警控制器采用无极性信号二总线连接，与电源线采用无极性二线制连接。

C. 工作原理

双输入/双输出模块内嵌微处理器，微处理器实现与火灾报警控制器通信、电源总线掉电检测、输出控制、输入信号逻辑状态判断、输入输出线故障检测、状态指示灯控制。双输入/双输出模块占用两个编码地址，第二个地址号为第一个地址号加 1。每个地址可单独接收火灾报警控制器的启动命令，吸合对应输出继电器，并点亮对应的动作指示灯。每个地址对应一个输入，接收到设备传来的回答信号后，将反馈信息以相应的地址传到火灾报警控制器。

D. 应用方法

双输入/双输出模块与切换接口模块组合连接的方法如图 8.2-19 所示。

双输入/双输出模块与防火卷帘门电气控制箱（标准型）接线示意图如图 8.2-20 所示：

7）多线联动输入输出模块

A. 概述

多线联动输入输出模块是一种火灾现场设备，可用于控制排烟阀等设备的启动。多线联动输入输出模块需要与火灾报警控制器配合使用，接收控制器发出的启动命令，并做出相应的动作，同时可对设备状态进行检测。多线联动输入输出模块提供直流 24V 电源输出或触点输出，每路具有 2A/DC24V 有源输出能力。

B. 技术特性

（A）模块具有多路输出功能，可同时控制 5 个以上设备的分时启动，具体数量由设备本身决定。

（B）模块内置单片机，由单片机完成与控制器通信及内部信号处理功能。

（C）输入方式：一路回答信号，方式有自回答、常开触点回答、常闭触点回答三种，可通过电子编码器现场设定。

（D）输出方式：有源输出、无源输出两种，可通过接线方式设置。

（E）输出触点：常开，触点额定电流≤2A/路（AC220V 或 DC24V）。

（F）线制：与控制器采用无极性信号总线连接；与电源总线采用无极性连接。

（G）指示灯：

红灯——动作灯，巡检时约 3s 闪亮一次，动作后常亮；

绿灯——回答信号灯，巡检时熄灭，回答时常亮；

黄灯——故障灯，巡检时熄灭，电源总线掉电时常亮。

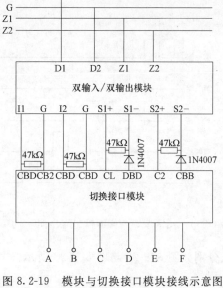

图 8.2-19　模块与切换接口模块接线示意图

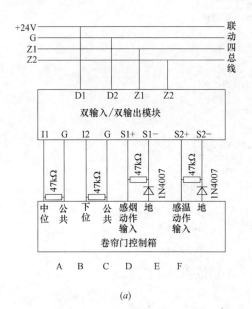

(a)

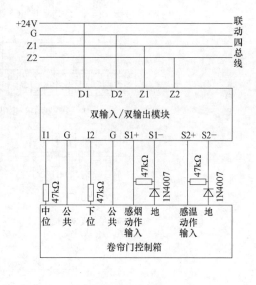

(b)

图 8.2-20　模块与防火卷帘门电气控制箱（标准型）接线示意图

(a) 为无源常开检线输入；(b) 为无源常闭检线输入

（H）编码方式：电子编码方式，占用一个总线编码点。

C. 工作原理

多线联动输入输出模块可以分为硬件部分和软件部分。硬件部分分为输入部分、输出部分和控制部分。输入部分包括信号总线输入、电源总线输入、回答信号输入；输出部分有五路用于驱动外部设备的通道，由单片机进行控制，每一路输出都有自复熔丝进行保护；控制部分主要由单片机构成，完成收码处理并回码，处理故障信号等功能，根据控制器发出的命令控制输出部分工作。几路输出通路启动时，在控制电路的控制下，输出有一定的时序关系。无源输出时，每一路常开触点依次闭合 2s，每路输出间间隔 2s。有源输出时的时序图如图 8.2-21 所示。

软件部分可分成主程序和中断程序。主程序完成故障检测，回答信号检测，控制启动时的各路输出功能；中断程序中完成的是收码、回码、计算地址和命令判断，并执行相应的命令。

D. 应用方法

多线联动输入输出模块与排烟阀一起接入火灾报警控制系统中时，回答信号可采用并联与串联两种接线方式。系统连线

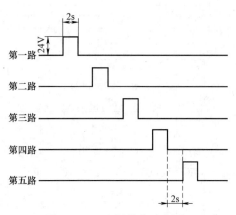

图 8.2-21　有源输出时序图

示意分别如图 8.2-22 与图 8.2-23 所示。

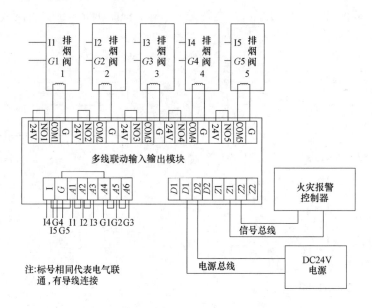

图 8.2-22　系统连线示意图（并联回答）

8）总线隔离模块

A. 概述

总线隔离模块主要用于隔离总线上发生短路的部分，保证总线上的其他设备正常工作。待故障修复后，总线隔离模块可自行将被隔离出去的部分重新纳入系统。并且，使用隔离模块便于确定总线发生短路的位置。

B. 技术特性

（A）总线短路故障排除后，可自动将被隔离出去的部分重新纳入系统。

（B）总线隔离模块输入、输出信号无极性。

（C）总线隔离模块指示灯：红色（正常监视状态不亮，动作时常亮）。

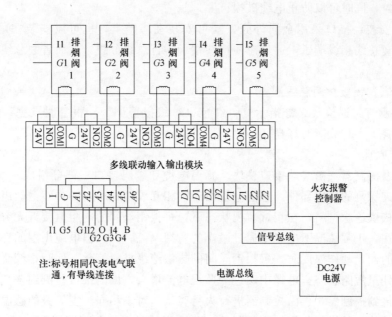

图 8.2-23 系统连线示意图（串联回答）

C. 工作原理

当总线隔离模块输出所连接的电路发生短路故障时，总线隔离模块内部电路中的自复熔丝断开，同时内部电路中的继电器吸合，将总线隔离模块输出所连接的电路完全断开。总线短路故障修复后，继电器释放，自复熔丝恢复导通，总线隔离模块输出所连接的电路重新纳入系统。

9）终端接口模块

A. 概述

终端接口模块是智能线型缆式感温探测器的重要部分，与线型感温电缆、智能线型缆式感温探测器编码接口共同组成多级报警感温探测器。多级报警感温探测器属于线型缆式差温报警器，特别适用于电缆隧道内的动力电缆及控制电缆的火警早期预报，可在电厂、钢厂、化工厂、古建筑物等场合使用。接口内置单片计算机，采用电子编码，可将探测器接入火灾报警系统信号二总线。感温电缆的首端与接口连接，末端与终端连接。每个接口可以连接一路两级感温电缆，占用两个编码点，每级报警占用一个编码点。终端接口模块为探测器的专用附件，接于整条感温电缆的末端，无需接入火灾报警控制器。终端接口模块上带有感温电缆火警测试装置，便于工程调试时模拟测试探测器的报警性能。

B. 技术特性

（A）可实现不同温度的两级报警，大大降低了误报率和漏报率。

（B）具备三芯结构和外护套，使其具有较强的抗机械损伤、抗拉、防水、抗腐蚀和抗电磁干扰能力。

（C）工作范围宽：控制器总线可延长 1km 后配接接口仍正常工作，感温电缆最大长度可接 200m。

（D）防潮湿：接口外壳边缘处压贴橡胶垫以免浸入潮湿的空气，出、入线孔处采用电缆接头密封，同时可以防止电缆破损。

（E）易安装：接口采用金属外壳，既可安装在墙壁上，也可以安装在电缆桥架上。接口内设两套总线接线端子，通过总线接线端子进行总线分线，从而省去总线分支中的分线盒。

（F）线制：无极性两总线制。

（G）指示灯：巡检及火警指示灯：红色（每级报警1个）报警时点亮；故障灯：黄色（每级报警1个）故障时点亮。

C. 工作原理

缆式感温探测器（由终端接口模块、感温电缆和编码接口三部分组成），其中感温电缆为现场火灾探测的传感部件。感温电缆由三根相互绞绕在一起的弹性钢丝组成，每根钢丝包敷一层热敏绝缘材料，在正常监视状态下，每根钢丝间的电阻值接近无穷大。由于终端电阻的存在，正常情况下电缆中通过微小的监视电流。当感温电缆周围的环境温度升高到感温电缆的额定动作温度时，每根钢丝间的热敏绝缘材料熔化，使互相绞绕在一起的钢丝在温升点处呈短路状态，电缆中通过的监视电流增大，编码接口检测到该变化后，将该短路状态上传到控制器，再由控制器进行火警确认。对于相同温度等级的感温电缆，每根钢丝所包敷的热敏绝缘材料都具有相同的熔化温度，对于具备不同温度等级的感温电缆，其中一根钢丝所包敷的热敏绝缘材料的熔化温度比另外两根钢丝的熔化温度高。在使用三芯（同温度等级或者不同温度等级）感温电缆时，通过该接口组成两个感温电缆探测回路，只有当两个感温电缆回路均检测到短路状态时，控制器才确认为火警并发出火警信息。

D. 应用方法

（A）当系统所有接口和其他探测器、模块点名注册完全后，开通系统，使系统处于正常监视状态。在正常监视状态下，接口不应报故障或报火警。

（B）当缆式感温探测器需要与其他设备联动时，必须在控制器对接口的两个编码地址进行"相与"的联动定义后，再与其他设备联动定义。

（C）控制器报警异常：在有以下情况发生时，说明感温电缆出现异常情况，必须及时到现场进行检查。

对于相同温度等级的感温电缆，控制器报出低位地址编码的动作30s后，高位地址没有发出火警信息；

对于不同温度等级的感温电缆，控制器报出低位地址编码的动作30min后没有发出高位地址的火警信息；

对于不同温度等级的感温电缆，高位地址先于低位地址报动作之前报火警；高位地址报故障。

探测器由接口、终端接口模块及感温电缆构成，如图8.2-24所示。

其中GWDL1接火警感温电缆，GWDL2接预警感温电缆，COMM接公共电缆。

10）切换接口模块

A. 概述

切换接口模块是一种非编码模块，用于实现需直流大电流启动的设备及交流220V启动的设备的控制。与双输入/双输出模块配合使用，防止强电造成的系统总线危险。

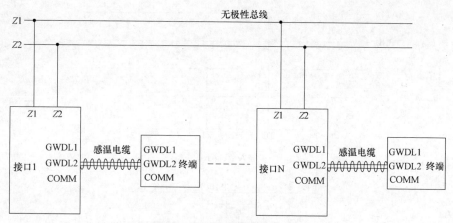

图 8.2-24   探测器构成示意图

B. 技术特性

（A）切换接口模块提供两组常开、常闭触点。

（B）切换接口模块输出采用较高品质继电器，确保可靠吸合。

（C）切换接口模块可将 AC220V 回答信号转换为无源常开触点回答信号。

（D）切换接口模块输出触点完全开放，调试人员可根据需要灵活使用。

（E）切换接口模块输出控制方式：电平方式，继电器始终吸合。

（F）切换接口模块线制：输入端采用五线制与双输入/双输出模块连接；输出端采用六线与受控设备连接，其中三线用于控制设备，三线用于接收回答信号。

C. 工作原理

切换接口模块采用直流继电器进行切换，输入为 DC24V，输出触点可直接控制交流 220V 及直流大电流设备。回答信号采用 AC220V 输入，经降压后驱动继电器工作。

D. 应用方法

切换接口模块与双输入/双输出模块组合连接的方法如图 8.2-25 所示。

11）消防电话接口模块

A. 概述

消防电话接口模块主要用于将消防电话分机连入总线制消防电话系统。可直接与总线制电话分机连接，也可通过消防电话插孔与电话分机连接。当消防电话分机的话筒被提起，该部电话即被消防电话接口模块自动向消防电话系统请求接入，系统接受请求后，由火灾报警控制器向该消防电话接口模块发出启动命令，连入总线制消防电话系统；也可利用火灾报警控制器直接启动消防电话接口模块，实现对固定分机的呼叫。消防电话接口模块可安装在水泵房、电梯机房等门口。

B. 技术特性

（A）消防电话接口模块与电话主机间线路发生短路、断路或消防电话接口模块与电话插孔间线路断路，消防电话接口模块向控制器发送故障信号。

（B）消防电话接口模块地址码为电子编码，可由电子编码器事先写入，也可由控制器直接更改。

（C）消防电话接口模块具有两线同时连接的功能。

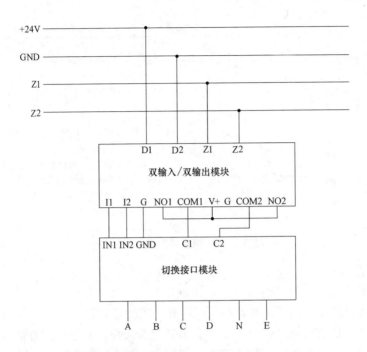

图 8.2-25   切换接口模块与双输入/双输出模块组合连接的方法

(D) 消防电话接口模块内置 CPU,可识别开关量触点信号,并根据触点变化发生动作。

(E) 消防电话接口模块输出信号采用光电隔离技术,使用安全,对工频干扰有良好的抑制。

(F) 消防电话接口模块出微处理器对运行情况进行监视,给出诊断信息。

(G) 消防电话接口模块输出控制方式为电平(继电器常开/常闭无源触点输出)。

(H) 消防电话接口模块指示灯为红色(巡检时闪亮,话筒被提起时常亮)。

(Ⅰ) 线制为:

与火灾报警控制器采用无极性信号二总线连接,与电源线采用无极性二线制连接。

与消防电话二总线采用两线连接,无极性,与消防电话分机采用四线连接。

C. 工作原理

消防电话接口模块内嵌微处理器,微处理器实现与火灾报警控制器通信、电源总线掉电检测、输入输出线路故障检测、输出控制、输入信号逻辑状态判断、状态指示灯控制。当消防电话分机的话筒被提起时,话筒上的开关产生一个开关量闭合信号,消防电话接口模块的输入端检测到这个闭合信号后,向消防电话系统请求接入,系统接受请求后,由火灾报警控制器向该接口发出启动命令,吸合输出继电器,将所连接的电话分机接入总线制消防电话系统,同时向火灾报警控制器传送动作信息;也可由火灾报警控制器直接向该接口发出启动命令,接口接收到启动命令后,吸合输出继电器,将所连接的电话分机接入总线制消防电话系统,被呼叫的电话分机开始振铃,从而实现对固定电话分机的呼叫。

D. 应用方法

消防电话接口模块在总线制消防电话系统中与电话插孔连接时的接线示意如图8.2-26

所示。

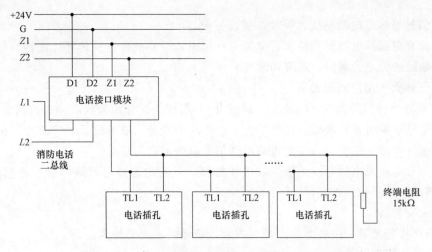

图 8.2-26　消防电话接口模块与电话插孔连线示意图

　　消防电话接口模块在总线制消防电话系统中与固定电话分机连接时的接线示意如图 8.2-27 所示。

　　6. 火灾警报装置

　　(1) 概述

　　火灾警报装置用于在火灾发生时提醒现场人员注意。火灾警报装置是一种安装在现场的声光报警设备，当现场发生火灾并被确认后，可由消防控制中心的火灾报警控制器启动，也可通过安装在现场的手动报警按钮直接启动。启动后火灾警报装置发出强烈的声光警号，以达到提醒现场人员注意的目的。火灾警报装置耐低温，抗磷化铝、盐雾、二氧化硫腐蚀，适用于仓库、厂房，及其他有磷化铝、盐雾、二氧化硫腐蚀环境的场所。防爆型火灾警报装置适于在石油、化工行业等有防爆要求的 I 区及 II 区使用，可与编址接口模块配套使用，也适用于船舶场所。

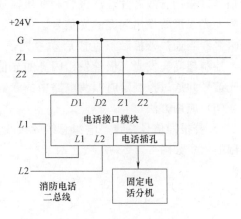

图 8.2-27　消防电话接口模块与固定电话分机连线示意图

　　(2) 火灾警报装置种类

　　火灾警报装置按常规分为：普通型火灾声光报警器、气体灭火型声光报警器、火灾警铃等。

　　(3) 技术特性

　　1) 普通型火灾声光报警器

　　A. 采用多只超高亮红色发光二极管作为光源，显示醒目、寿命长、功耗低。

　　B. 声音为火警声，声压高达 85dB，利于引起现场人员注意。

C. 提供外控端子，可利用无源常开触点（如手动报警按钮）直接启动，直接启动时不受信号总线掉电的影响。

D. 信号总线及电源总线无极性，接线方便。

E. 具有电源掉电检测功能。若电源总线掉电，可将故障信息传到控制器。

F. 地址码为电子编码，可现场改写。

2）气体灭火型声光报警器

A. 具有两种报警模式（模式Ⅰ、模式Ⅱ），可用于区分预警状态和火警状态。

B. 光显示采用多只超高亮红色发光二极管作为光源，显示醒目、寿命长、功耗低。

C. 通过短路外控端子启动警报器不受信号总线掉电的影响。

D. 信号总线及电源总线无极性，接线方便，具有电源掉电检测功能。若电源总线掉电，可将故障信息传到控制器。

3）火灾警铃

现场声报警装置，由各类输出模块控制，启动时发出警铃声。

（4）工作原理

声光报警器内嵌微处理器，微处理器实现与火灾报警控制器通信、电源总线掉电检测、声光信号启动。普通型声光报警器接收到火灾报警控制器的启动命令后，开始启动声光信号。采用音效芯片经三极管和变压器放大，推动扬声器发出声响；采用定时电路控制超高发光二极管发出闪亮的光信号。也可通过外控触点直接启动声光信号。气体灭火型声光报警器当通过外控触点直接启动声光信号时，定时振荡电路控制蜂鸣器通断产生报警声，控制超高亮发光二极管发出闪亮的光信号。警报器接收到控制器的启动命令后，启动声光信号并通过控制定时振荡电路中的参数改变报警声通断及闪光的频率。

（5）应用方法

1）警报器信号总线、电源总线的接线方式及利用手动报警按钮的无源常开触点直接控制的示意如图 8.2-28 所示。

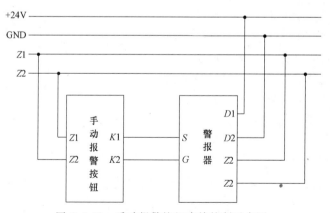

图 8.2-28　手动报警按钮直接控制示意图

2）本安型防爆系统声光报警器接线方式

A. 本安型防爆系统声光报警器连线示意图如图 8.2-29 所示。

B. 防爆型单输入模块应安装在安全区域，本安侧和非本安侧接线应分开，并保持一

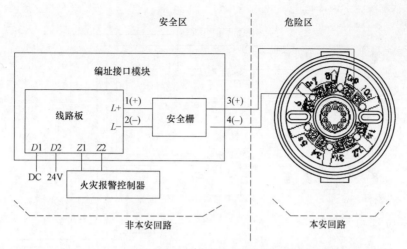

图 8.2-29 本安型防爆系统声光报警器连线示意图

定距离（至少 50mm）。

C. 安全栅接地必须可靠，连接螺钉必须拧紧，不可松动，接地电阻不能大于 1Ω，本安回路最大分布参数不应超过规定值，即电缆间分布电容不得大于 $0.083\mu F$，分布电感不得大于 4.1mH。

D. 经防爆检验合格的产品，维修时不能随意更换或改动影响防爆性能的元器件和结构。

7. 消防广播系统

（1）概述

火灾消防广播系统属于火灾报警控制系统的配套使用设备，通过这个系统可以实现通报建筑物内火灾情况，指挥相关层的人员疏散的功能，在整个消防控制管理系统中起着极其重要的作用。消防广播系统按照控制线缆敷设的情况可以分为总线制火灾消防广播系统和多线制消防广播系统。

（2）消防广播系统的构成

1）总线制火灾消防广播系统

总线制火灾应急广播系统由消防控制中心的广播设备，配合使用的总线制火灾报警控制器、消防广播模块及现场放音设备组成。消防控制中心的广播设备含广播功率放大器、CD 录放盘及卡座录放盘，可组入各式机柜。现场广播音箱可采用吸顶式扬声器或壁挂式扬声器。利用消防广播切换模块，可将现场的放音设备接入控制器的总线上，由广播设备送来的音频广播信号，也要通过消防广播切换模块无源常开触点（消防广播）及常闭触点（正常广播）加到放音设备上，一个广播区域可由一个消防广播切换模块来控制。模块设有自回答功能，当模块动作后，将产生一个报警信号送入控制器产生报警，表明正常广播与消防广播的切换成功。

火灾应急广播系统的播放设备即可专用，也可与公共广播系统合用；当与公共广播系统合用时，在消防控制中心必须将火灾疏散层的扬声器和公共广播扩音机强制转入火灾应急广播状态，同时在消防控制中心可以监控火灾应急广播扩音机的工作状态。总线制火灾消防广播系统示意如图 8.2-30 所示。

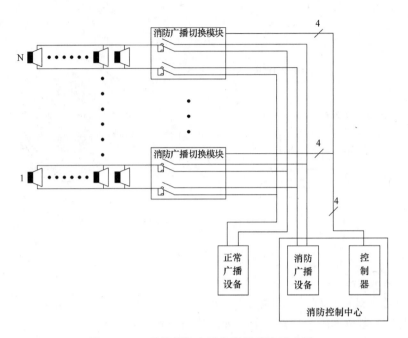

图 8.2-30   总线制火灾消防广播系统示意图

消防广播设备可与其他设备一起也可单独装配在消防控制柜内，各设备的工作电源统一由消防控制系统的电源提供。

2）多线制火灾消防广播系统

多线制火灾应急广播系统由消防控制中心的广播设备，配合火灾报警控制器多线制广播分配盘及现场广播音箱组成。消防控制中心的广播设备含广播功率放大器、CD 录放盘及卡座录放盘，可组入各式机柜。现场广播音箱可采用吸顶式扬声器和壁挂式扬声器。多线制消防广播系统对外输出的广播线路按广播分区来设计，每一广播分区有两根独立的广播线路与现场放音设备连接，各广播分区的切换控制由消防控制中心专用的多线制消防广播分配盘来完成。通过此切换盘，可完成手动对各广播分区进行正常或消防广播的切换。

火灾应急广播系统的播放设备即可专用，也可与公共广播系统合用；当与公共广播系统合用时，在消防控制中心必须将火灾疏散层的扬声器和公共广播扩音机强制转入火灾应急广播状态，同时在消防控制中心可以监控火灾应急广播扩音机的工作状态。多线制火灾消防广播系统示意如图 8.2-31 所示。

消防广播设备可与其他设备一起也可单独装配在消防控制柜内，各设备的工作电源统一由消防控制系统的电源提供。

8. 消防电话系统

（1）概述

消防电话系统是一种消防专用的通信系统，通过这个系统可迅速实现对火灾的人工确认，并可及时掌握火灾现场情况及进行其他必要的通信联络，便于指挥灭火及恢复工作。电话系统的主机安装在控制中心，采用嵌入式安装在报警控制琴台柜内。消防电话系统分为总线制和多线制两种实现方式，由于工作方式的不同，两种系统所需要的设备及应用方法都有所区别。

（2）总线制消防电话系统

完整的总线制消防电话系统由设置在消防控制中心的总线制消防电话主机和火灾报警控制器、现场的消防电话接口模块和消防电话插孔及消防电话分机构成。系统具有设计灵活、使用方便等特点。消防电话主机具有录音功能，采用数字语音存储芯片最多可录制 30min 通话，以便于火灾事故后的调查工作。消防电话接口模块是一种编码模块，直接与火灾报警控制器总线连接，并需要接上 DC24V 电源总线。为实现电话语音信号的传送，还需要接入消防电话总线。消防电话接口模块上有一个电话插孔，可直接

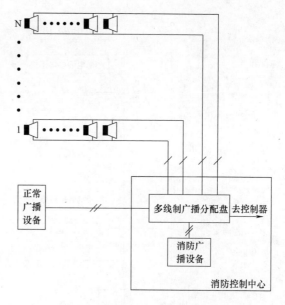

图 8.2-31　多线制火灾消防广播系统示意图

供总线制电话分机使用。消防电话插孔和智能编码手动报警按钮的电话插孔部分都是非编码的，可直接与消防电话总线连接构成非编码电话插孔，若与消防电话接口模块连接使用，可构成编码式电话插孔。

消防电话系统的电话分机可呼叫主机，无需拨号，主机被呼叫时会振铃直至主机摘机或分机取消呼叫；同时主机可呼叫任一固定分机（通过火灾报警控制器实现），分机被呼叫时会振铃直至分机摘机或火灾报警控制器取消呼叫；分机之间通过主机允许也可以通话；电话插孔可任意扩充。摘下固定电话分机或将电话分机插入消防电话插孔及手动报警按钮（含电话插座）的电话插孔都视为分机呼叫主机。主机呼叫固定分机可通过火灾报警控制器启动相应的消防电话接口模块使分机振铃来实现。主机与分机、分机与分机间的呼叫、通话等均由主机自身控制完成，无需其他控制器配合。总线制消防电话系统示意如图8.2-32 所示。

（3）多线制消防电话系统

完整的多线制消防电话系统由设置在消防控制中心的多线制消防电话主机和火灾报警控制器、消防电话插孔和固定式消防电话分机及手提式消防电话分机构成。系统具有设计灵活、使用方便等特点。多线制消防电话系统的控制核心为多线制消防电话主机。按实际需求不同，消防电话主机的容量也不相同。在多线制消防电话系统中，每一部固定式消防电话分机占用消防电话主机的一路，采用独立的两根线与消防电话主机连接。消防电话插孔可并联使用，并联的数量不限，并联的电话插孔仅占用消防电话主机的一路。

消防电话系统的电话分机可呼叫主机，无需拨号，主机被呼叫时会振铃直至主机摘机或分机取消呼叫；同时主机可呼叫任一固定分机（通过火灾报警控制器实现），分机被呼叫时会振铃直至分机摘机或火灾报警控制器取消呼叫；分机之间通过主机允许也可以通话；电话插孔可任意扩充。摘下固定电话分机或将电话分机插入消防电话插孔都视为分机

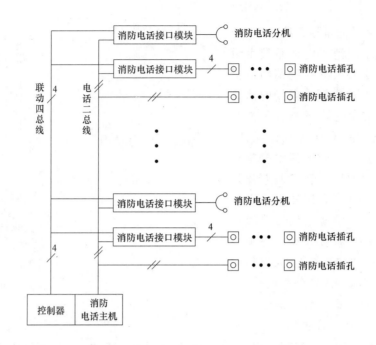

图 8.2-32　总线制消防电话系统示意图

呼叫主机。

　　多线制消防电话系统中主机与分机、分机与分机间的呼叫、通话等均由主机自身控制完成，无需其他控制器配合。多线制消防电话系统如图 8.2-33 所示。

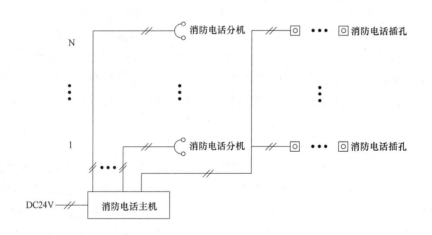

图 8.2-33　多线制消防电话系统示意图

　　9. 火灾自动报警系统电线电缆的设置

　　(1) 传输线路的线芯截面选择

　　火灾自动报警系统的传输线路的线芯截面选择，除应满足自动报警装置技术条件的要求外，还应满足机械强度的要求。铜芯绝缘导线、铜芯电缆线芯的最小截面面积不应小于表 8.2-1 的规定。

铜芯绝缘导线和铜芯电缆的线芯最小截面面积　　　表 8.2-1

序　号	类　别	线芯的最小截面面积（mm²）
1	穿管敷设的绝缘导线	1.00
2	线槽内敷设的绝缘导线	0.75
3	多芯电缆	0.50

（2）传输线路的敷设要求

1）系统传输线路和 50V 以下供电控制线路，应采用电压等级不低于交流 250V 的铜芯绝缘导线或铜芯电缆。采用交流 220/380V 的供电或控制线路应采用电压等级不低于交流 500V 的铜芯绝缘导线或铜芯电缆。

2）消防控制、通信和警报线路采用暗敷设时，宜采用金属管或经阻燃处理的硬质塑料管保护，并应敷设在不燃烧体的结构层内，且保护层厚度不宜小于 30mm。当采用明敷设时，应采用金属管或金属线槽保护，并应在金属管或金属线槽上采取防火保护措施。采用经阻燃处理的电缆时，可不穿金属管保护，但应敷设在电缆竖井或吊顶内有防火保护措施的封闭式线槽内。

3）火灾自动报警系统用的电缆竖井，宜与电力、照明用的低压配电线路电缆竖井分别设置。如受条件限制必须合用时，两种电缆应分别布置在竖井的两侧。

（3）传输线路的线型举例

报警总线：垂直（竖井内）ZRRVS-2×1.5mm²；
　　　　　水平　　　　　ZRRVS-2×1.0mm²。
联动电源线：垂直（竖井内）ZRBV-2×4.0mm²×2；
　　　　　　水平　　　　　ZRBV-2×2.5mm²×2。
广播线：垂直（竖井内）ZRRVS-2×1.5mm²；
　　　　水平　　　　　ZRRVS-2×1.0mm²。
手报电话线：垂直（竖井内）ZRRVVP-2×1.5mm²；
　　　　　　水平　　　　　ZRRVVP-2×1.0mm²。
消火栓启泵线：垂直（竖井内）ZRBV-4×1.5mm²；
　　　　　　　水平　　　　　ZRBV-4×1.0mm²。
区域显示系统：ZRRVS-2×1.5mm²。
模块至被控设备：控制信号线 ZRBV-2×1.5mm²；
　　　　　　　　反馈信号线 ZRBV-2×1.0mm²。
气体灭火控制线（1 个区）：ZRBV-14×1.5mm²。
风机直启控制线（1 台）：ZRBV-6×1.5mm²。

8.3 火灾自动报警系统施工工艺

8.3.1 工艺流程

火灾自动报警系统施工工艺流程如图 8.3-1 所示。

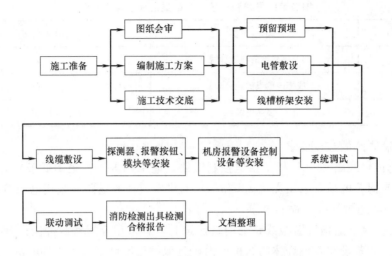

图 8.3-1　火灾自动报警系统施工工艺流程图

8.3.2　安装准备

1. 熟悉系统图、平面图、接线图，熟悉消防报警及联动设备说明书，熟悉被联动设备的动作原理及接线图，发现疑问/不明确时及时与设备厂家联系，应在安装前解决。

2. 依照图纸查验现场，查看其他相关专业的图纸，做好与其他专业的技术协调和施工配合。

3. 明确设备、主材的采购要求，确定规格、型号及相关的技术参数。

4. 明确施工方法、顺序及工艺要求，必要时应对施工作业人员进行培训。

5. 确定施工机具、其机具能力及数量，应满足施工高峰期的要求。

6. 进行危险辨识，所有可能发生的意外均考虑防范措施，并做好应急准备。

8.3.3　各类火灾报警设备的安装技术要点

1. 火灾报警控制器的安装技术要点

（1）总体安装要求：

1）火灾报警控制器在墙上安装时，其底边距地（楼）面高度宜为 1.3～1.5m，其靠近门轴的侧面距墙不应小于 0.5m，正面操作距离不应小于 1.2m；落地安装时，其底边宜高出地（楼）面 0.1～0.2m。

2）火灾报警控制器应安装牢固，不应倾斜；安装在轻质墙上时，应采取加固措施。

3）引入火灾报警控制器的电缆或导线，应符合下列要求：

A. 配线应整齐，不宜交叉，并应固定牢靠。

B. 电缆芯线和所配导线的端部，均应标明编号，并与图纸一致，字迹应清晰且不易退色。

C. 端子板的每个接线端，接线不得超过 2 根。

D. 电缆芯和导线，应留有不小于 200mm 的余量。

E. 导线应绑扎成束。

F. 导线穿管线槽后，应将管口、槽口封堵。

4）火灾报警控制器的主电源应有明显的永久性标志，并应直接与消防电源连接，严禁使用电源插头。火灾报警控制器与其外接备用电源之间应直接连接。

5）火灾报警控制器的接地应牢固，并有明显的永久性标志。

（2）火灾报警控制器的结构及配置说明

1）火灾报警控制器结构及典型配置方式概述

火灾报警控制器的典型配置包括：控制器主机、智能手动消防启动盘、多线制控制盘。其中控制器主机包括：母板、主板、回路板、485 通信板、232 通信板等功能扩展板。

火灾报警控制器采用柜式、琴台式或壁挂式结构，配接智能电源盘或外配电源箱提供联动 24V 电源。火灾报警控制器集报警、联动于一体，可完成探测报警及消防设备的启/停控制。

火灾报警控制器外观示意图及内部结构如图 8.3-2～图 8.3-6 所示。

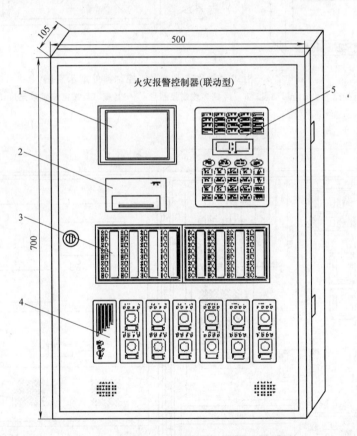

图 8.3-2　壁挂式火灾报警控制器外观示意图

1—液晶屏；2—打印机；3—智能手动消防启动盘；4—多线制控制区；5—显示操作区

2）火灾报警控制器主机结构说明

按键及面板设置说明

以柜式火灾报警控制器的按键及面板为例说明。主控面板分为液晶显示屏、指示灯区、时间显示、键盘及打印机等五部分（如图 8.3-7 所示）。

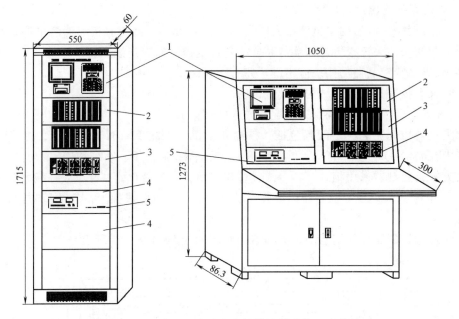

图 8.3-3　柜式、琴台式火灾报警控制器外观示意图

1—主机；2—智能手动消防启动盘；3—14 路多线制控制盘；4—封板（可按需配置单元）；5—智能电源盘

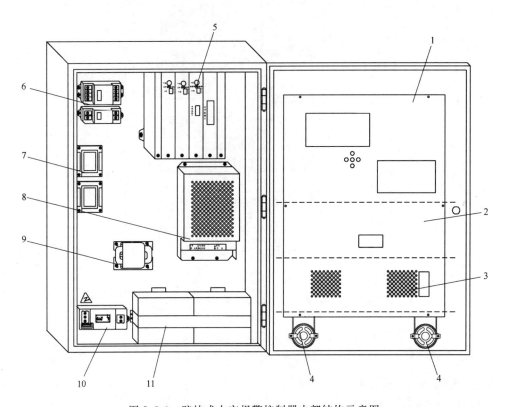

图 8.3-4　壁挂式火灾报警控制器内部结构示意图

1—显示及操作部分；2—智能手动消防启动盘；3—14 路多线制控制盘；4—扬声器；5—控制箱；

6—总线滤波器；7—滤波板；8—电源；9—变压器；10—电源滤波器；11—蓄电池

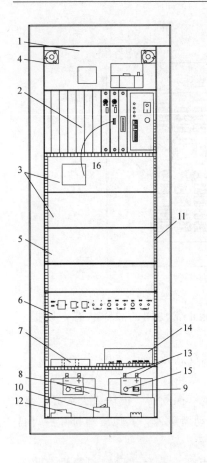

图 8.3-5　柜式火灾报警控制器
内部结构示意图

1—主机显示部分；2—主机控制部分；

3—手动消防启动盘；4—扬声器；

5—14路多线制控制盘；6—智能电源盘；

7—滤波板及总线滤波器；8—蓄电池；

9—备电开关；10—交流开关；11—线槽；

12—电源滤波器；13—备点接线柱；

14—主电源；15—备电保险；

16—回路板与手动盘数据线

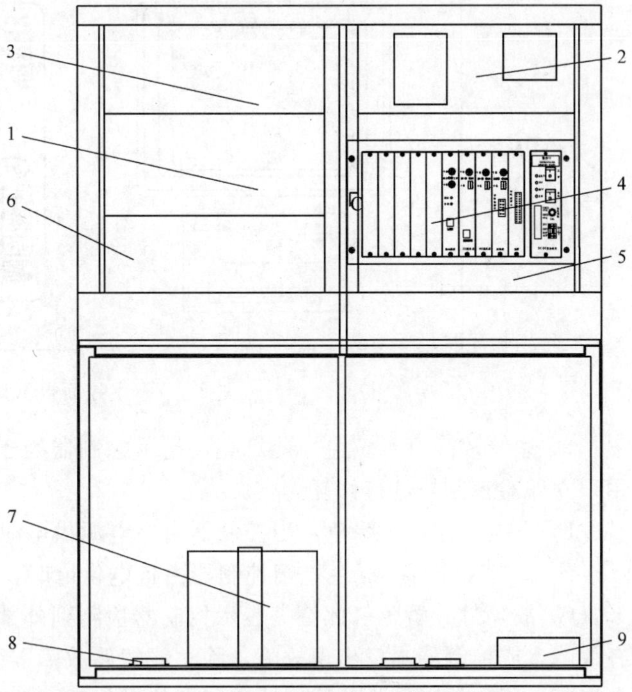

图 8.3-6　琴台式火灾报警控制器内部结构示意图

1—多线制控制盘；2—显示及操作部分；

3—智能手动消防启动盘；4—控制箱；

5—智能电源盘；6—封板；

7 —蓄电池；8—滤波器；9—电源部分

指示灯及按键说明：

A. 火警灯：红色，此灯亮表示控制器检测到外接探测器处于火警状态，控制器进行复位操作后，此灯熄灭。

B. 监管灯：红色，此灯亮表示控制器检测到了外部设备的监管报警信号，控制器进行复位操作后，此灯熄灭。

C. 屏蔽灯：黄色，有设备处于被屏蔽状态时，此灯点亮，此时报警系统中被屏蔽设备的功能丧失，需要尽快恢复，并加强被屏蔽设备所处区域的人工检查。控制器没有屏蔽信息时此灯自动熄灭。

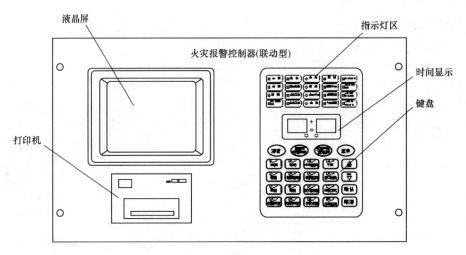

图 8.3-7　主控面板示意图

D. 系统故障灯：黄色，此灯亮，指示控制器处于不能正常使用的故障状态，以提示用户立即对控制器进行修复。

E. 主电工作灯：绿色，当控制器由主电源供电时，此灯点亮。

F. 备电工作灯：绿色，当控制器由备电供电时，此灯点亮。

G. 故障灯：黄色，此灯亮表示控制器检测到外部设备（探测器、模块或火灾显示盘）有故障，或控制器本身出现故障，除总线短路故障需要手动清除外，其他故障排除后可自动恢复，所有故障排除或控制器进行复位操作后，此灯熄灭。

H. 启动灯：红色，当控制器发出启动命令时，此灯点亮，若启动后控制器没有收到反馈信号，则该灯闪亮，直到收到反馈信号。控制器进行复位操作后，此灯熄灭。

I. 反馈灯：红色，此灯亮表示控制器检测到外接被控设备的反馈信号。反馈信号消失或控制器进行复位操作后，此灯熄灭。

J. 自动允许灯：绿色，此灯亮表示当满足联动条件后，系统自动对联动设备进行联动操作。否则不能进行自动联动。

K. 自检灯：黄色，当系统中存在处于自检状态的设备时，此灯点亮；所有设备退出自检状态后此灯熄灭；设备的自检状态不受复位操作的影响。

L. 延时灯：红色，此灯亮表示系统中存在延时启动的设备，所有延时结束或控制器进行复位操作后，此灯熄灭。

M. 喷洒允许灯：绿色，控制器允许发出气体灭火设备启动命令时，此灯亮。控制器禁止发出气体灭火启动命令时，此灯熄灭。

N. 喷洒请求灯：红色，有启动气体灭火设备的延时信息存在或当控制器在喷洒禁止状态下有启动气体灭火设备的命令需要发出时，此灯亮。气体灭火设备启动命令发出后此灯熄灭。

O. 气体喷洒灯：红色，气体灭火设备喷洒后，控制器收到气体灭火设备的反馈信息后此灯亮。

P. 警报器消音指示灯：黄色，指示报警系统内的声光警报器是否处于消音状态。当警报器处于输出状态时，按"警报器消音/启动"键，警报器输出将停止，同时警报器消音指示灯点亮。如再次按下"警报器消音/启动"键或有新的警报发生时，警报器将再次输出，同时警报器消音指示灯熄灭。

Q. 声光警报器故障指示灯：黄色，声光警报器故障时，此灯点亮。

R. 声光警报器屏蔽指示灯：黄色，系统中存在被屏蔽的声光警报器时，此灯点亮。

S. 火警传输动作/反馈：红色，当控制器向火警传输设备传输火警信息后，该灯闪亮；若收到火警传输设备的反馈信号，则该灯常亮。

T. 火警传输故障/屏蔽：黄色，当控制器和火警传输设备的连接线路故障或火警传输设备发生故障时，该灯闪亮，若控制器屏蔽了火警传输设备，则该灯保持常亮。

3）火灾报警控制器电源系统说明（以柜式机为例）

柜式和琴台式火灾报警控制器电源配置包括主、备电两部分，包括主机电源、DC-DC电源模块、变压器、蓄电池、智能电源盘等如图 8.3-8 所示；主机电源各端子说明如图 8.3-9 所示。主、备电电压分别为：

主电：AC 220V（5A）电压变化范围 +10%～−15%；

备电：DC 12V/24Ah 密封铅电池（四只）。

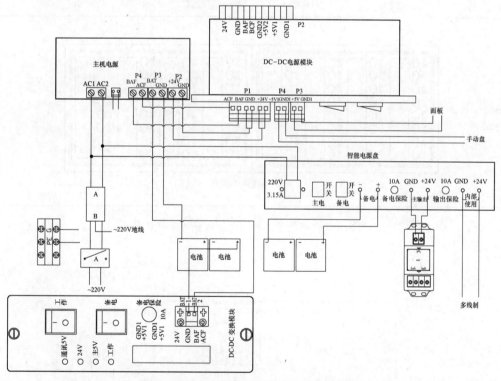

图 8.3-8　火灾报警控制器电源配置示意图

4）智能手动消防启动盘结构说明

智能手动消防启动盘由手动盘及控制板构成，其结构见图 8.3-10、图 8.3-11。每块手动盘的每一单元均有一个按键、两只指示灯和一个标签。其中，按键为启/停控制键，如按下某一单元的控制键，则该单元的命令灯点亮（红色），并有控制命令发出，如被控

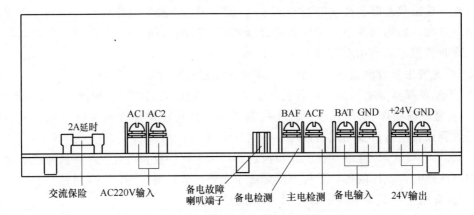

图 8.3-9 主机电源各端子示意图

设备响应,则回答灯点亮(红色);若在启动命令发出 10s 后没有收到反馈信号,则命令灯闪亮,直到收到反馈信号。用户可将各按键所对应的设备名称书写在设备标签上面,然后与膜片一同固定在手动盘上。

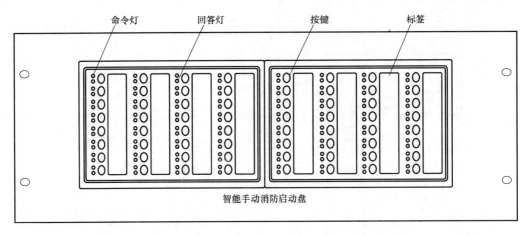

图 8.3-10 智能手动消防启动盘手动盘示意图

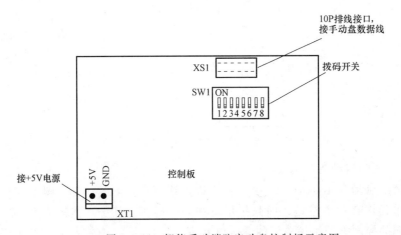

图 8.3-11 智能手动消防启动盘控制板示意图

　　控制器每块回路板可接若干块手动盘,每块手动盘板之间可通过控制板的 XS1 用 10P 的排线两两对应相连。每块手动盘的地址可通过拨码开关进行设置:

　　5) 智能电源盘结构说明

　　智能电源盘提供联动 24V 电源,用于向外接模块或为相应的被控设备供电。

　　A. 面板说明如图 8.3-12 所示。

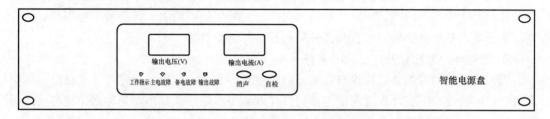

图 8.3-12　智能电源盘面板示意图

　　指示灯与按键说明:

　　消音键:在故障状态下,按下"消音"键可中止故障音响,但再次发生故障时,仍应有声音报警。

　　自检键:在监控状态下,按下"自检"键后电源盘自动对各种显示元件进行检查,此时各种显示元件应正常点亮;自检结束后,再按"自检"键,能重新自检。在故障状态下,按下"自检"键可以将故障排除,用"自检"键可清除故障显示及故障警报音响。

　　工作指示灯:绿色,在主电接通时点亮。

　　主电故障灯:黄色,主电失电后时,主电故障灯点亮,同时蜂鸣器发出报警声。

　　备电故障灯:黄色,备电电压低于 DC15V 时,备电故障灯点亮,同时蜂鸣器发出报警声。

　　输出故障灯:黄色,当发生短路、断路时,输出故障灯点亮,同时蜂鸣器发出报警声。

　　显示窗口分别显示当前交流输入电压、输出电压及输出电流值。

　　B. 背面结构及接线端子说明如图 8.3-13 所示。

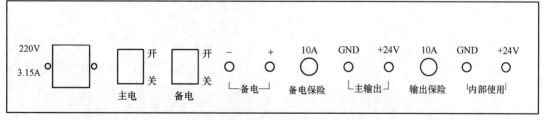

图 8.3-13　智能电源盘背面结构示意图

　　上图说明:

　　(A) 主电开关:使交流主电投入使用。

　　(B) 备电开关:使备电投入使用。

　　(C) +、−:备电输入。

　　(D) +24V、GND(主输出):DC24V 主输出。

（E）＋24V、GND（内部使用）：DC24V 多线制电源输出。

（F）电源插座：交流 220V 电源输入（包括机壳保护地线）。

（3）火灾报警控制器的具体安装程序

1）设备检查：在安装以前，应首先对现场设备进行检查。

A. 工程配置检查：

检查控制设备装箱单的内容是否与该工程配置相符。打开包装箱后，根据装箱单的内容对箱内的货物逐一检查，主要检查内容包括：安装使用说明书、保险管、备用螺丝、控制器钥匙等，核对无误后再对控制器外观进行必要的检查。

B. 控制器内部配置及连接状况检查

对控制器的内部配置进行检查，如回路板数量、手动消防启动盘配置、联动电源的情况等。同时检查一下各部件之间的连接关系并做必要的记录，如手动消防启动盘与回路板的连接关系、通信回路与主板或通信板的连接关系、回路板与各总线回路的连接关系等，以便在安装调试中使用。

C. 开机检查

控制器进入现场后，应接通电源进行开机检查。检查内容包括：

（A）控制器的液晶屏、数码管、指示灯显示是否正常。

（B）上电自动检查部分是否全部显示通过。

（C）观察控制器和手动消防启动盘的指示灯和数码管的各段是否全部能点亮，扬声器是否能发出洪亮的三种连续警报声音。

（D）注册结束后，显示的系统配置（包括回路板数，手动消防启动盘数，多线制控制盘数等）是否和实际相符。

（E）进入正常监视后，观察有无电源故障，操作主键盘、手动消防启动盘键盘是否有嘀嘀声，以及附加配备的设备是否正常。

D. 外部设备检查

（A）外接线状态检查

检查与控制器相连的总线状况，测量不同回路总线间及总线与地之间的绝缘电阻，回路的负载状况。其中，绝缘电阻应大于 20MΩ，回路负载应大于 1kΩ。

（B）设备检查

利用调试装置检查回路设备状况，即设备数量、编码及工作状态是否符合设计要求，排除存在的故障，做好系统连接的准备。

2）控制器的安装条件及方式（以壁挂式为例）

壁挂式火灾报警控制器的安装方式如图 8.3-14 所示。

安装条件：

环境温度：0～＋40℃；

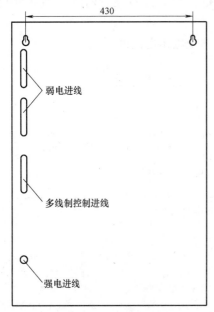

图 8.3-14 壁挂式火灾报警控制器安装示意图

相对湿度≤95%，不凝露；

柜式和琴台式安装距离：控制器后部维修通道宽度应大于 1000mm。

3）接线和调试

A. 接线

主机及外部设备检查完毕后，如各项测试均符合要求，将外部设备与主机进行正确的连接和对多线制控制盘、手动消防启动盘等进行设置。每一步连接后都应再次进行测试并将结果填写到"调试表格"中，以供调试和各种后续编程定义使用。

B. 调试

当接线完成后，经过仔细检查无误便可以进行开机调试了，调试可以参照以下步骤：

（A）按调试说明，进入调试状态。

（B）查看总线设备的注册情况是否和"调试表格"中登记的情况一致，如发生大面积丢失，应首先检查联动电源和各楼层总线隔离器，然后对个别设备检查，再次注册，观察是否注册完全。

（C）查看火灾显示盘的注册情况是否和"调试表格"中登记的情况一致，如有问题，重点检查 A、B 通信线和 24V 电源线。

（D）参照设备定义部分定义火灾显示盘和总线设备。同时对联动设备定义手动消防启动盘操作键，并做好手动消防启动盘和多线制控制盘的标签纸分别插入和粘贴在相应的位置。

（E）进行探测器报警试验、火灾显示盘传警试验、多线制控制盘操作试验。

（F）退出调试状态，进入正常监控。

（G）全面检查设备定义，修改不适当的部分。

（H）编辑联动公式，进行自动联动试验。

（I）接入重要设备（如气体灭火设备等），并培训操作者正确的操作使用方法。

4）安装注意事项

A. 火灾报警控制器（以下简称控制器）接收火灾探测器和火灾报警按钮的火灾信号及其他报警信号，发出声、光报警，指示火灾发生的部位，按照预先编制的逻辑，发出控制信号，联动各种灭火控制设备，迅速有效的扑灭火灾。为保证设备的功能必须做到精心施工，确保安装质量。火灾报警器一般应设置在消防中心、消防值班室、警卫室及其他规定有人值班的房间或场所。控制器的显示操作面板应避开阳光直射，房间内无高温、高湿、尘土、腐蚀性气体；不受振动、冲击等影响。

B. 设备安装前土建工作应具备下列条件：

（A）屋顶、楼板施工已完毕，不得有渗漏。

（B）结束室内地面、门窗、吊顶等安装。

（C）有损设备安装的装饰工作全部结束。

C. 区域报警控制器在墙上安装时，可用金属膨胀螺栓或埋筑螺栓进行安装，固定要牢固、端正，安装在轻质墙上时应采取加固措施。靠近门轴的侧面距离不应小于 0.5m，正面操作距离不应小于 1.2m。

D. 集中报警控制器或消防控制中心设备安装应符合下列要求：

（A）落地安装时，其底边宜高出地面 0.05～0.2m，一般用槽钢或打水泥台作为基础，如有活动地板时使用的槽钢基础应在水泥地面生根固定牢固。槽钢要先调直除锈，并刷防锈漆，安装时用水平尺、小线找好平直度，然后用螺栓固定牢固。

（B）控制柜按设计要求进行排列，根据柜的固定孔距在基础槽钢上钻孔，安装时从一端开始逐台就位，用螺钉固定，用小线找平找直后再将各螺栓紧固。

（C）控制设备前操作距离，单列布置时不应小于 1.5m，双列布置时不应小于 2m，在有人值班经常工作的一面，控制盘到墙的距离不应小于 3m，盘后维修距离不应小于 1m，控制盘排列长度大于 4m 时，控制盘两端应设置宽度不小于 1m 的通道。

（D）区域报警控制器安装落地控制盘时，参照上述的有关要求安装施工。

E. 引入火灾报警控制器的电缆、导线接地等应符合下列要求：

（A）对引入的电缆或导线，首先应用对线器进行校线。按图纸要求编号，然后摇测相间、对地等绝缘电阻，不应小于 20MΩ，全部合格后按不同电压等级、用途、电流类别分别绑扎成束引到端子板，按接线图进行压线，注意每个接线端子接线不应超过两根，盘圈应按顺时针方向，多股线应涮锡，导线应有适当余量，标志编号应正确已与图纸一致，字迹清晰，不易褪色，配线应整齐，避免交叉，固定牢固。

（B）导线引入线完成后，在进线管处应封堵，控制器主电源引入线应直接与消防电源连接，严禁使用插头连接，主电源应有明显标志。

（C）凡引入有交流供电的消防控制设备，外壳及基础应可靠接地，一般应压接在电源线的 PE 线上。

（D）消防控制室一般应根据设计要求设置专用接地装置作为工作接地（是指消防控制设备信号地域逻辑地），当采用独立工作接地时电阻应小于 4MΩ，当采用联合接地时，接地电阻应小于 1MΩ，控制室引至接地体的接地干线应采用一根不小于 16mm² 的绝缘铜线或独芯电缆，穿入保护管后，两端分别压接在控制设备工作接地板和室外接地体上。消防控制室的工作接地板引至各消防控制设备和火灾报警控制器的工作接地线应采用不小于 4mm² 铜芯绝缘线穿入保护管构成一个零电位的接地网络，以保证火灾报警设备的工作稳定可靠。接地装置施工过程中，分不同阶段应作电气接地装置隐检、接地电阻摇测、平面示意图等质量检查记录。

2. 楼层显示器（区域显示器、火灾显示盘）的安装技术要点

（1）安装技术要求

1）区域显示器在墙上安装时，其底边距地（楼）面高度宜为 1.3～1.5m，其靠近门轴的侧面距墙不应小于 0.5m，正面操作距离不应小于 1.2m；落地安装时，其底边宜高出地（楼）面 0.1～0.2m。

2）区域显示器应安装牢固，不应倾斜；安装在轻质墙上时，应采取加固措施。

3）引入区域显示器的电缆或导线，应符合下列要求：

A. 配线应整齐，不宜交叉，并应固定牢靠。

B. 电缆芯线和所配导线的端部，均应标明编号，并与图纸一致，字迹应清晰且不易退色。

C. 端子板的每个接线端，接线不得超过 2 根。

D. 电缆芯和导线，应留有不小于 200mm 的余量。

E. 导线应绑扎成束。

F. 导线穿管线槽后，应将管口、槽口封堵。

4）区域显示器的主电源应有明显的永久性标志，并应直接与消防电源连接，严禁使用电源插头。区域显示器与其外接备用电源之间应直接连接。

5）区域显示器的接地应牢固，并有明显的永久性标志。

（2）火灾显示盘（区域显示器）是用单片机设计开发的汉字式火灾显示盘，用来显示已报火警的探测器位置编号及其汉字信息并同时发出声光报警信号。它通过通信总线与火灾报警控制器相连，处理并显示控制器传送过来的数据。当用一台报警控制器同时监控数个楼层或防火分区时，可在每个楼层或防火分区设置火灾显示盘以取代区域报警控制器。

（3）火灾显示盘通过 RS-485 总线与火灾报警控制器相连，每路 RS-485 总线可配接几十台火灾显示盘。火灾显示盘能显示火警、故障、动作等现场设备情况反馈信息。可通过火灾报警控制器对火灾显示盘的显示区域进行设定，设定后的火灾显示盘只能显示本区域的火警信息。

（4）火灾显示盘与火灾报警控制器采用有极性二总线连接，另需两根 DC24V 电源供电线，不分极性。

（5）火灾显示盘结构特征及工作原理

1）结构特征

A. 火灾显示盘为壁挂式，整机外观如图 8.3-15 所示。

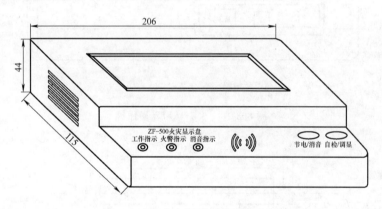

图 8.3-15　火灾显示盘外观示意图

B. 火灾显示盘面板如图 8.3-16 所示。

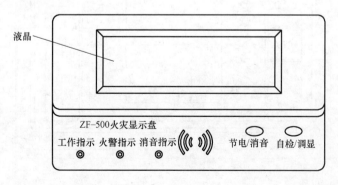

图 8.3-16　火灾显示盘面板示意图

C. 火灾显示盘对外接线如图 8.3-17 所示。

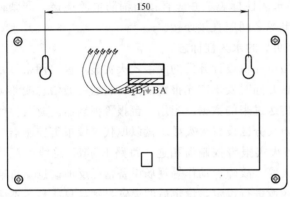

图 8.3-17　火灾显示盘对外接线示意图

D. 火灾显示盘操作键如图 8.3-18 所示。

将火灾显示盘顶部的机壳盖打开，可对设地址码开关、液晶清晰度调节电位器以及电源开关进行操作。

2）工作原理

火灾显示盘采用单片机系列，通过 RS-485 驱动芯片与控制器通信。单片机驱动液晶屏显示相应信息，并驱动相应的声光指示。

（6）安装与布线

火灾显示盘分底座及显示盘两部分，采用壁挂式安装，外接线路可直接与显示盘的底座连接，火灾显示盘安装底座示意如图 8.3-19 所示。

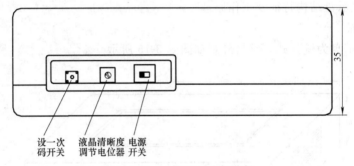

设一次　液晶清晰度　电源
码开关　调节电位器　开关

图 8.3-18　火灾显示盘操作键

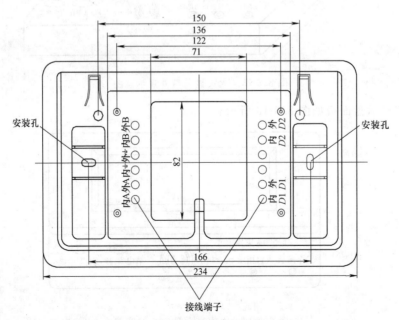

图 8.3-19　火灾显示盘安装底座示意图

　　1）固定底座

　　A. 在需安装火灾显示盘的墙壁上相应位置处打两个 $\phi8$ 的孔，要求两孔中心距离符合设备本身安装尺寸要求。

　　B. 在孔内塞入 $\phi8$ 的塑料胀管。

　　C. 将底座置于墙上，用配套的木螺钉组合从底座的安装孔处穿出，固定在墙上孔内的塑料胀管内。

　　2）连线

　　将墙内接线盒里引出的导线及火灾显示盘上的连线，分别按照拔插端子旁端子标签的标注接在拔插端子上。其中，成对的内、外端子（如内 A，外 A）在电气上连接的。端子上标"内"的接火灾显示盘上的对应端子；端子上标"外"的接接线盒内对应的连接线。电源线不分极性。

　　3）固定火灾显示盘

　　将火灾显示盘背面的三个孔对准底座相应的部位，并沿垂直于墙壁的方向用力按压火灾显示盘，同时将火灾显示盘向下滑动到底座上面的两个小钩弹起。

　　4）检验安装是否牢固。

　　5）火灾显示盘墙上安装示意如图 8.3-20 所示。

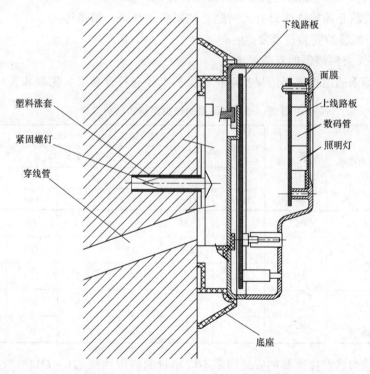

图 8.3-20　火灾显示盘墙上安装示意图

　　（7）火灾显示盘的调试

　　1）开机

　　在消防控制室内打开为火灾显示盘供电的电源，然后现场打开火灾显示盘电源开关，火灾显示盘进入自检状态。自检完毕，进入监控状态，工作指示灯亮。

2）调节液晶清晰度

如液晶显示不清晰，可将火灾显示盘顶部的机壳盖打开，通过调节液晶清晰度调节电位器使液晶显示清晰。

3）地址码设置：根据工程需要可通过微动开关对系统进行设置。

4）各功能键的使用

A. 在监控状态下，按下"自检/调显"键，火灾显示盘自动对各种显示器件进行检查；在火警状态下，当火警数多于2个时，按下"自检/调显"键，可按报警顺序点查报警情况。

B. 在监控状态下，按下"节电/消音"键，火灾显示盘进入非节电方式状态。启机默认为节电方式；在火警状态下，按下"节电/消音"键，可消除报警声音，再按此键报警声恢复。当火灾显示盘在"消音"状态下再次接收到报警时，报警声自动恢复。

5）配接火灾报警控制器

A. 火灾显示盘的工作方式是通过在控制器上定义其对应地址码实现的。

B. 报警时，液晶屏显示报警探测器的地址码，并用中文显示其设备类型。

C. 控制方式需在接入总线1分钟之后起作用，这时可通过按"节电/消音"键，使液晶屏上信息刷新，此时显示的就是当前的工作方式。

D. 在开机前必须检查线路有无问题，如短路、开路、错接等。

3. 火灾探测器的安装技术要点

（1）点型火灾探测器的安装要求

1）点型感烟感温探测器的保护面积和保护半径应符合要求，见表8.3-1。

感烟、感温探测器的保护面积和保护半径　　　　　　表8.3-1

火灾探测器的种类	地面面积 $S(\text{m}^2)$	房间高度 $h(\text{m})$	探测器的保护面积 A 和保护半径 R					
			屋顶坡度 θ					
			$\theta \leq 15$		$15 < \theta \leq 30$		$\theta > 30$	
			$A(\text{m}^2)$	$R(\text{m})$	$A(\text{m}^2)$	$R(\text{m})$	$A(\text{m}^2)$	$R(\text{m})$
感烟探测器	$S \leq 80$	$h \leq 12$	80	6.7	80	8.2	80	8.0
	$S > 80$	$6 < h \leq 12$	80	6.7	100	8.0	120	9.9
		$h \leq 6$	60	5.8	80	8.2	100	9.0
感温探测器	$S \leq 30$	$h \leq 8$	30	4.4	30	4.9	30	5.5
	$S > 30$	$h \leq 8$	20	3.6	30	4.9	40	6.3

2）点型感烟感温探测器的安装间距不应超过的极限曲线 $D1 \sim D11$（含 $D9'$）所规定的范围，并由探测器的保护面积 A 和保护半径 R 确定探测器的安装间距的极限曲线。如图8.3-21所示。

3）一个探测器区内需设置的探测器数量应按下式计算：

$$N = \frac{S}{K \cdot A}$$

式中　N——一个探测区域内所需设置的探测器数量（只），并取整数；

　　　S——一个探测区域的面积（m²）；

　　　A——一个探测器的保护面积（m²）；

　　　K——修正系数，重点保护建筑取 0.7～0.9，其余取 1.0。

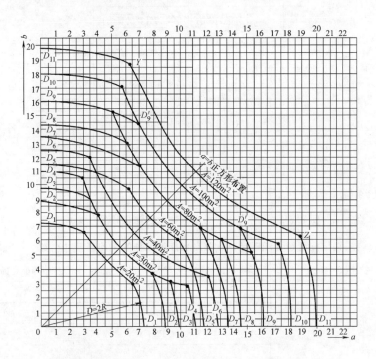

注：A—探测器的保护面积（m²）；

　　a、b—探测器的安装间距（m）；

　D_1～D_{11}（含 D_9'）—在不同保护面积 A 和保护半径 R 下确定探测器安装间距 a、b 的极限曲线；

　　Y、Z—极限曲线的端点（在 Y 和 Z 两点间的曲线范围内，保护面积可得到充分利用）。

图 8.3-21　探测器安装间距的极限曲线

4）在顶棚上设置感烟、感温探测器时，应按以下规定考虑梁的高度对探测器安装数量的影响。

A. 当梁突出顶棚的高度小于 200mm 时，可不考虑对探测器保护面积的影响。

B. 当梁突出顶棚的高度在 200～600mm 时，应按图 8.3-22 及表 8.3-2 来确定梁的影响和一只探测器能保护的梁间区域的个数。

C. 当梁突出顶棚的高度超过 600mm，被梁隔断的每个梁区域应至少设置一只探测器。

D. 当被梁隔断区域面积超过一只探测器的保护面积时，应视为一个探测区域，计算探测器的设置数量。

E. 当梁间净距小于 1m 时，可不计梁对探测器保护面积的影响。

5）当房屋顶部有热屏障时，感烟探测器下表面至顶棚距离应符合表 8.3-3 的规定。锯齿型屋顶和坡度大于 15°的人字型屋顶，应在每个屋脊处设置一排探测器，探测器下表面距屋顶高处的距离应符合表 8.3-3 的规定。

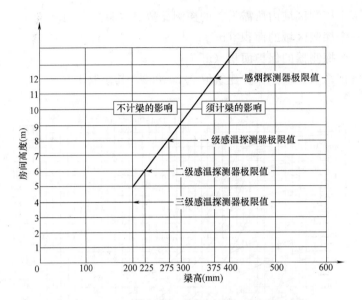

图 8.3-22　不同高度的房间梁对探测器设置的影响

按梁间区域面积确定一只探测器能够保护的梁间区域的个数　　　　表 8.3-2

探测器的保护面积 $A(m^2)$		梁隔断的梁间区域面积 $Q(m^2)$	一只探测器保护的梁间区域的个数
感温探测器	20	$Q>12$	1
		$8<Q\leqslant12$	2
		$6<Q\leqslant12$	3
		$4<Q\leqslant6$	4
		$Q\leqslant4$	5
	30	$Q>8$	1
		$12<Q\leqslant18$	2
		$9<Q\leqslant12$	3
		$6<Q\leqslant9$	4
		$Q\leqslant6$	5
感烟探测器	60	$Q>36$	1
		$24<Q\leqslant36$	2
		$18<Q\leqslant24$	3
		$12<Q\leqslant18$	4
		$Q\leqslant12$	5
	80	$Q>48$	1
		$32<Q\leqslant48$	2
		$24<Q\leqslant32$	3
		$16<Q\leqslant24$	4
		$Q\leqslant16$	5

感烟探测器下表面距顶棚（或屋顶）的距离　　　　　　表 8.3-3

探测器安装高度 A (m)	感烟探测器下表面距顶棚（或屋顶）的距离 d(mm)					
	顶棚（或屋顶）坡度 θ					
	θ≤15		15<θ≤30		θ>30	
	最小	最大	最小	最大	最小	最大
h≤6	30	200	200	300	300	500
6<h≤8	70	350	250	400	400	600
8<h≤10	100	300	300	500	500	700
10<h≤12	150	350	350	600	600	800

6）探测器宜水平安装，如必须倾斜安装时，倾斜角不应大于 45°。

7）房间被书架、设备或隔断等分隔，其顶部至顶棚或梁的距离小于房间净高的 5% 时，则每个被隔开的部分应设置探测器。

8）探测器周围 0.5m 范围内，不应有遮挡物，探测器至墙壁、梁边的水平距离，不应小于 0.5m。如图 8.3-23 所示。

9）探测器至空调送风口边的水平距离不应小于 1.5m，如图 8.3-24 所示。

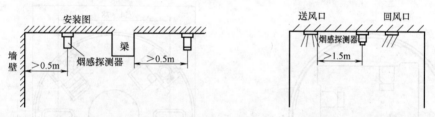

图 8.3-23　探测器至墙壁、梁边的水平距离　　图 8.3-24　探测器至空调送风口边的水平距离

至多孔送风顶棚孔口的水平距离不应小于 0.5m。（是指在距离探测器中心半径为 0.5m 范围内的孔洞用非燃烧材料填实，或采取类似的挡风措施。）

10）在宽度小于 3m 的走道顶棚上设置探测器时，宜居中布置。感温探测器的安装间距不应超过 10m，感烟探测器安装间距不应超过 15m，探测器至端墙的距离，不应大于探测器安装间距的一半。

11）在电梯井、升降机井设置探测器时，其位置宜在井道上方的机房顶棚上。

12）探测器的底座应固定可靠，在吊顶上安装时应先把接线盒固定在主龙骨上或在顶棚上生根作支架，其连接导线必须可靠压接或焊接，当采用焊接时不得使用带腐蚀性的助焊剂，外接导线应有 0.15m 的余量，入端处应有明显标志。

13）探测器确认灯应面向便于人员观察的主要入口方向。

14）探测器底座的穿线孔宜封堵，安装时应采取保护措施（如装上防护罩）。

15）探测器的接线应按设计和厂家要求接线，但"＋"线应为红色，"－"线应为蓝色，其余线根据不同用途采用其他颜色区分，但同一工程中相同的导线颜色应一致。

16）探测器的本体在即将调试时方可安装，安装前应妥善保管，并应采取防尘、助潮、防腐蚀等措施。

17）点型感烟感温探测器安装示例

A. 探测器安装固定方式如图 8.3-25 所示，预埋盒采用 DH86 型标准预埋盒。先将探

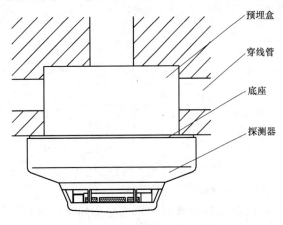

预埋盒
穿线管
底座
探测器

图 8.3-25　探测器安装示意图

测器底座用两只 M4 螺钉固定在预埋盒上，预埋盒应预埋入房间顶棚安装位置的混凝土内，不能倾斜或高出完工后的平面，允许嵌入但嵌入深度应在 0～6mm 之间。

如不用预埋盒，则必须保证底座牢固地安装在顶棚上。

探测器与底座间具有成 180° 的两个安装位置，将探测器套在底座上，顺时针旋转使底座嵌入探测器底部，稍向底座方向用力压探测器，顺时针旋转至听见"喀哒"声即可安装好探测器。

探测器的底部及配套底座结构如图 8.3-26、图 8.3-27 所示。

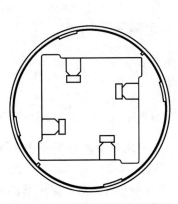

图 8.3-26　探测器的底部示意图

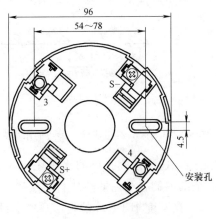

图 8.3-27　底座示意图

B. 接线方式

底座上有两个带字母标识的接线端子，"S＋"为总线正极输入，"S－"为总线负极输入。"S＋"、"S－"接入火灾报警控制器的回路总线。

每个接线端子所接导线数量应不大于 2 根。

底座安装并接线完毕后，应将接线孔使用密封膏或密封胶封堵，防止穿线管中或建筑内大量积水流入探测器。

C. 布线要求

底座接线的导线应选用截面积不小于 $1.0mm^2$ 的多股铜芯双绞线，总线最长距离不大于 2000m。

注：为保证线路可靠性，不允许使用单股导线或平行线。

D. 注意事项

（A）探测器应在即将调试前方可安装，在安装前应妥善保管，并应采取防尘、防潮、

防腐蚀措施。

（B）探测器应注意防尘，防尘罩必须在工程正式投入使用后方可摘下。

（2）线型光束火灾探测器的安装

1）安装要求

线型光束探测器的安装位置，应保证有充足的视场，发出的光束应与顶棚保持平行，远离强磁场，避免阳光直射，底座应牢固地安装在墙上。

A. 当探测区域的高度不大于 20m 时，光束轴线至顶棚的垂直距离宜为 0.3～1.0m；当探测区域的高度大于 20m 时，光束轴线距探测区域的地（楼）面高度不宜超过 20m。

B. 发射器和接收器之间的探测区域长度不宜超过 100m。

C. 相邻两组探测器光束轴线的水平距离不应大于 14m。探测器光束轴线至侧墙水平距离不应大于 7m，且不应小于 0.5m。如图 8.3-28 所示：

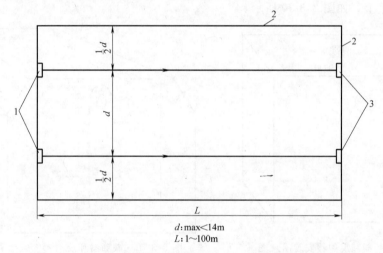

d: max<14m
L: 1～100m

图 8.3-28　红外光束感烟探测器在相对两面墙壁上安装平面示意图
1—发射器；2—墙壁；3—接收器

D. 发射器和接收器之间的光路上应无遮挡物或干扰源。

E. 发射器和接收器应安装牢固，并不应产生位移。

2）安装线型光束感烟火灾探测器的外界条件

由于线型光束感烟火灾探测器的工作原理为减光式，因此在安装探测器时，其光路上应避开固定遮挡物和流动遮挡物。

无论是安装探测器还是反射器，必须保证安装墙壁坚硬平滑。墙壁很可能貌似平滑，实际存在凹凸或因外界环境（如雨季、冬季）的变化发生变化等隐患，安装者必须保证探测器不能受这些环境的影响；如果探测器安装在类似于金属管的支撑架上，也应保证支撑架牢固无振动。

线型光束感烟探测器不宜安装在下列场所：

A. 顶棚高度超过 40m 的或无顶棚的场所；

B. 空间高度小于 1.5m 的场所；

C. 存在大量灰尘、干粉或水蒸气的场所或会出现大量扬尘的场所；

D. 高温的场所。请注意，在有阳光照射时，具有透明顶棚的厂房顶部的空气温度会超过 50℃；

  E. 无法进行维护的场所；

  F. 探测器安装墙壁或固定物受周围机械振动影响较大的场所；

  G. 距离探测器光路 1m 范围内有固定或移动物体的场所；

  H. 有强磁场的场所。

  3）安装高度及位置说明

  探测器和反射器安装高度应根据烟雾能方便进入光束区为原则，提出以下几点供参考：

  A. 建筑物举架≤5m 时，应将探测器和反射器安装在距顶棚 0.5m 处的相对两墙墙上，如图 8.3-29 所示。

  B. 建筑物举架在 5～8m 之间，应将探测器和反射器安装在距顶棚距离 0.5～1m 处的相对两墙墙壁上，如图 8.3-30 所示。

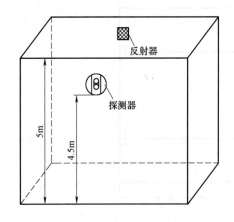

图 8.3-29　探测器和反射器安装示意图（一）

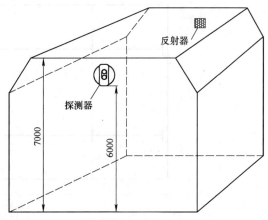

图 8.3-30　探测器和反射器安装示意图（二）

  C. 建筑物举架≥8m 时，一般无顶棚，多数是人字型结构，应将探测器和反射器安装在距地面 8m 左右的相对两墙墙壁上，但要保证探测器距安装位置处建筑物顶部的距离≥0.5m，如图 8.3-31 所示。

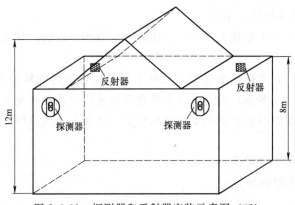

图 8.3-31　探测器和反射器安装示意图（三）

  D. 建筑物举架为 8m 左右的人字型结构，应将探测器和反射器安装在距人字梁 1.5m 处的相对两墙墙壁上，如图 8.3-32 所示。

  E. 如果探测器周围为玻璃或透明塑料环境，请将探测器安装在建筑物内的南侧墙体上；如果南北方向安装探测器无法实现，应将探测器安装在西侧墙体上。对于阳光经反射仍可照射至探测器的应用环境，应考虑在探测器的光路上安装遮阳罩或与技术支持工程师联系

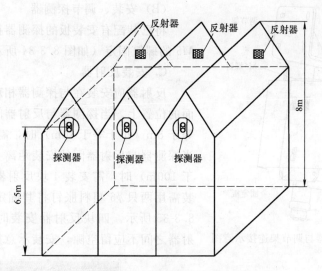

图 8.3-32 探测器和反射器安装示意图（四）

取得相关的技术支持。

4）线型光束感烟火灾探测器安装具体步骤

A. 光路长度设置

线型光束感烟火灾探测器在使用前需针对探测器的应用环境对其光路长度进行设置。通过对探测器类型的设置，可以实现此项功能。线型光束感烟火灾探测器可以设定两个级别的光路长度。

B. 安装探测器

将探测器与反射器相对安装在保护空间的两端且在同一水平直线上。探测器采用壁挂式安装，将调节架安装于墙上，然后再将探测器挂到调节架的挂架上，最后固定，具体安装步骤如下：

（A）固定调节架

用 M6 的膨胀螺栓将调节架固定在墙上，调节架安装示意如图 8.3-33 所示。

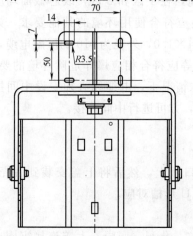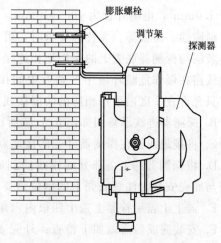

图 8.3-33 调节架安装示意图

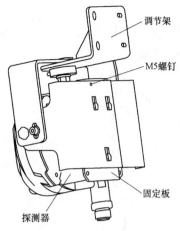

图 8.3-34　探测器与调节架连接示意图

（B）安装、调节探测器

将已装配有安装板的探测器挂于调节架上，用 $M5$ 的螺钉固定（如图 8.3-34 所示）。

C. 安装反射器

反射器应安装在与探测器相对、处于同一水平面的位置上。当探测器与反射器间的安装距离大于等于 8m（小于等于 40m）时，需安装 1 块反射器；当探测器与反射器间的安装距离大于 40m（小于等于 100m）时，需安装 4 块反射器。单块反射器安装需用两只 $\phi 6$ 塑料胀钉将其固定，安装尺寸如图 8.3-35 所示。四块反射器安装时应摆放紧密，反射器之间不应留空隙，安装示意如图 8.3-36 所示。

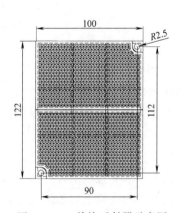

图 8.3-35　单块反射器示意图

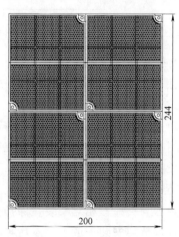

图 8.3-36　四块反射器安装示意图

5）线型光束感烟火灾探测器布线

A. 探测器的连接电缆应使用铜芯多股导线的电缆，在 1 区和 2 区，线芯截面均应不小于 $1.0mm^2$，电缆外径为 $\phi 8 \sim \phi 10mm$，所用电缆还应符合使用环境的其他要求，如耐热、耐腐蚀、防火等。无特殊要求时，可使用 RVVP4×1.0，外径为 $\phi 10$ 的屏蔽电缆，电缆屏蔽层与探测器底壳上的保护地相连接。线路走向等应符合相应爆炸危险环境的要求。电缆线路在爆炸危险环境中严禁有中间接头，在特殊情况下，电缆线必须安设中间接头时，只允许在 2 区内采用相应的防爆接线盒加以保护，方可进行中间连接。

B. 探测器进线示意图如图 8.3-37 所示。

C. 将接地线接在探测器外壳的接地点上。

D. 将探测器的上盖部分的排线插到底壳上的接口板上，然后将上盖安装到底壳上，上盖与底壳安装时注意底壳上的定位销要与上盖上的 U 形槽对应。

E. 盖上上盖后拧紧上盖上四根内六角螺钉。

F. 安装完成后需做如下检查：外壳表面应无裂纹、孔洞；底壳、上盖连接牢固；玻璃罩无划伤、裂纹；进线口处应有密封圈；密封圈与电缆线径吻合；进线口锁紧螺母已锁

DC24V电源线
和总线进线孔　　　　　触点信号出线孔　　　　　DC24V电源线进线孔

(a)　　　　　　　　　　　　　　　　　　(b)

图 8.3-37　线型光束感烟探测器进出线示意图

(a) 总线输出方式走线图；(b) 触点输出方式走线图

紧；接地标识处有接地线。

6）调试

A. 调试步骤

（A）将反射器表面的保护膜小心揭下，注意不要划伤、污染反射器和探测器表面。

（B）接通探测器电源。将调试手柄的调试区靠近探测器上盖上的调试区，此时探测器上的指示灯可能会指示出如下两种现象：

绿色指示灯闪亮；

绿色指示灯持续点亮；然后将调试手柄移开。

（C）若为（B）的绿色指示灯闪亮，表示接收到的光比较弱（闪烁频率越慢表明接收到的光信号越弱），需调节探测器上调节架对正光路，直到探测器的绿色指示灯持续点亮，表示探测器接收到的光比较强，此时应停止调节动作，进入（D）的调试步骤；若为（B）的绿色指示灯持续点亮，说明探测器接收到的光已经比较强，可直接进入（D）的调试步骤。

注意：应仔细观察探测器的光路，确保接收光信号是由反射器反射而不是由墙壁、顶棚、支柱等各种障碍物的反射而来，如无法确定时，可用不透明物遮挡反射器，若探测器绿色指示灯闪亮，则说明探测器接收信号是反射器反射；若探测器绿色指示灯常亮，则说明探测器接收的光信号不是由反射器反射，需重新对准光路。

（D）轻轻的拧紧探测器支架中上部的紧定螺钉和支架两侧的锁紧螺钉。用调试手柄的调试区靠近探测器上盖上的调试区，待黄色指示灯也持续点亮时，迅速移开调试手柄，此时光路上不能有任何遮挡物，大约 5s 后，探测器开始自动校准，黄色指示灯闪亮表示光弱，绿色指示灯闪亮表示光强，十几秒钟后如果红色、黄色、绿色三指示灯循环交替闪亮，表示探测器自动校准失败，探测器未进入正常监视状态，按（B）步骤重新调试；若黄色、绿色两指示灯都不再点亮，红色指示灯周期性闪亮，说明探测器已处于最佳位置，并已进入正常监测状态，调试步骤完成。

B. 报警功能测试

当探测器处于正常监视状态 20s 后，用红外光束遮光器报警区紧贴探测器同时遮挡接收窗口和发射窗口，30s 内探测器应报火警，且红色指示灯点亮。移开红外光束遮光器，清除火警，探测器的红色指示灯应熄灭，并应重新进入正常巡检状态。

C. 故障功能测试

用红外光束遮光器调试区紧贴探测器的发射窗口或接收窗口对光路进行快速遮挡，探测器的黄色故障指示灯应点亮。立即取消遮挡，探测器的黄色故障指示灯应熄灭。

（3）点型紫外火焰探测器的安装技术要点

1）点型紫外火焰探测器的安装与布线

A. 安装前首先检查探测器外壳是否完好无损，标识是否齐全。

B. 可将探测器安装在 86H50 型预埋盒上。安装示意如图 8.3-38 所示。

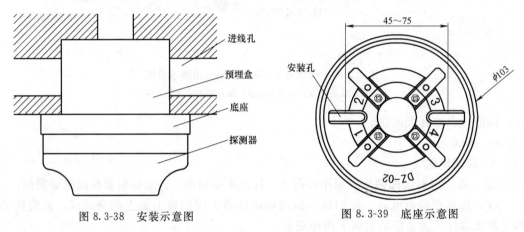

图 8.3-38   安装示意图   图 8.3-39   底座示意图

C. 点型紫外火焰探测器的探测器底座示意图如图 8.3-39 所示。将控制器信号总线从预埋盒进线孔和底座的进线孔中穿入，并将底座固定在预埋盒上。

D. 点型紫外火焰探测器的底座上有 4 个导体片，片上带接线端子。将控制器信号总线接在底座任意对角的两个接线端子上（不分极性），另一对导体片用来辅助固定探测器。

E. 点型紫外火焰探测器的底座安装接线牢固后，将探测器底部对正底座顺时针旋转，即可将探测器安装在底座上。

F. 点型紫外火焰探测器的布线要求：信号总线宜选用截面积≥1.0mm^2 的双绞阻燃铜芯线，穿金属管或阻燃管敷设。

G. 调试：系统连线接好后，接通电源，控制器注册应正常。

2）注意事项

A. 探测器应在即将调试前方可安装，在安装前应妥善保管；并应采取相应的防尘、防潮、防腐蚀措施。

B. 探测器在运输、储存、安装、调试、维护过程中要轻拿轻放，避免跌落、碰撞、挤压、摩擦等情况造成损伤。

C. 在下列情形的场所，不宜使用火焰探测器：

（A）可能发生无焰火灾。

（B）在火焰出现前有浓烟扩散。

（C）探测器的"视线"易被遮挡。

（D）探测器易受阳光直接或间接照射。

（E）现场有较强紫外线光源，如卤钨灯等。

（F）在正常情况下有明火、电焊作业以及 X 射线、弧光、火花等影响。

（4）缆式线型感温火灾探测器的安装

1）缆式线型感温火灾探测器安装要求

A. 感温电缆应以连续的无抽头或无分支的连接布线方式安装，并严格按照设计要求进行施工，如确需中间接头时，必须使用专用的感温电缆中间接线盒。

B. 探测分区的划分依据规范进行，结合探测区域的特征和环境温度，决定感温电缆的长度和回路数，一个回路的感温电缆长度不应大于 200m。

C. 转换盒具有无源触点输出接口，可以方便地与多种产品的火灾报警控制器配套使用。

D. 感温电缆的敷设方式应按照设计要求进行。

E. 感温电缆的布设原则上应尽可能靠近防护对象，对于要求探测器在火灾发生以前或产生的热导致设备失灵之前，就能够检测出其温度逐步上升或过热的现象，则更应采用直接接触式布设。

F. 绝缘电阻技术要求：

连接电缆与地线之间的绝缘电阻应大于 20MΩ；

感温电缆与地线之间的绝缘电阻应大于 20MΩ。

2）缆式线型感温火灾探测器的结构

探测器包括接线盒、热敏电缆和终端盒组成。具体结构如图 8.3-40 所示。

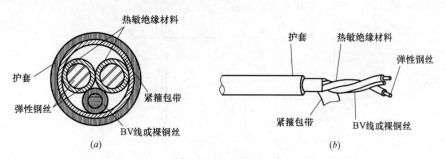

图 8.3-40　缆式线型感温火灾探测器结构图

3）感温电缆的安装

A. 感温电缆布置方式

感温电缆与被保护对象之间的布置方式一般可采用接触式、悬挂式和穿越式三种。其中接触式又可采用正弦波平铺、环绕或直线铺设等方式，使热敏电缆与被保护对象有尽可能多的接触面积，增加系统的可靠性。悬挂式将热敏电缆用固定支架悬挂在被保护对象的周围，用于在被保护对象发生火灾，使其周围温度升高时的火灾报警。穿越式是在保护易燃堆垛如纸张、棉花、粮食等堆垛时，将热敏电缆直接穿过堆垛内部，或在其内部用支架固定后以任意方式铺设在堆垛内部。这三种布置方式的示意如图 8.3-41、图 8.3-42、图 8.3-43 所示。

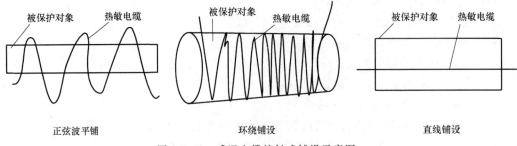

图 8.3-41　感温电缆接触式铺设示意图

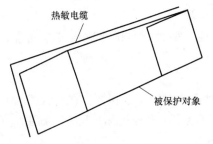

图 8.3-42　感温电缆悬挂式铺设示意图

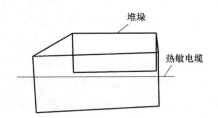

图 8.3-43　感温电缆穿越式铺设示意图

B. 感温电缆的安装要求

（A）感温电缆在顶棚下方安装时，其热敏电缆线路至顶棚的距离 d 宜为 0.2～0.3m，相邻线路间的水平距离宜不大于 4.5m，线路与墙的距离宜不大于 1.5m。如图 8.3-44 所示。

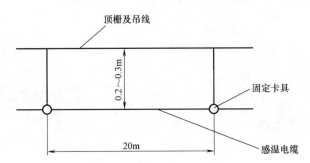

图 8.3-44　感温电缆安装于顶棚下方时示意图

感温电缆之间及和墙壁的距离如图 8.3-45 所示。

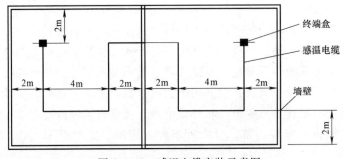

图 8.3-45　感温电缆安装示意图

（B）感温电缆安装在电缆托架或支架上时，感温电缆应铺设于所有被保护的动力或控制电缆的外护套上面，尽可能采用接触式安装。电缆托架超过 600mm 时宜安装 2 根热敏电缆。固定卡具宜选用阻燃塑料卡具。具体安装方法如图 8.3-46 所示，当用正弦方式布线时，可参考下列公式和系数表，表 8.3-4。

$$热敏电缆长度＝电缆托架长×倍率系数$$

倍率系数表 　　　　　　　　　　　　　　　　　　　　　　　表 8.3-4

托架宽（m）	倍率系数
1.2	1.75
0.9	1.50
0.6	1.25
0.5	1.15
0.4	1.1

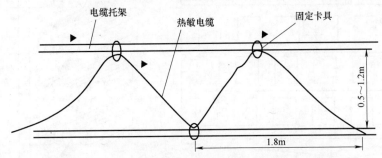

图 8.3-46　感温电缆安装于电缆托架或支架上示意图

具体安装尺寸如图 8.3-47 所示：

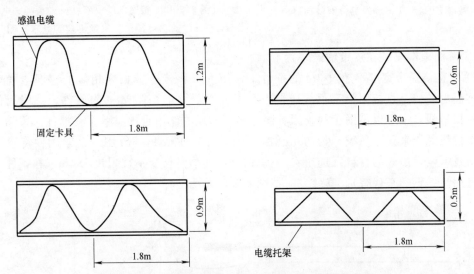

图 8.3-47　感温电缆安装于电缆托架或支架上分解图

感温电缆以正弦波方式安装在动力电缆上时，其固定卡具的数目计算方法如下：

$$固定卡具数目＝正弦波半波个数×2＋1$$

C. 感温电缆安装在动力配电装置上时，其热敏电缆可呈带状穿过电机控制盘、变压器、刀闸开关、主配电装置和电阻排等。

以感温电缆呈带状安装于电机控制盘上为例。由于采用了安全可靠的线绕扎结，使整个装置都得到保护。其他电器设备如变压器、刀闸开关、主配电装置电阻排等在其周围环境温度不超过感温电缆允许工作温度的条件下，均可采用同样的方法。安装方法如图8.3-48所示。

D. 感温电缆安装在电缆桥架、电缆隧道、电缆沟、电缆夹层及其他电缆火灾区域等如图8.3-49所示。

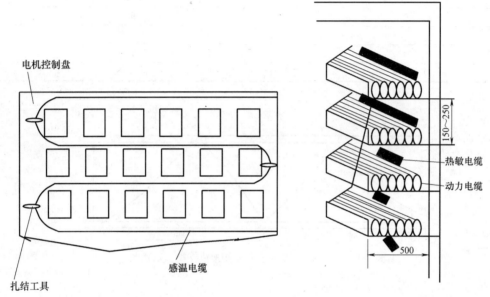

图 8.3-48　感温电缆安装图（一）

图 8.3-49　感温电缆安装在电缆桥架、电缆隧道、电缆沟、电缆夹层等处示意图

E. 感温电缆安装在皮带输送装置上

（A）在传送带宽度不超过3m的条件下，用一根和传送带长度相等的感温电缆来保护。感温电缆应是直接固定于距传送带中心正上方不大于2.25m的附属件上。附属件可以是一根吊线，也可以借助于现场原有固定物。吊线的作用是提供一个支撑件。每隔75m用一个拉线螺栓来固定吊线。为防止感温电缆下落，每隔4～5m用一个紧固件将感温电缆和吊线卡紧，吊线的材料宜选用$\phi2$不锈钢丝，其单根长度不宜超过150m（在条件不具备时可用镀锌钢丝来代替）。安装方法如图8.3-50所示。

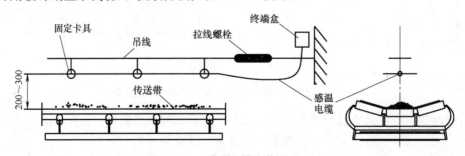

图 8.3-50　感温电缆安装图（二）

（B）将感温电缆安装于靠近传送带的两侧。可将感温电缆通过导热板和滚珠轴承连接起来以探测由于轴承摩擦和煤粉积累引起的过热。安装方法如图 8.3-51 所示。

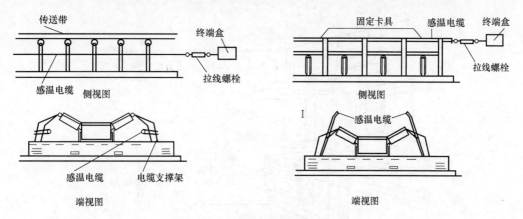

图 8.3-51　感温电缆安装图（三）

F. 感温电缆的自检

感温电缆的接线盒和终端盒内有一个自检按钮，用于定期进行模拟火灾试验。按下接线盒内的自检按钮，控制箱应报出火警距离为感温电缆敷设长度的火警。对于防水型接线盒和终端盒，盒内设有外接自检按钮的接线端子，用户可自行外接自检按钮。

G. 感温电缆的报警

缆式线型定温火灾探测器在受热发出火警信号后，其受热部分应切除，更换一段同样长度的热敏电缆，并用端子和原有的热敏电缆连接，探测器可继续工作。报出火警点的距离有两种，一种为感温电缆的实际长度值，一种为实际火警的距离。

4）安装注意事项

A. 安装时应采用阻燃塑料卡具牢固固定，间隔在 0.5m 为宜。

B. 安装时要防止探测器大打结、严重扭折和强性弯曲，其弯曲半径应大于 20cm。

C. 安装过程中应注意保护探测器外层护套，发现破损时应及时用相同材质的包带将破损处包覆。

D. 感温电缆在和接线盒、终端盒连接时，应保证连接可靠。

E. 当感温电缆直接安装在 36V 以上的电器设备上时，报警控制器的外壳应接地。

F. 感温电缆安装完毕后，无需再做加热试验，可用接线盒内的模拟开关进行试验。

（5）可燃气体火灾探测器的安装

1）安装要求

可燃气体探测器应安装在气体容易泄漏出来、气体容易流经的场所及气体容易滞留的场所，安装位置应根据被测气体的密度、安装现场气流方向、温度等条件来确定。

A. 密度大、比空气重的气体，如液化石油气等应安装在下部，一般距地 0.3m，且距气灶小于 4m 的适当位置。

B. 人工煤气密度小且比空气轻，可燃气体探测器应安装在上方，距气灶小于 8m 的排气口旁处的顶棚上。如没有排气口应安装在靠近煤气灶梁的一侧。

C. 其他种类可燃气体，可按厂家提供的并经国家检测合格的产品技术条件来确定其探测器的安装位置。

可燃气体火灾探测器具体安装位置要求参见图 8.3-52。

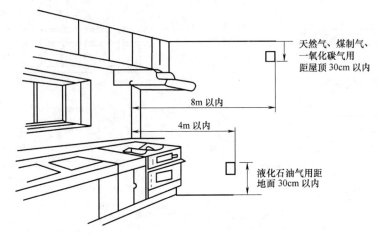

图 8.3-52   可燃气体火灾探测器安装示例

2）安装方法

A. 普通点型可燃气体探测器安装方法

（A）首先将探测器底座固定在 86H50 预埋盒上（壁挂式安装的探测器注意底座的安装方向：应将底座上的箭头向上安装），然后根据接线端子说明，将引线固定到底座上。

（B）将探测器安装到底座上。

（C）探测器安装示例见图 8.3-53、图 8.3-54 所示：

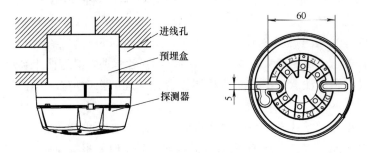

图 8.3-53   可燃气体探测器吸顶式安装示意图

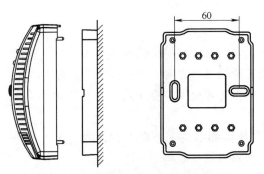

图 8.3-54   可燃气体探测器壁挂式安装示意图

B. 防爆型点型可燃气体探测器安装方法

防爆型点型可燃气体探测器安装方式有两种，一种是安装到钢管上，另一种是安装到墙上。当被探测气体比空气重时，探测器应安装在低处；反之，则应安装在高处。在室外安装时应加装防雨罩，防止雨水溅湿探测器。探测器为防爆电气设备，要注意外壳接地。

（A）钢管上安装

利用安装附件、两个 $\phi6$ 弹簧垫、两个 $\phi6$ 平垫和两个 M6 螺母将探测器安装到钢管上，钢管适用直径为 $\phi38\sim\phi60$mm，安装方式如图 8.3-55 所示。

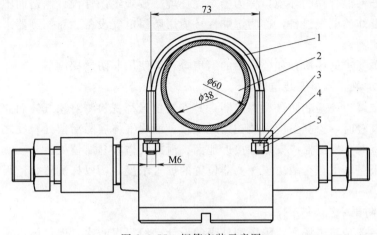

图 8.3-55　钢管安装示意图

1—安装附件；2—钢管；3—平垫圈；4—弹簧垫圈；5—螺母

（B）墙上安装

利用三个 M6×60 的膨胀螺栓将探测器安装到墙上，安装尺寸如图 8.3-56 所示。

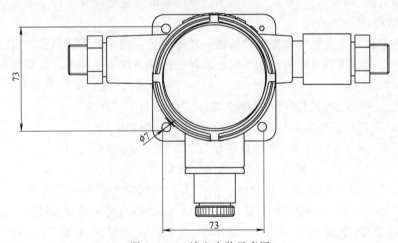

图 8.3-56　墙上安装示意图

3）布线要求

布线设计时应保证布设电缆的孔、沟、隧道、架空槽板等能容纳所有的电缆。连接探测器和控制模块的电缆应使用铜芯多股导线的电缆，在 1 区和 2 区，线芯截面应不小于 1.5mm² ，电缆外径为 $\phi8\sim\phi10$mm，所用电缆还应符合使用环境的其他要求，如耐热、耐腐蚀、防火等。无特殊要求时，可使用 RVVP3×1.5。线路走向等都应符合相应爆炸危险环境的要求。电缆线路在爆炸危险环境中严禁有中间接头，在特殊情况下，电缆线必须设中间接头时，只允许在 2 区内采用相应的防爆接线盒加以保护，方可进行中间连接。使用线芯截面为 1.5mm² 时，电缆总长度可达 1500m。

4) 可燃气体探测器安装注意事项

可燃气体探测器安装中，需特别注意的有以下几点：

A. 防爆要求

含有爆炸性混合物的环境，称为爆炸性环境。按规定条件设计制造而不会引起周围爆炸性混合物爆炸的电气设备，称为爆炸性环境用防爆电气设备。对探测器来说，就是要使用防爆型探测器。

没有防爆要求的场所，如公寓中的厨房等，可使用非防爆探测器。

B. 检测对象气体及安装位置

无论是防爆型还是非防爆型探测器，其安装位置都视检测对象气体而异。即当检测气体比重比空气轻时，探测器应安装在接近屋顶、泄漏气体容易滞留处。反之，当检测气体比重比空气重时，探测器应安装在接近地面、泄漏气体容易滞留处。

探测器报警输出与否取决于探测器位置的燃气浓度，所以探测器数量因房间大小、通风状况而异。

C. 防水防雨

室外用一般是防爆场所，隔爆型外壳的设计已经可以防水，但气体传感器部分只有采用通气设计，才能检测泄漏气体，所以传感器部分必须防水。

防爆型探测器上已安装了塑料防护罩，一般溅落的水滴可不受影响。但是室外用时，大雨的降落或从地面的回溅，或者在专业厨房用时，不小心被水龙头溅上，都可能导致传感器进水而失效。而且，用户在采取防水防雨措施时，还必须保证传感器部分的透气性。

D. 防雷措施

按照国家标准，可燃气体报警控制器一般都通过了四项电干扰试验、耐压试验、绝缘电阻试验，但落雷区雷击电压到达万伏。为保护报警系统不受破坏，落雷区用户应采取防雷措施。

5) 可燃气体报警控制系统的布线要求

A. 报警系统的传输线路应采用铜芯绝缘导线或铜芯电缆。

其电压等级：（A）信号线不应低于交流 250V。

（B）电源线不应低于交流 500V。

B. 控制器至区域探测器每根导线（信号线）的回路电阻不大于 50Ω，所以连线的长度就取决于线径，线径大传送距离就远。系统传输线路的线芯截面选择还应满足机械强度的要求，绝缘铜导线线芯截面不应小于 0.75mm^2，多芯电缆的每根截面不应小于 0.5mm^2。

C. 传输线路采用绝缘导线时，应采用穿金属管保护，金属管应接地良好，穿线前应清除其内部杂物和水汽。

D. 不同系统、不同电压、不同电流类别的线路不应穿于同一根管内或线槽的同一孔内，同一套报警控制器的信号线可穿于同一根管内，横向敷设的报警系统传输线路，不宜穿于同一根管内。

E. 弱电线路的电缆竖井宜于强电线路的电缆竖井分别设置，如受条件限制必须合用时弱电与强电应分别布置在竖井两侧。

F. 传输线路宜选择不同颜色的绝缘导线，同一工程中相同线别的绝缘导线颜色应一致，导线两端应分别编号，编号要正确，字迹清晰且不易退色。

G. 备用电缆芯和导线应留有适当余量。

H. 要把导线扎成捆，防止检查时搞错，导线引入穿线后要塞住，防止灰尘、水滴流进，导线要用带子缠好，以防机械擦伤。

I. 导线在管内或槽内不得有接头和扭结，共用接头应在接线盒内用端子连接，接线端子应把导线压紧，不得松动。

(6) 吸气式空气采样火灾探测器的安装技术要点

1) 安装要求

A. 按照点型感烟探测器规范的设置要求，安排采样管走向及采样孔的位置。采样管网与探测器的抽气机连在一起，将空气经各采样点抽到探测器中，进行烟雾测定。管网可以水平或者垂直方向安装，当梁突出顶棚的高度超过 600mm 时，应采用带弯头的立管采样（手杖式）。对于机柜内部或者豪华装饰建筑可采用隐蔽式管网结构。每台探测器带有 1~4 根采样管，其总长度（四根管的组合长度）不超过 200m，覆盖的保护面积最大为 2000m²。采样方式分为扫描型和非扫描型两种：非扫描型为多根采样管同时抽气，在探测器中不分辨采样管号；扫描型采样是在达到阈值时，只开放一条采样管抽气，在探测器中可以分辨出每条采样管所在区域的烟雾状况。

管网设计应尽量采用多管采样，以减少管的长度，尽可能的减少弯头的数目及保持各采样管的长度相近。

采样管的材料根据环境要求，通常采用阻燃的 PVC、ABS 塑料管，也可以使用金属管，管材应满足一定的机械强度，如：铝管、铜管等，采样孔打在阻燃管上，每个采样孔的保护面积相当于一只点型感烟探测器，其灵敏度及保护面积应符合 GB 50116—98 标准的规定。管路安装形式多样而且十分灵活。

B. 空气采样探测系统的采样方式可分为三类：标准采样、毛细管采样和回风采样。管网的布置形式可根据现场情况分别或组合使用。

（A）标准采样

标准采样管网是一种最基本、使用最广泛的采样方法，可应用于吊顶下、吊顶内、地板下、机柜内、机柜上和电缆槽内。按照普通点型火灾探测器的设计原则，采样管应平行于探测器的排列方向布置，在设计探测器位置的网格交叉点上安排采样孔。主机进气口距采样管弯头至少要留 500mm 直管。

顶棚下普通采样：传输管可直接安装在顶棚下。吊顶下布管网时，采样管悬挂在吊顶上，采样管距吊顶 25~100mm，距墙最大 4.5m，最大间距 9.0m。

顶棚下悬挂式采样：用于空间中有大量流动气体的地方。大量流动气体在空间中形成了独立的气流层，这些气流层阻碍了空气的流动，烟雾存在于某一气流层，不易到达安装在顶棚上的采样点，因此，采样管要安装在能穿透气流层的地方。

地板下采样：地板下采样的采样管固定在地面或活动地板支柱上，常用于监视地板下有大量电缆的场合。也可以将采样管直接安装在设备机柜的百叶通风窗前方。

（B）毛细管采样

毛细管采样具有灵活、隐蔽的特点，它可以伸入设备内部采样，可以将采样管和采样点隐蔽起来，而不影响建筑物内的美观。采样网管中的支管和毛细管可以水平或垂直方向布置在任何地方，如封闭机柜内、活动地板下或吊顶内，设备内部过流、过压产生的微量烟雾可以直接探测到。

采样孔一般放在毛细管末端，其孔径一般为 2mm，特殊情况毛细管长度每增加 2m，其孔径要增加 1mm。对于竖直管和下垂管采样，管最长 4m，采样孔径一般为 2mm。隐蔽式采样，特别是古建筑保护应符合有关法规。

机柜内采样：为了保护机柜内的各种设备，机柜内采样可以对机柜内的电子元件、电缆等设备因过热而产生的烟雾提供最早的警报。由于这种方式具有高度的区域性，采样是在机柜内进行。对于封闭在柜中的设备尤为适用。

另一种符合美观要求的机柜采样，将主采样管敷设于地板下，毛细管穿过地板及设备柜底悬挂于机柜上部进行采样。

在顶棚下采样时，可将主采样管置于顶棚内，采样点用毛细管与主采样管连接。

（C）回风采样

在空气流速较大的通信建筑环境中采样管还可以直接敷设在交换机上方或空调、通风设备的回风口处，因机房内任何部位产生的烟雾在空调、通风设备的作用下均由回风口返回，采样管网布置在回风口，可及时探测到整个机房环境内的烟雾变化。而根据规范规定，普通感烟探测器却是不允许安装在通风空调的回风口。

回风采样是一种较复杂的防护方法，它适用于多种机械通风环境、中央空调环境和室内空调机组。这种采样方法，可用较小的投入保护较大的面积。

在机械通风系统的回风管内采样，是将探针插入回风管内，采样点朝向气流方向。而废气管也需插入风管内，位于探针的下游。根据回风口的宽度，设置 5~8 个采样孔。探测器进气管约为风道宽的 2/3，探测器废气排出管约为风道的 1/3，进气管和排气管距离为 300mm，中间采用间隔为 100mm 的等距采样孔。

另一种是在回风口的栅板前方，距栅板 100~200mm 处设置采样管。回风栅网采样管离空调栅网板要安装 50~200mm 支架，采样孔应冲着气流方向。

采样管网安装极其简便，避免了繁琐的连线、安装调试工作。

空气采样系统应用场合与采样方式选择如表 8.3-5 所示：

空气采样系统应用场合与采样方式选择表　　　　表 8.3-5

采样方式	标准采样			毛细管采样			回风采样	
安装部位	顶棚下	地板下	顶棚内机柜上	隐蔽处	机柜内	下垂管	风管道	回风栅
飞机库	最有效							
消声室				最有效		最有效	最有效	最有效
门廊、正厅	最有效			最有效		可用	最有效	最有效
大礼堂	最有效			最有效			最有效	最有效
电缆隧道	最有效					可用		
娱乐场所	最有效			最有效			最有效	最有效
洁净室							最有效	最有效
冷冻室	最有效						最有效	最有效

采样方式	标准采样			毛细管采样			回风采样	
安装部位	顶棚下	地板下	顶棚内机柜上	隐蔽处	机柜内	下垂管	风管道	回风栅
控制室	最有效	最有效	可用		可用		最有效	最有效
宿舍				最有效			最有效	最有效
电子数据处理室	最有效	最有效	最有效		最有效	可用	最有效	最有效
设备间		最有效			最有效	最有效		
历史性建筑				最有效				
医院	可用			最有效			最有效	最有效
宾馆				最有效			最有效	最有效
实验室	最有效						最有效	最有效

2）系统施工

A. 空气采样烟雾报警系统的施工应按设计图纸进行，不得随意更改。施工前应具备布置平面图、接线图、安装图以及其他的必要的技术文件。制定施工方案，要根据设计图纸，探测器及其他部件的型号、数量、管网、所用管材、管件及铺料的规格、数量，制定出材料、人员的安排及工程进度计划，向施工人员技术交底。

B. 采样管网施工

（A）标准采样的管网施工

在安装部位沿梁、沿板、沿墙或沿柱做工艺线，安装固定管夹要牢固，每隔 0.5～1.5m 应设一个管夹。采样管下料时，应事先选好相配管材，下料准确，光滑无毛刺，采样处不可放置管接头，做管号标记。按施工图在管上做出采样孔标记。钻采样孔时，应顺序拆下采样管，按标记准确钻孔，必须光滑无毛刺。贴采样孔标签，每个采样孔应有明显的标记。安装采样管时，应清洁管内杂物，从探测器起逐段安装采样管，管夹要卡紧。注意采样孔的方向，用专用粘接胶连接，与探测器连接处不可涂胶密封。

（B）毛细管采样的管网施工

与标准采样管要求相同，但在毛细管下料、连接、固定上应做特殊处理。毛细管不应因方向或管径的改变而限制空气的流动。

（C）回风采样的管网施工

与标准采样管网要求相同，但回风栅网采样管离空调栅网板要安装 50～200mm 支架，采样孔应朝向对气流方向。

3）布线

导线在管内或线槽内，不应有接头或扭结。导线的接头，应在接线盒内焊接或用端子连接。系统导线敷设后，应对每回路的导线用 500V 的兆欧表测量绝缘电阻，其对地绝缘电阻值不应小于 20MΩ。

4）设备安装

设备的安装位置设在易于布管，又要符合《火灾自动报警系统设计规范》GB 50116—2008 中规定的对于火灾报警控制器的安装要求。在预定的位置上画线，固定安装架，要安装牢固，不得倾斜。将采样管接入探测器，要求配合紧密牢固，防止异物落入机内。用万用表检验通信线、电源线、输出联动线，无短路、无断路、无虚焊、无错接，符合设计后，方可按接线图联网。

A. 连接空气采样管

空气进气端口的设计使用外径为 25mm 的标准管。逐渐变细的空气进气端口方式不可以插入大于 15mm 的管子。

（A）去掉空气采样管的内外毛刺和棱角，确定管子没有碎屑。

（B）去掉进气口和排气口的塞子。

（C）严丝合缝地把管子插入进气口，不能用胶粘合。

（D）如果需要的话，在排气口安插管子。

注意：不能用胶粘合进气管和排气管。粘合接口会导致采样管非常难以维护，并将导致设备损坏。

B. 用密封套和套管布线

（A）用密封套布线

如使用密封套，需使用正确的规格以适用直径为 25mm 的线缆进入口。

把密封套穿入空气采样探测器，按电气标准和图集固定。

（B）用套管布线

用合适的套管连接头，把套管接入盒子边上的线缆进入口。

把套管穿入空气采样探测器，按电气标准和图集固定。

4. 手动报警按钮的安装

（1）安装要求

1）手动火灾报警按钮应安装在明显和便于操作的部位，当安装在墙上时，其底边距地（楼）面高度宜为 1.3～1.5m。

2）手动火灾报警按钮应安装牢固，不应倾斜。

3）手动火灾报警按钮的连接导线应留有不小于 150mm 的余量，且在其端部应有明显标志。

4）手动报警按钮在安装过程中不能损坏按钮上的玻璃。

（2）结构特征

手动火灾报警按钮外形采用拔插式结构或拆卸式顶盖设计，方便现场调试维护；全扣合式结构。如图 8.3-57 所示。

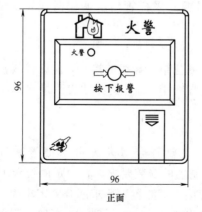 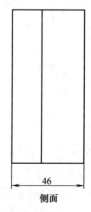

图 8.3-57　手动火灾报警按钮外形结构图

（3）安装与布线

1）安装设备之前，请切断回路的电源并确认全部底壳已安装牢靠且每一个底壳的连接线极性准确无误。

2）安装前应首先检查外壳是否完好无损，标识是否齐全。

3）安装时只需拆下报警按钮，从底壳的进线孔中穿入电缆并接在相应端子上，再装好报警按钮即可安装好报警按钮，报警按钮底壳安装采用明装和暗装两种方式，安装示意如图8.3-58、图8.3-59所示。手动火灾报警按钮安装固定在墙面上，预埋盒采用DH86型标准预埋盒，并预埋入墙体内。将底座用两只M4螺钉按照箭头方向固定在预埋盒上。

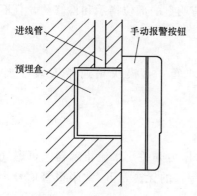 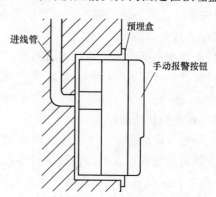

图8.3-58　手动火灾报警按钮明装方式示意图　　图8.3-59　手动火灾报警按钮暗装方式示意图

手动火灾报警按钮的底部及配套底座如图8.3-60、图8.3-61所示。

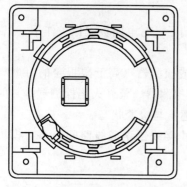 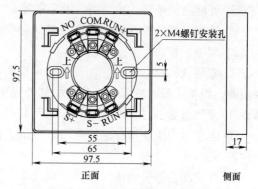

图8.3-60　手动火灾报警按钮的底部示意图　　图8.3-61　手动火灾报警按钮底座示意图

（4）接线方式：

底座上"S+"和"S−"为总线正、负极输入，"S+"、"S−"接入火灾报警控制器的回路总线（无极性连接）。

"NO"和"COM"为按键的一组常开点，根据需要使用。

"RUN+"和"RUN−"根据需要接火警电话线（无极性连接）。

每个接线端子所接导线数量应不大于两根。

（5）布线要求

底座接线的导线应选用截面积不小于$1.0mm^2$的多股铜芯双绞线，总线最长距离不大于2000m。

注：为保证线路可靠性，不允许使用单股导线或平行线。

5. 联动模块的安装

（1）安装要求

1）同一报警区域内的模块宜集中安装在金属箱内。

2）模块（或金属箱）应独立支撑或固定，安装牢固，并应采取防潮、防腐蚀等措施。

3）模块的连接导线应留有不小于150mm的余量，其端部应有明显标志。

4）隐蔽安装时，在安装处应有明显的部位显示和检修孔。

5）火灾自动报警及消防联动控制系统中使用的输入、输出、总线隔离等模块，在管道井内安装时，可明设在墙上。安装于吊顶内时应有明显的部位指示和检修孔，且不得安装在管道及其支、吊架上。

6）模块在现场通常安装在接线盒内。

7）根据设计要求也可将模块集中安装在模块箱中，模块箱通常安装在弱电井（房）中。

（2）各类模块性能特点

1）单输入模块

A. 通过控制器设置可接收现场设备或探测器（压力开关、水流指示器、可燃气体探测器、红外光束线型感烟探测器、紫外火焰探测器等）的无源常开/常闭报警信号，有动作指示灯可直观指示巡检与报警状态。

B. 信号输入接口具有保护电路，可最大限度地防止接线错误或线间短路对模块造成的损坏。

C. 可检测信号输入线短路、断路故障。

D. 适用于DH86接线盒，底板接线时仅漏出接线端子，对电路板起保护作用。

2）双输入模块

A. 双输入接口，通过控制器设置可接收现场设备或探测器（高低限报警的可燃气体探测器、提供火警、故障两组信号的红外光束线型感烟探测器、紫外火焰探测器等）的无源常开/常闭报警信号，有"动作"指示灯可直观指示巡检与报警状态。

B. 信号输入接口具有保护电路，可最大限度地防止接线错误或线路间短路对模块造成的损坏。

C. 可检测信号输入线短路、断路故障。

D. 适用于DH86接线盒，底板接线时仅露出接线端子，对电路板起保护作用。

3）非编码探测器接口模块

A. 与两线制非编码探测器配合使用，实现多只非编码探测器共用一个地址，节省地址空间，增加系统容量，降低工程造价；可与终端盒一同配接缆式线型定温火灾探测器。

B. 可与齐纳安全栅一同配接本安型非编码探测器，应用于防爆火灾探测场所。

C. 可检测配接的非编码探测器的状态信息（正常、断线、火警）及DC24V电源断线故障。输出可复位的DC 24V电源供非编码探测器使用，有"火警"灯可直观指示巡检与报警状态。

4）单输出模块

A. 采用双触点继电器，非常适合控制消防广播等无需检测返回信号的设备。

B. 可检测 24V 断线故障。

5）单输入单输出模块

A. 输入、输出端口可单独编程，分别使用，亦可组合使用。

B. 可检测设备侧信号输入线短路、断路故障。

C. 可检测 24V 断线故障。

6）双输入双输出模块

A. 双输入、双输出端口，可单独编程，分别使用，亦可组合使用。

B. 可检测设备侧信号输入线短路、断路故障。

C. 可检测 24V 断线故障。

7）多线联动输入输出模块

A. 与火灾报警控制器的直接输出多线联动盘配套使用，通过切换接口模块对消防泵、风机等设备进行手动、自动控制，并可接收设备运行反馈信号。

B. 可检测输出线路短路、断路故障，并有"故障"指示功能。

8）总线隔离模块

A. 串接于总线中，能将短路部位与总线相隔离，保证系统其余部分正常工作，提高系统的可靠性。输出端短路消除后，隔离模块可自动恢复正常工作。

B. 输入输出均无极性，方便使用。正常工作时导通电阻小，损耗低，不消耗电流。

C. 适用于 DH86 接线盒，可明装或暗装。底板接线时仅露出接线端子，对电路板起保护作用。

D. 有"动作"指示功能，可指示隔离模块动作情况。

9）终端接口模块

A. 与非编码探测器接口模块、缆式线型定温火灾探测器配合使用，检测线路的断线故障。

B. 正常工作时"运行"指示灯点亮，可指示终端接口模块运行情况。

C. 适用于 DH86 接线盒，接线无极性。

10）切换接口模块

A. 切换接口模块分别与多线联动模块配套，实现强、弱电隔离，避免系统受强电干扰、避免强电损坏弱电设备。

B. 接收多线联动模块的启动、停止信号，启动内部继电器，直接控制消防泵等设备。

C. 具有启动、停止控制状态和动作反馈状态指示功能。

D. 可接收设备交流反馈、无源反馈信号。

11）电话接口模块

A. 电话模块通过两总线和 24V 电源线与火灾报警控制器相连，与火灾报警控制器自带的对讲电话或总线制电话主机一起构成总线制消防电话系统，满足消防通信的需要。

B. 火灾报警控制器可通过两总线呼叫电话模块，电话模块发出电话振铃；分机插入任一电话插孔（呼叫主机）时，控制器均发出振铃，并通过液晶显示分机所在位置。

C. 电话模块自带电话插孔，并可并联电话插孔。

D. 能检测 24V 电源线断路故障。

E. 每个电话模块占用一个地址，可通过控制器现场设置。

（3）外形结构示例

如图 8.3-62 所示。

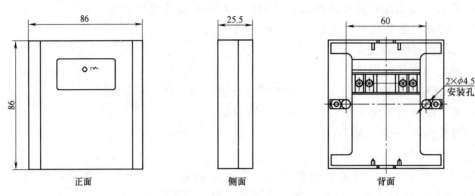

图 8.3-62　各类联动模块外形结构示意图

（4）安装与接线

1）单输入模块

安装：固定在预埋的 DH86 型接线盒上，利用固定板上安装孔用 M4 螺钉固定。也可利用安装孔直接固定在安装位置。接线完成后将固定板固定，再将外罩扣在固定板上，将螺钉隐藏。底板上、下有敲漏孔，可明敷布线。

接线：S＋、S－端子接总线，信号、返回端子接外部设备无源常开信号。

配接红外光束线型感烟探测器等提供火警、故障两组继电器信号的设备或探测器时，接线方法见图 8.3-63 所示。

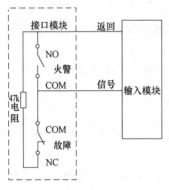

图 8.3-63　故障及报警信号接线示意图

注：

A. 输入模块正常时，信号、返回端子间电压为 2.4V 左右（信号端为正，返回端为负），设备动作后返回端对总线 S－的电压为 1.4V 左右。

B. 不要将总线、DC24V 电源线、强电线路等有源信号线接入信号输入端，否则会损坏模块。

C. 如不需要检测与配接设备间线路的断线故障或设备上无法接负载电阻，可将配套负载电阻（1/4W 47kΩ）直接接在信号、返回两端子之间。

2）双输入模块

安装：固定在预埋的 DH86 型接线盒上，利用固定板上安装孔用 M4 螺钉固定。也可利用安装孔直接固定在安装位置。接线完成后将固定板固定，再将外罩扣在固定板上，将螺钉隐藏。底板上、下有敲漏孔，可明敷布线。双输入模块一般安装在配接外部设备附近。

接线：S＋、S－接总线，信号 1、返回 1 与信号 2、返回 2 分别接两组外部设备无源常开信号。

注：

A. 输入模块正常时，信号 1、返回 1 以及信号 2、返回 2 端子间电压均为 2.4V 左右

（"信号"为正，"返回"为负）。设备动作后返回 1、返回 2 对总线 S－的电压为 1.4V 左右。

B. 不要将总线、DC24V 电源线、强电线路等有源信号线接入信号输入端，否则会损坏模块。

C. 如不需要检测与配接设备间线路的断线故障或设备上无法接负载电阻，可将配套负载电阻（1/4W 47kΩ）直接接在信号 1、返回 1 以及信号 2、返回 2 端子间。

3）非编码探测器接口模块

A. 固定在预埋的 DH86 型接线盒上，利用固定板上安装孔用 M4 螺钉固定。也可利用安装孔直接固定在安装位置。接线完成后将固定板固定，再将外罩扣在固定板上。底板上、下有敲漏孔，可明敷布线。

B. 非编码探测器接口模块与非编码探测器的连接方式

可接不多于 30 只两线制非编码探测器，线路的最末端应接"终端负载电阻"（1/4W，3kΩ），否则接口模块将无法检测输出线断路、探测器摘头故障。

（A）非编码探测器接口模块与本安型非编码探测器及安全栅的连接方式如图 8.3-64 所示：

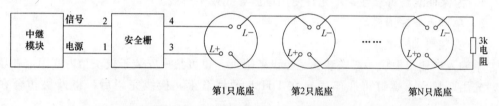

图 8.3-64　非编码探测器接口模块与本安型探测器及安全栅接线图

（B）可配接模拟量式可复位线型感温探测器、模拟量空气管线型差定温探测器等提供故障、火警两组无源触点的产品。

（C）非编码探测器接口模块与缆式线型定温火灾探测器及终端盒的连接方式，参见本节"9）终端接口模块"部分。

注：对配接的两线制电流型非编码探测器参数要求，监视电流：＜0.2mA；报警后探测器两端电压：4.2～6.6V。

4）单输出模块

A. 安装要求

输出模块一般安装在受控设备附近，也可集中安装于模块箱内或固定在墙面上。先用两只 M4 螺钉将底座固定在 DH86 预埋盒上，接线完毕后，将模块扣合在底座上。

B. 接线说明

S＋和 S－接系统总线，无极性连接。"常开 1"、"公共 1"和"常闭 1"对应内部继电器的一组触点；"常开 2"、"公共 2"和"常闭 2"对应此继电器的另一组触点。两组触点同时转换。

接线示例如图 8.3-65 所示。

C. 该模块不可直接控制除消防广播之外的其他交流强电，应通过中间继电器转换。

D. 布线要求

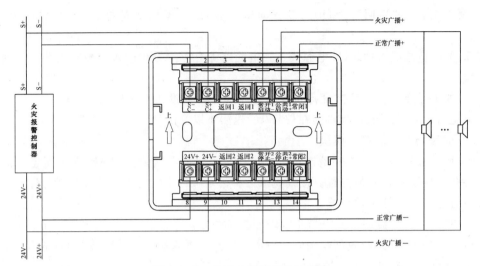

图 8.3-65 单输出模块接线示意图

导线应选用截面积不小于 $1.0mm^2$ 的多股铜芯双绞线，总线最长距离不大于 2000m。

E. 为保证线路可靠性，不允许使用单股导线或平行线。

5）单输入单输出模块

A. 安装要求

单输入单输出模块一般安装在受控设备附近，也可集中安装于模块箱内或固定在墙面上。先用两只 M4 螺钉将底座固定在 DH86 预埋盒上，接线完毕后，将模块扣合在底座上。

B. 接线说明

（A）"返回"端应接设备的无源触点，不能接有源触点。

（B）S＋和 S－接系统总线，无极性连接。"常开 1"、"公共 1"和"常闭 1"对应内部继电器的一组触点；"返回 1"应并接 $47k\Omega$ 负载电阻，若返回端需连接外部设备，则将相应的负载电阻移至外部设备处并接。

（C）不可直接控制交流强电，应通过中间继电器转换。

接线示例如图 8.3-66 所示。

C. 布线要求

导线应选用截面积不小于 $1.0mm^2$ 的多股铜芯双绞线，总线最长距离不大于 2000m。

注：为保证线路可靠性，不允许使用单股导线或平行线。

6）双输入双输出模块

A. 安装要求

双输入双输出模块一般安装在受控设备附近，也可集中安装于模块箱内或固定在墙面上。先用两只 M4 螺钉将底座固定在 DH86 预埋盒上，接线完毕后，将模块扣合在底座上。

B. 接线说明

（A）"返回"两个端子应接设备的无源触点，不能接有源触点！

（B）S＋和 S－接系统总线，无极性连接。"常开 1"、"公共 1"和"常闭 1"对应内

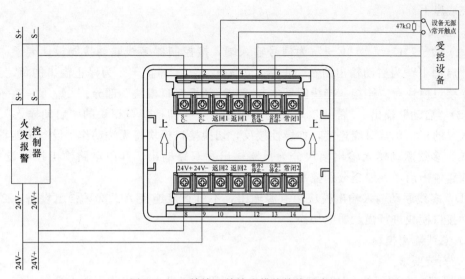

图 8.3-66　单输入单输出模块接线示意图

部继电器的一组触点;"常开2"、"公共2"和"常闭2"对应另一继电器的一组触点。"返回1"和"返回2"应分别并接47kΩ负载电阻,若返回端需连接外部设备,则将相应的负载电阻移至外部设备处并接。

(C) 不可直接控制交流强电,应通过中间继电器转换。

接线示例如图 8.3-67 所示。

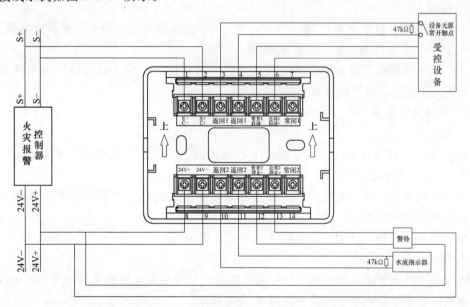

图 8.3-67　双输入双输出模块接线示意图

7) 多线联动输入输出模块

A. 安装要求

(A) 多线联动输入输出模块一般安装在受控设备附近,也可集中安装于模块箱内。

(B) 安装模块时,先用 M4 螺钉将底座固定在 DH86 预埋盒上,接线完毕后,将模块扣合在底座上。

B. 接线

（A）端子"C－"、"C＋"为信号输入端，接控制器多线联动接线板；端子"启动－"、"启动＋"为启动输出的负、正端，"停止－"、"停止＋"为停止输出的负、正端，与切换接口模块对应连接。接线图见本节"10）切换接口模块"部分。

（B）"启动"输出、"停止"输出均有极性，应与切换接口模块的"启动输入"、"停止输入"的正、负端对应连接，如极性接反，切换接口模块将无法动作，设备不能动作。

（C）多线联动输入输出模块分为单路输出和双路输出，其中单路输出控制设备启/停；双路输出启动、停止分别控制。

（D）多线联动输入输出模块为有源输出，不可直接连接 AC220V 强电设备，必须通过切换接口模块进行强、弱电切换。

8）总线隔离模块

A. 安装要求

（A）固定在预埋的 DH86 型接线盒上，利用固定板上安装孔用 M4 螺钉固定。也可利用安装孔直接固定在安装位置。接线完成后将固定板固定，再将外罩扣在固定板上，将螺钉隐藏。

（B）底板上下有敲漏孔供垂直走线使用。总线隔离模块一般安装在分线端子箱内。

（C）作用于枝型回路起始端，按照国标 GB 4717—2005、GB 16806—1997 的规定，一个总线隔离模块保护的部件不应超过 32 个。

B. 接线

（A）接线端子位于背面，"输入 S＋、S－"为总线输入端，接火灾报警控制器；"输出 S＋、S－"为总线输出端，接系统部件。

（B）一个满负载回路至少使用 2 只以上总线隔离模块，即 1 只总线隔离模块最多可带 1/2 回路探测器（或其他系统部件）。

9）终端接口模块

A. 安装方式

（A）固定在预埋的 DH86 型接线盒上，利用固定板上安装孔用 M4 螺钉固定。也可利用安装孔直接固定在安装位置。

（B）接线完成后将固定板固定，再将外罩扣在固定板上，将螺钉隐藏。底板上下有敲漏孔供垂直走线使用。

（C）终端接口模块一般安装在配接的感温电缆附近。

B. 接线

接线端子位于背面，接感温电缆的两根芯线。每段感温电缆的起始端接非编码探测器接口模块，末端接终端接口模块，如图 8.3-68 所示。

10）切换接口模块

A. 安装要求

安装孔的间距为 60mm，可安装于 DH86 的预埋盒上。若采用线槽走线，可通过模块顶部的敲漏孔进线。安装完毕后，装上保护罩。

B. 接线方式如图 8.3-69 所示。

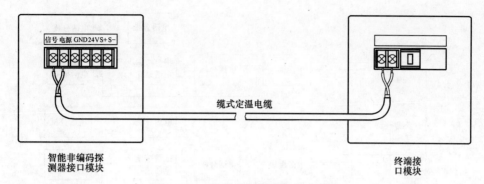

图 8.3-68　终端接口模块接线示意图

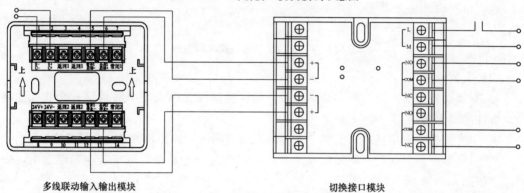

图 8.3-69　切换接口模块接线示意图

（A）"启动输入"、"停止输入"均有极性，应分别与多线联动输入输出模块的"启动输出"、"停止输出"一一对应连接，如极性接反，将无法动作。

（B）"运行无源反馈"输入端不能接入交流反馈信号，否则将损坏模块及与相连的多线联动模块。

11）电话接口模块

A. 安装模块时，先用 M4 螺钉将底座固定在 DH86 预埋盒上，接线完毕后，将模块扣合在底座上。

B. 接线端子：24V＋、24V－为 DC24V 电源线；S＋、S－为火灾报警控制器两总线（无极性）；返回 1 为电话总线端子，接控制器电话总线；返回 2 为现场电话分机端子（无极性），现场手动报警按钮电话插孔并接于电话分机端子。

C. 接线示例如图 8.3-70 所示。

6. 火灾警报装置的安装

（1）安装要求

1）火灾警报装置安装应牢固可靠，表面不应有破损。

2）火灾光警报装置应安装在安全出口附近明显处，距地面 1.8m 以上。

3）光警报器与消防应急疏散指示标志不宜在同一面墙上，安装在同一面墙上时，距离应大于 1m。

4）火灾声警报装置宜在报警区域内均匀安装。

（2）典型火灾警报装置外形示意图如图 8.3-71 所示。

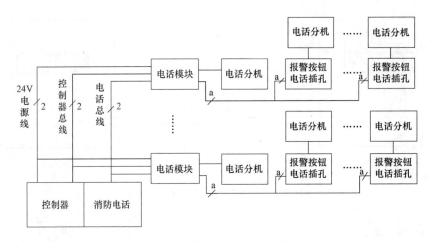

图 8.3-70 电话接口模块接线示意图

（3）安装与接线

1）安装设备之前，请切断回路的电源并确认全部底壳已安装牢靠且每一个底壳的连接线极性准确无误。

2）声光警报器采用壁挂式安装，在普通高度空间下，以距顶棚 0.2m 处为宜。

3）声光警报器与底壳之间采用插接方式，安装时若为暗装，可安装在预埋盒上，安装示意如图 8.3-72 所示。

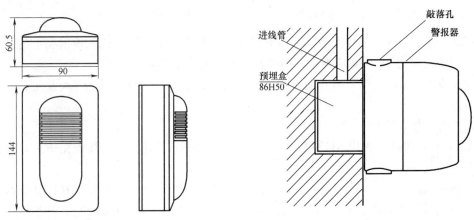

图 8.3-71 典型火灾警报装置外形示意图　　　　图 8.3-72 进线管预埋安装示意图

4）当进线管明装时需配用底座，应将底壳侧面的敲落孔敲掉后与进线管相接。安装示意如图 8.3-73 所示。

5）安装底壳时应注意方向，底壳示意图如图 8.3-74 所示。

其中：D1、D2 接 DC24V 电源，无极性。

6）圆形底座安装方式：先将声光底座用两只 M4 螺钉固定在预埋盒上，预埋盒应预埋入安装位置的混凝土内，不能高出完工后的平面，允许嵌入但嵌入深度应在 0～6mm 之间。

如不用预埋盒，则必须保证底座牢固地安装在安装位置。声光报警器与底座间具有成 180°的两个安装位置，将声光报警器套在底座上，顺时针旋转，使底座嵌入声光报警器底部，稍向底座方向用力压声光报警器，顺时针旋转至听见"喀哒"声即可。

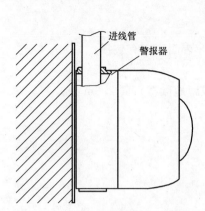

图 8.3-73 进线管明装安装示意图

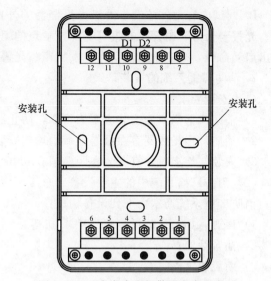

图 8.3-74 火灾声光报警器底壳示意图

声光报警器底座上有四个带字母标识的接线端子，"S＋"为总线正极输入，"S－"为总线负极输入。"S＋"、"S－"接入火灾报警控制器的回路总线；"3"、"4"为 DC 24V 电源输入，接入控制器或外设电源的 DC 24V 输出端。

每个接线端子所接导线数量应不大于两根。

7）火灾警铃安装

A. 外形结构图如图 8.3-75 所示。

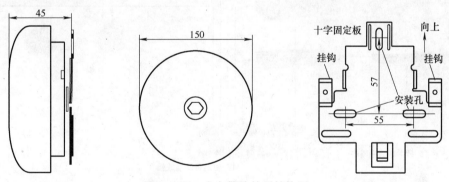

图 8.3-75 火灾警铃外形结构图

B. 安装与接线

（A）将十字型固定板抽出，固定在墙壁上，注意挂钩方向向上。

（B）自上而下挂上电铃，小心将电线整理固定好，不要用力拉，不能接触铃盖。

（C）红线为 DC24V 电源"＋"，黑线为 DC24V 电源地线。

8）火灾警报装置的布线要求

A. 信号总线采用 ZRRVS 双绞线，截面积≥1.0mm²。

B. 电源线及外控线均采用 ZRBV 线，截面积≥1.5mm²。

9）火灾警报装置的调试方法

A. 声光报警器安装结束后必须进行调试。

B. 调试内容为外控设备给声光报警器的外控触点提供闭合信号，警报器动作，发出声、光报警信号；断开声光报警器外控触点的闭合信号，从火灾报警控制器向声光报警器发出启动命令，声光报警器动作，发出声、光警号，说明警报器正常。

7. 消防广播系统的安装

（1）安装要求

1）消防广播扬声器安装应牢固可靠，防止脱落，表面不应有破损。

2）消防广播扬声器宜在报警区域内均匀安装。

3）安装在墙上时，宜安装在距棚顶 300mm 处或距地（楼）面 2.3m 处。

（2）消防广播系统中的主要设备

消防广播系统通常由下列设备构成：

1）声源，如：录放机卡座、VCD 机等；

2）播音话筒；

3）前置放大器；

4）功率放大器；

5）现场放音设备，如：吸顶式扬声器、壁挂式扬声器等。

（3）消防广播系统构成

如图 8.3-76 所示。

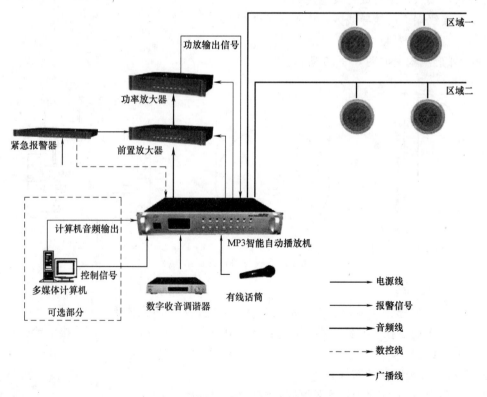

图 8.3-76　消防广播系统构成

（4）广播录放盘

1）广播录放盘是消防广播通信系统的配套产品，是广播系统组成中的前端——音源控制中心，可与广播功放盘、广播分配盘等联接，通过现场的各种受控设备组成完整的火警紧急广播通信系统。该系统在火灾事故下可完成外线输入、话筒输入、录音机放音三种播音方式的对外广播，对播音信号有自动录音功能。广播录放盘通电后，对所有音频输出都可监听。

2）正常广播

广播录放盘未通电或通电但"事故"与"检查"键均未按下，如果外线有音频信号输入，则直接通过广播录放盘的音频输出端送出。

3）广播录放盘作为广播系统音源控制中心，需解决好由于接地问题而产生的噪声。

4）广播录放盘接线端子示例如图 8.3-77 所示。

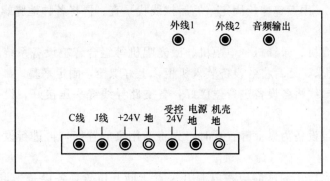

图 8.3-77　广播录放盘接线端子图示例

（5）广播功放盘

1）广播功放盘是专为消防广播系统配套的音频功率放大设备，将音源提供的标准信号作为输入，按现场负载容量需求进行功率放大，以 120V 定压方式输出音频放大信号。

2）广播功放盘具有输出短路和过载保护功能，提供工作状态指示灯和告警输出信号，并有受控输入端，可受控上电进入工作状态。

3）广播功放盘可配接到各种广播系统内，如与各种控制器、广播录放盘（或 VCD）、广播分配盘、电话等组成一套完整的火灾紧急广播通信系统。

4）与功放连接的负载功率要小于功放的最大额定输出功率，允许多台功放并联使用（输入并联），此时各功放遥控输入、报警输出端根据需要可分可并，公共端并接使用，但各功放输出端需分开带各自的负载。

5）功放定压输出 120V 音频线穿管时，要注意绝缘保护，严禁与大地或机壳短路，以免造成人身设备安全事故。

6）严格按机箱丝印指示接线，切勿将 AC220V 接至音频输出端，严格按标注值安装或更换熔断器。

7）由于广播功放盘采用 DC 24V 供电，要求供电电源功率应大于 300W，故一般选用的是 DC24V/30A 的集中供电电源。

8）当功放过载保护后（保护灯亮，功放无输出），应将音量旋钮关小，关掉功放电源开关，5s 后再开启功放。

（6）多功能扩音机

1）扩音机具备录、放及收音等功能。

2) 使用扩音机的机房或场地要求环境干燥，通风良好，周围无腐蚀性气体或导电尘埃，室温不超过 40℃，相对温度≤90％。

3) 集中供电电源输入为＋24V，正、负极性应接入正确无误，以防损坏扩音机。

（7）火灾事故广播柜

1) 火灾事故广播柜由音源（VCD. TAPE）前置增音机和功放组成。

2) 火灾事故广播柜为兼容型，可作为音响广播和火灾事故广播使用。

3) 当大型机柜采用槽钢基础时，应先检查槽钢基础是否平直，其尺寸是否满足机柜尺寸。当机柜直接稳装在地面时，应先根据设计图要求在地面上弹上线。

4) 根据机柜内固定孔距，在基础槽钢上或地面钻孔，多台排列时，应从一端开始安装，逐台对准孔位，用镀锌螺栓固定。然后拉线找平直、再将各种地脚螺栓及柜体用螺栓拧紧、牢固。

5) 设有收扩音机、录音机、电唱机、激光唱机等组合音响设备系统时，应根据提供设备的厂方技术要求，逐台将各设备装入机柜，上好螺栓，固定平整。

6) 采用专用导线将各设备进行连接好，各支路导线线头压接好，设备及屏蔽线应压接好保护地线。

7) 当扩音机等设备为桌上静置式时，先将专用桌放置好，再进行设备安装，连接各支路导线。

8) 设备安装完后，调试前应将电源开关置于断开位置，各设备采取单独试运转后，然后整个系统进行统调，调试完毕后应经过有关人员进行验收后交付使用，并办理验收手续。

（8）广播分配盘

1) 广播分配盘为标准盘式结构，可与火灾报警控制器组装在同一柜中，完成对多路消防广播的切换控制，广播分配盘可控制多路消防广播，可根据需要进行选择手动控制消防广播切换，联动控制消防广播切换。

2) 广播分配盘结构特征

广播分配盘外形示意如图 8.3-78 所示。

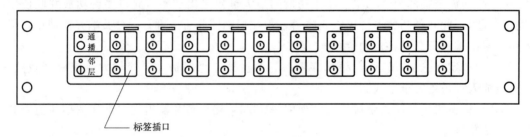

图 8.3-78   广播分配盘外形示意图

广播分配盘面板每一路有 1 只指示灯、1 只按键：

A. 通播键：按下通播键，多路广播同时切换；

B. 邻层键：按下邻层键后，可以控制本路及相邻两路广播同时切换；

C. 多路控制按键：分别控制多路广播切换；

D. 标签插口：插入标有广播区域说明的标签。

3）安装与调试

A. 布线要求：广播分配盘对外控制点接线宜采用铜芯导线，导线截面积≥1.0mm²。

B. 调试

（A）开机：系统首次开机前应首先检查接线是否正确，工作电压是否正常。

（B）手动控制

广播分配盘可"手动"控制，直接切换消防广播。

按下各路控制按键，可直接切换各对应路的广播输出。

按下通播键，各路广播同时切换。

按下邻层键后，按下各路控制按键，可同时切换本路及相邻两路的广播。

（C）自动控制

广播分配盘可以通过控制器联动控制广播切换，用控制器直接启动广播分配盘。

各路对应的编码地址，即可切换广播输出，也可以通过联动公式联动控制广播输出。

（9）广播扬声器的安装

1）如需现场组装的扬声器，线间变压器、喇叭箱应按设计图要求预制组装好。

2）明装声柱：根据设计要求的高度和角度位置预先设置胀管螺栓或预埋吊挂件。

3）具有不同功率和阻抗比的成套扬声器，事先按设计要求将所需接用的线间变压器的端头焊出引线，剥去10～15mm绝缘外皮待用。

4）明装壁挂式分线箱、端子箱或声柱箱时，先将引线与盒内导线用端子作过渡压接，然后将端子放回接线盒。找准标高进行钻孔，埋入胀管螺栓进行固定。要求箱底与墙面平齐。

5）设置在吊顶内嵌入式扬声器，将引线用端子与盒内导线接好，用手托着扬声器使其与顶棚贴紧，用螺丝将扬声器固定在吊顶支架板上。当采用弹簧固定扬声器时，将扬声器托入吊顶内再拉伸弹簧，将扬声器罩勾住并使其紧贴在顶棚上，并找正位置。

6）外接插座面板安装前盒子应收口平齐，内部清理干净，导线接头压接牢固。面板安装平整。

7）音量控制器安装时应将盒内清理干净，再将控制器安装平整、牢固。

8. 消防电话系统的安装

（1）消防电话、电话插孔的安装总体要求

1）消防电话、电话插孔、带电话插孔的手动报警按钮宜安装在明显、便于操作的位置；当在墙面上安装时，其底边距地（楼）面高度宜为1.3～1.5m。

2）消防电话和电话插孔应有明显的永久性标志。

（2）总线式消防电话主机的安装要求

1）设备从包装箱内取出后，首先从外观检查机器各部分是否良好。

2）将机器安装在机柜适当位置，将准备好的电缆安装在盘后的端子上。总线式消防电话主机盘后示意图如图8.3-79所示。

3）检查与本设备相连的现场布线是否符合要求。其中总线电缆应采用1mm²以上的双绞线。

4）电源线和总线不可接错。

5）电源线正极端子为红色，负极端子为黑色。

6）总线无正负极之分。

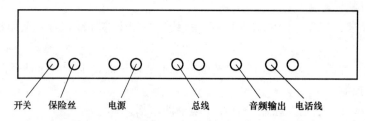

图 8.3-79　总线式消防电话主机后面板示意图

（3）总线式消防电话分机的安装要求、外形尺寸及安装方法

1）总线式电话分机设备的外形尺寸如下图 8.3-80 所示。

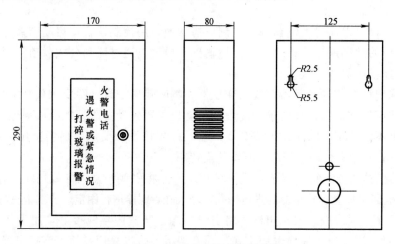

图 8.3-80　总线式电话分机示意图

2）总线式电话分机采用壁挂式安装，可直接挂在墙上或挂在其他现场控制设备的侧面。其安装示意如图 8.3-81 所示。

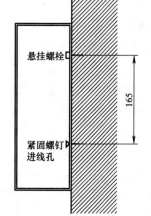

图 8.3-81　总线式电话
分机安装示意图

A. 按接线端子标注接好电源线和信号线。接线端子接线不分极性。

B. 电源线和信号线不可接错。

C. 改变分机底部拨码开关，可改变分机地址编码。

D. 总线式电话分机应安装在干燥、通风、无腐蚀性气体的地方。

3）总线式电话分机调试

A. 调试时与消防电话主机配合试验。预置好分机编码，确定安装和接线正确无误后，接通分机电源。

B. 当听到总线式电话分机铃声时，拿起手柄便可与总机通话。总线式电话分机振铃一分钟无人应答，振铃将自动终止。

C. 当拿起总线式电话分机手柄呼叫主机时，总线式电话分机发出一串编码信号给主机，同时总线式电话分机将听到回铃声，等待主机应答。如果听到忙音，把手柄放回原处，稍后再拿起手柄呼叫主机。主机应答后，总线式电话分机与总机接通，双方实现通话。

D. 主机如果呼叫分机，发出一组呼叫码和分机编码，相应分机发出振铃，拿起分机就可与总机通话。话毕，挂好分机手柄，通话结束。

（4）总线式编码电话插孔

1）总线式编码电话插孔是总线制消防电话系统的配套装置。总线插孔提供了一个具有地址编码的电话插孔。用户将手提式电话分机插入该插孔，即可呼叫总机。

2）总线插孔不工作时不耗电，对总线呈高阻状态，因此可多个总线墙孔并联在电话总线上（但不能多于主机容量限制）。

3）总线墙孔可并联多个（数量不限）无编码的电话插孔，即多电话插孔使用一个地址编码。

4）将手提式火警电话插入总线插孔，可以呼叫总机并通话，总线插孔的地址编码由其中的八位拨码开关设置，采用二进制编码方式。

5）外形尺寸及安装

总线式编码电话插孔的外形尺寸如下图 8.3-82 所示。

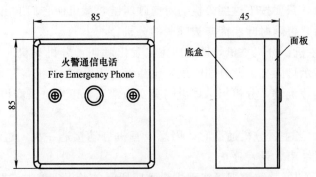

图 8.3-82 总线式编码电话插孔外形示意图

A. 总线插孔一般安装在手动报警按钮、消火栓按钮等处。

B. 总线插孔的安装是将电话总线中的通话信号线安装在"总线"的两个接线端子上。将电源线安装在"24V"两个接线端子上。若有无编码的电话插孔需要连接，将其插孔连接线连接在"插孔线"的小接线端子上。

C. 所有连接线均无极性要求。

D. 总线插孔的电源线和通话信号线不可接错。

E. 设置好该总线插孔的地址编码。

F. 所有连接线连接无误后，将总线墙孔安装于预埋盒中。

6）调试

A. 用户使用手提式火警电话分机插入总线插孔，就是呼叫电话总机。几秒钟后，电话总机就会收到该呼叫。消防值班人员应答后双方通话。话终拔出手提式火警电话分机即可。

B. 安装调试后便可开通使用。

（5）多线制消防电话主机安装要求

1）安装

A. 进行必要的接线：将随机携带的 25 芯 D 型插头由左至右（后面板上）插入插座，

另一端接入输出接线端子，一定要做到正确无误。

B. 系统供电 DC 24V 接至接线柱上（红色为正、黑色为负），电源开关的位置是上通下断。连线一定要接牢靠，不得松动，同时应与端子接触可靠，以免接触不良影响正常运行。

2）调试

A. 确认接线无误后，可加电进行调试。打开电源开关，面板上的"工作"指示灯（绿）点亮，表示消防电话主机进入正常运行状态。

B. 主机呼叫分机：按下某分机键，对应的指示灯（红）闪亮，并向分机振铃。分机振铃，主机的手机有回铃音，分机摘机，指示灯变为常亮，此时主、分机即可通话。若分机摘机前，再按一下此分机键，该分机指示灯熄灭，表示撤销对该分机的呼叫。

C. 主机呼叫多部分机：只要按下欲呼叫的多部分机键即可，这些对应的分机指示灯均闪亮，对应的分机皆振铃，若某分机举机应答，主、分机可通话；未举机的分机继续振铃，若某分机久呼不应，只要再按一次该键以终止呼叫。当主机与多部分机通话时，欲中止某些分机通话时，只要按下这些分机的对应呼叫键，就可使它们退出通话，退出的分机忙音。通话完毕后，可随时呼叫尚未被呼叫的分机。

D. 分机呼叫主机：分机举机，即为向主机发出呼叫。分机举机时可听到回铃音，主机面板上对应的指示灯闪亮，此外喇叭里发出急促的报警声，"报警"指示灯（红）点亮。这时按一下对应的分机键，分机指示灯由闪亮变为常亮，声光、报警均消失，表示主、分机进行通话。

E. 自动录音：当主、分机通话时，固态录音机自动接通一次，这时通话内容将被自动记录下来，通话结束，录音停止。

F. 群呼：按下"群呼"键即可实现主机呼叫所有的分机，这时"群呼"指示灯点亮，全部分机指示灯闪亮，主机对所有的分机振铃，举机的分机即停止振铃而进入通话状态，"群呼"状态时为单工通话方式，初始为主机接收分机的话音，按一下"收/发"键，则转为主机发话，分机收话，每按一下"收/发"键就改变一次通话方向，直至再按一下"群呼"键结束群呼状态，盘面恢复常态。

G. 自动 119：按"自动 119"键，即向外线呼叫火警电话 119，接通后，可与消防部门通话报告火情，再按一次话键，即可取消"自动 119"状态。此键不要轻易操作，以免误报。

9. 火灾自动报警系统电线电缆的敷设

（1）火灾自动报警系统电缆及导线宜用专用桥架敷设，桥架应作保护接地。敷设线路时，强弱电线路应避免平行敷设，若必须平行敷设，其距离应按有关规定执行，并按规范或设计要求采取防火保护措施。

（2）导线敷设时应清除管内积水、污物，保证管内畅通。穿线应严格按照工艺规程进行，不得损伤绝缘层。导线敷设应顺直，不得挤压、背扣、扭结和受损；导线敷设时管口必须上好护口圈，接头不得在线管内。

（3）消防报警系统接线应正确，不同回路线路，宜选择不同颜色绝缘导线，报警回路中"＋"应为红色线，"－"应为蓝色线，其他种类导线颜色再根据需要选择，但同一用途导线颜色应一致，接线端子应有标号。

（4）不同系统、不同电压等级、不同电流类别线路，不应穿于同一根管内（或同一线槽内）。

（5）报警线连接应在端子箱或分支盒内进行，导线连接必须可靠压接或焊接（锡焊）。导线接头处须用绝缘带作包封处理。

（6）从接线盒、线槽等处引到探测器底座、控制设备、扬声器的线路，当采用金属软管保护时。其长度不应大于 2m。安装方式如图 8.3-83 所示。

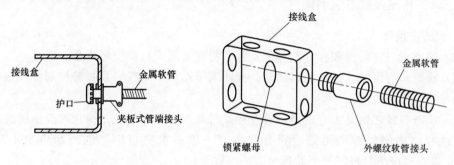

图 8.3-83　金属软管与接线盒的连接

（7）管路超过下列长度时，应在便于接线处装设接线盒。

1）管子长度每超过 30m，无弯曲时；

2）管子长度每超过 20m，有 1 个弯曲时；

3）管子长度每超过 10m，有 2 个弯曲时；

4）管子长度每超过 8m，有 3 个弯曲时。

（8）金属管子入盒，盒外侧应套锁母，内侧应装护口，在吊顶内敷设时，盒的内、外侧均应套锁母。塑料管入盒应采取相应固定措施。安装方式如图 8.3-84 所示。

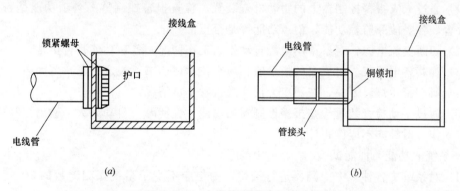

(a)　　　　　　　　　　　　(b)

图 8.3-84　电线管与接线盒的连接
(a) 电线管与接线盒连接方法（一）；(b) 电线管与接线盒连接方法（二）

（9）明敷设各类管路和线槽时，应采用单独的卡具吊装或支撑物固定。吊装线槽或管路的吊杆直径不应小于 6mm。线槽敷设时，应在下列部位设置吊点或支点。

1）线槽始端、终端及接头处；

2）距接线盒 0.2m 处；

3）线槽转角或分支处；

4）直线段不大于 3m 处。

（10）管线经过建筑物的变形缝（包括沉降缝、伸缩缝、抗震缝等）处，应采取补偿措施，导线跨越变形缝的两侧应固定，并留有适当余量。

（11）火灾自动报警系统导线敷设后，应用 500MΩ 表测量每个回路导线对地的绝缘电阻，且绝缘电阻值不应小于 20MΩ。同一工程中的导线，应根据不同用途选择不同颜色加以区分，相同用途的导线颜色应一致。电源线正极应为红色，负极应为蓝色或黑色。

8.3.4　火灾自动报警系统调试

1. 调试前检查

（1）检查设备在运输和存放过程中是否有明显受潮或其他损坏现象。

（2）检查所有设备（如探测器底座、接线端子箱、手动按钮及报警控制器）是否已全部安装布线、接线就绪。

（3）检查各线之间是否有短路，检查穿线时是否有线被划破。检查时应用摇表测量线与线、线与地之间绝缘电阻是否符合要求（一般要求线与地之间绝缘电阻不应小于 20MΩ，检查时应将与报警控制器连接的插座取下）。

（4）系统的接地应符合规范所提出的各项接地要求。

（5）检查探测器外型是否有损坏，然后用单点报警器逐个进行检查，待探测器工作正常后，才能投入使用。

（6）检查报警控制器的各种旋钮、开关、插座、插件等外型和结构是否完好，检查将要插入的电源插座输出电压是否符合要求。

（7）单机空载通电检查，即对每台区域、集中报警控制器拔去输入、输出插座，使其与系统脱开，接通电源若未发现异常现象，即可进行功能检查。

2. 报警控制器的功能、性能试验

（1）通过火灾报警控制器上的手动检查装置，检查报警控制器的各项功能是否正常，包括火警、各类故障监控功能、消声功能等是否正常。

（2）切断交流电源，观察备用电源自动投入工作情况，各项功能是否正常。

（3）观察各电压表、电流表的指示值，应在技术说明书所规定的正常范围内。

（4）所有指示灯、开关、按钮应无损坏及接触不良情况。

（5）通过手动检查装置检查报警控制器的功能、性能时，自动灭火、输出控制接点等均不应动作，时钟亦不应停止计时。

3. 系统的功能、性能试验

（1）对系统中各种火灾探测器进行抽检，抽检应不少于系统探测器数的 10%。感烟火灾探测器进行加烟试验，感温火灾探测器进行加热试验。

（2）所抽检的探测器应能正常动作，如有不能正常动作，则应加量抽检。加量抽检再发现有不能正常动作的，应对系统中所有该类火灾探测器进行实效模拟检查试验。

（3）进行探测器的实效模拟试验时，观察报警控制器的声光显示报警是否正常，探测区域号与建筑部位的对应是否准确。

（4）拧下任何一个火灾探测器时，报警控制器上应有故障显示。

（5）如火灾自动报警系统与自动灭火装置连接时，在进行系统功能、性能实验前，应切断自动灭火装置与报警控制器的电气连接，但应检查报警控制器输出的灭火控制接点动作情况，如检查输出电压值或电流值是否符合要求等。

（6）系统调试应在连续运行 120h 无故障后，按规定的调试报告填写调试记录。

8.4 火灾自动报警系统施工验收标准

火灾自动报警系统施工验收执行以下国家现行标准的相关要求。

（1）《火灾自动报警系统施工及验收规范》GB 50166—2007；

（2）《火灾自动报警系统设计规范》GB 50116—98；

（3）《民用建筑电气设计规范》JGJ 16—2008；

（4）《建筑设计防火规范》GB 50016—2006；

（5）《高层民用建筑设计防火规范》GB 50045—95（2005 年版）。

8.5 火灾自动报警系统施工质量记录

火灾自动报警系统的施工质量记录包括：

（1）施工现场质量管理检查记录，见表 8.5-1。

（2）火灾自动报警系统施工过程检查记录（安装），见表 8.5-2。

（3）火灾自动报警系统施工过程检查记录（调试），见表 8.5-3。

（4）火灾自动报警系统质量控制资料核查记录，见表 8.5-4。

（5）火灾自动报警系统工程验收记录，见表 8.5-5。

施工现场质量管理检查记录 表 8.5-1

工程名称				施工单位	
施工执行规范名称及编号				监理单位	
子分部工程名称			设备、材料进场		
项目	《规范章节条款号》		施工单位检查评定记录		监理单位检查(验收)记录
检查文件及标识	2.2.1				
核对产品与检验报告	2.2.2、2.2.3				
检查产品外观	2.2.4				
检查产品规范、型号	2.2.5				
结论	施工单位项目负责人：(签章) 年 月 日			监理工程师(建设单位项目负责人)： (签章) 年 月 日	

火灾自动报警系统施工过程检查记录（安装）　　　　　　　　　表 8.5-2

工程名称			施工单位	
施工执行规范名称及编号			监理单位	
子分部工程名称		安　装		
项目	《规范》章节条款	施工单位检查评定记录	监理单位检查(验收)记录	
电缆电线	3.2.1			
	3.2.2			
	3.2.3			
	3.2.4			
	3.2.5			
	3.2.6			
	3.2.7			
	3.2.8			
	3.2.9			
	3.2.10			
	3.2.11			
	3.2.12			
	3.2.13			
	3.2.14			
	3.2.15			
控制器类设备	3.3.1			
	3.3.2			
	3.3.3			
	3.3.4			
	3.3.5			
火灾探测器	3.4.1			
	3.4.2			
	3.4.3			
	3.4.4			
	3.4.5			
	3.4.6			
	3.4.7			
	3.4.8			
	3.4.9			
	3.4.10			
	3.4.11			
	3.4.12			

项目	《规范》章节条款	施工单位检查评定记录	监理单位检查(验收)记录
手动火灾报警按钮	3.5.1		
	3.5.2		
	3.5.3		
消防电气控制装置	3.6.1		
	3.6.2		
	3.6.3		
	3.6.4		
模块	3.7.1		
	3.7.2		
	3.7.3		
	3.7.4		
火灾应急广播扬声器和火灾警报装置	3.8.1		
	3.8.2		
	3.8.3		
消防电话	3.9.1		
	3.9.2		
消防设备应急电源	3.10.1		
	3.10.2		
	3.10.3		
	3.10.4		
系统接地	3.11.1		
	3.11.2		
结论	施工单位项目负责人:(签章) 年 月 日		监理工程师:(建设单位项目负责人): (签章) 年 月 日

火灾自动报警系统施工过程检查记录（调试） 表 8.5-3

工程名称			施工单位	
施工执行规范名称及编号			监理单位	
子分部工程名称		调　试		
项目	调试内容	施工单位检查评定记录		监理单位检查（验收）记录
调试前检查	查验设备规格、型号、数量、备品			
	检查系统施工质量			
	检查系统线路			
火灾报警控制器	自检功能及操作级别			
	与控制器连线断路、短路，控制器故障信号发出时间			
	故障状态下的再次报警功能			
	火灾报警时间的纪录			
	控制器的二次报警纪录			
	消音和复位功能			
	与备用电源连线断路、短路，控制器故障信号发出时间			
	屏蔽和隔离功能			
	负载功能			
	主备电源的自动转换功能			
	控制器特有的其他功能			
	连接其他回路时的功能			
点型感烟、感温火灾探测器	检查数量			
	报警数量			
线型感温火灾探测器	检查数量			
	报警数量			
	故障数量			
红外光束感烟火灾探测器	减光率 0.9dB 的光路遮挡条件，检查数量和未响应数量			
	1.0～10.0dB 的光路遮挡条件，检查数量和未响应数量			
	11.5dB 的光路遮挡条件，检查数量和未响应数量			
吸气式探测器	报警时间			
	故障发出时间			
点型火焰探测器和图像型火灾探测器	报警功能			
	故障功能			
手动火灾报警按钮	检查数量			
	报警数量			

续表

项目	调试内容	施工单位检查评定记录	监理单位检查(验收)记录
消防联动控制器	自检功能及操作级别		
	与控制器连线断路、短路，控制器故障信号发出时间		
	与备用电源连线断路、短路，控制器故障信号发出时间		
	消音和复位功能		
	屏蔽和隔离功能		
	负载功能		
	主备电源的自动转换功能		
	自动联动、联动逻辑及手动插入优先功能		
	手动启动功能		
	自动灭火控制系统功能		
区域显示器(火灾显示盘)	接收火灾报警信号的时间		
	消音和复位功能		
	操作级别		
	火灾报警时间的纪录		
	控制器的二次报警功能		
	主备电源的自动转换功能和故障报警功能		
可燃气体报警控制器	自检功能及操作级别		
	与控制器连线断路、短路，控制器故障信号发出时间		
	故障状态下的再次报警时间及功能		
	消音和复位功能		
	与备用电源连线断路、短路，控制器故障信号发出时间		
	高、低限报警功能		
	设定值显示功能		
	负载功能		
	主备电源的自动转换功能		
	连接其他回路时的功能		
可燃气体探测器	探测器响应时间		
	探测器恢复时间		
	发射器光路全部遮挡时，线型可燃气体探测器的故障型		

项目	调试内容	施工单位检查评定记录	监理单位检查(验收)记录
消防电话	自检功能及操作级别		
	功能正常、语音清晰的数量		
消防应急广播设备	手动强行切换功能		
	全负荷试验,广播语音清晰的数量		
	联动功能		
	任一扬声器断路条件下其他扬声器工作状态		
系统备用电源	电源容量		
	断开主电源、备用电源工作时间		
消防设备应急电源	控制功能和转换功能		
	显示状态		
	保护功能		
	应急工作时间		
	故障功能		
消防控制中心图形显示装置	显示功能		
	查询功能		
气体灭火控制器	启动及反馈功能		
	延时功能		
	自动及手动控制功能		
	信号发送功能		
防火卷帘控制器	手动控制功能		
	两步关闭功能		
	分隔防火分区功能		
其他受控部件	检查数量		
	合格数量		
系统性能	系统功能		

结论	施工单位项目经理: (签章) 年　月　日	监理工程师:(建设单位项目负责人): (签章) 年　月　日

火灾自动报警系统质量控制资料核查记录

表 8.5-4

工程名称		分部工程名称	
施工单位		项目经理	
监理单位		总监理工程师	

序号	资料名称	数量	核查人	核查结果
1	系统竣工图			
2	施工过程检查记录			
3	调试记录			
4	产品检验报告、合格证及相关材料			

结论	施工单位项目负责人： （签章） 年　月　日	监理工程师： （签章） 年　月　日	建设单位项目负责人： （签章） 年　月　日

火灾自动报警系统工程验收记录

表 8.5-5

工程名称		分部工程名称	
施工单位		项目经理	
监理单位		总监理工程师	

序号	验收项目名称	条款	验收内容纪录	验收评定结果
1	布线	5.3.1		
2	技术文件	5.3.2		
3	火灾报警控制器	5.3.3		
4	点型火灾探测器	5.3.4		
5	线型感温火灾探测器	5.3.5		
6	红外光束感烟火灾探测器	5.3.6		
7	空气吸气式火灾探测器	5.3.7		
8	点型火焰探测器和图像型火灾探测器	5.3.8		
9	手动火灾报警按钮	5.3.9		
10	消防联动控制器	5.3.10		
11	消防电气控制装置	5.3.11		
12	区域显示器（火灾显示盘）	5.3.12		
13	可燃气体报警控制器	5.3.13		
14	可燃气体探测器	5.3.14		
15	消防电话	5.3.15		
16	消防应急广播设备	5.3.16		
17	系统备用电源	5.3.17		

序号	验收项目名称	条款	验收内容纪录	验收评定结果
18	消防设备应急电源	5.3.18		
19	消防控制中心图形显示装置	5.3.19		
20	气体灭火控制器	5.3.20		
21	防火卷帘控制器	5.3.21		
22	系统性能	5.3.22		
23	室内消火栓系统的控制功能	5.3.23		
24	自动喷水灭火系统的控制功能	5.3.24		
25	泡沫、干粉等灭火系统的控制功能	5.3.25		
26	电动防火门、防火卷帘门、挡烟垂壁的联动控制功能	5.3.26		
27	防烟排烟系统的联动控制功能	5.3.27		
28	消防电梯的联动控制功能	5.3.28		
29	消防应急照明和疏散指示系统	5.3.29		

分部工程验收结论	

验收单位	施工单位：(单位印章)	项目经理：(签章)
		年　月　日
	监理单位：(单位印章)	总监理工程师：(签章)
		年　月　日
	设计单位：(单位印章)	项目负责人：(签章)
		年　月　日
	建设单位：(单位印章)	建设单位项目负责人： (签章)
		年　月　日

注：分部工程质量验收由建设单位项目负责人组织施工单位项目经理、总监理工程师和设计单位项目负责人等进行。

9 漏电火灾报警系统（电气火灾监控系统）

9.1 概述

进入21世纪后，我国的生产生活用电量飞速增长，伴随而来的是电气火灾的发生率逐年增长，针对这一现象，我国参考日本等发达国家的经验提出了在建筑的供配电系统中设置漏电火灾报警系统即电气火灾监控系统的消防规范要求。

9.1.1 漏电火灾报警系统的设置场所

根据《建筑设计防火规范》GB 50016—2006 和《高层民用建筑设计防火规范》GB 50045—95（2005年版）的规定，下列场所宜设置漏电火灾报警系统：

1. 按一级负荷供电且建筑高度大于50m的乙、丙类厂房和丙类仓库；
2. 按二级负荷供电且室外消防用水量大于30L/s的厂房（仓库）；
3. 按二级负荷供电的剧院、电影院、商店、展览馆、广播电视楼、电信楼、财贸金融楼和室外消防用水量大于25L/s的其他公共建筑；
4. 国家级文物保护单位的重点砖木或木结构的古建筑；
5. 按一、二级负荷供电的消防用电设备。
6. 高层建筑内火灾危险性大、人员密集的场所。

9.1.2 漏电火灾报警系统的功能

漏电火灾报警系统应具有下列功能：

1. 探测漏电电流、过电流等信号，发出声光信号报警，准确报出故障线路地址，监视故障点的变化。
2. 储存各种故障和操作试验信号，信号存储时间不应少于12个月。
3. 切断漏电线路上的电源，并显示其状态。
4. 显示系统电源状态。

9.2 漏电火灾报警系统的构成及组件技术要求

9.2.1 漏电火灾报警系统的构成

漏电火灾报警系统主要由现场设备、通信线路和终端控制设备组成。如图9.2-1所示。

漏电火灾报警系统现场设备根据其安装方式可分为一体式和分体式，目前市场上产品以分体式为主。分体式现场设备主要包含漏电火灾报警监控模块、剩余电流互感器、电流互感器、感温探针。这些分体式现场设备的结构及外形如图9.2-2～图9.2-8所示；将所有分体式现场设备的功能集中在一个设备部件上即构成一体式现场设备。如图9.2-9所示。

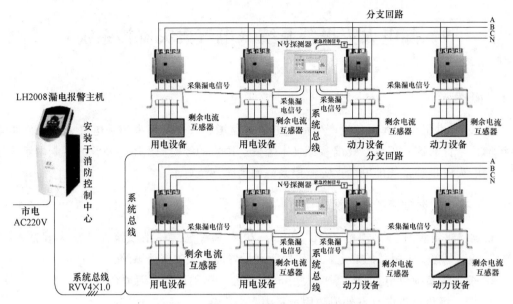

图 9.2-1 漏电火灾报警系统构成示意图

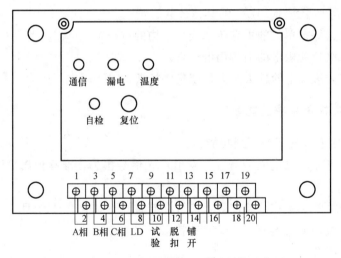

图 9.2-2 漏电火灾报警监控模块结构示意图

9.2.2 漏电火灾报警系统组件及技术要求

1. 漏电火灾报警系统的现场设备

漏电火灾报警系统的现场设备主要包括电气火灾监控探测器、剩余电流互感器、过电流互感器、感温探针（测温式传感器）等。其中电气火灾监控探测器通常可以分为剩余电流式电气火灾监控探测器和测温式电气火灾监控探测器两大类，新型的电气火灾监控探测器则可以同时监测剩余电流式传感器和温度传感器。

（1）剩余电流式电气火灾监控探测器

剩余电流式电气火灾监控探测器通过监测设置在配电供电线路上的剩余电流互感器、

过电流互感器所检测的剩余电流及过电流，来实现向终端设备传输报警信号，从而实现漏电报警功能。

图 9.2-3　漏电火灾报警监控模块外形图

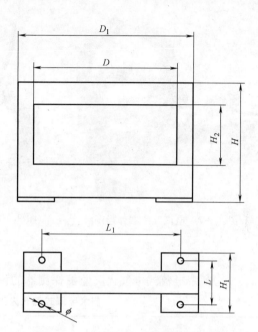

图 9.2-4　剩余电流互感器结构示意图

图 9.2-5　剩余电流互感器外形图

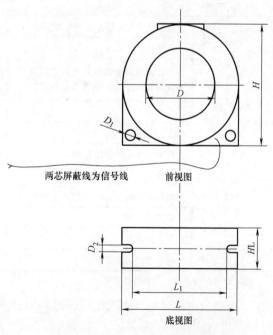

两芯屏蔽线为信号线　　　前视图

底视图

图 9.2-6　电流互感器结构示意图

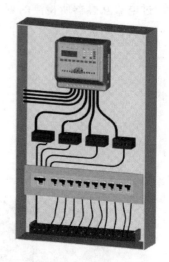

图 9.2-7 电流互感器外形图   图 9.2-8 感温探针外形图   图 9.2-9 一体式现场
                                                                        设备示意图

1）剩余电流式电气火灾监控探测器的设置部位见表 9.2-1。

剩余电流式电气火灾监控探测器设置部位　　　　　　　表 9.2-1

系统保护对象分级		剩余电流式电气火灾监控探测器设置部位		
		正常照明	正常动力	应急照明
特　　　级		●	●	●
一级	十九层及十九层以上的居住建筑	●	○	●
	一类建筑	●	●	●
	建筑高度不超过 24m 的公共建筑及建筑高度超过 24m 的单层公共建筑	●	●	●
	工业建筑	●	●	●
	地下公共建筑	●	●	●
二级	十层至十八层的居住建筑	●每栋（或单元）居住建筑的总电源进线处		
	二类建筑	●	○	●
	建筑高度不超过 24m 的公共建筑	●	○	●
	工业建筑	●	●	●
	地下公共建筑	●	○	●
三级	十层以下的居住建筑	○每栋（或单元）居住建筑的总电源进线		

注：●表示应设置；○表示宜设置。

2）剩余电流式电气火灾监控探测器的技术参数

工作电压：AC 220V；

工作电流：AC 5mA；

额定剩余电流：50～1000mA；

输出触点容量：2A/250V AC，2A/30V DC；

总线接口：24V，无极性；

过线电流：50～1000A；

过线电压：＜660V AC；

过线额定频率：50Hz/60Hz；

使用环境：温度－10～＋50℃；相对湿度≤95％；不结露。

（2）测温式电气火灾监控探测器

测温式电气火灾监控探测器通过监测设置在配电供电线路上的感温探针（测温式传感器）所检测的温度变化，来实现向终端设备传输报警信号，从而实现漏电报警功能。

1）测温式电气火灾监控探测器设置部位见表9.2-2。

测温式电气火灾监控探测器设置部位　　　　　　表9.2-2

系统保护对象分级		测温式电气火灾监控探测器设置部位			
		树干式配电回路出线端	放射式配电回路出线端或进线端	有可能产生过热型故障的配电设备	电缆接头、分支头及接线处
特级		●	●	●	○
一级	十九层及十九层以上的居住建筑	●	●	●	○
	一类建筑	●	●	●	○
	建筑高度不超过24m的公共建筑及建筑高度超过24m的单层公共建筑	●	●	●	○
	工业建筑	●	●	●	○
	地下公共建筑	●	●	●	○
二级	十层至十八层的居住建筑	○每栋（或单元）居住建筑的总电源进线处			
	二类建筑	○	○	○	○
	建筑高度不超过24m的公共建筑	○	○	○	○
	工业建筑	○	○	○	○
	地下公共建筑	○	○	○	○

注：●表示应设置；○表示宜设置。

2）测温式电气火灾监控探测器的技术参数

工作电压：220V/30mA 或 24V/250mA；

额定报警温度：55℃到140℃任意值可设；

总线接口：24V，无极性；

响应时间：≤40s；

使用环境：温度－10～＋50℃；相对湿度≤95％；不结露；

外壳防护等级：IP20。

（3）剩余电流互感器

用于安装于供电、配电箱内，检测供电、配电线路的剩余电流，是漏电火灾报警系统的最基本的检测单元。其技术参数如下：

1）报警电流：50mA到1000mA可设（步进50mA）；

2）不动作电流：报警电流的 50％；

3）过线电流：100～1250A；

4）过线电压：＜660V AC；

5）过线额定频率：50Hz/60Hz；

6）失电检测额定电压：AC220V；

7）总线接口：24V，无极性；

8）响应时间：≤40s；

9）使用环境：温度－10～＋50℃；相对湿度≤95％；不结露；

10）外壳防护等级：IP20；

11）线制：信号两总线无极性；

12）编码方式：电子编码和探测器自身编码。

（4）感温探针（测温式传感器）

用于安装于供电、配电箱内或电缆隧道内，检测供电、配电线路的温度变化，从而发出预报警，提高供电的可靠性。其技术参数如下：

1）测温范围：0～＋140℃；

2）导线：长度 3m，屏蔽导线；

3）使用环境：温度－10～＋180℃；相对湿度：≤ 95％；不结露；

4）外壳防护等级：IP54。

2. 漏电火灾报警控制器

漏电火灾报警系统终端设备为漏电火灾报警控制器。漏电火灾报警控制器是漏电火灾报警系统的信息收集、处理中心，设置在供电配电线路上的电气火灾探测器监测供电配电线路的剩余电流及温度变化，并通过总线将检测的剩余电流及温度变化数值传送给漏电火灾报警控制器，当剩余电流或温度变化达到报警设定值时，漏电火灾报警控制器进行声光报警，并将信息传送给电气火灾监控图形显示系统。由于在监控室可以直观、全面的检测整个建筑的供电线路的剩余电流数据、报警、供电线路失电状态等信息，从而减少和避免了电气老化、潮湿等原因引起的火灾。其技术参数主要包括：

（1）设备容量（地址数）：一般根据生产厂家的产品而定，从 32 点到 1536 点可选。

（2）总线形式：CAN 总线，最大通信距离＜10000m；

（3）主电源：220V±15％，50Hz，功率：80W；

（4）备电源：DC24V 7.5Ah 密封免维护铅酸电池；

（5）接口：设标准以太网接口及 USB 接口 2 个；

（6）工作环境：温度 0～40℃，相对湿度：≤95％。

3. 漏电火灾报警系统通信线路主要采用双绞线或屏蔽双绞线，并且具有阻燃或耐火等相应的防火要求。具体要求如下：

总线：采用 ZR-RVS 双绞双色线（红黑），线径截面不小于 1.0mm²。

消防端子：采用 ZR-BV 线，线径截面不小于 1.0mm²。

电源端子：采用 ZR-BV 线，线径截面不小于 1.0mm²。

9.3　漏电火灾报警系统施工工艺

9.3.1　工艺流程

线管预埋→检查预埋线管并穿带丝→穿线→检测线路→安装漏电报警现场设备→漏电报警主机安装→外控设备接线→联动程序编制及录入→系统调试及竣工验收等。

9.3.2　安装准备

1. 漏电火灾报警系统在安装设有漏电火灾报警系统的供配电系统应采用 TT 或 TN 形式的接地保护，如果为其他形式接地保护的供配电系统，应将供配电系统的线路变更或改造成 TT 或 TN 形式的接地保护系统；

2. 探测器在安装前应认真阅读产品安装使用说明书；

3. 安装前，根据设计图纸或供配电系统图检查并核对现场设备的规格是否符合设计使用要求；

4. 检查设备外观是否有损坏现象。

9.3.3　安装技术要点

1. 现场设备的安装及接线方式

电气火灾监控探测器（以下简称为监控模块）是电气安全监控系统的重要部件。监控模块可以选择安装于配电箱或电气安全检测系统专用箱内，与监控模块配用的剩余电流互感器、过电流互感器、感温探针和监控模块安装在一起。安装时，应先断开电源，将 A 相、B 相、C 相三相母线分别穿过每相过电流互感器的穿线孔，再将包括中性线 N 在内的四条线穿过剩余电流互感器的穿线孔，然后把三相电源线和 N 线接好，感温探针可以与三相母线和中性线捆绑在一起或固定在配电箱内发热电气元件附近，再将互感器和感温探针的信号线与监控模块连接。

监控模块有两种安装方式，分别为 DNA 导轨卡装式和面板嵌入式。

（1）DNA 导轨式安装

首先根据监控模块的导轨槽的尺寸截取一节 DNA 标准导轨（导轨长度大于导轨槽长度若干，便于调整监控模块的位置），取出 M4×10 半圆头螺钉 2 套。然后在所要安装的安装板上打两个 ϕ4.2mm 的孔，用螺钉将导轨固定在安装板上，如图 9.3-1 所示。

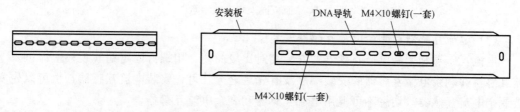

图 9.3-1　DNA 标准导轨的安装示意图

导轨安装完成后，验证并确保已经稳固。接下来可以将监控模块直接卡在导轨上，卡装时一定要注意现将监控模块导轨卡槽的下端卡在 DNA 导轨下边沿，然后再向上拨动导轨卡子并将监控模块 DNA 卡槽上边沿充分卡上 DNA 导轨，最后松开导轨卡子并确认监控模块已牢固的卡在了 DNA 导轨上。如图 9.3-2 所示。

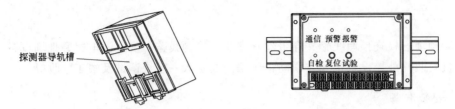

图 9.3-2　监控模块安装在 DNA 标准导轨示意图

安装所需配件和工具：

1）十字改锥一把、手电钻一把（钻头 4.5mm）；

2）每台探测器 M4×10 半圆头螺钉 2 套（螺钉、平弹垫、螺母）；

3）每台监控器需 DNA 导轨一节。

（2）面板嵌入式安装

依据监控模块卡装位置的外形尺寸在配电箱或专用箱的箱门中上部位开取孔洞，将监视模块从箱门的外侧嵌入孔洞内，并用固定卡子卡住箱门上空洞的内侧边缘即可。安装方式如图 9.3-3 所示。

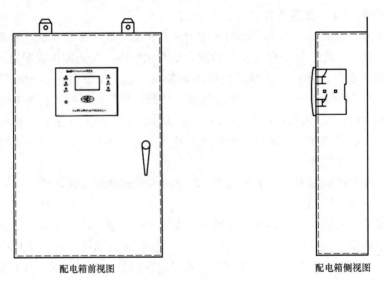

配电箱前视图　　　　　　　　　　　　　　　配电箱侧视图

图 9.3-3　面板嵌入式安装示意图

（3）电流互感器和剩余电流互感器安装

电流互感器和剩余电流互感器的安装相对比较简便，用螺钉固定在安装板上即可。电流互感器和剩余电流互感器的安装顺序没有先后之分，可先安装电流互感器，也可以先安装剩余电流互感器。切忌不可混用电流互感器和剩余电流互感器。

具体接线如图 9.3-4、图 9.3-5 所示。

2. 终端监控设备的安装

漏电火灾监控系统的终端监控设备设在消防控制室内或低压变电站的值班室内，以便

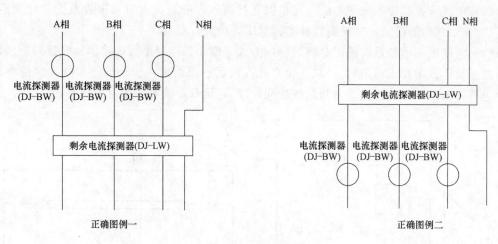

图 9.3-4　正确的接线图例

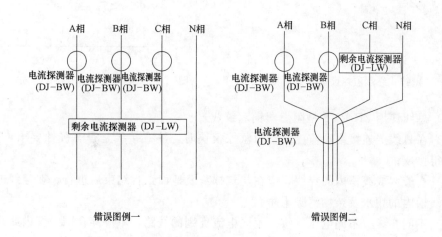

图 9.3-5　错误的接线图例

于有人集中处理紧急状况。终端监控设备根据其固定方式可分为壁挂式和落地式。

　　壁挂式终端监控设备安装在墙上时，其底边距地高度宜为 1.3~1.5m，其靠近门轴的侧面距离不应小于 0.5m，正面操作距离不应小于 1.2m。如图 9.3-6 所示。

　　落地式终端监控设备面盘前的操作距离：单列布置时不小于 1.5m，双列布置时不应小于 2m；在值班人员经常工作的一面，设备面盘至墙的距离不应小于 3m；设备面盘后的维修距离不宜小于 1m；设备面盘的排列长度大于 4m 时，其两端应设置宽度不小于 1m 通道，如图 9.3-7 所示。

　　3. 漏电火灾报警系统的通信方式一般采用总线型，工程项目建设中有消防自动报警系统通信总线的敷设可沿着消防自动报警系统敷设；若项目建设中无消防自动报警系统则需要单独穿金属线管敷设。并应符合下列要求：

　　（1）电气火灾监控系统的布线，应符合现行国家标准《电气装置安装工程施工及验收规范》GB 50254—1996 的规定。

（2）电气火灾监控系统的布线，应根据现行国家标准《火灾自动报警系统设计规范》GB 50116—2008 的规定，对导线的种类、电压等级进行检查。

（3）电气火灾监控系统采用总线制通信方式，即一条总线上可连接多台监控模块（其容量根据具体设备要求而定），并联连接方式，最远连接距离一般不低于 1000m（指终端监控设备到最远一台监控模块之间总线连线长度），延长距离可加通信中继器。

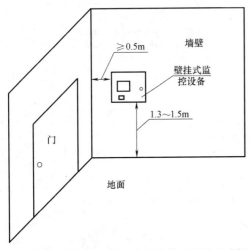

图 9.3-6　壁挂式终端监控设备墙上安装示意图　　　图 9.3-7　落地式终端监控设备安装示意图

（4）总线使用 ZR-RVS 型阻燃塑铜双绞线。

（5）在总线上连接终端监控设备和监控模块时，注意接线是否有极性要求，如果有，一定不得接反。

（6）在管内或线槽内的穿线，应在建筑抹灰及地面工程结束后进行。在穿线前，应将管内或线槽内的积水及杂物清除干净。

（7）不同系统、不同电压等级、不同电流类别的线路，不应穿在同一管内或线槽的同一槽孔内。

（8）导线在管内或线槽内，不应有接头或扭结。导线的接头，在接线盒内焊接或用端子连接。

（9）敷设在多尘或潮湿场所管路的管口和管子连接处，均应作密封处理。

（10）管路超过下列长度时，应在便于接线处装设接线盒：

1）管子长度每超过 30m，无弯曲时；

2）管子长度每超过 20m，有 1 个弯曲时；

3）管子长度每超过 10m，有 2 个弯曲时；

4）管子长度每超过 8m，有 3 个弯曲时。

（11）管子入盒时，盒外侧应套锁母，内侧应装护口，在顶棚内敷设时，盒的内外侧均套锁母。

（12）在吊顶内敷设各类管路和线槽时，宜采用单独的卡具吊装或支撑物固定。

（13）线槽的直线段应每隔 1.0～1.5m 设置吊点或支点，在下列部位也应设置吊点或支点：

1）线槽接头处；

2）距接线盒 0.2m 处；

3）线槽走向改变或转角处；

4）直线段不大于 3m 处。

（14）吊装线槽的吊杆直径，不小于 6mm。

（15）管线经过建筑物的变形缝（包括沉降缝、伸缩缝、抗震缝等）处，应采取补偿措施，导线跨越变形缝的两侧应固定，并留有适当余量。

（16）电气火灾监控系统导线敷设后，应对每回路的导线用 500V 的兆欧表测量绝缘电阻，其对地绝缘电阻值不小于 20 MΩ。

4. 安装、接线注意事项

（1）安装监控模块时，监控模块四周要留出足够的接线空间（尤其留有手持接口的一面）。

（2）配电柜（箱）内低压系统走线时，要使导线和本产品保持一定的距离，尽可能的使强电线路远离监控模块。

（3）剩余电流式电气火灾监控系统的敷线要符合消防系统的敷线方式。

（4）现场设备间的信号线的极性要求。

9.3.4 系统调试

现场监控模块对配电回路的保护主要是通过现场监控模块设定的整定值与配电回路的实测值进行对比完成的。当实测值小于整定值时，系统处于安全运行状态；当实测值大于等于整定值时，则处于报警状态。整定值的设定从功能上分包括过电流整定值、剩余电流整定值、延迟时间整定值和温度整定值等几种。

1. 过电流整定

过电流整定值的范围由所选用探测器的型号决定。

过电流整定分过电流预警电流整定（额定电流 80%）和过电流报警电流整定（额定电流 90%），它们规定了过电流预警阈值和过电流报警阈值，一般情况下，预警整定值要小于报警整定值。

2. 剩余电流整定

剩余电流整定值在 100～1600mA 范围内选择。

剩余电流整定分剩余电流预警电流整定（400mA）和剩余电流报警电流整定（500mA），它们规定了剩余电流预警阈值和剩余电流报警阈值。一般情况下，预警整定值要小于报警整定值。

3. 延迟时间整定

延迟时间是指报警信号发出以后直到脱扣的这段时间，以剩余电流延迟时间为例，如果设置为 100ms，则当剩余电流报警发生并持续了 100ms 后，报警信息将保持，直到手动复位；如果剩余电流报警发生并没有持续 100ms，报警将自动复位。

延迟时间整定分过电流延迟时间整定和剩余电流延迟时间整定。

4. 温度整定

温度报警整定值在 30～150℃ 范围内选择。复位方式为自动复位。

5. 整定步骤

（1）接线：确保系统二总线、电源线、探测器信号线及整定器至现场监控器的接口连接正确、牢固。

（2）给现场监控器加交流 220V 电源。

（3）参数设定。

（4）调试：

1）检查总线，确认无断路、短路、接错线的现象。

2）分别给每个现场监控模块通电，使其正常工作。

正常工作的标志为：启动时各个指示灯亮一次（通信灯除外），5s 后通信指示灯常亮，其他指示灯常亮或常灭，故障指示灯不能常亮，如故障指示灯常亮，则需重新上电启动。

3）启动监控设备，按以下步骤调试。

A. 界面应正常显示。

B. 在节点显示页面上应显示各个监控点的 ID 地址，如未显示，应先检查总线连接是否正确，再调节总线调节电位器（一边调，一边观察是否有 ID 上线），调节到所有的监控点 ID 均一次上线为止（不能是一个一个的上线）。

C. 进入功能界面，各个监控点的属性均能正常显示。

D. 给每个监控点人为制造一个报警，监控设备均能正常反应。

9.4　漏电火灾报警系统施工验收标准

漏电火灾报警系统目前暂无具体的施工及验收规范，一般可参照以下规范执行。

（1）《火灾自动报警系统施工及验收规范》GB 50166—2007；

（2）《建筑电气工程施工质量验收规范》GB 50303—2002；

（3）《电气装置安装工程施工及验收规范》GB 50254—96。

9.5　漏电火灾报警系统施工质量记录

漏电火灾报警系统主要施工质量记录包括：施工现场质量管理检查记录，见表 9.5-1。

施工现场质量管理检查记录　　　　　　　　　　表 9.5-1

工程名称				
建设单位		监理单位		
设计单位		项目负责人		
施工单位		施工许可证		
序号	项　目	内　容		
1	现场质量管理制度			
2	质量责任制			
3	主要专业工种人员操作上岗证书			
4	施工图审查情况			
5	施工组织设计\施工方案及审批			
6	施工技术标准			
7	工程质量检验制度			
8	现场材料、设备管理			

序号	项 目	内 容
9	其他项目	
结论	施工单位项目负责人： （签章） 年 月 日	监理工程师： （签章） 年 月 日	建设单位项目负责人： （签章） 年 月 日

10 火灾应急照明和疏散指示标志系统

10.1 概述

火灾应急照明及疏散指示标志系统是为人员疏散、消防作业提供照明和疏散指示的系统，由各类消防应急灯具及相关装置组成。火灾应急照明和疏散指示标志的设置，是在发生火灾时正常照明电源切断后，引导被困人员疏散或帮助施救人员展开灭火救援行动。火灾应急照明和疏散指示标志主要包括事故应急照明、应急出口标志及疏散指示灯等。火灾应急照明和疏散指示标志按照系统的智能程度不同，分为以下几种。

10.1.1 普通型火灾应急照明和疏散指示标志系统

按照使用与控制方式的不同，普通型火灾应急照明和疏散指示标志系统又可分为以下几种：

1. 采用带蓄电池的应急照明灯及疏散指示灯的火灾应急照明和疏散指示标志系统。应急照明及疏散指示灯具作为消防产品，蓄电池连续供电时间不少于 20min，高度超过 100m 的高层建筑连续供电时间不少于 30min。

2. 采用双电源供电切换作备用电源的火灾应急照明和疏散指示标志系统。发生火灾时切断非消防电源，另一回路供电给应急照明灯和疏散指示标志。

3. 采用双回路切换供电的同时，再在应急灯内装蓄电池，形成三路线制的火灾应急照明和疏散指示标志系统。

4. 采用集中 UPS 作为备用电源的火灾应急照明和疏散指示标志系统。发生火灾断电后，UPS 集中供给应急照明灯和疏散指示标志。火灾应急照明灯外观及安全出口灯外观如图 10.1-1、图 10.1-2 所示。

图 10.1-1 火灾应急照明灯外观图　　　　　图 10.1-2 安全出口灯外观图

5. 根据规范要求，建筑面积超过 8000m² 的展览建筑、总建筑面积超过 5000m² 的地上商场、总建筑面积超过 500m² 的地下和半地下商店、歌舞娱乐放映游艺场所以及座位超过 1500 个的电影院、座位超过 3000 个的体育馆等，地面应该设置能保持视觉连续的灯光疏散指示标志或蓄光疏散指示标志。蓄光自发光型消防疏散指示标志，具有蓄光、发光功能：吸收日光、灯光、环境杂散光等各种

图 10.1-3　蓄光疏散指示标志

可见光，黑暗处即可自动持续发光，给人们黑暗中更多的信息指示。蓄光疏散指示标志的外观如图 10.1-3 所示。

10.1.2　智能型火灾应急照明及疏散指示标志系统

智能型火灾应急照明及疏散指示标志系统是在火灾现场有一套自成一体的火灾逃生系统。利用火灾自动报警系统的报警信号，启动本系统相应区域内的火灾应急照明及疏散指示灯，同时灯具或设置在现场的扬声器发出语音逃生提示，这样可有效降低人们的恐慌心理，能主动地避开烟、雾、火。

10.2　系统构成及组件技术要求

10.2.1　系统构成

普通型火灾应急照明和疏散指示标志系统由供电系统和灯具等组成。

1. 消防应急照明和疏散指示标志系统的供电系统应符合相关规范的要求。消防应急照明和疏散指示标志系统的供电系统分为双电源供电、UPS 电源供电以及疏散灯内可充电的电源供电三种。

（1）当消防应急照明和疏散指示标志系统负荷级别为一级时，应由两路电源供电。两路电源是为建筑提供的由两个不同的变电站引入的电源，当其中的一路电源断电后，通过设备最末一级的双电源互投箱自动或手动切换到另一路电源。

（2）UPS 电源为应急电源，即在市电停电以后可以短时间供电的电源，在市电正常情况下，用市电直接给负载供电，同时用一个充电器给电池供电使电池处于满储能状态，一旦市电停电，一个逆变器启动，利用电池的直流电能变换成交流电流给负载供电一段时间。

（3）应急照明和疏散灯内的电源一般为充电电池，正常情况下市电提供应急照明及疏散灯的电源，同时为其内部设置的充电电池充电，当市电突然停电后，充电电池放电。

（4）根据消防设计规范要求，应急照明及疏散指示标志的电源提供不应少于 20min，高层建筑不应少于 30min。为了疏散及时，市电与应急照明电源的切换时间应在 5s 以内，给消防应急照明灯具供电的交流单相回路工作电流不宜大于 16A。

2. 应急照明灯具

应急照明灯是在正常照明电源发生故障时，能有效地照明和显示疏散通道，或能持续照明而不间断工作的一类灯具。

(1) 应急照明灯由光源、电池（或蓄电池）、灯体和电气部件等组成。应急照明灯具的外壳应采用不燃或难燃材料制作，内部连线采用耐火或耐温不低于 105℃ 的导线，且连接牢固。

(2) 应急照明灯具的光源有卤钨灯、白炽灯及荧光灯等，能够瞬时点亮。采用荧光灯等气体放电光源的应急灯还包括变换器及其镇流装置。

(3) 电池的选择应符合下面规定：使用白炽灯时放电时间不少于 20min，使用荧光灯时放电时间不少于 30min；安装体积不能过大的应急灯应使用镍镉电池或铅酸电池，放电时间比较长的可采用大容量开口型电池。

(4) 电气部件包括直流和交流的变换器、检测电路工作性能的切换开关、镇流部件等。

(5) 在正常照明电源发生故障时，应急照明灯具能有效地照明和显示疏散通道。

(6) 应急照明灯可按工作状态和功能进行分类。

1) 应急照明灯按用途可分为三类：

A. 消防应急标志灯。

B. 消防应急照明灯具。

C. 消防应急照明标志复合灯具。

2) 应急照明灯按工作状态可分为两类：

A. 持续式应急灯。不管正常照明电源有否故障，能持续提供照明。

B. 非持续式应急灯。只有当正常照明电源发生故障时才提供照明。

3) 应急照明灯按应急供电方式分为三类：

A. 自带电源型灯具。

B. 集中电源型灯具。

C. 子母型灯具。

4) 应急照明灯按应急控制方式分为两类：

A. 非集中控制型应急照明灯具。

B. 集中控制型消防应急灯具。

3. 应急照明灯具在 60°到 0°水平线视角内（图 10.2-1 中阴影部分）的表面亮度不应大于 200cd，60°到 90°垂线视角内（图 10.2-1）不应大于表 10.2-1 的规定。

4. 疏散指示灯

疏散指示灯的图形应符合 GB 13459 的要求。疏散指示灯可分为电致发光型和光致发光型两种。

(1) 电致发光型疏散指示灯应采用不燃材料制作，或在外部安装玻璃或不燃透明材料的保护罩。其光源与应急照明灯一致。疏散指示灯的疏散方向标识有向左、向右以及双向箭头，同时疏散方向设置有单面和双面标识两种，文字标识有安全出口、楼层显示等（中文或英文）。

(2) 光致发光型疏散指示灯即前述蓄光型疏散指示灯。单色标志灯表面的安全出口指示标志、疏散方向指示标志以及楼层显示标志应为绿色发光部分，背景部分不应发光。当

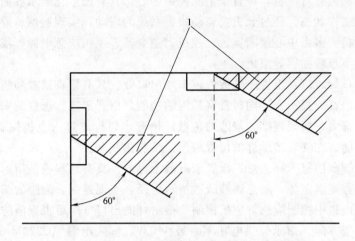

图 10.2-1 应急照明灯具照射角度示意图

白色与绿色组合标志表面的标志灯，背景颜色应为白色且应发光。

应急照明灯具的眩光限值 表 10.2-1

灯具安装高度(m)	灯具表面亮度限值(cd)	
	疏散区域	工作区域和高危险区域
≤ 2.5	500	1000
2.5~3	900	1800
3~3.5	1600	3200
3.5~4	2500	5000
4~4.5	3500	7000
≥ 4.5	5000	10000

（3）中型及大型消防应急标志灯的标志图形高度不应小于灯具面板高度的 80%，也可增加辅助文字，但辅助文字的高度应不大于标志图形高度的 1/2，不小于标志图形高度的 1/3。楼层显示装置的面板应由阿拉伯数字及 F 组成，笔画宽度应不小于 10mm，地下层应在相应的楼层前加"一"。

10.2.2 智能消防应急照明疏散指示标志系统

1. 智能消防应急照明疏散指示标志系统，采用集中监控方式，通过信息技术、计算机技术和自动控制技术等对目标楼宇内的消防安全通道进行实时监控，在获得消防报警火灾联动信息后，对逃生路径进行自动分析，调整疏散方案。为实现在火灾发生时能动的调整应急标志灯指示方向，本系统与消防报警系统联动，借助消防报警系统感烟探测器探测到的火灾信息，对疏散设备进行控制、发送指令，实施频闪、语音、光流闪动等动作。

2. 系统构成

智能消防应急照明疏散指示逃生系统由以下各部分组成。

（1）感烟火灾探测器，消防火灾报警主机是消防智能应急疏散指示逃生系统进行联动的外部系统，是火警信息的来源。

（2）集中控制应急灯主机，设置于消防控制中心，具有图形化显示界面，同时显示系统中所有设备的工作状态。通过和火灾自动报警系统的联动，实现避烟、避险的目的。集中控制应急灯主机大多由中心接入器、工控机、逆变器、主机应急电源、液晶显示器、打印机、消防联动节点转换器等组成。

（3）语音出口标志灯：设置于疏散通道末端出口处。具有语音播放功能，可根据使用环境附之以不同语音的提示音，同时具有频闪的功能。语音出口标志灯的安装，可增强火灾中对烟雾的穿透力，实现避烟、避险的疏散。语音出口标志灯由主机控制，可带语音、频闪、灭灯等功能。在安装指示灯的位置需预留暗装接线盒。

（4）双向可调疏散指示标志灯：设置于疏散走道内，具有远程控制指示方向调整的功能，根据火灾烟雾蔓延走势，动态调整疏散指示路径，实现避烟、避险的疏散。双向可调疏散指示标志灯由集中控制应急灯主机控制，指示灯的出口方向可根据消防联动信息由主机柜发出指令改变方向。指示灯供电功率一般为 3W，输入电源 AC220V/50Hz。指示灯应急放电时间不小于 2h。

（5）地面导向光流灯：设置于人员密集的主干道内，应急启动时，形成稳定向前滚动的光带，是保持视觉连续的疏散指示标志，同时具有调整疏散方向的功能，应用时，设置间距一般为 0.5～1.5m 之间。在安装时，为减小电压降，总长为 45m 的地面导向光流灯组的供电线应选用有效截面为 2.5mm² 的电源线。更长或较短距离时，可根据情况选用较粗或较细的电源线。地面导向光流灯的输入电源为 AC220V/50Hz，应急放电时间不小于 2h。

3. 系统主要功能

（1）监测功能

1）实时监测系统供电（通信）网络各回路开路、短路及连接状态。

2）实时监测与供电（通信）网络连接的应急灯具开路、短路状态。

3）实时监测应急灯具内蓄电池的充电情况，判定蓄电池是否充满。

4）检测蓄电池的寿命，判定电池、光源的故障。

5）实时监测应急灯具蓄电池工作期的应急时间。

6）定期检测应急转换功能和应急持续时间，并可根据不同标准要求设定检测周期和检测时间。同时为避免在检测过程中发生火灾，可设定检测间隔灯具的数量和时间，为使监测数据准确，自动避开检测前发生应急放电情况的灯具。

（2）智能控制功能

1）可以远程设定应急灯具工作方式，如持续式、非持续式、可控式。

2）根据火灾报警的区域选择最佳逃生路线，控制标志灯导向箭头方向。

3）可以远程设定和控制语音提示、导光流、频闪及灭灯等其他联动功能。

4）配合监测系统可以自动控制或手动控制应急灯具的应急转换功能，以确保完成监测任务。

（3）智能动态导光

1）智能动态导光是根据火灾报警系统发出的联动信号自动确定火灾区域，由计算机分析选择最佳逃生路线，并控制标志灯导向箭头方向，同时可以结合语音提示引导。

2）智能动态导光技术可以通过手动操作选择由计算机预先设定的应急预案选择最佳

逃生路线，并控制标志灯导向箭头的光流方向，同时可以结合语音提示引导。

10.3　应急照明和疏散指示标志系统施工工艺

10.3.1　工艺流程

应急照明及疏散指示标志系统的施工工艺流程，一般为预埋线管、穿线校线、设备安装及系统调试等几个阶段。

10.3.2　安装技术要点

1. 线管安装技术要点

（1）用于应急照明及疏散指示标志系统中的线管一般采用金属管。

（2）线管安装分为明装及暗装两种。金属电线管暗装，即将线管敷设于混凝土结构内或后砌墙内，线管明装即安装于结构表面，并均匀喷涂防火涂料。

（3）管路敷设时，以下情况需加设接线盒：

1）在管长超过 45m 且无弯时；

2）管长超过 30m 有一个弯时；

3）管长超过 20m 有 2 个弯时；

4）管长超过 12m 有 3 个弯时。

同时，其弯曲半径应为电线管的外径的 6 倍，直径大于 32mm 的管子弯管时采用液压弯管器施工。

（4）线管暗敷技术要点

1）线管安装施工前应以设计图为依据，充分考虑其他专业的预埋影响因素，使管线保持直线敷设。尽量减少管路弯曲状况，确实不能避让的线盒照图预埋。

2）对于成排线盒，采用纵横拉线法对其定位。定位处作"十"字标记。

3）墙体内的线盒标高按设计标高确定，注意横向钢筋的影响而作上下调整；线盒水平距门边、墙角的距离应保持一致。线盒紧贴模板，一次配管到位。

4）墙体内的线盒处宜预留泡沫块，暗管与明管的连接处，宜预埋接线盒，作中转连接。

5）线盒及电管线路定位后，根据管路走向和测量尺寸下料。

6）墙上暗配管，随砌体砌筑敷设在墙内。配管作业时，先立管距箱盒 200mm 左右，再将箱、盒稳定好。再接短管，一次到位。

7）对现浇钢筋混凝土内配管，管路敷设应敷设在两层钢筋之内，与邻近钢筋间用扎丝绑扎固定，其保护层厚度应不小于 30mm，配管时先找准安装位置，弹上"十"字线，线盒中心对准"十"字标记的中心，直接用圆钉固定在模板上。线盒固定处周边涂以红丹标记，便于拆模后查找。当线管弯成"乙"字弯进盒时，应保证管进盒顺直。线盒在固定前用废纸或竹絮等物堵塞好，用粘胶带包好。管路敷设好后，在土建浇筑混凝土时，应派专人守护，以防施工时将管路损坏。土建拆模后，应将管路的管口和线盒找出，并穿 16 号铁丝，必要时模拟穿线，发现有堵塞情况，作好记录并及时处理。在管路进行检查清理后，将管口和接线盒封闭严密，以防异物进入管路。

（5）明敷设线管技术要点

线管明敷设前应喷涂防火涂料。线管安装应尽量做到横平竖直，沿墙敷设的管道应紧贴墙壁，成排线管敷设时其间距应一致，线管的固定间距应符合规范要求。顶板下明装线管应按照规范固定间距要求安装吊杆，线管与吊杆的固定采用专用的固定件进行固定。直径小于 25mm 的线管固定吊杆可借用装修吊顶的吊杆。

2. 穿线校线

（1）选择导线

各回路的导线应严格按照设计图纸选择型号规格，本系统导线一般选用阻燃 BV 铜芯导线，截面面积为 $2.5mm^2$ 及以上。电气工程中，应急、疏散指示灯分为两根线、三根线两种；两根线是灯自带电池，有电时电池充电灯不亮，停电时电池放电灯亮，一般用于普通场所；三根线是双电源（灯不带电池）加一零线，即二火一零，灯保持 24h 长亮，有电时由正常电源供电，停电时由备用电源供电，用于比较重要场所（宾馆、商场、影剧院等）；实际采用几根应依据设计图纸。

（2）穿带线

穿带线的目的是检查管路是否畅通，管路的走向及盒、箱质量是否符合设计及施工图要求。带线采用钢丝，先将钢丝的一端弯成不封口的圆圈，再利用穿线器将带线穿入管路内，在管路的两端应留有 $10\sim15cm$ 的余量（在管路较长或转弯多时，可以在敷设管路的同时将带线一并穿好）。当穿带线受阻时，可用两根钢丝分别穿入管路的两端，同时搅动，使两根钢丝的端头互相钩绞在一起，然后将带线拉出。

（3）清扫管路

配管完毕后，在穿线之前，必须对所有的管路进行清扫。清扫管路的目的是清除管路中的灰尘、泥水等杂物。具体方法为：将布条的两端牢固地绑扎在带线上，两人来回拉动带线，将管内杂物清净。

（4）放线及断线

放线前应根据设计图对导线的规格、型号进行核对，放线时导线应置于放线架或放线车上，不能将导线在地上随意拖拉，更不能野蛮使力，以防损坏绝缘层或拉断线芯。剪断导线时，导线的预留长度按接线盒及灯头盒内导线的预留长度为 15cm 考虑。

（5）管内穿线

在穿线前，应检查钢管（电线管）各个管口的护口是否齐全，如有遗漏和破损，均应补齐和更换。穿线时应注意不同回路、不同电压和交流与直流的导线，不得穿入同一管内，导线在变形缝处，补偿装置应活动自如，导线应留有一定的余量。

（6）导线连接

导线接头不能增加电阻值，受力导线不能降低原机械强度，不能降低原绝缘强度。为了满足上述要求，在导线做电气连接时，必须先削掉绝缘再进行连接，多股线需搪锡或压接，包缠绳丝。单股导线建议采用具有成熟工艺的压接法，但压接帽的选择必须按照产品说明书进行。接线分二线制接线法和三线制接线法两种。二线制接线示意图如图 10.3-1 所示。

该接法是专用应急灯具常用接法，适用在应急灯平时不作照明使用，待断电后，应急灯自动点亮。也适用于微功耗应急灯平时常亮，待遇断电后，转为应急持续点亮。接线处

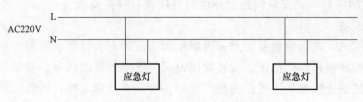

图 10.3-1　二线制接线图

将线直接接入电源线路或设置二孔插座，不方便日后的放电维护。建议在接线处设置控制开关，并将开关设置在普通人能够触及的位置，方便操作。对于三线制接线，下图 10.3-2 为三线制接线示意图。

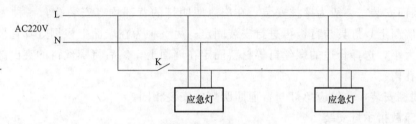

图 10.3-2　三线制接线图

该接法可对应急灯具平时的开或关进行控制，当外电路断电时不论开关处于何种状态，应急灯立即点亮应急。K 为平时照明开关。建议将 K 设置在合适位置，方便维护人员及公安消防人员进行维护及检查操作。当然，各应急灯具宜设置专用线路，中途不设置开关。

二线制和三线制型应急灯具可统一接在专用电源上。各专用电源的设置应和相应的防火规范结合。应急电源与灯具分开放置的，对专用线路设置开关可统一控制灯具，更方便日常维护及检查操作。

（7）导线包扎

首先用橡胶绝缘带从导线接头处始端的完好绝缘层开始，缠绕 1～2 个绝缘带宽度，再以半幅宽度重叠进行缠绕。在包扎过程中应尽可能地收紧绝缘带（一般将橡胶绝缘带拉长 2 倍后再进行缠绕）。而后在绝缘层上缠绕 1～2 圈后进行回缠，最后用胶布包扎，包扎时要搭接好，以半幅宽度边压边进行缠绕。

（8）线路检查及绝缘摇测

首先进行线路的检查，接、焊、包全部完成后，应进行自检和互检；检查导线接、焊、包是否符合设计要求及有关施工验收规范及质量验收标准的规定，不符合规定的应立即纠正，检查无误后方可进行绝缘摇测。导线线路的绝缘摇测一般选用 500V 摇表进行测量。填写绝缘电阻测试记录。摇动速度应保持在 120r/min 左右，读数应采用一分钟后的读数为宜。

3. 设备安装

安全出口和疏散门的正上方采用"安全出口"灯作为指示标志，沿疏散走道设置的灯光疏散指示标志，应设置在疏散走道及其转角处距地面高度 1m 以下的墙面上，且灯光疏散指示标志间距不应大于 20m，对于袋形走道，不应大于 10m，在走道转角区，不应大于

1m。对于应急照明灯，其安装间距及地面照度应符合规范要求。

（1）安装准备

根据设计图纸，确定应急照明及疏散指示标志灯的安装位置、数量、型号等，且灯具具备消防专业检测报告、合格证、安装使用说明书及安装接线图等。安装用工具材料已经齐全，线缆连接的压线帽、压线钳充足、完好。接线盒清理干净，线缆按照标准留有适量余量。经过电缆校线及绝缘摇测，线缆穿线达到规范要求。同时经过确认，线路的电源已经切断，确保线路不带电。现场已经具有足够的安装专业技术人员。

（2）应急照明灯安装

应急照明灯一般安装在墙面的上部、顶棚上或安全出口的顶部，故应急照明灯的安装方式可分为为墙面安装和吊顶安装两种。

1）墙面安装，一般为壁挂安装。在应急照明灯的背部均有安装孔，一种为将灯具背板固定在墙面上，灯具与背板再进行安装固定；另一种为在墙面上根据灯具背板上安装孔的间距及大小，选择合适的螺丝钉等材料固定在墙面上，然后将螺丝钉的突出部分插入灯具的安装孔内。

2）顶棚安装，一般应急灯与普通照明灯的安装相同。

（3）疏散指示灯安装

疏散指示灯一般安装在墙面上，距地面高度为1m以内。墙面安装的疏散指示灯与应急照明灯的安装方法基本一致。

（4）应急照明和疏散指示灯的接线，一般灯具自带电线长度为30cm左右，因此要求在穿线过程中在灯具处留有适当的余量。墙面安装的灯具，在灯具安装位置应预留过线盒。

（5）地面疏散指示安装的位置、间距、数量、类别等，可根据现场特征按相应的国家标准规范执行。对于平整、干燥的地面，可将发光牌或发光带直接粘贴固定。

10.3.3　系统调试

1. 应急照明及疏散指示标志系统调试前，施工现场的供电系统应为正常运行状态，具备双电源供电且主、备电切换正常。安装有电池的应急照明灯及安全疏散灯具的充电电池应充电完成。检查系统线路，对于错线、开路、虚焊、短路、绝缘电阻小于 $20M\Omega$ 等问题，应采取相应的处理措施。

2. 双电源供电的应急照明及疏散指示标志系统，在主电源供电的情况下，应急照明灯及疏散指示灯为常亮状态。模拟交流电源供电故障，系统应顺利转为应急电源工作，转换时间不大于5s。在双电源互投箱处进行电源切换，应急照明灯及疏散指示灯保持常亮，同时无论主、备电供电，应急照明灯及疏散指示灯均不受现场照明开关的控制。在转入应急状态下，用时钟记录应急工作时间，应急工作时间不应小于90min。

3. 具有充电电池的应急照明灯及疏散指示灯，在供电系统正常供电的情况下，其照度应符合规范的要求。在调试中，模拟火灾状态切断供电电源，应急照明灯及疏散指示灯内的电池应立即对其进行供电，保证灯具常亮，同时计量灯具在正常照度下的工作时间，应达到规范要求。电池放电完成后，接通供电电源，充电电池应在充电状态。用数字万用表测量工作电压，灯具电池放电终止电压不应低于额定电压的80%，并有过充电、过放电保护。

4. 应急照明灯照度的测试，在应急状态下使应急照明灯打开 20min，用照度计在通道中心线任一点测量照度，疏散通道的照度不应低于 0.5lx。疏散指示标志灯的照度测量时，用照度计在疏散指示灯前 1m 处的通道中心点进行测量，其测量值不应小于 1lx。

5. 对于智能应急照明及疏散指示标志系统的调试，首先进行操作控制功能的调试，应急照明控制器应能控制任何消防应急灯具从主电工作状态转入应急工作状态，并应有相应的状态指示和消防应急灯具转入应急状态的时间。检查应急照明控制器的防止非专业人员操作的功能。断开任一消防应急灯具与应急照明控制器间连线，应急照明控制器应发出声、光故障信号，并显示故障部位。故障存在期间，操作应急照明控制器，应能控制与此故障无关的消防应急灯具转入应急工作状态。断开应急照明控制器的主电源，使应急照明控制器由备电工作，应急照明控制器在备电工作时各种控制功能应不受影响，且能工作 2h 以上。关闭应急照明控制器的主程序，系统内的消防应急灯具应能按设计的联动逻辑转入应急工作状态。

10.4　应急照明和疏散指示标志系统施工验收标准

应急照明和疏散指示标志系统的施工及验收应执行以下现行国家标准：

(1)《建筑电气工程施工质量验收规范》GB 50303—2002；

(2)《高层民用建筑设计防火规范》GB 50045—95（2005 年版）；

(3)《建筑设计防火规范》GB 50016—2006。

10.5　应急照明和疏散指示标志系统施工质量记录

应急照明和疏散指示标志系统施工质量记录包括：

(1)《电气设备、材料进场验收记录》，见表 10.5-1。

电气设备、材料进场验收记录　　　　　　　　　　　　　　表 10.5-1

工程名称		分部（子分部）工 程		
施工单位		分包单位		检验人员
设备、材料名称		型号、规格		进场数量
出厂质量证明技术文件		质量认证文件		抽检数量
检验项目	检验部位、结果（数据）			
铭牌标识				
外观、接地设施 检查				

续表

性能检测	
质量证件 粘贴处	

建设单位验收意见	施工单位检查结果	分包单位检查结果	监理单位验收结论
项目专业负责人： 年　月　日	项目专业负责人： 年　月　日	项目专业负责人： 年　月　日	监理工程师： 年　月　日

（2）《接地电阻测试结果》，见表 10.5-2。

接地电阻测试结果　　　　　　　　　　　　　　　　表 10.5-2

工程名称				分部（子分部） 工　程			测试 人员	
施工单位				分包单位			仪表 型号	

接地名称	接地体 类别	接地体 引入位置	季节 系数	接地电阻值（Ω）				备注
				规定值	实测值	实际值	结果	

施工单位测试结果	分包单位测试结果	监理（建设）单位验收结论
项目专业负责人： 　　　　年　月　日	项目专业负责人： 　　　　年　月　日	监理工程师： （建设单位项目专业负责人） 　　　　年　月　日

季节 系数	月份	1	2	3	4	5	6	7	8	9	10	11	12
	系数	1	1	1.1	1.1	1.2	1.2	1.3	1.6	1.5	1.4	1.2	1.1

（3）《低压电气线路、一般电气设备绝缘电阻测试记录》，见表 10.5-3。

低压电气线路、一般电气设备绝缘电阻测试记录　　表 10.5-3

工程名称		分部(子分部)工　　程										
施工单位		额定电压					测试人员					
分包单位		仪表型号电压等级					环境温度			℃		
图号		绝缘电阻测试值(MΩ)										
线路或设备名称	线路系统编号或设备位置编号	AB	BC	CA	AN	BN	CN	A PE	B PE	C PE	N PE	测试结果

施工单位测试结果 施工专业负责人： 　　　年　月　日	分包单位测试结果 项目专业负责人： 　　　年　月　日	监理(建设)单位验收结论 监理工程师： (建设单位项目专业负责人) 　　　年　月　日

（4）《电线导管、电缆导管和线槽敷设检验批质量验收记录表》，见表 10.5-4。

电线导管、电缆导管和线槽敷设检验批质量验收记录表　　表 10.5-4

单位(子单位)工程名称					
分部(子分部)工程名称				验收部位	
施工单位				项目经理	
分包单位				分包项目经理	
施工执行标准名称及编号					

		施工质量验收规范的规定		施工单位检查评定记录	监理(建设)单位验收记录
主控项目	1	金属导管、金属线槽的接地或接零	第 14.1.1 条		
	2	金属导管的连接	第 14.1.2 条		
	3	防爆导管的连接	第 14.1.3 条		
	4	绝缘导管在砌体剔槽埋设	第 14.1.4 条		
一般项目	1	电缆导管的弯曲半径	第 14.2.3 条		
	2	金属导管的防腐	第 14.2.4 条		
	3	柜、台、箱、盘内导管管口高度	第 14.2.5 条		
	4	暗配管的埋设深度、明配管的固定	第 14.2.6 条		
	5	线槽固定及外观检查	第 14.2.7 条		
	6	防爆导管的连接、接地、固定和防腐	第 14.2.8 条		
	7	绝缘导管的连接和保护	第 14.2.9 条		
	8	柔性导管的长度、连接和接地	第 14.2.10 条		
	9	导管和线槽在建筑物变形缝处的处理	第 14.2.11 条		

	专业工长(施工员)		施工班组长	
施工单位检查评定结果	项目专业质量检查员：　　　　年　月　日			
监理(建设)单位验收结论	监理工程师： (建设单位项目专业技术负责人)　　　　年　月　日			

（5）《电缆、电缆穿管和线槽敷线检验批质量验收记录表》，见表 10.5-5。

电缆、电缆穿管和线槽敷线检验批质量验收记录表　　表 10.5-5

		单位(子单位)工程名称			
		分部(子分部)工程名称		验收部位	
		施工单位		项目经理	
		分包单位		分包项目经理	
		施工执行标准名称及编号			
		施工质量验收规范规定		施工单位检查评定记录	监理(建设)单位验收记录
主控项目	1	交流单芯电缆不得单独穿于钢导管内	第15.1.1条		
	2	电线穿管	第15.1.2条		
	3	爆炸危险环境照明线路的电线、电缆选用和穿管	第15.1.3条		
一般项目	1	电线、电缆管内清扫和管口处理	第15.2.1条		
	2	同一建筑物、构筑物内电线绝缘层颜色的选择	第15.2.2条		
	3	线槽敷线	第15.2.3条		
		专业工长(施工员)		施工班组长	
施单位检查评定结果		项目专业质量检查员:　　　　　　　　年　月　日			
监理(建设)单位验收结论		监理工程师: (建设单位项目专业技术负责人)　　　　年　月　日			

（6）《电线、电缆导管隐蔽工程验收记录》，见表 10.5-6。

电线、电缆导管隐蔽工程验收记录 　　　　　　　　　　　　表 10.5-6

工程名称				分部(子分部)工　　程					
施工单位				分包单位				验收部位	
隐检内容	管种类(穿电缆种类)								
	导管厚度分类								
	埋设处结构类型								
	导管弯曲半径(*D*)								
	管连接方法								
	管外保护层厚度(mm)								
	钢管防腐作法								
	管路去向核实结果								
	穿越变形缝施工方法图示或说明								
	钢管在丝接、箱盒处连接及跨接(标注跨接线规格)图　　　示						钢管主接地点位置作法		
施工单位检查结果 项目专业负责人： 　　年　月　日			分包单位检查结果 项目专业负责人： 　　年　月　日			监理(建设)单位验收结论 监理工程师： (建设单位项目专业负责人) 　　年　月　日			

注：1. 弯曲半径填写敷管外径的倍数，*D* 为管外径。
　　2. 厚度分类：钢管为＞ 或 ≤2mm；塑料管为轻、中、重三类。

（7）《系统电源与接地检测记录》，见表 10.5-7。

系统电源与接地检测记录 表 10.5-7

工程名称		分部（子分部）系 统	
施工单位		项目经理	
分包单位		项目经理	

执行标准名称及编号：

序号	检测内容	评定结果	备注
1	引接验收合格的电源		
2	避雷接地装置		
3	智能化系统的接地装置		
4	防过流与防过压元件的接地装置		
5	防电磁干扰屏蔽的接地装置		
6	防静电接地装置		
7	与建筑物等电位连接		
8			
9			

结论：

分包单位检测结果	施工单位检查结果	监理（建设）单位验收意见
专业负责人：	专业负责人：	监理工程师： （建设单位专业负责人）
年 月 日	年 月 日	年 月 日

11 消防机械防排烟系统

11.1 概述

消防防排烟系统是消防防烟系统和消防排烟系统的总称。消防防烟系统是指采用机械加压送风方式或自然通风方式，防止烟气从着火区域向非着火区域蔓延，确保紧急疏散通道安全的系统。消防排烟系统是指采用机械排烟方式或自然通风方式，将着火区域的烟气排至建筑物外，防止着火区域烟气向非着火区域蔓延，降低着火区域的烟气浓度，确保建筑物内的人员顺利疏散的系统。

11.1.1 消防防排烟系统的类型及设置场所

1. 消防防排烟系统的类型

建筑物的消防防排烟系统包括消防防烟系统和消防排烟系统两大类。其中消防防烟系统按可分为机械加压送风防烟系统和可开启外窗的自然排烟系统。消防排烟系统可分为机械排烟系统和可开启外窗的自然排烟系统。本章内容主要介绍机械加压送风防烟系统和机械排烟系统，即介绍消防机械防排烟系统。

2. 消防机械防排烟系统的设置场所

（1）消防机械防烟系统的设置场所

1）《建筑设计防火规范》GB 50016—2006 规定，下列场所应设置机械加压送风防烟设施：

A. 不具备自然排烟条件的防烟楼梯间；

B. 不具备自然排烟条件的消防电梯间前室或合用前室；

C. 设置自然排烟设施的防烟楼梯间，其不具备自然排烟条件的前室。

2）《高层民用建筑设计防火规范》GB 50045—95（2005 年版）规定，下列部位应设置独立的机械加压送风的防烟设施：

A. 不具备自然排烟条件的防烟楼梯间、消防电梯间前室或合用前室；

B. 采用自然排烟措施的防烟楼梯间，其不具备自然排烟条件的前室；

C. 封闭避难层（间）。

（2）消防机械排烟系统的设置场所

1）《建筑设计防火规范》GB 50016—2006 规定，下列应设置排烟设施的场所不具备自然排烟条件时，应设置机械排烟设施

A. 丙类厂房中建筑面积大于 $300m^2$ 的地上房间；人员、可燃物较多的丙类厂房或高度大于 32m 的高层厂房中长度大于 20m 的内走道；任一层建筑面积大于 $5000m^2$ 的丁类厂房；

B. 占地面积大于 $1000m^2$ 的丙类仓库；

C. 公共建筑中经常有人停留或可燃物较多，且建筑面积大于 $300m^2$ 的地上房间；长度大于 20m 的内走道；

D. 中庭；

E. 设置在一、二、三层且房间建筑面积大于 200m² 或设置在四层及四层以上或地下、半地下的歌舞娱乐放映游艺场所；

F. 总建筑面积大于 200m² 或一个房间建筑面积大于 50m² 且经常有人停留或可燃物较多的地下、半地下建筑或地下室、半地下室；

G. 其他建筑中长度大于 40m 的疏散走道。

2)《高层民用建筑设计防火规范》50045—95（2005 年版）规定，一类高层建筑和建筑高度超过 32m 的二类高层建筑的下列部位，应设机械排烟设施：

A. 无直接自然通风，且长度超过 20m 的内走道或虽有直接自然通风，但长度超过 60m 的内走道。

B. 面积超过 100m²，且经常有人停留或可燃物较多的地上无窗房间或设固定窗的房间。

C. 不具备自然排烟条件或净空高度超过 12m 的中庭。

D. 除利用窗井等开窗进行自然排烟的房间外，各房间总面积超过 200m² 或一个房间面积超过 50m²，且经常有人停留或可燃物较多的地下室。

11.2 消防机械防排烟系统的构成及组件技术要求

11.2.1 消防机械防烟系统（机械加压送风系统）的构成

消防机械防烟系统（机械加压送风系统）由加压（正压）送风机、送风管道、加压送风口及风机电气控制箱等组成。如图 11.2-1 所示。

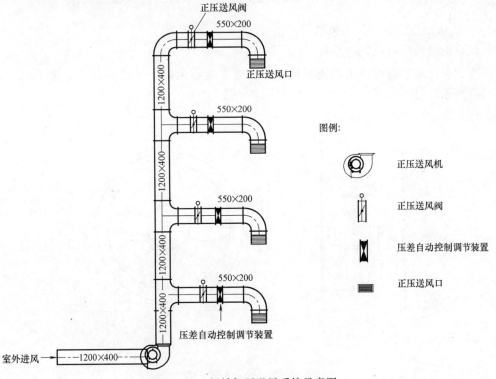

图 11.2-1 机械加压送风系统示意图

11.2.2 消防机械排烟系统的构成

消防机械排烟系统由排烟风机、排烟管道、排烟阀或排烟口、排烟防火阀及风机电气控制箱等组成。如图 11.2-2 所示。

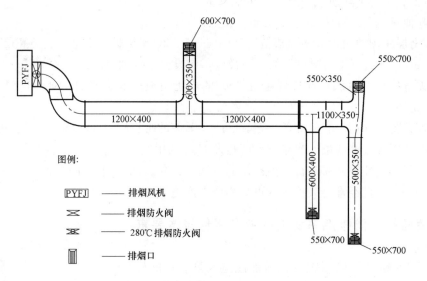

图 11.2-2 机械排烟系统示意图

11.2.3 消防机械防烟系统（机械加压送风系统）系统组件及技术要求

1. 机械加压（正压）送风机

（1）机械加压送风机的形式

机械加压送风机可采用轴流风机或中、低压离心风机，风机的形式如图 11.2-3、图 11.2-4 所示。

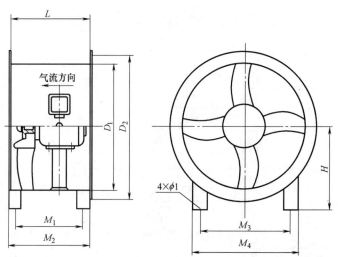

图 11.2-3 轴流风机示意图

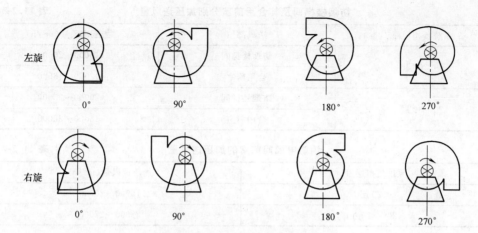

左旋　　0°　　90°　　180°　　270°

右旋　　0°　　90°　　180°　　270°

图 11.2-4　离心风机示意图

（2）机械加压（正压）送风机的技术要求

1）机械加压送风机的选择应考虑风量、风压、安装位置等因素。

A.机械加压送风机的风量应根据建筑物所需机械加压送风量的大小来确定，一般原则如下：

（A）《建筑设计防火规范》GB 50016—2006 规定：

机械加压送风防烟系统的加压送风量应经计算确定。当计算结果与表 11.2-1 的规定不一致时，应采用较大值。

最小机械加压送风量　　　　　　　　　　　　　　　　　　　　　表 11.2-1

条件和部位		加压送风量（m³/h）
前室不送风的防烟楼梯间		25000
防烟楼梯间及其 合用前室分别加压送风	防烟楼梯间	16000
	合用前室	13000
消防电梯间前室		15000
防烟楼梯间采用自然排烟， 前室或合用前室加压送风		22000

注：表内风量数值系按开启宽×高＝1.5m×2.1m 的双扇门为基础的计算值。当采用单扇门时，其风量宜按表列数值乘以 0.75 确定；当前室有两个或两个以上门时，其风量宜按表列数值乘以 1.5～1.75 系数计算。开启门时，通过门的风速不宜小于 0.7m/s。

（B）《高层民用建筑设计防火规范》50045—95（2005 年版）规定：

高层建筑防烟楼梯间及其前室、合用前室和消防电梯间前室的机械加压送风量应由计算确定，或按表 11.2-2 至表 11.2-5 的规定确定。当计算值和本表不一致时，应按两者中较大值确定。

防烟楼梯间（前室不送风）的加压送风量　　　　　　　　　　　表 11.2-2

系统负担层面	加压送风量（m³/h）
<20 层	25000～30000
20～32 层	35000～40000

防烟楼梯间及其合用前室分别加压送风量 表 11.2-3

系统负担层面	送风部位	加压送风量（m³/h）
<20 层	防烟楼梯间	16000～20000
	合用前室	12000～16000
20～32 层	防烟楼梯间	20000～25000
	合用前室	18000～22000

消防电梯间前室的加压送风量 表 11.2-4

系统负担层面	加压送风量（m³/h）
<20 层	15000～20000
20～32 层	22000～27000

防烟楼梯间采用自然排烟，前室或合用前室不具备自然排烟条件时的加压送风量

表 11.2-5

系统负担层面	加压送风量（m³/h）
<20 层	22000～27000
20～32 层	28000～32000

注：1. 表 11.2-2～表 11.2-5 的风量按开启 2.0m×1.6m 的双扇门确定。当采用单扇门时，其风量可乘以 0.75 系数计算；当有两个或两个以上出入口时，其风量应乘以 1.5 ～1.75 系数计算。开启门时，通过门的风速不宜小于 0.7m/s。

2. 风量上下限选取应按层数、风道材料、防火门漏风量等因素综合比较确定。

层数超过三十二层的高层建筑，其送风系统及送风量应分段设计。

剪刀楼梯间可合用一个风道，其风量应按两个楼梯间的风量计算，送风口应分别设置。

封闭避难层（间）的机械加压送风量应按避难层净面积每平方米不小于 30m³/h 计算。

B. 机械加压送风机的全压，除了计算最不利环管道压头损失外，尚应有余压。其余压值应符合下列要求：

（A）防烟楼梯间为 40～50Pa。

（B）前室、合用前室、消防电梯间前室、封闭避难层（间）为 25～30Pa。

C. 机械加压送风机的位置应根据供电条件、风量分配平衡、新风入口不受火、烟威胁等因素确定。

2）机械加压送风机应具有国家专门检测机构检测合格的型式检验报告。

3）机械加压送风机的新风入口应设有金属安全网，传动皮带应设防护罩。

4）敞开式新风入吸管道上应设置止回阀或常闭的电动阀，并应在电动阀开启后联锁风机启动。

2. 送风管道

（1）送风管道的材质

机械加压送风系统的管道必须采用不燃材料制作。一般分为金属风管、非金属风管及复合材料风管三大类。金属风道一般为采用普通钢薄板、镀锌薄钢板、不锈钢板或铝板制作的风管，非金属管道一般为内表面光滑的混凝土管道（送风竖井），复合材料风管则多为有机、无机玻璃钢风管。

（2）送风管道的技术要求

1）玻璃钢风管的技术要求

A. 有机玻璃钢风管的技术要求

（A）有机玻璃钢风管板材的厚度，不得小于表 11.3-6 的规定。

有机玻璃钢风管板材的厚度（mm）　　　　　　　　　表 11.2-6

圆形风管直径 D 或矩形风管长边尺寸 b	壁厚
$D(b) \leqslant 200$	2.5
$200 < D(b) \leqslant 400$	3.2
$400 < D(b) \leqslant 630$	4.0
$630 < D(b) \leqslant 1000$	4.8
$1000 < D(b) \leqslant 2000$	6.2

（B）风管不应有明显扭曲，内表面应平整光滑，外表面应整齐美观，厚度应均匀，且边缘无毛刺，并无气泡及分层现象。

（C）风管的外径或外边长尺寸的允许偏差为 3mm，圆形风管的任意正交两直径之差不应大于 5mm，矩形风管的两对角线长度之差不应大于 5mm。

（D）矩形风管的边长大于 900mm，且管段长度大于 1250mm 时应加固，加固筋的分布应均匀、整齐。

B. 无机玻璃钢风管的技术要求

（A）无机玻璃钢风管的板材厚度应符合表 11.2-7 的规定。

中、低压系统无机玻璃钢风管板材的厚度（mm）　　　　表 11.2-7

圆形风管直径 D 或矩形风管长边尺寸 b	壁厚
$D(b) \leqslant 300$	2.5～3.5
$300 < D(b) \leqslant 500$	3.5～4.5
$500 < D(b) \leqslant 1000$	4.5～5.5
$1000 < D(b) \leqslant 1500$	5.5～6.5
$1500 < D(b) \leqslant 2000$	6.5～7.5
$D(b) > 2000$	7.5～8.5

（B）风管的外径或外边长尺寸的允许偏差：当小于或等于 300mm 时，为 2mm；当大于 300mm 时，为 3mm。管口平面度的允许偏差为 2mm，矩形风管两对角线长度之差不应大于 3mm；圆形法兰的任意正交两直径之差不应大于 2mm。

（C）风管的表面应光洁、无裂纹、无明显泛霜和分层现象。

2）金属风管的技术要求

A. 镀锌薄钢板风管的表面不得有裂纹、结疤及水印等缺陷，应有镀锌层结晶花纹。

B. 矩形风管边长大于或等于 630mm 和保温风管边长大于或大于 800mm，其管段长度在 1250mm 以上时均应采取加固措施。边长小于或等于 800mm 的风管，宜采用楞筋、楞线的方法加固。

C. 圆形风管直径大于等于 800mm，其管段长度大于 1250mm 或总表面积大于 4m² 均应采取加固措施。

D. 风管的强度应能满足在 1.5 倍工作压力下接缝处无开裂。

3. 加压（正压）送风口

（1）加压（正压）送风口的形式

楼梯间的加压送风口一般采用自垂百叶风口或常开的百叶风口。当采用常开的百叶风口时，应在加压送风机出口处设置止回阀。

前室的加压送风口为常开的双层百叶风口。

常用的送风口的结构形式如图 11.2-5、图 11.2-6、图 11.2-7 所示。

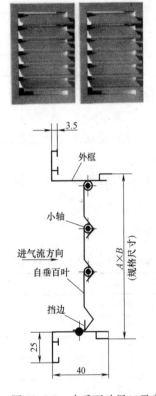

图 11.2-5　自垂百叶风口示意图

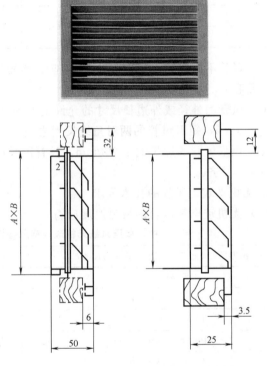

图 11.2-6　常开的百叶风口示意图

图 11.2-7　常开的双层百叶风口示意图

（2）加压（正压）送风口的技术要求

1）加压（正压）送风口的外形尺寸以风口的颈部外径与外边长为准，其尺寸的允许偏差值应符合表 11.2-8 的规定。

2）风口的转动调节部分应灵活，叶片应平直，同边框不得碰撞。

3）百叶风口的叶片间距应均匀，两端轴的中心应在同一直线上。

4. 风机电气控制箱

风机电气控制箱一般随加压送风机配套供应，因此，一般需根据风机的功率选定。其技术要求如下：

（1）风机电气控制箱的箱体应有一定的机械强度，周边平整无损伤。铁质箱体底板厚度不小于 1.5mm。

（2）风机电气控制箱内的主要元器件应为"CCC"认证产品。

（3）箱内配线、线槽等附件应与主要元件相匹配。

（4）手动式开关机械性能要求有足够的强度和刚度。

风口尺寸允许偏差（mm）　　　　　　　　　　　　　　表 11.2-8

圆形风口		
直径	≤ 250	> 250
允许偏差	0～2	0～3
矩形风口		
边长	< 300	300～800	> 800
允许偏差	0～1	0～2	0～3
对角线长度	< 300	300～500	>500
对角线长度之差	≤1	≤2	≤3

11.2.4　消防机械排烟系统组件及技术要求

1. 排烟风机

（1）排烟风机的形式

排烟风机可采用离心风机或排烟轴流风机，离心风机如图 11.2-4 所示，排烟轴流风机如图 11.2-8 所示。

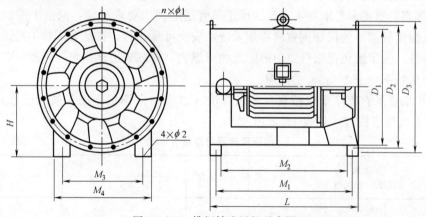

图 11.2-8　排烟轴流风机示意图

（2）排烟风机的技术要求

1）排烟风机应能在 280℃的环境条件下连续工作不少于 30min。

2）排烟风机应具有国家专门检测机构检测合格的型式检验报告。

3）在排烟风机入口的总管上应设置当烟气温度超过 280℃时能自行关闭的排烟防火阀，该阀应与排烟风机联锁，当该阀关闭时，排烟风机应能停止运转。

4）排烟风机的选择应考虑风量、风压等因素。

A. 排烟风机的风量应根据建筑物所需机械排烟量的大小来确定，一般原则如下：

《建筑设计防火规范》GB 50016—2006 及《高层民用建筑设计防火规范》50045—95
（2005 年版）均规定：机械排烟系统的排烟量不应小于表 11.2-9 的规定。

机械排烟系统的最小排烟量   表 11.2-9

条件和部位		单位排烟量 [m³/(h·m²)]	换气次数 （次/h）	备注
担负 1 个防烟分区		60	—	单台风机排烟量不应小于 7200m³/h
室内净高大于 6m 且不划分防烟分区的空间				
担负 2 个及 2 个以上防烟分区		120	—	应按最大防烟分区面积确定
中庭	体积小于等于 17000m³	—	6	体积大于 17000m³ 时，排烟
	体积大于 17000m³	—	4	量不应小于 102000m³/h

B. 排烟风机的全压应满足排烟系统最不利环路的要求，其排烟量应考虑 10%～20%
的漏风量。

2. 排烟管道

（1）排烟管道的材质

排烟管道必须采用不燃材料制作。一般分为金属风管、非金属风管及复合材料风管三
大类。金属风道一般为采用普通钢薄板、镀锌薄钢板、不锈钢板或铝板制作的风管，非金
属管道一般为内表面光滑的混凝土管道（送风竖井），复合材料风管则多为有机、无机玻
璃钢风管。

（2）排烟管道技术要求

1）排烟管道技术要求基本上与加压送风管道的技术要求相同，但由于排烟管道所排
除的烟气温度较高，为保证火灾时排烟系统的安全可靠运行，排烟管道除了必须采用不燃
材料制作外，为了避免排烟管道引燃附近的可燃物，排烟管道还应采用不燃材料隔热，或
与可燃物保持不小于 150mm 的间隙。

2）排烟金属管道厚度应按现行国家标准《通风与空调工程施工质量验收规范》GB
50243 的有关要求执行，见表 11.2-10。

钢板风管板材厚度（mm）   表 11.2-10

类别 风管直径 D 或长边尺寸 b	圆形风管	矩形风管	
		中、低压系统	高压系统
$D(b) \leqslant 320$	0.50	0.50	0.75
$320 < D(b) \leqslant 450$	0.60	0.60	0.75
$450 < D(b) \leqslant 630$	0.75	0.60	0.75
$630 < D(b) \leqslant 1000$	0.75	0.75	1.00
$1000 < D(b) \leqslant 1250$	1.00	1.00	1.00
$1250 < D(b) \leqslant 2000$	1.20	1.00	1.20
$2000 < D(b) \leqslant 4000$	按设计	1.20	按设计

注：排烟系统风管钢板厚度可按高压系统矩形风管板材厚度确定。

3. 排烟阀

（1）排烟阀一般安装在排烟系统的风管上，平时常闭，发生火灾时，感烟探测器发出火警信号，控制中心输出 DC 24V 电源，使排烟阀迅速打开，也可通过手动打开排烟阀，通过排烟口进行排烟。排烟阀的结构形式如图 11.2-9 所示。

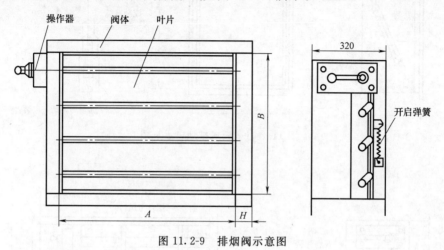

图 11.2-9　排烟阀示意图

（2）排烟阀的技术要求

1）平时呈常闭状态，火灾时通过消防控制中心发来的 DC24V 开启；

2）可手动开启阀门（可远距离电气式手动开启）；

3）阀门动作后手动复位；

4）漏风量（压差 1000Pa）：≤700m³/m²·h。

4. 排烟口

（1）排烟口一般有排烟风口、板式排烟口、多叶排烟口、远控多叶排烟口等形式，排烟口的结构形式如图 11.2-10、图 11.2-11、图 11.2-12、图 11.2-13 所示。

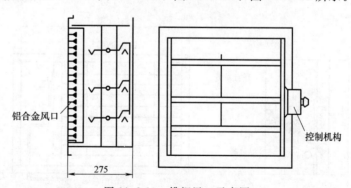

图 11.2-10　排烟风口示意图

（2）排烟口的技术要求

1）排烟风口的技术要求

A. 一般安装在吊顶上的排烟管道上，平时常闭，发生火灾时，感烟探测器发出火警信号，控制中心输出 DC 24V 电源，使排烟口迅速打开进行排烟，外部的铝合金风口，起到装饰性作用。

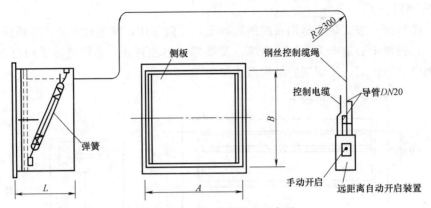

图 11.2-11 板式排烟口示意图

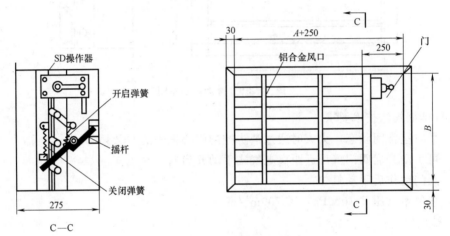

图 11.2-12 多叶排烟口示意图

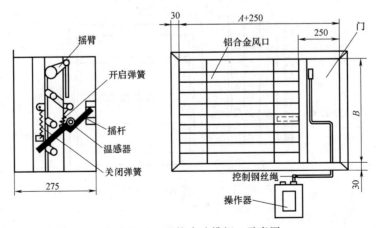

图 11.2-13 远控多叶排烟口示意图

B. 启动电压：DC 24V。

C. 手动开启、手动复位。

D. 阀门打开时，输出两路电信号。

2）板式排烟口的技术要求

A. 板式排烟口一般安装在走道吊顶板上或墙上、防烟前室，也可以直接安装在排烟风道末端。平时常闭，发生火灾时，感烟探测器发出火警信号，控制中心输出 DC 24V 电源给远程控制装置，远程控制装置动作，使排烟口迅速打开进行排烟，也可通过手动打开排烟口进行排烟。

B. 启动电压：DC 24V。

C. 远距离手动开启，远距离手动复位。

D. 排烟口打开时输出电信号，可与排烟风机联锁。

3）多叶排烟口的技术要求

A. 多叶排烟口通常安装在走道防烟前室、无窗房间的排烟系统上。一般在侧墙上安装，平时常闭。发生火灾时，感烟探测器发出火警信号，控制中心输出 DC 24V 电源给排烟口上的控制机构，使排烟口迅速打开进行排烟，也可通过远控手动打开，远控手动复位。

B. 启动电压：DC24V。

C. 手动开启，手动复位。

D. 排烟口打开时输出电信号，可与排烟风机联锁。

4）远控多叶排烟口的技术要求

A. 远控多叶排烟口一般安装在走道侧墙或无窗房间的排烟系统上。平时常闭。发生火灾时，感烟探测器发出火警信号，控制中心输出 DC 24V 电源给排烟口上的控制机构，使排烟口迅速打开，也可通过手动打开排烟口进行排烟。

B. 启动电压：DC 24V。

C. 远距离手动开启，远距离手动复位。

D. 排烟口打开时输出电信号，可与排烟风机连锁。

5. 排烟防火阀

（1）排烟防火阀的机构形式如图 11.2-14、图 11.2-15 所示。

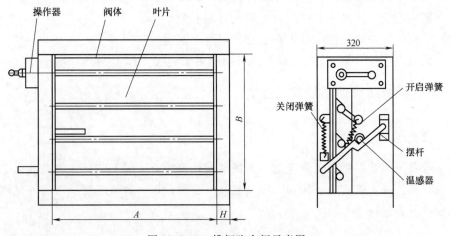

图 11.2-14 排烟防火阀示意图

（2）排烟防火阀的技术要求

1）排烟防火阀一般安装在排烟系统的风管上或排烟口处，平时常闭，发生火灾时，

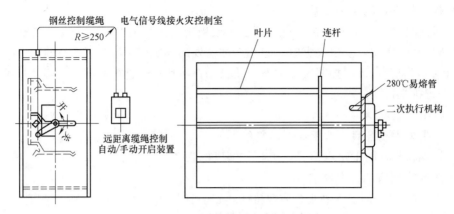

图 11.2-15　远控排烟防火阀示意图

感烟探测器发出火警信号，控制中心输出 DC 24V 电源给排烟防火阀上的控制机构，使排烟防火阀迅速打开，也可通过手动打开排烟防火阀进行排烟，当烟道温度达到 280℃时自动关闭，也可手动复位。

2）启动电压：DC 24V。

3）手动开启，手动复位或手动远距离开启、复位。

4）温度达到 280℃时自动关闭。

5）排烟防火阀打开时输出电信号，可与排烟风机联锁。

6. 排烟风机电气控制箱

风机电气控制箱一般随排烟风机配套供应，因此，一般需根据风机的功率选定。其技术要求如下：

（1）风机电气控制箱的箱体应有一定的机械强度，周边平整无损伤。铁质箱体底板厚度不小于 1.5mm。

（2）风机电气控制箱内的主要元器件应为"CCC"认证产品。

（3）箱内配线、线槽等附件应与主要元件相匹配。

（4）手动式开关机械性能要求有足够的强度和刚度。

（5）风机电气控制箱应能在 280℃的环境条件下连续工作不少于 30min。

11.3　消防机械防排烟系统施工工艺

11.3.1　工艺流程

施工准备→风管预制加工→管道支、吊架制作安装→干管安装→立管安装（送排风竖井的内壁处理）→支管安装→风阀、风口安装→管道试压→管道防腐、保温→风机安装→系统调试→开通运行

11.3.2　安装准备

1. 认真熟悉图纸，制定施工方案，并根据施工方案进行技术、安全交底。

2. 核对有关专业图纸，查看各种管道的坐标、标高是否有交叉或排列位置不当，及

时与设计人员研究解决，办理洽商手续。

3. 检查预埋套管和预留孔洞的尺寸和位置是否准确。

4. 检查风管、风阀、风机的选择是否符合设计要求和施工质量标准。

5. 施工机具运至施工现场并完成接线和通电调试，运行正常。

6. 合理安排施工顺序，避免工程交叉作业，影响施工。

11.3.3 安装技术要点

1. 风管系统安装的技术要点

（1）风管系统安装材料的检验

1）各种安装材料产品应具有出厂合格证明书或相关质量检测报告；

2）风管成品不许有变形、扭曲、开裂、孔洞、法兰脱落、法兰开焊、漏铆、漏打螺栓孔等缺陷；

3）安装的风阀、风口等部件的调节装置应灵活；

4）风管支吊架的材料选择应符合相关规范的规定。

（2）风管预制加工

目前，大多数风管的预制加工一般由专业化公司或专业车间根据安装单位的技术要求进行工厂化定制，在此不再赘述。

（3）风管支吊架制作安装

1）风管支、吊架制作的工艺要求

A. 支架的悬臂、吊架的吊铁应采用角钢或槽钢制成；斜撑应采用角钢；吊杆应采用圆钢；抱箍应采用扁铁制作。

B. 支、吊架在制作前，应首先对型钢进行矫正，矫正的方法分冷矫正和热矫正两种。小型钢材一般采用冷矫正；较大的型钢应加热到900℃左右后进行热矫正。矫正的顺序应先矫正扭曲、后矫正弯曲。

C. 型钢的切断和打孔，不应使用氧气乙炔切割；抱箍的圆弧应与风管的圆弧一致；支架的焊缝必须饱满，以保证具有足够的承载能力。

D. 吊杆圆钢应根据风管安装标高适当截取，套螺纹不宜过长，螺纹末端不应超出托盘最低点。

E. 风管支、吊架制作完成后，应进行除锈，刷一遍防锈漆。

2）支、吊架支、吊点的设置方法需根据支吊架的设置形式选择，一般有预埋件法、膨胀螺栓法、射钉枪法等。

A. 预埋件法：一般由预留施工单位将预埋件按图纸位置和支吊架间距，牢固固定在土建结构钢筋上或埋设在后砌墙内，或在楼板上通过打孔做预埋件。

B. 膨胀螺栓法：该方法施工灵活，准确、快速。

C. 射钉枪法：用于周边小于800mm的风管支管的安装，其特点同膨胀螺栓，使用时应特别注意安全。

3）风管支、吊架安装的工艺要求

A. 按风管的中心线找出吊杆敷设的位置，单吊杆在风管的中心线上安装，双吊杆可以按托盘的螺孔间距或风管的中心线对称安装。

B. 吊杆根据吊件形式可以焊在吊件上，也可以挂在吊件上。焊接后应涂防锈漆。

C. 立管管卡安装时，应先把最上面的一个管件固定好，再用线锤在执行处吊线，下面的管卡即可按线进行固定。

D. 当风管较长，需要安装一排支架时，可先把风管两端安装好，然后，以两端的支架为基准，用拉线法找出中间支架的标高进行安装。

E. 支、吊架的吊杆应平直、螺纹完整。吊杆需拼接时可采用螺纹连接或焊接。

F. 风管支、吊架间距如无设计要求，对于不保温风管应符合表 11.3-1 的规定；对于保温风管，风管支、吊架间距应按表 11.3-1 的规定乘以 0.85。

风管支、吊架间距　　　　　　　　　　　　　　　表 11.3-1

圆形风管直径或矩形风管长边尺寸	水平风管间距	垂直风管间距	最少吊架数
≤ 400mm	不大于 4m	不大于 4m	2 付
≤ 1000mm	不大于 3m	不大于 3.5m	2 付
> 1000mm	不大于 2m	不大于 2m	2 付

G. 支、吊架不得安装在风口、风阀、检查孔等处，以免妨碍操作。吊架不得直接吊在法兰上。

H. 当水平悬吊的主干管长度超过 20m 时，应设置防止摆动的固定点，每个系统不应少于 1 个。

I. 保温风管的支吊架宜放在保温层外部，但不得损坏保温层。

J. 保温风管不能直接与支、吊架托架接触，应垫上坚固的隔热材料，其厚度与保温层相同，防止产生"冷桥"。

（4）风管的安装

根据施工现场的情况，风管可以先在地面连接成一定的长度，然后采用吊装的方法就位安装；也可以把风管一节一节地放在支架上逐节安装。一般按先干管后支管的顺序安装。具体的安装方式见表 11.3-2、表 11.3-3。

水平风管安装方式　　　　　　　　　　　　　　　表 11.3-2

建筑物	单层厂房、礼堂、剧场、单层厂房等建筑			
	风管标高 ≤ 3.5m	风管标高 > 3.5m	走廊风管	穿墙风管
主风管	整体吊装	分节吊装	整体吊装	分节吊装
安装机具	升降机、捯链	升降机、脚手架	升降机、捯链	升降机、高凳
支风管	分节吊装	分节吊装	分节吊装	分节吊装
安装机具	升降机、高凳	升降机、脚手架	升降机、高凳	升降机、高凳

立管安装方式　　　　　　　　　　　　　　　　　表 11.3-3

建筑物	风管标高 ≤ 3.5m		风管标高 > 3.5m	
	分节吊装	滑轮、高凳	分节吊装	滑轮、脚手架
主风管	分节吊装	滑轮、脚手架	分节吊装	滑轮、脚手架

注：立管的安装一般由下至上进行。

1）风管整体吊装：将风管在地面上连接成一定的长度（一般可接长至10～20m），再用捯链或滑轮将风管升至吊架上的进行安装，风管的吊装步骤一般为：

A. 在施工现场的梁、柱上选择两个可靠的吊点，然后挂好捯链或滑轮。

B. 用麻绳将风管捆绑结实。

C. 起吊时，当风管离地200～300mm时，应停止起吊，仔细检查捯链或滑轮受力点和捆绑风管的绳索，绳扣是否牢靠，风管的重心是否正确。确认无误后再继续起吊。

D. 风管被吊运到支吊架上后，将所有托盘和吊杆连接好，确认风管稳固后方可解开绳扣。

2）风管分节吊装：对于不便悬挂滑轮或因受场地限制，不能进行整体吊装时，可将风管分节用绳索拉到脚手架上，然后抬到支架上对正法兰逐节安装。

3）风管内严禁其他管线穿越。

4）风管接口的连接应严密、牢固。风管法兰的垫片材质应符合系统功能的要求，厚度不应小于3mm，垫片不应凸入管内，亦不宜突出法兰外。

5）风管与砖、混凝土风道的连接接口，应顺着气流的方向插入，并应采取密封措施。风管穿出屋面处应设有防雨装置。

6）风管的连接应平直、不扭曲。明装风管水平安装的水平度的允许偏差为0.3%，总偏差不应大于20mm。明装风管垂直安装，垂直度的允许偏差为2%，总偏差不应大于20mm。暗装风管的位置应正确、无明显偏差。

7）排烟风管上设置的软接头应能在280℃温度下连续运转30min以上。

2. 风阀、风口安装的技术要点

（1）风阀、风口安装的基本要求

1）各类风阀应安装在便于操作及检修的部位，安装后的手动或电动操作装置应灵活、可靠，阀板关闭应保持严密。

2）防火阀直径或长边尺寸大于等于630mm时，宜设独立的支、吊架。

3）排烟阀（排烟口）及手控装置（包括预埋套管）的位置应符合设计要求，预埋套管不得有死弯或瘪陷。

4）风口与风管的连接应严密、牢固，与装饰面相紧贴；表面平整、不变形，调节灵活、可靠。

5）条形风口的安装，接缝处应衔接自然，无明显缝隙。

6）同一厅室、房间内的同类风口的安装高度应一致，排列应整齐。

7）明装无吊顶的风口，安装位置和标高偏差不应大于10mm。

8）风口水平安装，水平度的偏差不应大于0.3%。

9）风口垂直安装，垂直度的偏差不应大于0.2%。

10）防火阀、排烟阀（口）的安装方向、位置应正确。防火分区隔墙两侧的防火阀，距墙表面不应大于200mm。

11）排烟口、排烟阀或排烟防火阀的安装示意图见图11.3-1、图11.3-2、图11.3-3。

（2）加压送风口的设置要求

防烟楼梯间的前室或合用前室的加压送风口应每层设置一个。防烟楼梯间的加压送风口宜每隔2～3层设置一个。

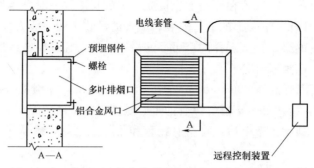

图 11.3-1　排烟口、排烟阀或排烟防火阀墙上安装示意图

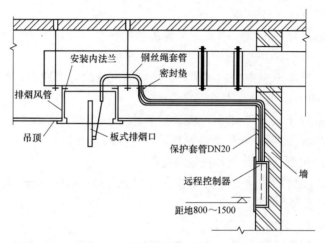

图 11.3-2　排烟口、排烟阀或排烟防火阀顶棚安装示意图

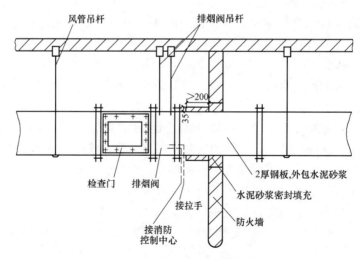

图 11.3-3　排烟防火阀防火墙处安装示意图

（3）排烟口、排烟阀、排烟防火阀的设置要求

1）排烟口或排烟阀应按防火分区设置。排烟口或排烟阀应与排烟风机联锁，当任一排烟口或排烟阀开启时，排烟风机应能自行启动。

2）排烟口或排烟阀平时为关闭时，应设置手动或自动开启装置。

3）排烟口应设置在顶棚或靠近顶棚的墙面上，且与附近安全出口沿走道方向相邻边缘之间的最小水平距离不应小于 1.5m。设在顶棚上的排烟口，距可燃物的距离不应小于 1.0m。

4）设置机械排烟系统的地下、半地下场所，除歌舞娱乐放映游艺场所和建筑面积大于 50m² 的房间外，排烟口可设置在疏散走道。

5）防火分区内的排烟口距最远点的水平距离不应超过 30m；排烟支管上应设置当烟气温度超过 280℃ 时能自行关闭的排烟防火阀。

6）穿越防火分区的排烟管道应在穿越出设置排烟防火阀。

3. 防排烟风机安装的技术要点

防排烟风机的安装形式要根据所选用的风机的类型以及所安装的位置来选择，一般轴流风机通常安装在预留好的墙洞内，而离心风机则通常安装在预置的设备基础上。这两种安装方式见图 11.3-4、图 11.3-5。

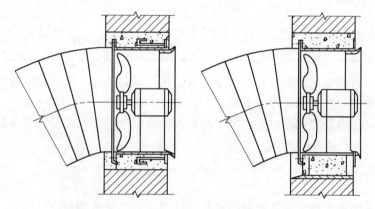

图 11.3-4　轴流风机在墙洞内安装示意图

防排烟风机安装的工艺要求为：

（1）防排烟风机安装就位前，应首先按设计图纸并根据建筑物的轴线、边缘线及标高放出安装基准线。将设备基础表面的油污、泥土杂物清除，把地脚螺栓预留孔内的杂物清除干净。

（2）整体安装的防排烟风机，搬运和吊装的绳索不得捆绑在转子和机壳或轴承盖的吊环上。

（3）整体安装防排烟风机吊装时直接放置在基础上，用垫铁找平找正，垫铁一般应放在地脚螺栓两侧，斜垫铁必须成对使用。设备安装好后，同一组垫铁应点焊在一起，以免受力时松动。

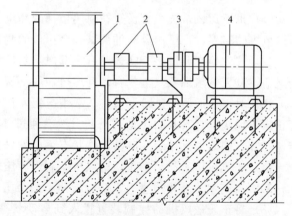

图 11.3-5　离心风机在基础上安装示意图
1—风机；2—轴承；3—联轴器；4—电动机

（4）防排烟风机安装在无减振器支架上时，应垫上 4～5mm 厚的橡胶板，找平找正后固定牢。

（5）防排烟风机安装在有减振器的机座上时，地面要平整，各组减振器承受的荷载压缩量应均匀，高度误差应小于 2mm。

（6）防排烟风机的安装，应符合表 11.3-4 的规定，叶轮转子与机壳的组装位置应正确；叶轮进风口插入风机机壳进风口或密封圈的深度，应符合设备技术文件的规定，或为叶轮外径值的 1%。

通风机安装的允许偏差　　　　　　　　　　　表 11.3-4

项次	项目		允许偏差	检验方法
1	中心线的平面位移		10mm	经纬仪或拉线和尺量检查
2	标高		±10mm	水准仪或水平仪、直尺、拉线和尺量检查
3	皮带轮轮宽中心平面偏移		1mm	在主、从动皮带轮端面拉线和尺量检查
4	传动轴水平度		纵向 0.02%	在轴或皮带轮 0°和 180°的两个位置上，用水平仪检查
			横向 0.03%	
5	联轴器	两轴芯径向位移	0.05mm	在联轴器相互垂直的四个位置上，用百分表检查
		立轴线倾斜	0.02%	

（7）现场组装的轴流风机叶片安装角度应一致，达到在同一平面内运转，叶轮与筒体之间的间隙应均匀，水平度允许偏差为 0.1%。

（8）安装风机的隔振钢支吊架，其结构形式和外形尺寸应符合设计或设备技术文件的规定；焊接应牢固，焊缝应饱满、均匀。

11.3.4　系统调试

防排烟系统的调试分为正压机械送风系统的调试和机械排烟系统的调试。

1. 正压送风系统调试

（1）正压送风系统主要设置在封闭楼梯间和电梯前室。正压送风系统的调试主要是正压送风机的启停、正压送风阀的调试和余压值的测量。

（2）首先检查风道是否畅通及有无漏风，然后手动打开正压送风口，观察机械部分是否灵活，有无卡堵现象（电气自动开启可在联动调试时进行）。

（3）对正压送风阀进行调试，一般情况下，正压送风阀为常闭状态，调试时需手动打开正压送风阀，观察其动作是否灵活。然后通过 24V 蓄电池为其启动端子供电，观察其能否打开，同时用万用表实测其动作状态下电信号回答端子是否导通。

（4）在风机房手动启动正压送风机，利用微压仪测量余压值，防烟楼梯间余压值应为 40～50Pa，前室、合用前室、消防电梯前室的余压值应为 25～30Pa。

（5）将正压送风机的控制装置投入到自动状态，对正压送风机进行自动或远程启动调试。

1）正压送风机的自动启动，是利用火灾自动报警系统输出的联动控制信号来实现的。调试时，可利用 24V 直流电源启动用来联动风机控制装置的 24V 中继器的线圈，观察主继电器是否吸合，同时用万用表实测风机控制箱中风机运行信号回答端子（无源）是否导通。

2）正压送风机的远程直接启动，是在消防控制室对正压送风机实行多线制的远程启动。调试时，可利用短路线短接正压送风机的远程启动端子，观察主继电器是否吸合，同时用万用表实测风机控制箱中风机直接启动信号回答端子（无源）是否导通。

2. 机械排烟系统调试

（1）机械排烟系统的调试包括排烟风机的调试、排烟阀的调试、排烟防火阀的调试和排烟口风速的测量。

（2）在排烟机房手动启动排烟风机，在排烟风机达到正常转速后测量该防烟分区排烟口的风速，该值宜在 3～4m/s，但不应大于 10m/s。

（3）排烟阀的调试，排烟阀一般情况下为常闭状态，调试时需手动打开排烟阀，观察其动作是否灵活。然后通过 24V 蓄电池为其启动端子供电，观察其能否打开，同时用万用表实测其动作状态下电信号回答端子是否导通。

（4）排烟防火阀的调试，排烟防火阀通常状态为常开状态，当烟气温度达到 280℃时自行关闭。调试时通过手动方式开关排烟防火阀，观察其动作是否灵活，同时在其关闭状态下用万用表实测其电信号回答端子是否导通。

（5）将排烟风机的控制装置投入到自动状态，对排烟风机进行自动或远程启动调试。

1）排烟风机的自动启动，是利用火灾自动报警系统输出的联动控制信号来实现的。调试时，可利用 24V 直流电源启动用来联动风机控制装置的 24V 中继器的线圈，观察主继电器是否吸合，同时用万用表实测风机控制箱中风机运行信号回答端子（无源）是否导通。

2）排烟风机的远程直接启动，是在消防控制室对排烟风机实行多线制的远程启动。调试时，可利用短路线短接排烟风机的远程启动端子，观察主继电器是否吸合，同时用万用表实测风机控制箱中风机直接启动信号回答端子（无源）是否导通。

11.4　消防机械防排烟系统施工验收标准

消防机械防排烟系统施工验收执行以下国家现行标准的相关要求。

《通风与空调工程施工质量验收规范》GB 50243—2002；

《建筑设计防火规范》GB 50016—2006；

《高层民用建筑设计防火规范》GB 50045—95（2005 年版）。

11.5　消防机械防排烟系统施工质量记录

消防机械防排烟系统施工质量记录包括：

（1）《风管与配件制作检验批质量验收记录》，见表 11.5-1、表 11.5-2。

（2）《风管部件与消声器制作检验批质量验收记录》，见表 11.5-3。

（3）《风管系统安装检验批质量验收记录》，见表 11.5-4。

（4）《通风机安装检验批质量验收记录》，见表 11.5-5。

（5）《防腐与绝热施工检验批质量验收记录》，见表 11.5-6。

（6）《工程系统调试检验批质量验收记录》，见表 11.5-7。

（7）《通风与空调子分部工程质量验收记录》，见表 11.5-8。

（8）《通风与空调分部工程质量验收记录》，见表 11.5-9。

风管与配件制作检验批质量验收记录（金属风管）　　表 11.5-1

工程名称		分项工程名称		验收部位	
施工单位		专业工长		项目经理	
施工执行标准名称及编号					
分包单位		分包项目经理		施工班组长	
	质量验收规范的规定		施工单位检查评定记录		监理（建设）单位验收记录
主控项目	1 材质种类、性能及厚度 （第 4.2.1 条）				
	2 防火风管 （第 4.2.3 条）				
	3 风管强度及严密性工艺 性检测（第 4.2.5 条）				
	4 风管的连接 （第 4.2.6 条）				
	5 风管的加固 （第 4.2.10 条）				
	6 矩形弯管导流片 （第 4.2.12 条）				
一般项目	1 圆形弯管制作 （第 4.3.1-1 条）				
	2 风管的外形尺寸 （第 4.3.1-2,3 条）				
	3 焊接风管 （第 4.3.1-4 条）				
	4 法兰风管制作 （第 4.3.2 条）				
	5 铝板或不锈钢板风管 （第 4.3.2-4 条）				
	6 无法兰矩形风管制作 （第 4.3.3 条）				
	7 无法兰圆形风管制作 （第 4.3.4 条）				
	8 风管的加固 （第 4.3.11 条）				
施工单位检查结果评定		项目专业质量检查员：　　　　年　　月　　日			
监理（建设）单位验收结论		监理工程师： （建设单位项目专业技术负责人）　　　　年　　月　　日			

风管与配件制作检验批质量验收记录（非金属、复合材料风管）　表 11.5-2

工程名称		分项工程名称		验收部位	
施工单位		专业工长		项目经理	
施工执行标准名称及编号					
分包单位		分包项目经理		施工班组长	
	质量验收规范的规定		施工单位检查评定记录		监理(建设)单位验收记录
主控项目	1 材质种类、性能及厚度(第4.2.2条)				
	2 复合风管的材料(第4.2.4条)				
	3 风管强度及严密性工艺性检测(第4.2.5条)				
	4 风管的连接(第4.2.6、4.2.7条)				
	5 复合材料风管的连接(第4.2.8条)				
	6 砖、混凝土风道的变形缝(第4.2.9条)				
	7 风管的加固(第4.2.11条)				
	8 矩形弯管导流片(第4.2.12条)				
一般项目	1 风管的外形尺寸(第4.3.1条)				
	2 硬聚氯乙烯风管(第4.3.5条)				
	3 有机玻璃钢风管(第4.3.6条)				
	4 无机玻璃钢风管(第4.3.7条)				
	5 砖、混凝土风道(第4.3.8条)				
	6 双面铝箔绝热板风管(第4.3.9条)				
	7 铝箔玻璃纤维板风管(第4.3.10条)				
施工单位检查结果评定		项目专业质量检查员：　　　　　年　月　日			
监理(建设)单位验收结论		监理工程师：(建设单位项目专业技术负责人)　　　年　月　日			

风管部件与消声器制作检验批质量验收记录　　　　表 11.5-3

工程名称			分项工程名称			验收部位	
施工单位				专业工长		项目经理	
施工执行标准名称及编号							
分包单位				分包项目经理		施工班组长	
	质量验收规范的规定			施工单位检查评定记录		监理(建设)单位验收记录	
主控项目	1 一般风阀 (第 5.2.1 条)						
	2 电动风阀 (第 5.2.2 条)						
	3 防火阀、排烟阀(口) (第 5.2.3 条)						
	4 防爆风阀 (第 5.2.4 条)						
	5 防排烟柔性短管 (第 5.2.7 条)						
一般项目	1 调节风阀 (第 5.3.1 条)						
	2 止回风阀 (第 5.3.2 条)						
	3 风口 (第 5.3.12 条)						
施工单位检查结果评定			项目专业质量检查员：　　　　　年　　月　　日				
监理(建设)单位验收结论			监理工程师： (建设单位项目专业技术负责人)　　　　年　　月　　日				

风管系统安装检验批质量验收记录　　　　　　　　　表 11.5-4

工程名称		分项工程名称		验收部位	
施工单位			专业工长	项目经理	
施工执行标准名称及编号					
分包单位		分包项目经理		施工班组长	

	质量验收规范的规定	施工单位检查评定记录	监理(建设)单位验收记录
主控项目	1 风管穿越防火、防爆墙 (第6.2.1条)		
	2 风管内严禁其他管线穿越(第6.2.2条)		
	3 室外立管的固定拉索 (第6.2.2-3条)		
	4 高于80℃风管系统 (第6.2.3条)		
	5 风阀的安装 (第6.2.4条)		
	6 风管严密性试验 (第6.2.8条)		
一般项目	1 风管系统安装 (第6.3.1条)		
	2 无法兰风管系统的安装(第6.3.2条)		
	3 风管安装的水平、垂直质量(第6.3.3条)		
	4 风管的支、吊架 (第6.3.4条)		
	5 铝板、不锈钢板风管的安装(第6.3.1-8条)		
	6 非金属风管的安装 (第6.3.5条)		
	7 风阀的安装 (第6.3.8条)		
	8 吸、排风罩的安装 (第6.3.10条)		
	9 风口的安装 (第6.3.11条)		
施工单位检查结果评定		项目专业质量检查员：　　　　年　月　日	
监理(建设)单位验收结论		监理工程师： (建设单位项目专业技术负责人)　　　年　月　日	

通风机安装检验批质量验收记录 表 11.5-5

工程名称			分项工程名称		验收部位	
施工单位				专业工长		项目经理	
施工执行标准名称及编号						
分包单位			分包项目经理		施工班组长	
	质量验收规范的规定			施工单位检查评定记录	监理(建设)单位验收记录
主控项目	1 通风机安装 (第 7.2.1 条)				
	2 通风机安全措施 (第 7.2.2 条)				
一般项目	1 离心风机的安装 (第 7.3.1-1 条)				
	2 轴流风机的安装 (第 7.3.1-2 条)				
	3 风机的隔振支架 (第 7.3.1-3、7.3.1-4 条)				
施工单位检查结果评定			项目专业质量检查员: 年 月 日		
监理(建设)单位验收结论			监理工程师: (建设单位项目专业技术负责人) 年 月 日		

防腐与绝热施工检验批质量验收记录　　　　　　　　表 11.5-6

工程名称		分项工程名称		验收部位	
施工单位		专业工长		项目经理	
施工执行标准名称及编号					
分包单位		分包项目经理		施工班组长	

	质量验收规范的规定		施工单位检查评定记录	监理(建设)单位验收记录
主控项目	1 材料的验证 (第10.2.1条)			
	2 防腐涂料或油漆质量 (第10.2.2条)			
	3 电加热器与防火墙2m管道 (10.2.3条)			
一般项目	1 防腐涂层质量 (第10.3.1条)			
	2 绝热材料厚度及平整度 (第10.3.4条)			
	3 风管绝热粘接固定 (第10.3.5条)			
	4 风管绝热层固定 (第10.3.5条)			
	5 绝热涂料 (第10.3.7条)			
	6 玻璃布保护层的施工 (第10.3.8条)			
	7 金属保护壳的施工 (第10.3.12条)			

施工单位检查结果评定	项目专业质量检查员：　　　　年　月　日
监理(建设)单位验收结论	监理工程师： (建设单位项目专业技术负责人)　　　　年　月　日

工程系统调试检验批质量验收记录

表 11.5-7

工程名称		分项工程名称		验收部位	
施工单位			专业工长		项目经理	
施工执行标准名称及编号					
分包单位		分包项目经理		施工班组长	

	质量验收规范的规定		施工单位检查评定记录	监理(建设)单位验收记录
主控项目	1 通风机单机试运转及调试 (第 11.2.2-1 条)			
	2 电控防、排烟阀的动作试验 (第 11.2.2-5 条)			
	3 系统风量的调试 (第 11.2.3-1 条)			
	4 防排烟系统调试 (第 11.2.4 条)			
一般项目	1 风机 (第 11.3.1-1、2、3 条)			
	2 风口风量的平衡 (第 11.3.2-2 条)			

施工单位检查结果评定	项目专业质量检查员:　　　　　年　　月　　日
监理(建设)单位验收结论	监理工程师: (建设单位项目专业技术负责人)　　　年　　月　　日

通风与空调子分部工程质量验收记录　　　　　表 11.5-8

工程名称		结构类型		层数	
施工单位		技术部门负责人		质量部门负责人	
分包单位		分包单位负责人		分包技术负责人	

序号	分项工程名称	检验批数	施工单位检查评定意见	验收意见
1	风管与配件制作			
2	部件制作			
3	风管系统安装			
4	风机安装			
5	排烟风口、常闭正压风口安装			
6	风管与设备防腐			
7	系统调试			
质量控制资料				
安全和功能检验(检测)报告				
观感质量验收				

验收单位	分包单位	项目经理：　　年　月　日
	施工单位	项目经理：　　年　月　日
	勘察单位	项目负责人：　　年　月　日
	设计单位	项目负责人：　　年　月　日
	监理(建设)单位	总监理工程师： (建设单位项目专业技术负责人)　　年　月　日

通风与空调分部工程质量验收记录 表 11.5-9

工程名称		结构类型		层数	
施工单位		技术部门 负责人		质量部门 负责人	
分包单位		分包单位 负责人		分包技术 负责人	
序号	子分部工程名称	检验批数	施工单位检查评定意见	验收意见	
1	防、排烟系统				
	质量控制资料				
	安全和功能检验(检测)报告				
	观感质量验收				
验 收 单 位	分包单位	项目经理:　　　　年　月　日			
	施工单位	项目经理:　　　　年　月　日			
	勘察单位	项目负责人:　　　　年　月　日			
	设计单位	项目负责人:　　　　年　月　日			
	监理(建设)单位	总监理工程师: (建设单位项目专业技术负责人)　　年　月　日			

12　新型固定式消防灭火系统

12.1　概述

传统的固定式灭火系统已经被广泛应用。近年来，随着消防科学的不断发展，国内外消防界已开发出多种新型的固定式灭火系统，如干粉灭火系统、高压细水雾灭火系统、火探管式灭火系统和泡沫喷雾灭火系统等，虽然这些系统还不够完善，国家还没颁布正式的国家规范，但在实际工程中已经应用，随着时间的推移，其发展会日臻完善，也必将得到更广泛的应用。因此，对上述几种新型固定式消防灭火系统的功能及施工进行简要的介绍。

12.2　干粉灭火系统

12.2.1　干粉灭火系统概述

1. 干粉灭火系统简介

（1）干粉灭火系统是干粉储存器中的干粉灭火剂，受到驱动气体的驱动，在输送管道内形成气粉两相混合流并输送到设定的喷放器口，由喷放器喷放干粉灭火剂进行灭火的灭火系统，是四大固定式灭火系统（水灭火系统、气体灭火系统、泡沫灭火系统、干粉灭火系统）之一。

（2）干粉灭火系统产品型号代码通常由以下几部分组成：

Z——自动灭火装备类（Z）；

F——干粉灭火设备组（F）；

P——装备特征代号；

3000——主参数（kg）；

L——干粉灭火剂种类；

装备特征代号对照表见表 12.2-1。

装备特征代号对照表　　　　　　　　　　　表 12.2-1

序号	名　　　称	代号	备　　　注
1	储气瓶型干粉系统	P	储瓶
2	储压式干粉系统	Y	储压
3	燃气式干粉系统	R	燃气

（3）干粉灭火剂种类有很多种，常用的干粉灭火剂种类、代号、适用的灭火类别见表12.2-2。

干粉自动灭火系统可应用于全淹没系统，亦可应用于局部保护系统；可应用于单元独立系统，亦可应用于组合分配系统。

（4）干粉灭火系统的设计、安装、检测、调试和维护是依据以下标准规范进行制定的：

干粉灭火剂种类　　　　　　　　　　　　　表 12.2-2

序号	选用灭火剂种类	代号	适用灭火类别	别名
1	碳酸氢钠干粉	N	B.C	小苏打、钠盐干粉
2	磷酸铵盐干粉	L	A.B.C	多用途干粉
3	氨基干粉	A	B.C	
4	氯化钾干粉	J	B.C	
5	氯化钠干粉	Ni	D.B.C	金属(D)类干粉

　　1)《干粉灭火系统部件通用技术》GB 16668—1996；

　　2)《干粉灭火剂通用技术条件》GB 13532—1993；

　　3)《干粉灭火系统设计规范》GB 50347—2004；

　　4)《气瓶安全监察规程》(2000 年版)；

　　5)《压力管道安全管理与监察规定》。

　　2. 干粉灭火系统的特点

　　1) 灭火时间短、效率高。特别对石油和石油产品的灭火效果尤为显著。

　　2) 绝缘性能好，可扑救带电设备的火灾。

　　3) 对人畜无毒或低毒，对环境不会产生危害。

　　4) 灭火后，对机器设备的污损较小。

　　5) 以有相当压力的二氧化碳或氮气作喷射动力，或以固体发射剂为喷射动力，不受电源限制。

　　6) 干粉能够长距离输送，干粉设备可远离火区。

　　7) 在寒冷地区使用时不需要防冻。

　　8) 不用水，特别适用于缺水地区。

　　9) 干粉灭火剂长期储存不变质。

　　3. 干粉灭火系统的工作原理

　　防护区发生火灾危险信号，若火灾探测器监测到的信号为单一信号时，控制器发出声光报警信号，等待工作人员确定后手动启动；若火灾探测器监测到的信号为复合信号时，控制器发出声光报警信号，并经延时（≤30s）后输出启动信号，驱动启动瓶启动阀动作，启动驱动气瓶，驱动气瓶内气体打开容器瓶组，容器瓶内驱动气体经高压软管汇集到气体集流管，再经减压器减压，减压后的气体从干粉储罐下方进气口进入，搅动干粉储罐内干粉灭火剂，使罐中干粉灭火剂疏松形成便于流动的气粉混合状态，并使罐内压力升高（充气增压时间不大于 45s）至 1.5～1.52MPa，可选择打开干粉炮开启球阀和卷盘开启球阀，由消防人员操作灭火。

　　干粉在动力气体的携带下喷向火源进行灭火，在灭火过程中，粉雾与火焰接触、混合，发生一系列的物理和化学作用，从而阻断燃烧的链式反应，同时，干粉灭火剂的基料在火焰的高温作用下将会发生一系列的分解反应，而这些分解反应都是吸热反应，可吸收火焰的部分热量。在分解反应中产生一些非活性气体，如 CO_2 气、水蒸气等，对燃烧的氧浓度也具有稀释作用，从而达到灭火的效果。

　　4. 干粉灭火系统的适用范围及应用场合

　　(1) 干粉灭火系统的适用范围

1）干粉灭火系统对 A、B、C、D 及带电设备火灾（E）类火灾都可以使用，但是大量应用的还是 B、C 类火灾。

2）干粉灭火系统反应快，灭火效率高，重点用于易燃易爆的重要场合和重大设备。

3）干粉灭火系统可用于不适于采用水系统、泡沫系统来扑救的特种火灾。可用于那些存放易溶化、怕潮湿解化工物品、医疗物药物等物品及场所。

4）适用于各种设备操作室，以及存放或使用易燃、可燃液体的生产线、库房、加油站及可溶化的固体存放场所。

5）干粉灭火系统适用于扑救带有压力喷射的火灾。

6）适用于扑救带电电器火灾的场合及设备。

7）干粉灭火系统可在低温储罐保护环境下使用。

8）可用于扑救金属 D 类火灾。

一般灭火系统均不能扑救钠、钾、锆、钛等金属火灾，若采用干粉灭火系统来扑救此类火灾，应采用金属专用氯化钠粉末灭火剂。

9）干粉灭火系统充装 ABC 干粉灭火剂后，可用于扑救固体表面火灾。

10）全淹没干粉灭火系统不受防护区容积的限制。

（2）干粉灭火系统不适宜扑救的火灾

1）不能用于扑救自身能够释放氧气或提供氧源的化合物火灾。例如：硝化纤维素、过氧化物等。

2）不能用于扑救深位阴燃物质的火灾。

3）不宜用于扑救精密仪器和精密电器的火灾。

（3）干粉灭火系统的应用场合为：

1）灭火前可切断气源的气体火灾：火灾发生主要场所如：输送油气管道及油气站、天然气井、油井、天然气运输船舶、可燃气体压缩机房、石油化工生产装置等；

2）易燃、可燃液体和可熔化固体火灾：火灾发生主要场所如：储罐、淬火油槽、清洗生产线、喷涂间、油泵房、加油站、装卸油栈桥、石油及化工生产装置等；

3）可燃性固体表面火灾：火灾发生主要场所如：木材堆放场、造纸厂、印刷厂、棉花加工厂等的初期火灾；

4）带电设备火灾：火灾发生的主要场所如：大型室内外变压器、油浸开关等含油的电气设备火灾，可在不切断电源的条件下扑救；

5）适用于图书馆、资料库、档案馆、软件库、金库、文件珍藏室等；

6）干粉灭火系统可在超低温及高温环境条件下使用。

5.干粉灭火系统的功能及动作程序

（1）干粉灭火系统的功能

1）干粉灭火系统的控制部分应设有自动、手动开关的转换功能。当防护区有人工作时，干粉设备应设在手动位置；无人工作时，将设备转换到自动监护位置。

2）干粉灭火系统设备应具备自动启动、手动启动及紧急应急启动功能。

3）干粉灭火系统的控制器应设有供人员安全撤离的延时功能，延时时间不得大于 30s。

4）干粉灭火系统应配置有开关和声光报警器及火灾探测器等配套件。

5）干粉自动灭火系统设备不但可应用于全淹没保护系统，也可应用于局部保护系统，二者只是管网设计和喷嘴的选型不一样，设备组成是一样的。

（2）干粉灭火系统的动作程序

干粉灭火系统的动作程序如图 12.2-1 所示。

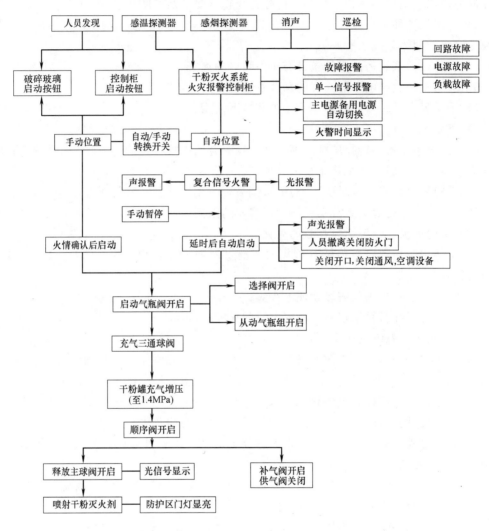

图 12.2-1　干粉灭火系统的动作程序

6. 干粉灭火系统的控制与操作

干粉灭火系统应设有自动控制、手动控制和机械应急操作三种启动方式。当局部应用灭火系统用于经常有人的保护场所时可不设自动控制；预制灭火装置可以不设机械应急操作启动方式。设有火灾探测报警系统时，干粉灭火系统的自动控制应在收到两个独立的火灾探测信号后才能启动。并应延迟喷放，延迟时间应小于等于 30s，且不得小于干粉储存容器的增压时间。

全淹没灭火系统的手动启动装置应设置在防护区外邻近出口或疏散通道便于操作的地方；局部应用灭火系统的手动启动装置应设在保护对象附近的安全位置。手动启动装置的安装高度宜使其中心位置距地面 1.5m。所有手动启动装置都应该明显地标示出其对应的防护区或保护对象的名称。

在紧靠手动启动装置的部位应设置手动紧急停止装置，其安装高度应与手动启动装置相同。手动紧急停止装置应确保灭火系统能在启动后和喷放灭火剂前的延迟阶段终止。在使用手动紧急停止装置后，应保证手动启动装置可以再次启动。

7. 干粉灭火剂

（1）干粉灭火剂简介

干粉灭火剂是干燥的容易流动的细微粉末，一般以粉雾的形式灭火，又叫干化学灭火剂。干粉灭火剂的性能对于干粉灭火系统的设计起着决定性的作用。因此，了解各种干粉灭火剂的有关性能，针对保护对象合理地选用干粉灭火剂和设计干粉灭火系统，保管好干粉灭火剂，使其在使用时发挥应有的作用，是至关重要的。

（2）干粉灭火原理

1）化学抑制作用

干粉灭火剂对火焰的化学抑制作用有两种观点：一种是多相抑制机理；另一种是均相抑制机理。多相抑制机理认为在物质燃烧过程中产生游离基，游离基结合释放出大量的能量以维持燃烧的进行，当干粉灭火剂射向燃烧物时，干粉灭火剂粉粒吸附活性游离基团，从而抑制能量产生，使火焰迅速熄灭。均相抑制机理认为干粉先在火焰中气化后再在气相中发生化学抑制作用，其主要抑制形式可能是气态氢氧化物。

2）烧爆作用

某些化合物与火焰接触时，其粉粒受高热的作用，可以爆裂成许多更小的颗粒。这样使火焰中的粉末比表面积或者蒸发量急剧增大，从而表现出很高的灭火效能。

3）其他灭火作用

干粉灭火时，浓云般的粉雾包围了火焰，可以减少火焰对燃料的热辐射；同时粉末受高温的作用，将会放出结晶水或发生分解，不仅可以吸收火焰的一部分能量，而且分解生成的不活泼气体，又可稀释燃烧区域内的氧浓度。当然，这些作用对灭火的影响远不如抑制作用大。

（3）干粉灭火剂的分类和组成

干粉灭火剂由基料和添加剂组成。基料泛指容易流动的干燥微细粉末，可借助有一定压力的气体喷成粉末形式灭火的物质；添加剂用于改善干粉灭火剂的流动性、防潮性、防结块等性能。干粉灭火剂按其应用的范围可分为以下几类：

1）普通干粉灭火剂

普通干粉灭火剂是目前品种最多、用量最大的一类干粉灭火剂。这类灭火剂适用于扑救 B 类火灾、C 类火灾和电气火灾，因而又称为 BC 类干粉灭火剂。其种类主要有以下几种：

A. 以碳酸氢钠为基料的钠盐干粉，也称为小苏打干粉灭火剂，一般为白色。一种改进型的钠盐干粉为黑灰色，其灭火效率比钠盐干粉高出将近一倍。

B. 以碳酸氢钾为基料的钾盐干粉，一般为淡紫色，其灭火效率比钠盐干粉高一倍。

C. 以尿素和碳酸氢钠（或碳酸氢钾）的反应物为基料的氨基（或称毛耐克斯）干粉，其灭火效率比钾盐干粉高一倍。

2）多用干粉灭火剂

多用干粉灭火剂也称为 ABC 干粉灭火剂，适用于扑救 A、B、C 这三类火灾和带电设备火灾，但它并不适用于 D 类火灾。这类干粉多以磷酸盐为基料。一般为淡红色。其灭火效率大致与钠盐干粉相当。

3）金属干粉灭火剂

金属干粉灭火剂又称 D 类干粉，主要用来扑救钾、钠、镁等金属火灾。这类干粉以氯化钠为基料。有的金属干粉也可以用来扑救 B、C 类火灾。

（4）干粉灭火剂型号编制方法

由于干粉灭火剂的品种较多，为了便于区别和选用，规定了型号和编制方法，见表12.2-3。

干粉灭火剂型号编制方法一览表 表 12.2-3

灭火剂代号	灭火剂类代号	特征号	代号	代号含义	适用灭火类别
Y	F	钠盐	YF	钠盐干粉灭火剂	B、C
		改性钠盐 G	YFG	改性钠盐干粉灭火剂	B、C
		钾盐 J	YFJ	钾盐干粉灭火剂	B、C
		氨基 A	YFA	氨基干粉灭火剂	B、C
		磷盐 L	YFL	磷胺干粉灭火剂	A、B、C
		氯化物	YF	氯化钠干粉灭火剂	B、C、D

（5）干粉灭火剂使用保管要求

1）干粉灭火剂应储存在通风、阴凉、干燥处，并密封储存。储存温度最高不得高于5℃，最好不超过40℃。干粉灭火剂堆放不宜过高，以防压实结块。

2）干粉灭火剂在充装时，应在干燥的环境或天气中进行。充装前应将储罐中残余干粉吹扫干净，尤其是充装不同类型的干粉储罐，更应吹扫干净；充装完毕后，应及时将装粉口密闭。

3）在标准规定的环境储存，干粉灭火剂的有效储存期一般为 5 年。

8. 干粉灭火系统的分类

（1）干粉灭火系统划分的原则

划分干粉灭火系统的类型主要有四种方式：

1）按系统的启动方式，可分为手动干粉灭火系统和自动干粉灭火系统；

2）按系统的固定方式，可分为固定式干粉灭火系统和半固定式干粉灭火系统；

3）按保护对象情况，可分为全淹没干粉灭火系统和局部应用干粉灭火系统；

4）按系统的供气方式，可分为加压式干粉灭火系统和储压式干粉灭火系统。

（2）各类干粉灭火系统简介

1）手动干粉灭火系统

一般需要手动操作，即系统的操作需要人为的动作。有的手动操作需要人工开启各种阀门，才能导致整个灭火系统动作。有的手动操作只要按一下启动按钮，其他动作可以自动完成，导致灭火系统工作，这也可以称为半自动灭火系统。

2）自动干粉灭火系统

自动干粉灭火系统可不需要任何人为的动作而使整个系统动作。一般为火灾自动探测控制系统与干粉灭火系统联动，这种方式可以实现火灾的自动探测、自动报警和自动灭火的功能。

3）固定式干粉灭火系统

固定式干粉灭火系统的主要部件（干粉容器、气瓶、管道、阀门和喷嘴等）都是永久固定的。全淹没系统和局部应用系统均属于这一安装方式。

4）半固定式干粉灭火系统

半固定式干粉灭火系统的干粉容器、气瓶是永久固定的，而干粉的输送是通过软管，干粉的喷射是手持喷枪。这种方式的特点是，能进行成组安装，而且不需要进行大规模的管道铺设，容易安装，能够多组同时安装。适用于着火时浓烟不会充满的场所。

5）全淹没灭火系统

全淹没灭火系统是指在规定的时间内，向防护区喷射一定浓度的干粉，并使其均匀地充满整个防护区的灭火系统。在这种系统中，干粉灭火剂经永久性固定管道和喷嘴输送，火灾危险场所是一个封闭空间或封闭室，这个空间能足以形成需要的粉雾浓度。如果此空间有开口，开口的最大面积不能超过侧壁、顶部、底部总面积的 15%。

6）局部应用干粉灭火系统

局部应用干粉灭火系统主要由一个适当的灭火剂供应源组成，能将灭火剂直接喷放到着火物品上或认为危险的区域。这种干粉灭火系统通过永久性固定管网及安装在管网上的喷嘴直接喷设到被保护对象，例如油槽、变压器的干粉灭火系统。

12.2.2 干粉灭火系统的构成及组件技术要求

1. 系统构成

干粉灭火系统主要由干粉罐（或者设备用贮罐）、安全阀、压力表、顺序阀、干粉释放阀、高压气体减压器、动力储气瓶组、选择阀、单向阀、集流管、管网、喷嘴及电器控制柜等组成。设备必要时可配置干粉喷枪、消防卷盘及干粉炮等附件。

单元独立干粉自动灭火系统的构成示意图如图 12.2-2 所示。

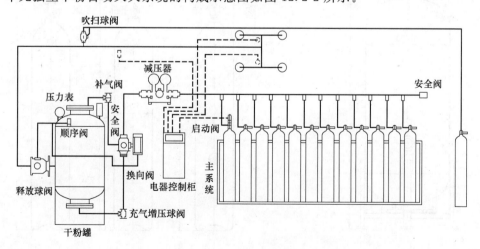

图 12.2-2　干粉自动灭火系统的构成示意图

含备用罐组合分配干粉自动灭火系统的构成示意图如图 12.2-3 所示。

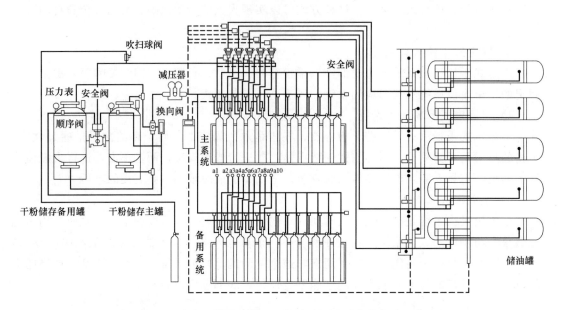

图 12.2-3　含备用罐组合分配干粉自动灭火系统的构成示意图

2. 系统组件技术要求

（1）干粉罐

干粉罐是干粉灭火系统灭火剂的储存容器，干粉罐的外形如图 12.2-4 所示。

干粉罐的技术参数应符合《钢质压力容器》GB 150—1989 和《干粉灭火系统部件通用技术条件》GB 16668—1996 的相关规定，并应取得国家压力容器安全性能监督检验证书。

（2）氮气瓶组

氮气瓶组包括启动瓶、容器瓶、吹扫瓶。如图 12.2-5 所示。

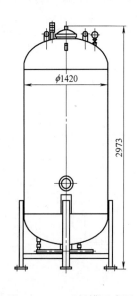

图 12.2-4　干粉罐示意图

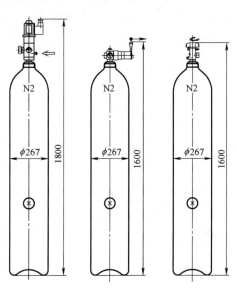

图 12.2-5　氮气瓶组示意图

启动瓶包括自动、手动两种启动方式，启动瓶除用于启动系统外还用于为系统提供动力气源；

容器瓶包括自动、手动两种启动方式，主要用于为系统提供动力气源；

吹扫瓶为手动启动方式，主要用于吹扫罐体、干粉输送管道和干粉喷射器件内残余的干粉。

图 12.2-5 中箭头所示方向为氮气瓶组手动启动操作方向，所有氮气瓶组内充装洁净的氮气（13.5MPa）。氮气瓶组的性能参数见表 12.2-4 所示。

表 12.2-4

氮气瓶组的性能参数

规格名称	启动瓶	容器瓶	吹扫瓶
工作电压	DC 24V	—	—
防护等级	IP65	—	—
驱动方式	电动/手动	气动/手动	手动
数量	1	13	2
充装压力(20℃)	13.5MPa		
最大工作压力	15MPa		
压力显示	0～15MPa		
容积	70 L		
充装介质	氮气		
环境温度	—20～50℃		

（3）减压器

在系统供气管路中，用于将氮气瓶组中的高压气体减压后输出到干粉罐中，为系统提供安全可靠的动力气源。减压器输出压力一旦设定好，其输出压力和流量将保持在预先设定的范围值之内，从而保证了系统具有平稳的喷射性能。减压器的外形如图 12.2-6 所示，其参数见表 12.2-5。

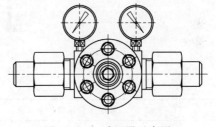

图 12.2-6　减压器示意图

表 12.2-5

减压器技术参数

材质	不锈钢
介质	洁净无腐蚀性气体
输入压力	≤15MPa
输出压力	0～2.5MPa(可调)，出厂设定为 1.6MPa
额定流量(2.5MPa)	3000m³/h

注：减压器在出厂时设定出口压力为 1.6MPa（用户不得自行调节），并在其输出管路中增加了防干粉倒流装置，用于防止干粉腐蚀减压器和管路。

（4）干粉卷盘

干粉卷盘主要用于易燃区和防护区局部零星火灾的扑灭，干粉卷盘通常与干粉枪配套使用，其喷射强度和射程与管道长度和干粉枪规格有关。一般消防卷盘所使用的干粉输送管道采用轻便的 DN 25 型 PU 盘管，卷盘最多可卷绕该管道 60mm，推荐不超过 50mm，卷盘缠绕干粉输送管道合计45mm。工作时必须预先拉出管道，由一名消防工作人员抓紧干粉喷枪对准着火点，然后由另外一名消防工作人员打开干粉卷盘开启球阀即可进行灭火，当拉出管道过长时，打开干粉卷盘开启球阀前必须对管道采取适当的固定措施。干粉卷盘的外形如图12.2-7所示，其参数见表12.2-6。

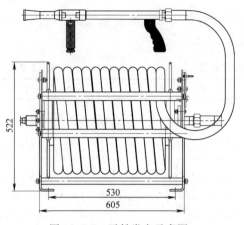

图12.2-7　干粉卷盘示意图

干粉卷盘技术参数　　表12.2-6

额定工作压力	1.5MPa
驱动方式	手动
介　质	气体、干粉混合物
输送管道长度	45m/盘
公称直径	DN 26

（5）干粉枪（带喷嘴）

干粉枪与干粉消防卷盘配套使用，干粉枪喷嘴喷射形式为扇形。干粉枪的外形如图12.2-8所示，其参数见表12.2-7。

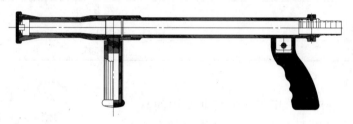

图12.2-8　干粉枪

干粉枪技术参数　　　　　　　　　　　　　　表12.2-7

额定工作压力	0.5～1.6MPa
形式	扇形（≥45°）
喷射率	1～3kg/S
射　程	≥10m

（6）气体集流管

气体集流管用于汇集动力储气瓶释放的气体。集流管上配有安全释放阀，主要预防高压管路区的超压影响安全。干粉系统中集流管通径的选取原则是：在满足系统用气量的前提下，尽量选择最小通径。气体集流管的外形如图12.2-9所示，其参数见表12.2-8。

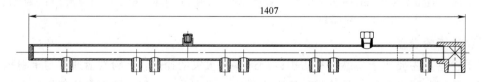

图12.2-9　气体集流管示意图

气体集流管技术参数	表 12.2-8
最大工作压力	15MPa
公称直径	DN40
连接瓶组数	8 组
材　质	无缝钢管

（7）干粉分流阀

干粉分流阀内部为四通结构，主要用于把干粉分流到干粉炮和消防卷盘管路当中，其交叉部位为圆弧过渡结构，干粉流通顺畅，可有效防止干粉发生堵塞和出现气粉分离现象。干粉分流阀的外形如图 12.2-10 所示，其参数见表 12.2-9。

干粉分流阀的参数	表 12.2-9
压力等级	1.6MPa
公称直径	$DN100 \times DN50 \times DN50 \times DN100$
分流数	3
材质	Q235

（8）干粉集流管

干粉集流管用于连接干粉炮和干粉储罐，干粉集流管的外形如图 12.2-11 所示，其参数见表 12.2-10：

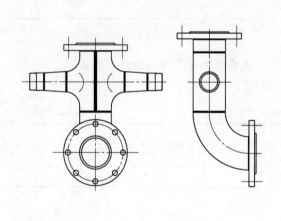

图 12.2-10　干粉分流阀示意图

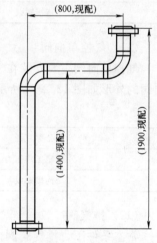

图 12.2-11　干粉集流管示意图

干粉集流管技术参数	表 12.2-10
压力等级	1.6MPa
公称直径	$DN100$
连接形式	国标法兰 $DN100$

（9）高压软管

高压软管用于连接容器瓶与液体单向阀，起到压力缓冲的作用，主要由钢丝编织网、软管和软管接头组成，高压软管的外形如图 12.2-12 所示，其参数见表 12.2-11。

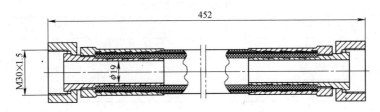

图 12.2-12　高压软管示意图

高压软管技术参数　　　　　　　　　　　　表 12.2-11

额定工作压力	15MPa
爆破压力	36MPa
公称直径	DN20
连接螺纹	M30×1.5

（10）单向阀

单向阀由阀体、阀芯组成，单向阀与气体集流管相连接，主要作用在防止介质倒流回容器瓶中。单向阀应垂直安装（箭头标志向上）。其参数见表 12.2-12。

单向阀技术参数　　　　　　　　　　　　　表 12.2-12

公称直径	19mm
额定工作压力	15MPa
连接螺纹	M30×1.5/R_c1

（11）气控单向阀

气控单向阀主要安装在气控管路中，依次完成系统中各个阀门的开启和关闭。气控单向阀的外形如图 12.2-13 所示，其参数见表 12.2-13。

气控单向阀技术参数　　　　　　　　　　　表 12.2-13

公称直径	DN6
额定工作压力	15MPa
连接螺纹	M14×1.5

（12）排气阀

常态条件下，排气阀阀门常开，加压至 0.2～0.3MPa 之间阀门关闭，升压到 8MPa 后，完全密封。使用过程中要定期清理内部淤积的杂质，以确保其工作时密封效果良好。排气阀的外形如图 12.2-14 所示，其参数见表 12.2-14。

（13）干粉释放球阀

干粉释放球阀采用黄铜法兰手动球阀，当有压力作用时比常态无压力作用条件下的开启力矩大。其参数见表 12.2-15。

（14）安全阀

安全阀安装在干粉储罐上方，安全阀整定压力为 1.8MPa，其释放压力出厂时已调整好并认证，以铅封标记，切勿乱动。安全阀的释放压力至少每 2 年检查一次其灵敏度，拆

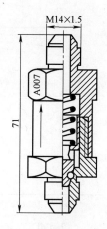

图 12.2-13　气控单向阀示意图

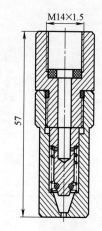

图 12.2-14　排气阀示意图

排气阀技术参数　　　　　　　　　　　　　表 12.2-14

工作压力范围	0.2～0.3MPa
连接螺纹	M14×1.5

干粉释放球阀技术参数　　　　　　　　　　　表 12.2-15

规格	16t	20t
公称直径	ϕ50mm	ϕ100mm
压力等级	1.6MPa	2.0MPa
连接方式	R$_C$2	国标法兰 DN 100
工作温度	$-20\sim100℃$	
工作介质	气、粉混合物	
材 质	HRb59-1	

下检查时用堵头封住干粉罐接口，防止干粉受潮，检查前必须关闭控制柜，以防误操作。安全阀的外形如图 12.2-15 所示。

（15）压力表

干粉灭火系统压力表采用隔膜式压力表，带有干粉过滤结构，可有效防止干粉进入仪表内部而腐蚀表内部元器件。表盘指针零位指示值受环境温度变化影响。压力表的参数见表 12.2-16。

（16）干粉炮

干粉炮的外形如图 12.2-16 所示，其参数见表 12.2-17。

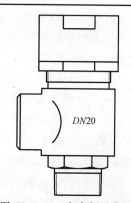

图 12.2-15　安全阀示意图

压力表的参数　　　　　　　　　　　　　表 12.2-16

量程	0～4MPa
环境温度	$-40\sim60℃$
连接螺纹	M14×1.5

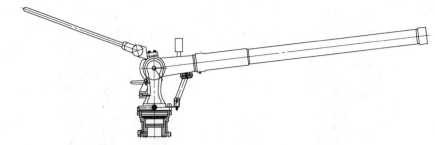

图 12.2-16 干粉炮的外形示意图

干粉炮技术参数 表 12.2-17

工作压力	1.76～2.16MPa
整定压力	1.8MPa
材质	不锈钢

12.2.3 干粉灭火系统的施工工艺

1. 施工工艺流程

安装准备→干粉储罐安装→管道安装→试压及吹扫→喷头安装→系统调试→消防验收。

2. 安装准备

(1) 认真熟悉图纸,制定施工方案,并根据施工方案进行技术、安全交底。

(2) 核对有关专业图纸,查看各种管道的坐标、标高是否有交叉或排列位置不当,及时与设计人员研究解决,办理洽商手续。

(3) 检查预埋套管和预留孔洞的尺寸和位置是否准确。

(4) 检查干粉储罐、阀门、喷头的选择是否符合设计要求和施工质量标准。

(5) 施工机具运至施工现场并完成接线和通电调试,运行正常。

(6) 合理安排施工顺序,避免工程交叉作业,影响施工。

3. 安装技术要点

(1) 干粉储罐安装技术要点

1) 干粉储罐安装地点的技术要求

A. 干粉灭火系统应尽量靠近保护对象,但不能与保护对象安装在一个房间内,干粉罐及其启动装置与保护空间应保持一定间距。若保护对象为可燃液体储罐或气体储罐,则干粉储罐及其启动装置应设在防火堤之外。

B. 干粉储罐及其启动装置宜安装在专用的房间内。若安装在厂房内时,要离保护对象有一定的距离,便于安全操作和使用。

C. 设置干粉罐及其启动装置地点应采取防潮措施,保持环境干燥。

D. 干粉罐及其启动装置的地点,既便于灭火操作,但又应有防止平日无关人员触动的保护措施。

E. 干粉储罐及其启动装置应避开高温设备和地点。

2) 干粉储罐的安装应符合下列要求:

A. 干粉储罐及其启动装置离墙的距离不应小于 1m。

B. 干粉储罐的干粉充装，应在干燥环境和干燥地点进行。

C. 储罐的支、框架应牢固地固定。

D. 储罐上的压力表应朝向操作面。

E. 储罐正面应标明干粉的名称及编号。

F. 储罐及其启动装置，应作防腐处理。

（2）管道安装技术要点

1）管道应采用内外镀锌的无缝钢管，特殊环境可采用不锈钢管、铜管等耐腐蚀材料。

2）管道施工应保持管道内部清洁。管道内部不得有氧化皮、焊渣、焊瘤、机械杂质和尘土等。

3）干粉管道应尽量减少弯头。使用弯头时，其曲率半径不得小于管径的 3 倍。管道转弯处，不得采用直角弯头，应采用焊接冲压弯管。只有在喷嘴处才允许采用异径弯头。

4）管道可采用焊接或法兰连接，焊接处应平滑，不得出现焊瘤或缝隙。

5）管网三通连接处，应采用干粉系统专用的球形三通连接。

6）干粉管道分离后，分支管的直径应相同，例如 1 根总管可以分成 2 根直径相同的干管，每根干管可以分成 2 根直径相同的支管。

7）不同干粉流量时，管道的直径不应大于表 12.2-18 的要求。

输送不同干粉流量时干粉管道的最大直径　　　　　　表 12.2-18

管道内径(mm)	15	20	25	32	40	50	65	80	90	100	125
最小干粉流量(kg/s)	0.5	0.9	1.5	2.5	3.2	5.7	9.6	13.5	18.5	23.5	35.0

8）管道穿墙、穿楼板时，应设套管，穿墙套管长度与墙宽相等。管道与套管间的空隙，应用不燃材料严密填塞。

9）管道应固定牢靠，管道支架、吊架最大间距，应符合表 12.2-19 的规定。

管道支架、吊架最大间距　　　　　　表 12.2-19

管道内径(mm)	15	20	25	32	40	50	65	80	100	125
最大间距(m)	1.5	1.8	2.0	2.0	2.0	3.5	3.7	4.0	4.5	5

10）管道末端处应采用支架固定，支架与喷头间的管道长度应小于等于 250mm。

11）直径大于 50mm 的干粉管道，应设防晃支架。

12）干粉管道的外表面，应涂红色油漆。

（3）干粉喷头安装技术要点

1）喷头安装时，应逐个校对喷头的孔径和型号。

2）喷头的安装形式应符合设计要求（喷嘴高度、喷嘴的喷射方向、喷嘴坐标位置等）。

3）安装在吊顶下不带装饰罩的喷头，其连接管管端螺纹不应露出吊顶。

4）安装在吊顶下带装饰罩的喷头，其装饰罩应紧靠吊顶。

5）喷头应配置防尘帽，而且系统喷射时防尘帽应能自动脱落。

（4）试压及吹扫

管道试压和吹扫应符合以下基本要求：管道安装完毕后，进行管道试压和吹扫，干粉管道在施工安装时，应防止油、水、泥沙、棉纺等杂物遗留在管内，应保持管内清洁。在安装喷头之前，全部管道必须用干净的压缩空气吹扫干净。干粉管道安装完毕后，应进行水压强度试验和气密性试验。

1）水压强度试验

试验压力应为系统工作压力的 1.1 倍，试验时间不小于 2h，管内压力应无变化。

2）干粉管道气压严密性试验

采用空气或氮气作为加压介质，试验压力为水压强度试验的 2/3。试验时将压力升高到试验压力后，关断气源，持续 3min 内，压力降不超过试验压力的 10% 为合格，并用涂刷肥皂水的方法，检查接头处，应无气泡产生。

3）水压强度试验完成后，管道应进行吹扫。吹扫管道可采用压缩空气或氮气。采用白布检查，直到无铁锈、灰尘、水渍及其他脏物出现。

（5）系统调试

1）系统调试的一般要求

A. 干粉灭火系统的调试，应在系统安装完毕，以及火灾自动报警系统和联动设备调试后进行。

B. 干粉灭火系统调试应由专业技术人员负责，其他人员参加，按调试程序开展工作。

C. 调试前应对系统组件的设计要求及系统的安装质量进行一次全面检查，发现问题及时处理。

D. 进行调试试验时，应采取可靠的措施，确保人员安全和防止干粉灭火剂的误喷射。

E. 对防护区进行模拟喷气试验，并宜采用自动控制进行。

F. 采用气体代替干粉喷射试验时，应达到下列要求：

（A）试验气体喷入防护区内，每个喷头均应均匀喷气。

（B）一切控制阀均能正常工作。

（C）有关声光报警，正确无误。

（D）干粉管道无明显晃动和机械损坏。

2）控制系统的调试

A. 调试前先检查各项安装施工质量，确认合格后，才能开始进行调试。例如，各设备之间的连线应正确无误、灭火装置上有绝缘要求的外部带电端子与箱柜体及灭火装置线路中各路之间的绝缘电阻应大于 20MΩ 等。

B. 调试时为避免误喷，应先断开灭火系统中所有灭火装置喷头上的启动器或柜式灭火装置启动瓶上的信号输入线，在启动信号输入线上连接相应电压的指示灯。

C. 自动启动功能的调试，是将报警联动灭火控制器设在"自动"位置。对灭火系统中的火灾探测器逐个施加模拟火灾信号，声、光报警器发出声、光报警信号。到设计规定的延迟时间后，接入的指示灯应点亮。

D. 手动启动功能的调试，是将灭火控制器设在"手动"位置，对灭火系统中的火灾探测器逐个施加模拟火灾信号，声、光报警器应发出声、光报警信号，但接入的指示灯应不点亮。当按下联动操作盘上手动启动按钮并达到设计规定的延迟时间时，接入的指示灯应点亮。

E. 紧急停止功能调试，是分别进行自动启动功能调试和手动启动功能调试试验。当灭火控制盘处于启动延时期间内，按下联动操作盘上或手动控制盒上的紧急停止按钮，接入的指示灯应不会被点亮。

F. 进行主电源备电源切换调试。

G. 各项功能调试合格后，拆除接入的指示灯，并对灭火系统进行复位。

12.2.4　干粉灭火系统施工验收标准

干粉灭火系统施工验收执行以下国家现行标准的相关要求。

《干粉灭火系统部件通用技术》GB 16668—1996；

《干粉灭火剂通用技术条件》GB 13532—1993；

《干粉灭火系统设计规范》GB 50347—2004。

12.2.5　干粉灭火系统的施工质量记录

干粉灭火系统的施工质量记录可借用本书第 4 章《气体灭火系统》的相关内容。

12.3　细水雾灭火系统

12.3.1　细水雾灭火系统概述

1. 细水雾灭火系统的灭火机理

细水雾灭火系统对保护对象可实施灭火、抑制火、控制火、控温和降尘的多种方式的保护，其灭火机理可归纳如下：

（1）冷却：细水雾粒径越小，相对表面积越大，受热后更易于汽化，在汽化的过程中，从燃烧物表面或火灾区域吸收大量的热量，从而使燃烧物表面温度迅速降低，当温度降至燃烧临界值以下时，热分解中断，燃烧随即终止。

（2）窒息：细水雾喷入火场后，迅速蒸发形成蒸汽，体积急剧膨胀，最大限度地排除火场空气，使燃烧物周围的氧含量迅速降低。当燃烧物周围的氧气浓度降低到一定程度时，燃烧即会因缺氧而受到抑制或中断。

（3）阻隔热辐射：细水雾喷入火场后，蒸发形成的蒸汽迅速将燃烧物、火焰和烟气笼罩，对火焰的辐射热具有极佳的阻隔能力，能够有效抑制辐射热引燃周围其他物品，达到防止火焰蔓延的效果。

（4）浸润作用：颗粒大冲量大的雾滴会冲击到燃烧物表面，从而使燃烧物得到浸湿，阻止固体挥发可燃气体的进一步产生，到达灭火和防止火灾蔓延的目的。

（5）另外还有对液体的乳化和稀释作用，在灭火的过程中，往往会有几种作用同时发生，从而有效灭火。

2. 细水雾灭火系统分类

（1）按介质分为

1）单相流系统：是指采用单管供水至每个喷头的细水雾灭火系统。

2）双相流系统：是指水和雾化介质分开来供给并在细水雾喷头上混合的细水雾灭火系统。

（2）按系统工作压力分为

1）低压系统：系统管网工作压力小于或等于 1.21MPa 的细水雾灭火系统。

2）中压系统：系统管网工作压力大于 1.21MPa，小于或等于 3.45MPa 的细水雾灭火系统。

3）高压系统：系统管网工作压力大于 3.45MPa 的细水雾灭火系统。

（3）按应用方式分为

1）局部应用系统：被设计和安装成向保护对象直接喷射细水雾的应用方式。

2）全空间应用系统：被设计和安装成用来保护整个封闭空间里的所有危险的应用方式。

3）分区应用系统：被设计和安装成用于保护在一个封闭空间的某个预定部分的危险的应用方式。

（4）按动作方式分为

1）开式系统（雨淋系统）。

2）闭式系统（即湿式系统、干式系统和预作用系统）。

（5）按供水方式分为

1）泵组式系统：采用泵组进行供水的细水雾灭火系统。

2）容器式系统：采用储水容器、储气容器进行加压供水的细水雾灭火系统。

（6）按保护区多少分为

1）组合分配系统：用一套灭火系统保护两个或两个以上保护区或保护对象的细水雾灭火系统。

2）单元独立系统：用一套灭火系统保护一个保护区或保护对象的细水雾灭火系统。

本书着重介绍泵式高压细水雾灭火系统。

3. 细水雾灭火系统适用范围和应用场所

（1）细水雾灭火系统适用于 A、B、C 类及带电设备火灾。可用于保护经常有人场所。

（2）细水雾灭火系统可用于扑救下列物质的火灾：

室内可燃液体火灾；室内固体火灾；室内油浸变压器火灾；计算机房、交换机房等火灾；图书馆、档案馆火灾；配电室、电缆夹层、电缆隧道、柴油发电机房、燃气轮机、锅炉房、直燃机房等；船舶 A 类机器处所：如机舱中的柴油发动机、柴油发电机、燃油锅炉、焚烧炉、燃油装置等 ；其他适于细水雾灭火系统的火灾。

（3）细水雾系统不得直接用于和水产生剧烈化学反应或产生一定有害物的物质上，如锂、钠、钾、镁、钛、锆、铀等金属或其化合物。细水雾系统不能直接应用于有低温液化气体的场合（如液化天然气）。

4. 细水雾灭火系统的性能特点

（1）相对于水喷淋灭火系统或常规水喷雾灭火系统，细水雾灭火系统具有以下的性能特点：

1）用水量大大降低。通常而言常规水喷雾用水量是水喷淋的 70%～90%，而细水雾灭火系统的用水量通常为常规水喷雾的 20% 以下；

2）降低了火灾损失和水渍损失。对于水喷淋系统，很多情况下由于使用大量水进行火灾扑救造成的水渍损失还要高于火灾损失；

3）减少了火灾区域热量的传播。由于细水雾的阻隔热辐射作用，有效控制火灾蔓延；

4）电气绝缘性能更好，可以有效扑救带电设备火灾；

5）能够有效扑救低闪点的液体火灾。

（2）相对于气体灭火系统，细水雾灭火系统具有以下的性能特点：

1）细水雾对人体无害，对环境无影响，适用于有人的场所；

2）细水雾具有很好的冷却作用，可以有效避免高温造成的结构变形，且灭火后不会复燃；

3）细水雾系统的水源更容易获取，灭火的可持续能力强；

4）可以有效降低火灾中的烟气含量及毒性。

12.3.2　泵式高压细水雾灭火系统

1. 泵式高压细水雾灭火系统的使用场所

泵式高压细水雾灭火系统重点应用在水渍损失要求小或水源量小、防护区相对较大或持续喷射时间长的场所。能用于扑灭 A 类火灾、B 类火灾、C 类火灾及带电设备火灾。广泛适用于计算机房、通信机房、控制室、贵重设备室、磁带库、图书馆、档案库、烟草库、珍品库、配电房，也广泛用于发电机房、油浸变压器室、变电室、液压设备、除尘设备、喷漆生产线等场所或设备的消防保护，以及新造、改造的船舶 A 类机器处所：如机舱中的柴油发动机、柴油发电机、燃油锅炉、焚烧炉、燃油装置等设备的消防保护。另外，还可以应用于一些化工设施的降温及环保上的降尘和控温。

2. 系统构成及组件技术要求

（1）系统构成

泵式高压细水雾灭火系统主要由供水装置、分区控制阀、压力开关、细水雾喷头、管道及火灾报警灭火控制器、火灾探测器、声光报警器、手动控制盒、分区显示盘等部件组成。其中供水装置由柱塞泵、泵控制柜、安全泄压阀、试验阀等组成，系统组成示意图如图 12.3-1 所示，图中各部件名称及功能见表 12.3-1。

（2）系统控制方式

泵式高压细水雾灭火系统具有自动启动控制、电气手动启动控制、应急启动控制三种控制方式。

1）自动启动控制方式

将火灾报警灭火控制器、水泵控制柜的控制方式均设为"自动"方式，系统即处于自动灭火控制状态，当保护区发生火情时，火灾探测器将火灾信号送往火灾报警灭火控制器，火灾报警灭火控制器发出声、光报警信号，同时发出灭火指令打开相应保护区电动选择阀和泵组，向相应保护区喷射细水雾实施灭火。确认火灾扑灭后，按下火灾报警灭火控制器上的复位按钮，即可复位电动选择阀和水泵控制柜，使系统恢复到伺服状态。

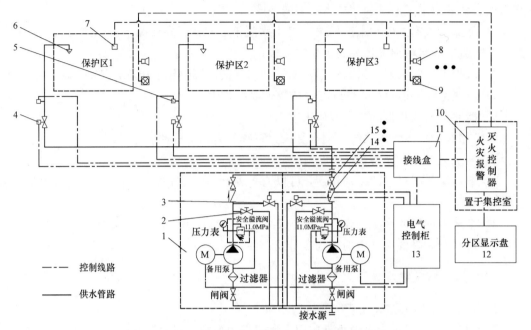

图 12.3-1　泵式高压细水雾灭火系统构成示意图

泉式高压细水雾灭火系统主要部件名称及其功能　　　　　表 12.3-1

序号	名　称	功　能
1	泵组	灭火时供水
2	试水阀	常闭,定期试泵时打开
3	旁通阀	实现泵无负荷启停
4	分区控制阀	常闭,灭火时打开,使压力水流向失火区域
5	压力开关	有水通过时动作,把释放信号反馈到报警灭火控制器和分区显示盘
6	细水雾喷头	喷放细水雾,实施灭火
7	火灾探测器	探测火灾信号,并传递至报警灭火控制器
8	声光报警器	提示该区域发生火情
9	手动控制盒	实现系统"现场"电气手动启动
10	火灾报警灭火控制器	接收火灾信号并发出报警信号与灭火指令
11	接线盒	方便接线
12	分区显示盘	分区显示火警、释放报警和故障信号
13	电气控制柜	实现水泵的启动与停止
14	止回阀	防止压力水回流
15	检修阀	常开,水泵检修时关闭

2）电气手动启动控制方式

当保护区人为发现火情时,可按下相应区域的手动控制盒或报警灭火控制器上的相应区的灭火按钮(此时火灾报警灭火控制器处于"自动"或"手动"方式均可)。即可按预定程序启动灭火系统,喷放细水雾,实施灭火。确认火灾扑灭后,可按下火灾报警灭火控制器上的复位按钮，即可关闭水泵、关闭电动选择阀，使系统恢复到伺服状态。火灾报警灭火控制器在自动状态下，具有电气手动控制优先功能。

3）应急启动控制方式

当保护区发生火情，控制系统失灵时，可人为打开相应保护区手动选择阀，将水泵控制柜的控制方式选择为"手动"，按下水泵控制柜上启动按钮，即可实施灭火。在确认火灾被扑灭后，按下水泵控制柜上的停止按钮，手动关闭相应保护区的手动选择阀，使系统恢复到伺服状态。

（3）泵式高压细水雾灭火系统动作流程图如图12.3-2所示。

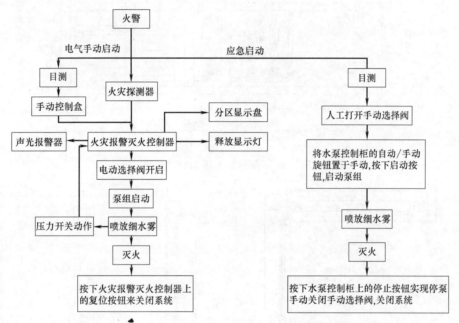

图 12.3-2　泵式高压细水雾灭火系统动作流程图

（4）泵式高压细水雾灭火系统主要组件及技术要求

1）高压细水雾泵组

A. 高压细水雾泵组的构成

高压细水雾泵组由高压主泵、高压备泵、稳压泵、泵组控制柜、调节水箱（含液位显示及液位开关）、进水过滤器及电磁阀、安全泄压阀、压力变送器、机架及连接管道、阀件等组成。由液位开关实现对调节水箱自动补水；安全泄压阀用于调节泵组的出口压力；泵组主要部件材质为不锈钢。高压细水雾泵组的外形如图12.3-3所示。其结构如图12.3-4、图12.3-5和12.3-6所示。

图 12.3-3　高压细水雾泵组外形图

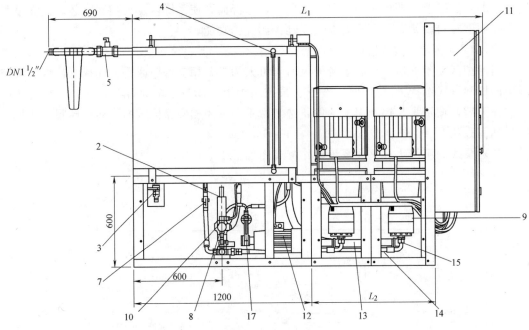

图 12.3-4　高压细水雾泵组结构示意图（一）

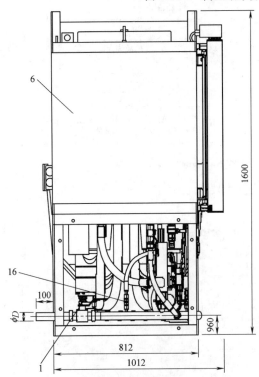

图 12.3-5　高压细水雾泵组结构示意图（二）

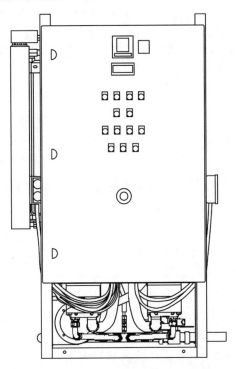

图 12.3-6　高压细水雾泵组结构示意图（三）

1—主控制阀（常开）；2—安全泄压阀；3—排污阀
（常开）；4—液位计及液动开关；5—进水电磁阀
（常闭）；6—调节水箱；7—测试阀；8—压力表；
9—高压主泵；10—压力变送器；11—泵组控制柜；
12—稳压泵；13—泵组进水管；14—泵组出水管；
15—高压泵单向阀；16—稳压泵单向阀；
17—稳压泵检修阀

B. 高压细水雾泵组的技术要求

（A）供水泵采用的是高压柱塞泵。装有安全溢流阀、缓冲器、过滤器等。

（B）泵体两面都有进出口，便于安装。安装时，基础必须有足够的强度、大小、以保证设备就位后不下沉、不弯曲、不变形。基础施工必须水平，以免设备安装就位后倾斜。

（C）泵的机身上标有方向标识，安装时必须保证旋转方向正确。

（D）其吸入口应为净正压力，泵体内没有水时，禁止启动泵。

（E）泵组的布置原则

泵组周围的距离根据单泵功率小于55kW大于20kW机组与墙面的距离应大于等于800mm，机组周围的通道不应小于1000mm。

小于20kW机组周边的通道应大于等于700mm。

小泵共用基础时机组与墙边可不留通道。

C. 高压细水雾泵组控制柜的功能要求

（A）泵组控制柜的技术性能应符合低压电器国家标准的规定；

（B）电源电压：三相、AC380V；

（C）泵组控制柜面板上的故障报警显示盘能够进行泵电机开关断开、主阀关闭、水箱低水位等状态报警显示；

（D）系统压力数显屏可显示泵出口处的水压；

（E）工作状态指示灯可显示各泵工作状态、系统准备就绪、主备电源、水箱进水电磁阀工作等状态。

（F）泵组控制柜面板上设有泵手动启动按钮、停止按钮、泵紧急停止按钮，可对泵组进行就地启停操作。

2）高压细水雾喷头

喷头分类

细水雾喷头有很多种，具有不同的流量、喷射形状和雾滴尺寸，以适合不同的应用场所。喷头采用黄铜或不锈钢材料制造。对于特殊的应用场所，可以进行装饰性的涂敷。

雾滴直径：　　高压系统　Dv0.1=52μm　Dv0.5=72μm　　Dv0.9=89μm；

　　　　　　　中压系统　Dv0.1=80μm　Dv0.5=130μm　　Dv0.9=200μm。

喷头一般分为开式喷头、闭式喷头和微型喷头三种。开式喷头、闭式喷头和微型喷头的外形如图12.3-7所示，其各自的技术参数见表12.3-2、表12.3-3、表12.3-4。

3）区域控制阀组

区域控制阀组由区域控制阀（电动球阀）、供水球阀、压力开关、压力表及连接管道等组成。区域控制阀组材质为不锈钢，其最大工作压力为16.0MPa。区域控制阀组具备自动、手动电动启动及机械应急操作。区域控制阀组分为开式阀组和闭式阀组两种。

A. 开式阀组

开式阀组的外形如图12.3-8所示，其参数见表12.3-5。

B. 闭式阀组

闭式阀组的外形如图12.3-9所示，其参数见表12.3-6。

闭式喷头　　　　　　开式喷头　　　　　　微型喷嘴

图 12.3-7　各类高压细水雾喷头的外形图

开式喷头技术参数表　　　　　表 12.3-2

型　号	流量系数	安装最大高度（m）	喷头最大间距（m）	额定压力（MPa）	额定流量（L/min）
7-01-48-4-2-00	0.17	7.5	3.0	10	1.70
7-01-48-4-6-00	0.45	5.0	3.0	10	4.50
7-01-48-4-12-00	0.95	5.0	3.0	10	9.50
7-01-56-5-12-00	1.19	5.0	4.0	10	11.9
7-01-56-5-19-00	2.04	9.8	4.0	10	20.4
7-01-56-6-27-57（CEN 侧喷）	2.74	6.0	4.7	10	27.4
7-01-56-6-27-57（CEN 侧喷）	2.74	3.0	5.5	10	27.4

闭式喷头技术参数表　　　　　表 12.3-3

型号	流量系数	额定压力（MPa）	额定流量（L/min）	RTI	安装最大高度（m）	喷头最大间距（m）
5-01-46-4-17-57 *	1.25	10	12.5	快速	2.5	3.5
5-01-46-4-17-57 *	1.25	10	12.5	快速	5.0	3.0
5-01-56-5-17-57 *	1.68	10	16.8	快速	2.5	3.5
5-01-56-5-17-57 *	1.68	10	16.8	快速	5.0	3.0
5-01-54-5-19-57 *	2.04	10	20.4	快速	2.5	4.0
5-01-54-5-19-57 *	2.04	10	20.4	快速	5.0	3.0

微型喷头技术参数表　　　　　表 12.3-4

型　号	流量系数	额定压力（MPa）	额定流量（L/min）	喷头最大间距（m）
1910	0.42	10	0.42	1.0
1915	0.92	10	0.92	1.0
1918	1.13	10	1.13	1.0
1934	2.38	10	2.38	1.0

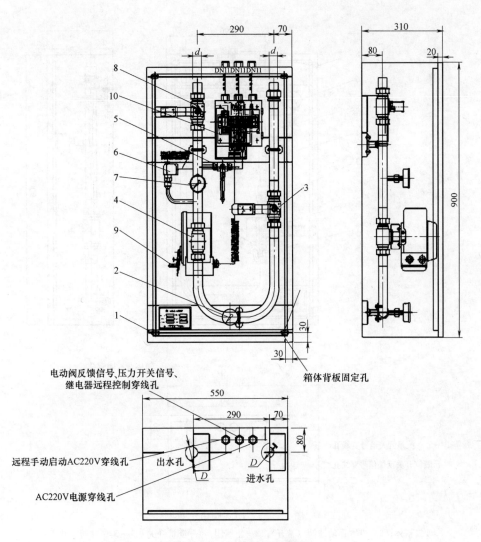

图 12.3-8 开式阀组示意图

1—箱体；2—进水侧压力表；3—进水手动球阀（常开）；4—电动球阀（常闭）；5—调试球阀（常闭）；

6—压力开关；7—出水侧压力表；8—出水手动球阀（常开）；9—电动球阀应急操作手柄；

10—接线盒（含手动启动按钮）

开式阀组技术参数表   表 12.3-5

项　目	参　数	项　目		参　数
公称直径	$DN20\sim DN50$	额定电压		AC 220/50Hz
工作压力	12MPa	额定功率	电动阀	20～100W
工作介质	生活饮用水	开启时间		30s
工作温度	4～50℃	防护等级		IP55
压力开关触点容量	15A,125 或 250V AC 2.5A,30V DC	其他功能		带手动摇曲柄
主要材质	SS316			

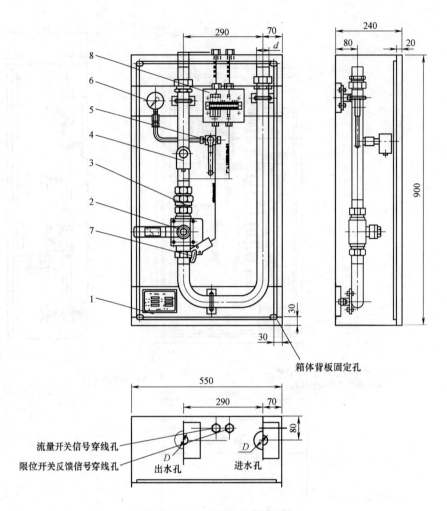

箱体背板固定孔

流量开关信号穿线孔
限位开关反馈信号穿线孔
出水孔
进水孔

图 12.3-9　闭式阀组示意图

1—箱体；2—进水手动球阀（常开）；3—止回阀；4—流量开关；5—调试球阀（常闭）；
6—出水侧压力表；7—限位开关；8—接线盒

闭式阀组技术参数表　　　　　　　　　　　　表 12.3-6

项　　目	参　　数		项　　目	参　　数
公称直径	$DN20\sim DN40$		额定电压	$DC\ 24V$
工作压力	12MPa	流量开关	额定电流	$<80mA$
工作介质	生活饮用水		检测范围	水 $1\sim150cm/s$
工作温度	$4\sim50℃$		最小动作压力	0.15MPa
主要材质	SS316		防护等级	IP65

4）电动选择阀

电动选择阀主要用于组合分配系统中，以控制灭火剂流动方向，保证灭火剂进入发生火灾的保护区。选择阀平时处于常闭状态，安装在系统分配管上，出口端与通向保护区的灭火剂输送管道连接。电动选择阀的结构及外形尺寸如图 12.3-10 所示，其技术参数见表 12.3-7。

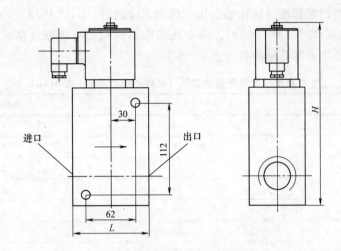

图 12.3-10　电动选择阀的结构及外形尺寸

电动选择阀的技术参数表　　　　　　　　　　表 12.3-7

型号	公称工作压力（MPa）	公称直径（mm）	高度 H	长度 L	连接螺纹 G	电磁阀		
						工作电压	操作系数	功率 W
1		DN15	200	70	1/2	DC24V（−10%～+5%）	100%ED	30
2	10	DN20	260	100	3/4			
3		DN25	260	100	1			

5）手动选择阀

手动选择阀与电动选择阀并联，用于系统应急启动时手动打开。手动选择阀的结构及外形尺寸如图 12.3-11 所示，其技术参数见表 12.3-8。

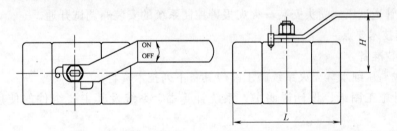

图 12.3-11　手动选择阀的结构及外形尺寸

手动选择阀的技术参数表　　　　　　　　　　表 12.3-8

型号	公称工作压力（MPa）	公称直径（mm）	高度 H	长度 L	连接螺纹 G
1		DN15	48	64	1/2
2	10	DN20	55	72	3/4
3		DN25	63	85	1

6）管网

A. 高压细水雾灭火系统管网采用冷拔法制造的奥氏体不锈钢无缝钢管。管道的材质和性能应符合现行国家标准《流体输送用不锈钢无缝钢管》GB 14976、《流体输送用不锈钢焊接钢管》GB/T 12771 和《锅炉、热交换器用不锈钢无缝钢管规格》GB 13296 的有关规定。常用高压细水雾管道参数见表 12.3-9。

常用高压细水雾管道参数表（材质不锈钢 304L 或 316L）　　　表 12.3-9

公 称 直 径	外径(mm)	壁厚(mm)
DN10	12	1.5
DN15	18	1.5
DN15	22	2.0
DN20	28	2.5
DN25	34	3.0
DN32	42	3.5
DN40	48	4.0
DN50	60	4.5
DN65	76	6.0
DN80	89	7.0

B. 管道的连接方式

细水雾灭火系统采用的是小直径的不锈钢管道，规格为 DN15～DN50。确保管网重量轻、系统洁净以及便于安装。管道的连接通常采用胀管、螺纹或焊接方式。

12.3.3　泵式高压细水雾灭火系统的施工工艺

1. 施工工艺流程

安装准备→细水雾灭火装置的安装→泵组的安装→分配管的安装→选择阀的安装→管道的安装→管道试压→喷头安装→火灾报警控制系统的安装→调试开通。

2. 安装技术要点

（1）安装准备

1）泵式高压细水雾灭火系统施工前应具备下列技术资料：

A. 设计施工图纸、设计说明书、系统计算书、系统及其主要组件的使用、维护说明书。

B. 泵式高压细水雾灭火系统产品的合格检验报告及产品出厂合格证。

2）泵式高压细水雾灭火系统施工前应具备下列条件：

A. 保护区、设备间设置条件及防护区内被保护物的摆放形式与设计相符。

B. 系统组件及材料齐全，其品种、规格、型号符合设计要求。

C. 系统所需的预埋件和孔洞符合设计要求。

3）系统组件检查

泵式高压细水雾灭火系统施工前应对系统组件进行外观检查，并应符合下列规定：

A. 系统组件无碰撞变形和其他机械性损伤。

B. 组件外露非机加工表面保护涂层完好。

C. 组件所有外露接口均设有防护堵、盖，且密封良好，接口螺纹无损伤。

D. 铭牌清晰、内容完整。

4）泵式高压细水雾灭火系统安装前应对选择阀、启动装置、加压装置进行检查，并应符合下列规定：

A. 选择阀、启动装置的电磁阀上电磁铁的电源电压应符合系统设计要求。单独给电磁铁通电应动作灵活无卡阻现象。

B. 加压装置内氮气（或压缩空气）压力应符合产品设计要求。

（2）细水雾灭火装置的安装

1）启动装置、加压装置的气体充装宜在生产厂完成，水容器注水可在现场进行。

2）灭火装置安装的操作面距墙或操作面之间的距离不宜小于 800mm。

3）灭火装置安装的支框架应固定牢靠，且应进行防腐处理。

（3）泵组的安装

1）泵组的规格型号应符合设计要求，并应有产品检测报告、产品合格证和安装使用说明书。

2）泵出口应设置自动降压启动装置、压力削峰缓冲装置、压力表、自动分流装置、模拟喷雾装置、安全泄放装置、柔性连接管等。

3）泵底座应设减振装置。

4）水泵吸水管及附件的安装

水泵吸水管上按水流方向应顺序安装球阀、大面积过滤器、过滤器。其中两种过滤器的滤网应使 $100\mu m$ 颗粒不能通过。吸水管、管件、球阀和两种过滤器均采用不锈钢材料。水泵吸水管与储水箱和泵组吸水口之间均应安装柔性连接管，并保证泵的吸水口压力为正压。

5）水泵吸水管水平段上不应有气囊和漏气现象。

（4）分配管的安装

分配管应牢靠地固定在支、框架上。系统动作试验装置宜安装在集流管或通向保护区的主管道上，排水口应设地漏。

（5）选择阀的安装

1）选择阀应安装在操作面一侧，安装高度不应超过 1.7m，不应低于 1.4m。

2）选择阀上应设置标明防护区名称或编号的永久性标志牌。

（6）管道的安装

1）细水雾灭火系统管道应采用不锈钢或铜及铜合金材质，管接件应采用不锈钢或铜及铜合金材质。

2）管道的接口采用胀管器进行胀制，应保证端口平齐、端正。

3）管道穿过墙壁、楼板处应安装套管。穿墙套管长度应和墙厚相等，穿过楼板套管长度应高出地面 50mm。管道与套管间的空隙应采用柔性防火封堵材料进行封堵。

4）管道支吊架安装应符合下列规定：

A. 管道应固定牢靠，支吊架最大间距应符合表 12.3-10 的规定。

支吊架最大间距　　　　　　　　表 12.3-10

管道外径(mm)	14	22	28	35	45	54
最大间距(m)	1.8	2.2	2.4	2.8	2.8	2.8

B. 管道末端处应采用支架固定，支架与喷嘴头间的管道长度不应大于 250mm。

（7）管道试压

1）系统管道安装完毕后，应进行水压强度试验和气压严密性试验。

2）管道水压强度试验压力应为 3.5MPa，保压时间应为 5min，检查管道各连接处应无滴漏，管道应无变形。

3）管道气压严密性试验的加压介质宜采用氮气或压缩空气，试验压力应为 2.5MPa。试验时应将压力升至试验压力，关断试验气源 3min 内压力降不应超过试验压力的 10%，且用涂刷肥皂水方法检查防护区外管道连接处，应无气泡产生。

4）水压强度试验和气压严密性试验完成后，应进行吹扫。吹扫管道可采用压缩空气或氮气。吹扫时，管道末端的气体流速不应小于 20m/s，采用白布检查，直至无铁锈、灰尘、水渍及其他脏物出现。

（8）喷头安装

喷头安装时应逐个核对其型号、规格和喷孔方向，并应符合设计要求。

（9）火灾报警控制系统的安装

火灾报警控制系统的安装想见本书第 7 章的相关内容。

3．系统调试

（1）系统调试的一般规定：

1）系统的调试宜在系统安装完毕，以及有关的火灾报警系统和开口自动关闭装置、通风机械和防火阀等联动设备的调试完成后进行。

2）系统调试前应具备完整的技术资料及调试必须的其他资料。

（2）调试

1）系统的调试，应采用系统动作试验装置进行模拟系统动作试验。

2）模拟系统动作试验宜采用自动控制。

3）模拟系统动作试验时选择阀或试验阀应关闭。在允许喷雾的情况下，宜打开相应的选择阀而关闭系统动作试验装置进行实际喷雾。

4）模拟系统动作试验的结果应符合下列规定：

A. 系统动作试验装置的流量应与系统流量相当，系统压力应符合设计要求。

B. 实际喷雾时，保护区内每个喷嘴均应正常喷出细水雾。

C. 有关阀门工作正常。

D. 有关声光报警信号正确。

E. 设备和管道无明显晃动和机械损坏。

5）模拟系统动作试验宜持续 1min，保护区内实际喷雾持续 30s，必要时应用透明塑料罩罩住喷头并收集喷水。试验完成后应恢复系统，并补充氮气压力和水容器水量至设计要求值。

12.3.4　泵式高压细水雾灭火系统施工验收标准

泵式高压细水雾灭火系统施工验收可遵循以下标准：

《细水雾灭火系统设计、施工及验收规范》　DBJ04—247—2006。

12.3.5　泵式高压细水雾灭火系统施工质量记录

泵式高压细水雾灭火系统的施工质量记录包括：

（1）《水容器、气容器检查记录》，见表 12.3-11。

水容器、气容器检查记录　　　表 12.3-11

工程名称			建设单位			
生产厂名			施工单位		项目经理	
船级社认可证书编号				检测日期		
产品出厂合格证编号				出厂日期		

瓶组编号	型号规格	气容器充装压力（MPa）			水容器充装量（kg）			检测结果
		设计	实测值		设计	实测值		
			温度（℃）	压力		温度（℃）	重量	
检查结论								
检验人员签名					（检验单位盖章）　　年 月 日			

（2）《泵组、储水箱检查记录》，见表 12.3-12。

泵组、储水箱检查记录 表 12.3-12

工程名称				建设单位					

| 生产厂名 | | | | 施工单位 | | | 项目经理 | | |

| 船级社认可证书编号 | | | | | 检测日期 | | |

| 产品出厂合格证编号 | | | | | 出厂日期 | | |

设备编号	储水箱							泵组				检测结果
	型号	参数	呼吸阀	进水阀	水位报警	滤网层	水质	型号	参数	稳压装置	安全溢流装置	

检查结论

检查人员签名

（检验单位盖章）　　年 月 日

（3）《管网试验记录》，见表 12.3-13。

管网试验记录　　　　　　　　　　　　　　　　　表 12.3-13

	防护区名称 试验数据 项目									
工程 名称				建设 单位						
生产 厂名				施工 单位				项目 经理		
管道材质单编号					检测日期			出厂日期		
管接件出厂合格证编号					检测日期			出厂日期		
强 度 试 验	介质名称									
	压力（MPa）									
	时间（min）									
	试验结果									
严 密 性 试 验	介质名称									
	压力（MPa）									
	时间（min）									
	试验结果									
吹 扫 试 验	介质名称									
	流速（m/s）									
	时间（min）									
	试验结果									
试验 结论										
试验 人员 签名							（试验单位盖章）　　年　月　日			
建设 单位 意见							（盖章）　　　　　年　月　日			

（4）《隐蔽工程中间验收记录》，见表 12.3-14。

隐蔽工程中间验收记录　　　　　　　　　表 12.3-14

工程名称			建设单位						
生产厂名			施工单位					项目经理	
防护区名称 / 隐蔽区域名称 / 验收结果 / 验收项目									
管道规格和质量									
管道连接件规格和质量									
管道试压记录									
管道安装质量									
支、吊架数量、型号和安装质量									
喷嘴数量、型号和安装质量									
试验结论									
	（验收负责人签名）　　　年　月　日								
参加验收人员签名									
	（施工单位盖章）　　　年　月　日								
建设单位意见									
	（盖章）　　　年　月　日								

（5）《细水雾灭火系统调试报告》，见表12.3-15。

表 12.3-15

细水雾灭火系统调试报告

工程名称		建设单位			
生产厂名		施工单位		项目经理	
调试单位		调试日期		调试负责人	
项目分类	项 目			结果	
技术资料完整性检查	设计说明书、施工图及设计变更 施工记录和隐蔽工程中间验收报告 系统及其主要组件的使用维护说明书 系统组件、管道和连接件的检验报告和出厂合格证				
系统组件、管道及连接件安装质量检查	系统组件、管道及连接件型号、规格、数量 系统主要组件及管道安装质量				
模拟喷雾试验	试验气体所喷入的防护区 选择阀的工作情况 声光报警信号情况 系统可靠性				
调试情况及结论			（调试负责人签名）　　年　月　日		
建设单位意见			（盖章）　　年　月　日		

（6）《细水雾灭火系统竣工验收报告》，见表12.3-16。

细水雾灭火系统竣工验收报告 表 12.3-16

工程名称		建设单位			
生产厂名		施工单位		项目经理	
验收单位		验收日期		验收负责人	

项目分类	项　目	结果
技术资料审查	竣工验收申请报告 施工记录和隐蔽工程中间验收报告 竣工图和变更 竣工报告 调试记录 系统及其主要组件的使用维护说明书 系统组件、管道和连接件的检验报告和出厂合格证 管理维护人员登记表	
防护区和设备间检查	防护区的设置条件 防护区的安全设施 设备间的设置条件 设备间的安全设施	
系统组件和管道检查	管道及连接件型号、规格、布置和安装质量 支、吊架数量、型号和安装质量 喷嘴数量、型号和安装质量 储存容器或泵组的型号、规格、标志、安装位置、充装量、储存压力和安装质量 集流管的安装质量和泄压装置的泄压方向 控制阀的型号、规格、布置和安装质量 设备间的手动操作标志	
系统功能试验	模拟自动启动试验 模拟系统动作试验	

验收组人员姓名	工作单位	职务、职称	签名

验收组结论	（验收组组长签名）　　　　年　月　日
建设单位意见	（盖章）　　　　年　月　日

12.4 火探管式灭火系统

12.4.1 概述

火探管式灭火系统是一种简单、低成本且高度可靠的独立自动灭火系统，它不依靠任何电源，只需用自身的储压便可进行操作。该系统主要被设计在类似于电气控制箱、机房等密闭的空间，自动把燃火扑灭。火探管式灭火系统是由一根与其连接在一起经充压的火探管进行探火，并将灭火介质通过火探管本身（直接系统）或喷嘴（间接系统）释放到被保护区域。火探管的外形如图 12.4-1 所示。火探管式灭火系统可使用多种不同的灭火介质，如干粉灭火剂（低压）和二氧化碳灭火剂（高压）等。

图 12.4-1　火探管自动灭火装置

1. 火探管自动灭火装置

火探管自动灭火装置是一种全新的探测火灾、扑救火灾的消防设备。它是由一根与灭火剂储瓶连接在一起经充压的探火管进行探火，并将灭火剂介质通过火探管本身（直接式）或喷嘴（间接式）释放到被保护区域，实施灭火。它可以弥补现有的固定式气体自动灭火装置的不足，而用于某些特殊的场所的消防保护。在这些场所，由于空间狭小、环境特殊，而无法安装管网、喷嘴或火灾报警系统，致使自动灭火系统不能发挥作用，而使用普通的灭火器又不能将火患扑灭在萌芽状态，会导致很大的经济损失。利用火探管自动灭火装置独特的灭火方式，可妥善地解决这一难题。

2. 火探管自动灭火装置的特点

火探管自动灭火装置可以用二氧化碳、七氟丙烷、ABC 干粉及其他洁净气体作为灭火剂，具有以下明显的优点：

（1）灭火剂直接喷向最先着火点，能有效地把火患扑灭在萌芽状态；

（2）无需使用电源；

（3）探测反应时间快速，最大限度地减少火势蔓延所造成的损失；

（4）不会因油、灰尘等恶劣的环境因素而导致误喷或延误喷放。

（5）结构简单，价格低廉；

（6）安装简便，节省用户有限的空间。

3. 火探管自动灭火装置的应用场所

火探管自动灭火装置可广泛适用于石油、化工行业、制药厂、通信设备、发电厂、厨房、钢铁厂、军用设备、汽车、地铁、银行设备、易燃品仓库、储油库、计算机房、电气控制箱、配电箱等场所。

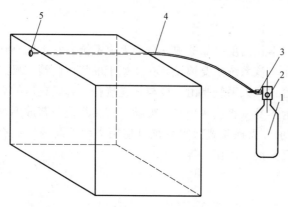

图 12.4-2　直接式火探管自动灭火装置的结构示意图
1—灭火剂储瓶；2—瓶头阀；3—球阀；4—探火管；5—压力表

4. 火探管自动灭火装置的分类

火探管自动灭火装置根据释放方式不同可分为直接式和间接式两种。

（1）直接式火探管自动灭火装置

1）直接式火探管自动灭火装置的结构示意图如图 12.4-2 所示。

2）直接式火探管自动灭火装置的工作原理

直接式火探管自动灭火装置中探火管通过球阀（常开）、瓶头阀与灭火剂储瓶连通，布置在保护区中，探火管末端压力表用来显示探火管中的压力。发生火情后，探火管受热，在最先达到熔点处发生破裂，灭火剂从破裂的孔口中喷向火源，实施灭火。

（2）间接式火探管自动灭火装置

1）间接式火探管自动灭火装置的结构示意图如图 12.4-3 所示。

2）间接式火探管自动灭火装置的工作原理

间接式火探管自动灭火装置是通过探火管探测火情并控制瓶头阀的启闭，而通过释放管及喷嘴喷射灭火剂实施灭火的装置。探火管通过球阀与瓶头阀控制口相连，释放管与瓶头阀出口相连，

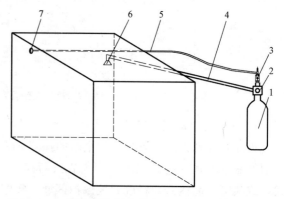

图 12.4-3　间接式火探管自动灭火装置的结构示意图
1—灭火剂储瓶；2—瓶头；3—球阀；4—释放管；
5—探火管；6—喷嘴；7—压力表

发生火情后，探火管受热破裂，瓶头阀打开，灭火剂经过释放管从喷嘴喷出，扑灭火源。

5. 各类火探管自动灭火装置的适用范围见表 12.4-1。

12.4.2　系统的构成及组件技术要求

1. 系统构成

火探管灭火系统是由灭火剂储瓶、瓶头阀及能释放灭火剂的火探管组成。将火探管置于靠近或在火源最可能发生处的上方，同时，依靠沿火探管的诸多探测点（线型）进行探测。一旦着火时，火探管在受热温度最高处被软化并爆破，将灭火剂准确的扑向火源。

各类火探管自动灭火装置的适用范围　　　　表 12.4-1

装置类型	灭火范围	非灭火范围
二氧化碳火探管自动灭火装置	灭火前可切断气源的气体火灾； 液体火灾或石蜡、沥青等可熔化的固体火灾； 固体表面火灾及棉毛、织物、纸张等部分固体的深位火灾； 电气火灾	硝化纤维、火药等含氧化剂的化学制品火灾； 钾、钠、镁、钛、锆等活泼金属火灾； 氰化钾、氢化钠等金属氢化物火灾； 能自行分解的化学物质,如过氧化氢、联胺等火灾
七氟丙烷火探管自动灭火装置	灭火前可切断气源的气体火灾； 液体火灾或石蜡、沥青等可熔化的固体火灾； 固体表面火灾； 电气火灾	硝化纤维、火药等含氧化剂的化学制品火灾； 钾、钠、镁、钛、锆等活泼金属火灾； 氰化钾、氢化钠等金属氢化物火灾； 能自行分解的化学物质,如过氧化氢、联胺等火灾； 能自燃的物质,如磷等； 强氧化剂,如氧化氮等
干粉火探管自动灭火装置	液体火灾； 电气火灾； 可燃固定的表面火灾	敏感的断电器及开关； 强氧化剂

2. 系统组件及技术要求

(1) 探火管

探火管是一种特殊的高分子材料制成的管道，属于聚酰胺类。这种材料具有较高的强度和柔韧性能，以及相对较窄的软化温度范围，该材料在温度达到熔点前物理性能变化很小，而一旦达到或接近熔点时，机械性能迅速下降，因此，充压的探火管，能在特定的温度下破裂。其主要技术参数包括：

直径：$DN4$；

壁厚：1mm；

静态动作温度（充压 1MPa 时）：175℃；

密封试验压力：2MPa。

(2) 瓶头阀

根据应用的灭火剂及火探管灭火装置的形式，瓶头阀的结构形式和工作原理也各不相同，以下介绍四种常用的火探管灭火系统用瓶头阀。

1) 直接式二氧化碳火探管自动灭火装置瓶头阀

A. 直接式二氧化碳火探管自动灭火装置用瓶头阀的结构如图 12.4-4 所示。

B. 瓶头阀的功能

该瓶头阀用于直接式二氧化碳火探管自动灭火装置，其进口与二氧化碳灭火剂储瓶相连，出口与探火管连接。该瓶头阀具有自动减压功能，由于活塞上下面积差及弹簧的补偿作用，瓶头阀出口端压力达到一定值（0.8～2MPa）时，活塞下压，瓶头阀关闭。灭火时，由于探火管破裂，瓶头阀出口端的压力突然下降，活塞在储瓶中灭火剂压力的作用下上升，瓶头阀开启，向探火管输送二氧化碳灭火剂。

C. 瓶头阀的技术要求

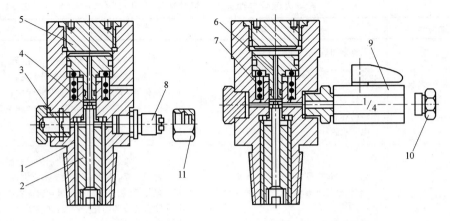

图 12.4-4   直接式二氧化碳火探管自动灭火装置用瓶头阀的结构示意图

1—阀座；2—阀体；3—安全膜片；4—密封垫；5—阀盖；6—活塞；7—弹簧；

8—充装阀；9—出口球阀；10—球阀堵头；11—充装阀堵头

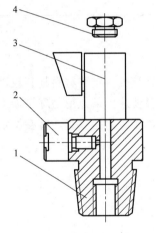

图 12.4-5   直接式七氟丙烷、干粉、
超细干粉火探管自动灭火装置用瓶
头阀的结构示意图

1—阀体；2—压力表；3—出口
球阀；4—球阀堵头

瓶头阀上的充装阀和出口球阀均配有堵头，安装时应拆下出口球阀堵头。每次充装灭火剂后，应及时装上充装阀堵头。

2）直接式七氟丙烷、干粉、超细干粉火探管自动灭火装置用瓶头阀

A. 直接式七氟丙烷、干粉、超细干粉火探管自动灭火装置用瓶头阀的结构如图 12.4-5 所示。

B. 瓶头阀的功能

该瓶头阀用于直接式七氟丙烷、干粉、超细干粉火探管自动灭火装置，其进口与灭火剂储瓶相连，出口与探火管连接。灭火时，灭火剂通过阀体、出口球阀直接进入探火管，从探火管爆破口喷射灭火。

C. 瓶头阀的技术要求

瓶头阀上出口球阀可作为灭火剂的充装口和氮气补充口。安装时拆下球阀堵头。每次重新充装、补压后应及时装上球阀堵头。

3）间接式二氧化碳火探管自动灭火装置用瓶头阀

A. 间接式二氧化碳火探管自动灭火装置用瓶头阀的结构如图 12.4-6 所示。

B. 瓶头阀的功能

该瓶头阀用于间接式二氧化碳火探管自动灭火装置，其上阀体与灭火剂储瓶连接，出口球阀与释放管连接，控制口球阀与探火管连接。发生火灾后，探火管破裂，上阀腔泄压，阀芯上移，瓶头阀开启，灭火剂从出口球阀进入释放管，通过喷嘴喷射灭火。

C. 瓶头阀的技术要求

瓶头阀上的充装阀、补压阀、出口球阀和控制口球阀均配有堵头，安装时拆下出口球

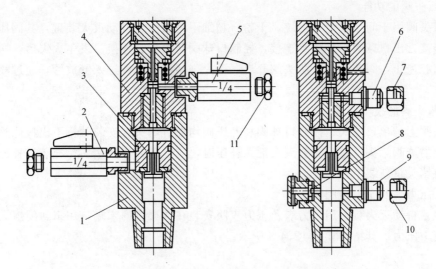

图 12.4-6　间接式二氧化碳火探管自动灭火装置用瓶头阀的结构示意图

1—下阀体；2—出口球阀；3—阀芯；4—上阀体；5—控制口球阀；6—补压阀；

7—补压阀堵头；8—安全片；9—充装阀；10—充装阀堵头；11—球阀堵头

阀和控制口球阀上的球阀堵头。每次充装灭火剂、补压，应拆下充装阀堵头和补压阀堵头，充装、补压完毕后应及时将堵头重新装上。

　　4）间接式七氟丙烷、干粉、超细干粉火探管自动灭火装置用瓶头阀

　　A. 间接式七氟丙烷、干粉、超细干粉火探管自动灭火装置用瓶头阀的结构如图12.4-7 所示。

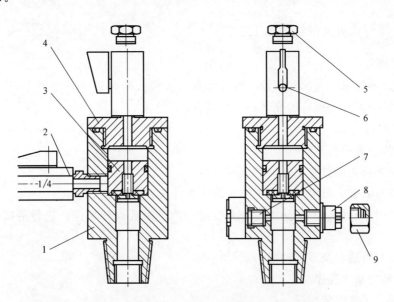

图 12.4-7　间接式七氟丙烷、干粉、超细干粉火探管自动灭火装置

用瓶头阀的结构示意图

1—阀体；2—出口球阀；3—阀芯；4—阀盖；5—球阀堵头；6—控制口球阀；

7—压力表；8—补压阀；9—补压阀堵头

B. 瓶头阀的功能

该瓶头阀用于间接式七氟丙烷、干粉、超细干粉探火管自动灭火装置,其阀体与灭火剂储瓶连接,出口球阀与释放管连接,控制口球阀与探火管连接。发生火灾后,探火管破裂,上阀腔泄压,阀芯上移,瓶头阀开启,灭火剂从出口球阀进入释放管,通过喷嘴喷射灭火。

C. 瓶头阀的技术要求

瓶头阀上的出口球阀、控制口球阀和补压阀均配有堵头,安装时拆下出口球阀和控制口球阀上的球阀堵头。每次充装灭火剂、补压时,应拆下补压阀堵头,充装、补压完毕后应及时将堵头重新装上。

(3)压力表及压力表阀

火探管自动灭火装置用压力表及压力表阀安装在探火管的末端,用来封闭探火管及监测探火管中压力。其结构如图 12.4-8 所示。

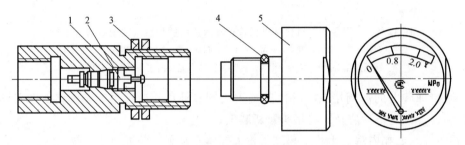

图 12.4-8 压力表及压力表阀的结构示意图
1—阀体;2—阀芯;3—并接螺母;4—密封圈;5—压力表

12.4.3 火探管式灭火系统的施工工艺

1. 工艺流程

安装灭火剂储瓶→火探管敷设→释放管敷设及喷头的布置→终端压力表、压力开关、报警铃的安装→系统火探管的充气→系统调试。

2. 安装准备

(1)安装前的准备工作

1)安装必须由经过专业培训的人员进行。

2)安装时安装人员要持有施工图、设计文件及有关技术文件。

3)安装时不理解、不清楚的地方要咨询生产厂家或设计单位,进行落实,不得随意安装。

4)安装前对装置及零部件进行质量检查。

(2)安装的基本程序

1)识图,了解安装情况。

2)参照施工图确定火探装置灭火剂储存容器的安装位置。

3)整体考虑计划火探管的敷设方案,满足火探管的布置要求。

4)释放管及喷嘴的安装,应保证所有喷嘴压力均衡。

5）确定终端压力表、压力开关、报警铃的位置。

3. 安装技术要点

（1）灭火剂储存容器安装

灭火剂储存容器的安装应符合以下技术要求：

1）安装位置符合设计要求；

2）容器安装前不应将火探管连接至灭火剂储存容器阀上；

3）容器应直立安装，支架、框架固定牢靠，且采取防腐处理措施；

4）容器正面标有灭火剂名称、编号等标识的标签向外；

5）容器安装前先把容器阀上释放口螺帽取下，把火探管转换多头阀装上，采用螺纹连接，生料带密封。安装时不要把多头阀上两个火探管接头螺母取下，避免位置颠倒。容器阀上小球阀等部件不要乱动，以免发生意外；

6）45kg 灭火剂储存容器要落地安装；

7）灭火剂储存容器在被保护物外壳或机柜外侧安装时应符合：

A. 固定容器底座：距离地板大约 800mm，采用 ϕ8mm 麻花钻头开孔，螺钉固定。

B. 固定瓶箍：位于容器标签之间，不得遮挡标签，采用 ϕ6mm 麻花钻头开孔，螺钉固定。

8）灭火剂储存容器在混凝土墙壁上安装时，底座、瓶箍固定都采用 6mm×70mm 的膨胀螺栓固定，安装位置同 7）；

9）灭火剂储存容器采用支架、框架辅助安装时，应先把支架、框架固定于地面或墙面，后固定容器瓶。

注：双瓶组一起安装，要装于同一水平线上，标签向外，不得用一个螺钉固定两个瓶箍，在柜壁开孔要避开柜内设备，避免安装带来不便。容器安装要稳定，不得有晃动现象。

（2）火探管敷设

1）火探管敷设前应按照图纸做出火探管敷设方案，满足火探管敷设要求，单套系统火探管敷设单线距离不应超过 25m。双瓶组或多瓶组成套系统，火探管敷设应用火探管接头做工艺修改，保证火探管敷设要求；

2）接头应采用火探管式自动探火灭火装置的专用接头；

3）火探管应沿防护区上方敷设，并应采用专用管夹固定。当被保护对象为电线电缆时，可将火探管随电线电缆敷设，并应用专用的夹子固定；当被保护对象为机柜时，可将火探管 S 形敷设，并应用专用的夹子固定；

4）火探管每个夹子之间的距离不应大于 500mm。若火探管需穿过铁皮、墙壁或其他硬件时，应采用专用的火探管保护件或接头以防止磨损火探管；

5）火探管应布置在离保护对象不超过 1m 处，在机柜内敷设时随机柜内设备布置情况缩小保护范围为 400～500mm，火探管不应紧贴在超过 80℃的表面敷设。火探管的最小可弯曲半径应不小于 30mm；火探管弯曲处不应有发白点出现；

6）火探管式自动探火灭火装置的火探管三通接头、四通接头的分流出口应水平安装；

7）火探管敷设固定后，火探管才可接灭火剂储存容器瓶头阀、压力表、压力开关及火探管接头等相关配套设备；

8）火探管接口时，注意火探管喇叭口的制作（此处注意喇叭口的制作成功与否直接影响系统的正常运行），火探管喇叭口处不应有火探管发白点。否则需重新制作。并且在接口处应预留 150～200mm 火探管，便于今后维护；

9）火探管尽可能在靠近机柜内中央处敷设，不要影响被保护设备的维护及更换。

（3）释放管敷设及喷头的布置

1）释放管敷设前应按照图纸做出释放管敷设方案，满足释放管敷设要求，单套系统释放管敷设单线距离不应超过 12m。双瓶组或多瓶组成套系统，释放管敷设除容器阀释放口处释放管串联外，其他与单套系统释放管敷设工艺一样，保证释放管敷设要求；

2）释放管分支要均匀，要保持每个喷头的喷射压力均等；

3）接头应采用火探管式自动探火灭火装置的专用接头；

4）释放管应沿防护区上方敷设，并应采用专用管夹固定。释放管每个固定夹子之间的距离应不大于 1.5m，喷嘴离保护对象应不大于 2.5m。如需穿过墙壁，应安装专用接头或保护件，以便固定释放管。

5）释放管接头应用生料带密封；

6）喷头安装要均匀布置，以确保所有喷头能够在统一时间内同时释放灭火剂。喷口方向要直对被保护物；

7）在喷头安装处要用专用固定夹固定喷头，以免释放灭火剂时，气流太大晃动喷头，影响灭火效果；

8）被保护物位于环境污染严重的地方，喷头要加保护罩。

（4）终端压力表、压力开关、报警铃的安装

1）终端压力表装于火探管的末端或离容器瓶不远处，并安装在被保护区域的外部或便于检查的部位，以便定期检查压力；

2）在铁皮柜上安装终端压力表时，采用 ϕ16mm 的铁皮开孔器开孔；

3）压力开关安装于火探管的末端，为了传递火灾信号给报警铃或报警系统；

4）压力开关的蓝、棕色线接于报警铃，不分正负极性；

5）终端压力表、压力开关安装时应防止橡胶 O 型圈丢失；

6）报警铃装于机房门口或较显眼处，便于发现和定期更换电池；

7）把一个防护区的所有压力开关用 ZR-RVS2×1.5 线并联于报警铃，报警铃采用 9V 干电池做电源。

（5）火探管的充气

在安装火探管式自动探火灭火装置后，将终端压力表从单向阀单元取下，再把专用充气接头连至单向阀单元，在小球阀处于关闭状态下，通过专用充气接头向火探管内充氮气到 1.0MPa。

（6）直接式火探管自动灭火装置的安装步骤

1）按设计要求将灭火剂储瓶安装在规定的位置，并固定牢固。一般优先考虑利用被保护设备箱体进行安装固定（如图 12.4-9）；也可利用墙体进行安装固定，与墙体安装时，可使用塑料胀管和木螺钉将压板固定在墙面。如灭火剂储瓶悬空时，须加装托架支撑储瓶；

2）确保手动球阀处于关闭状态；

3）拆下出口球阀堵头，换上专用的球阀接头；

4）将探火管以专用接头与球阀接头连接。专用接头的使用方法：将探火管端口切齐并去毛刺，套在接头上（气温较低时，可采取适当措施使探火管连接部位适度软化），再将并帽与接头连接并拧紧，拧紧并帽时应防止探火管回缩，如图 12.4-10 所示；

5）从固定的灭火剂储瓶开始顺着被保护区域的上方铺设探火管，并应符合以下规定：

A. 探火管应布置在离着火点 800mm 之内。

B. 探火管不应与温度超过 80℃ 的物体表面接触。

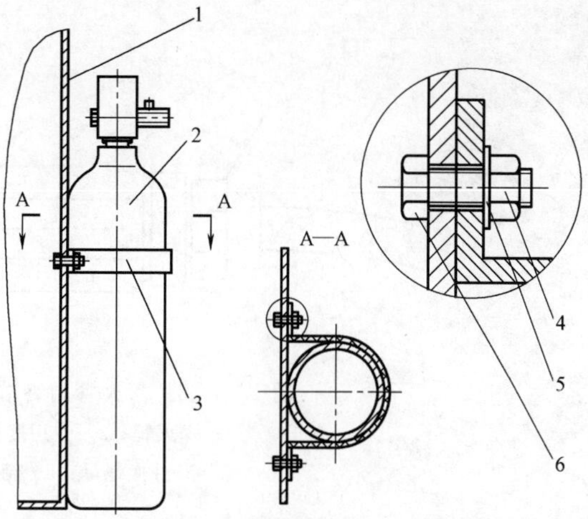

C. 探火管的最小弯曲半径应不小于 30mm。

D. 探火管需采用制造商提供的专用夹子固定，每个夹子之间的距离不应超过 500mm。

E. 若探火管需穿过被保护的区域（如箱体等），应采用专用的探火管保护件保护探火管，如图 12.4-11 所示。

图 12.4-9　灭火剂储瓶安装示意图

1—被保护设备箱体；2—灭火剂储存装置；

3—压板；4—螺母；5—垫圈；6—螺栓

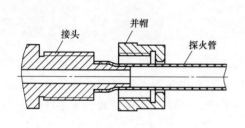

图 12.4-10　探火管与球阀接头连接示意图

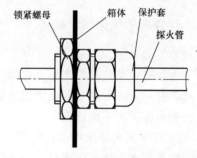

图 12.4-11　探火管穿过被保护的箱体时安装示意图

6）在探火管的末端应安装一个终端压力表，此压力表应安装在被保护区域的外部或便于检查的部位，以便定期检查压力。如图 12.4-12 所示；

7）安装完毕后，重新检查探火管首尾连接是否连接可靠；

8）缓慢打开手动球阀，给探火管内充压，观察探火管末端压力表示值，此时压力表指针应处于绿区；

9）用少量验漏液涂在探火管专用接头连接处，仔细观察，如无泄漏，灭火装置可投入正常使用状态。

（7）间接式火探管自动灭火装置的安装步骤

1）间接式火探管自动灭火装置中灭火剂储瓶及探火管部分安装步骤与直接式相同；

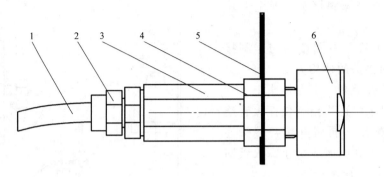

图 12.4-12　探火管与终端压力表的连接示意图

1—探火管；2—专用接头；3—压力表阀；

4—并接螺母；5—箱板；6—压力表

2）按设计要求安装释放管和喷嘴，所有释放管的连接应采用专用的接头，以保持其密封性。固定释放管的夹子之间的距离不应大于 1.5m，喷嘴与夹子的距离不应超过 300mm，喷嘴离被保护物的距离不应大于 2m；

3）缓慢打开控制口球阀（开阀时间控制在 10s 以上），给探火管内充压，观察探火管末端压力表示值，此时压力表指针应处于绿区；

4）用少量验漏液涂在探火管专用接头连接处，仔细观察，应无泄漏；

5）缓慢打开出口球阀，此时瓶头阀应处于关闭状态。至此，灭火装置可投入正常使用状态。

12.5　泡沫喷雾灭火系统

12.5.1　泡沫喷雾灭火系统概述

1. 泡沫喷雾灭火系统简介

泡沫喷雾灭火系统是采用高性能泡沫液作为灭火剂，在一定压力下通过专用的水雾喷头，将其喷射到灭火对象上，使之迅速灭火的一种新型灭火装置。该灭火系统吸收了水雾灭火系统和泡沫灭火系统的优点，是一种"高效、安全、经济、环保"的灭火系统。

2. 泡沫喷雾灭火系统的灭火机理

泡沫喷雾灭火系统的灭火机理是通过水雾和泡沫的冷却、窒息、乳化、隔离等综合作用，使燃烧不能维持而达到灭火目的。

3. 泡沫喷雾灭火系统的特点

（1）采用先进高效灭火剂，可用于扑灭 A、B、C 类火灾；特别适用于扑救热油流淌火灾；

（2）灭火剂使用量小并具有生物降解性，对环境无毒害，对设备影响小；

（3）灭火迅速、无复燃；

（4）采用气体储压式动力源，无需消防水池和配置给水设备；

（5）该系统具有自动、手动和机械应急启动三种启动方式，启动稳定、可靠；

（6）系统安装、操作、维护简单。

4. 泡沫喷雾灭火系统的适用范围

泡沫喷雾灭火系统可以广泛应用于油浸电力变压器、燃油锅炉房、燃油发电机房、小型石油库、小型储油罐、小型汽车库、小型修车库、船舶的机舱及发动机舱等场所。

　　5. 泡沫喷雾灭火系统的工作原理

　　泡沫喷雾灭火系统的工作原理如图 12.5-1 所示。

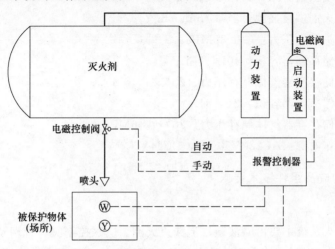

图 12.5-1　泡沫喷雾灭火系统的原理图

　　6. 泡沫喷雾灭火系统的动作程序如图 12.5-2 所示。

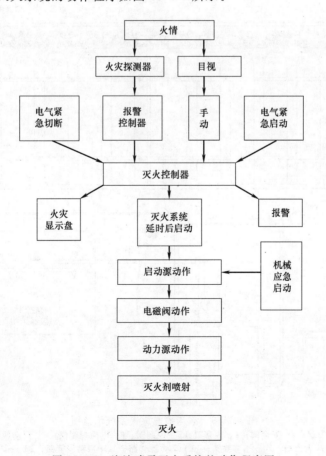

图 12.5-2　泡沫喷雾灭火系统的动作程序图

7. 泡沫喷雾灭火系统的主要性能参数

（1）系统工作压力：0.3～1.0MPa，具体工作压力由工程设计确定；

（2）系统连续供给时间：≥10min；

（3）系统灭火剂供给强度：≥4L/min·m²；

（4）水雾喷头工作压力：≥0.35MPa；

（5）动力源储存容器容积：40L，70L；

（6）动力源储存容器气体储存压力（20℃）：15MPa；

（7）启动源储存容器容积：2L，4L；

（8）启动源储存容器气体储存压力（20℃）：6MPa；

（9）系统工作电源：AC220V50 Hz，DC24V。

12.5.2 系统构成及组件技术要求

1. 系统构成

泡沫喷雾灭火系统主要由储液罐、泡沫灭火剂、电磁控制阀、管网及水雾喷头、启动源（启动瓶组，电磁阀）、动力源（动力瓶组，减压器）和电气控制盘等部分组成。该系统构成如图 12.5-3 所示。

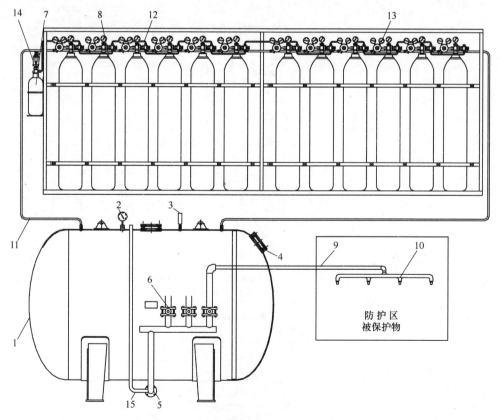

图 12.5-3　泡沫喷雾灭火系统示意图

1—储液罐；2—压力表；3—安全阀；4—观察口；5—控制阀；6—电磁控制阀；7—启动瓶组；8—动力瓶组；
9—泡沫灭火剂；10—水雾喷头；11—动力源管路；12—启动源管路；13—减压器；
14—电磁阀；15—液位计（选配）

2. 组件技术要求

（1）储液罐

1）储存泡沫灭火剂和气体并可根据波义尔气体定律工作的储罐。

2）储液罐按照钢制压力容器（2003 年修订）GB 150—1998 标准进行设计、制造与验收。

3）储液罐采用耐腐蚀材料制造。

4）储液罐上设有安全阀、压力表、释放口和观察窗等。

5）储液罐的设计压力不得低于装置的最大工作压力。

6）储液罐的外形如图 12.5-4 所示，其基本安装尺寸见表 12.5-1。

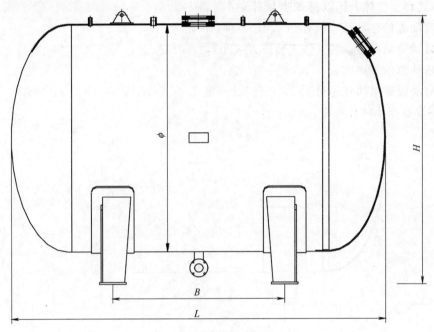

图 12.5-4 储液罐外形图

储液罐基本安装尺寸（mm）   表 12.5-1

规格型号	H	L	B	ϕ
ZSP-1500	1365	2110	1000	1100
ZSP-2500	1700	2210	1100	1300
ZSP-3000	1665	2260	1000	1400
ZSP-3500	1765	2310	1000	1500
ZSP-4000	2000	2360	1100	1600
ZSP-4500	2100	2410	1100	1700
ZSP-5000	2000	2860	1500	1600
ZSP-5500	2000	3112	1750	1600
ZSP-6000	2000	3360	2000	1600
ZSP-6500	2000	3610	2250	1600
ZSP-7000	2100	3410	2000	1700

（2）动力源

1）动力源由储压气瓶和减压器组成，平时储存一定容积的高压气体，工作时向储液罐输送设计工作压力范围的增压气体，以推动泡沫液通过管网喷入火场。

2）动力源储存容器容积有 40L、70L 两种。

3）动力源储存容器气体充装压力（20℃）：15MPa。

4）动力源瓶组的外形如图 12.5-5 所示，其高度 L 有 1520mm（对应于 40L 容积）、1620mm（对应于 70L 容积）两种规格。

（3）启动源

1）启动源由启动瓶组和电磁阀组成，平时储存高压气体，工作时能通过自动、手动及机械方式释放气体，用以打开动力源。

2）启动源储存容器容积有 2L、4L 两种。

3）启动源储存容器的气体充装压力（20℃）：6MPa。

4）启动源的工作电源：DC24V，1.5A。

5）启动源瓶组的外形见图 12.5-6，其高度 L 有 530mm（对应于 2L 容积）、605mm（对应于 4L 容积）两种规格。

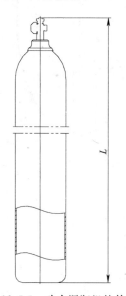

图 12.5-5　动力源瓶组的外形

图 12.5-6　启动源瓶组的外形

（4）电磁控制阀（区域控制阀）

电磁控制阀（区域控制阀）安装在储液罐出口管路上，用以封存、释放泡沫灭火剂，并可在组合分配装置中分配灭火剂的流向。

（5）安全阀

1）安全阀安装在储液罐上，防止储液罐超压。

2）安全阀开启压力为 1.1 倍装置最大工作压力。

（6）水雾喷头

水雾喷头安装在管网末端，在其工作压力范围内能够使泡沫液形成雾化泡沫，并按一定流量和雾化角度喷射，根据设计要求流量系数和雾化角度选取使用。其参数见表 12.5-2。

水雾喷头技术参数表 表 12.5-2

流量系数 K	5.3	10.7	16	21.5	26.5	33.7	43
流量 L/min	10	20	30	40	50	60	80
雾化角度				60° 90° 120°			

(7) 泡沫喷雾灭火系统的控制方式

泡沫喷雾灭火系统的启动方式分为自动控制、电气手动控制和机械应急手动控制三种。一般情况下应使用电气手动控制。当自动控制和电气手动控制均无法执行时，可采用机械应急手动控制。

1) 准工作状态：平时，装置中的灭火剂储罐、动力源和启动源等均处于封闭状态，通过观察压力表分别监测灭火剂、动力气体和启动气体的泄漏情况。火灾自动报警系统正常工作，监测被保护区域的火灾信息。

2) 自动控制：当报警控制器的控制方式置于"自动"位置时，系统处于自动控制状态。被保护区域出现火险时，火灾探测器向报警控制器发出火灾信号，报警控制器立即发出声、光警报，报警控制器在接收到两组火灾探测器的火灾信号后，发出联动指令，启动疏散警报，经过 0～30s 延时（根据需要预先设定）后打开泡沫喷雾灭火系统中与保护对象对应的电磁控制阀和启动源电磁阀，启动源释放出的启动气体打开动力源的容器阀。动力源储存的高压气体随即通过减压阀，进入储液罐中，推动泡沫灭火剂，经过电磁控制阀、管网和雾化喷头喷向被保护对象。

3) 电气手动控制：当报警控制器的控制方式置于"手动"位置时，泡沫喷雾灭火系统处于电气手动控制状态。被保护对象发生火灾时，操作人员按下对应的手动控制盒或控制器上启动按钮即可按上述规定程序释放泡沫灭火剂，实施灭火。

4) 机械应急手动控制：当自动控制和电气手动控制均无法执行时，可由操作人员使用专用扳手先打开对应的电磁控制阀，再拔掉对应启动源电磁阀上的保险卡环，然后按下电磁阀的铜按钮，即可实现灭火剂的释放。

5) 手动中止操作：在报警控制器发出疏散警报启动灭火程序后的延时阶段，若发现不需要启动灭火装置时，可按下手动控制盒或控制器上的停止按钮，即可中止灭火程序。

6) 手动停止喷放操作：在实施灭火喷放后，如火灾已被扑灭，不需要继续释放灭火剂时，可由操作人员使用专用扳手关闭电磁控制阀，即可停止喷放。

7) 复位操作

A. 释放储液罐内的增压气体；

B. 如果罐内灭火剂已使用完毕，应打开排液阀排放残余液体；

C. 按设计要求重新充装灭火剂；

D. 按要求拆下动力气瓶和启动气瓶，并重新充装动力气体和启动气体；

E. 重新安装动力源和启动源的气瓶和管路；

F. 确保所有电磁控制阀处于关闭状态；

G. 按照要求对控制系统进行复位。

8) 其他技术要求

A. 储液罐、动力源和启动源储存间环境温度为 0～50℃，且应保持干燥、通风良好；

B. 环境中不得含有易爆、导电尘埃及腐蚀部件的有害物质，否则必须予以保护，系统不得受到震动和冲击；

C. 储液罐、动力源和启动源应安装在操作人员易于接近，且远离热辐射和其他危险源的房间或其他安全区域内；

12.5.3　泡沫喷雾灭火系统的施工工艺

1. 工艺流程

安装准备→管网安装→水雾喷头及其他组件的安装→系统的试压和冲洗→系统的调试。

2. 安装准备

安装前的准备工作包括以下内容：

(1) 泡沫喷雾灭火系统施工前应具备下列条件：

1) 设备平面布置图、系统图、安装图等施工图及有关技术文件应齐全。

2) 设计单位应向施工单位进行技术交底。

3) 泡沫喷雾灭火系统组件、管件及其他设备、材料应能保证正常施工。

4) 施工现场及施工中使用的水、电、气应满足连续施工的要求。

(2) 泡沫喷雾灭火系统施工前，应对灭火系统的组件、管件及其他设备、材料进行现场检查，确认符合设计要求和国家现行有关标准的规定。

(3) 对管材、管件应进行现场观感检验并符合下列要求：

1) 表面应无裂纹、缩孔、夹渣、折叠和重皮；

2) 螺纹密封面应完整、无损伤、无毛刺；

3) 热镀锌钢管内外表面的镀锌层不得有脱落、锈蚀等现象；

4) 非金属密封垫片应质地柔韧、无老化变质或分层现象；表面无折损、皱纹等缺陷；

5) 法兰密封面应完整、光洁，不得有毛刺和径向沟槽；螺纹连接的螺纹应完整、无损伤。

(4) 水雾喷头应进行现场检验，并符合下列要求：

1) 型号、规格应符合设计要求；

2) 外观应无加工缺陷和机械损伤。

3. 安装技术要点

(1) 管网安装

管网安装应符合以下要求：

1) 管网安装前应校直管材，并清除内部的杂物。在具有腐蚀性的场所安装管道或安装埋地管道前应按设计要求对管材、管件等进行防腐处理。

2) 管网安装应采用螺纹或法兰连接；连接后不得减小过水横断面面积。

3) 螺纹连接应符合下列要求：

A. 管材螺纹应符合现行国家标准《普通螺纹基本尺寸（直径 1～600mm）》GB 196/T、《普通螺纹公差与配合（直径 1～355mm）》GB 197/T、《管路旋入端用普通螺纹尺寸系列》GB 1414 的有关规定；

B. 管材宜采用机械切割，且切割面不得有飞边、毛刺；

C. 螺纹连接的密封填料应均匀附着在管道的螺纹部分。拧紧螺纹时，不得将填料挤入管道内。连接后，应将连接处的外部清理干净；

D. 当管道变径时，宜采用异径接头。在管道弯头处不得采用补芯；当必须采用补芯时，三通上可用 1 个，四通上不应超过 2 个。公称直径大于 50mm 的管道不宜采用活接头。

4）法兰连接可采用焊接法兰或螺纹法兰。焊接法兰的焊接处应重新镀锌后再连接，焊接连接应符合现行国家标准《工业金属管道工程施工及验收规范》GB 50235、《现场设备、工业管道焊接工程施工及验收规范》GB 50236 的有关规定。螺纹法兰连接应预测对接位置，清除外露密封填料后再紧固、连接。

5）管道支架、吊架、防晃支架的形式、材质、加工尺寸和焊接质量等应符合设计要求和国家现行有关标准的规定。

6）管道支架、吊架的安装位置不应妨碍水雾喷头的喷雾效果。

7）竖直安装的干管应在其始端和终端设防晃支架或采用管卡固定。

8）埋地安装的管道应符合下列规定：

A. 埋地安装的管道应符合设计要求。安装前应做好防腐处理，安装时不应损坏防腐层；

B. 埋地安装的管道在回填土前应进行隐蔽工程验收，合格后及时回填土，分层夯实，并应填写隐蔽工程验收记录。

9）干管应做红色或红色环圈标志

10）管道在安装中断时，应将管道的敞口封闭。

（2）水雾喷头及其他组件安装

1）水雾喷头安装应在系统试压、冲洗合格后进行。

2）水雾喷头安装时，不得对水雾喷头进行拆装、改动，并严禁为水雾喷头附加任何装饰性涂层。

3）储液罐、氮气动力源的安装位置和高度应符合设计要求，当设计无规定时，储液罐和氮气动力源的操作面应留有宽度不小于 0.7m 的通道，储液罐和氮气动力源顶部至楼板或梁低的距离不应小于 1.0m。

（3）系统的试压和冲洗

系统的试压和冲洗应符合以下要求：

1）水压试验时环境温度不宜低于 5℃，当低于 5℃时，水压试验应采取防冻措施。

2）水压强度试验压力应为设计工作压力的 2 倍，水压强度试验的测试点应设在灭火系统管网的最低点，对管网注水时，应将管网内的空气排净，并应慢慢升压，达到试验压力后稳压 30min，目测管网应无泄漏和无变形，且压力降不应大于 0.03MPa。

3）水压严密性试验应在水压强度试验和管网冲洗合格后进行，试验压力应为设计工作压力。稳压 24h，应无泄漏。

4）灭火系统管网冲洗应连续进行，当出口处水的颜色的透明度与入口处水的颜色基本一致时，冲洗方可结束，冲洗的水流方向应与灭火时的合成泡沫灭火剂流向一致，冲洗结束后，应将管网内的水排除干净。

5）当灭火系统管网不宜用水进行冲洗时，应使用氮气进行吹扫，吹扫过程中，当目测排气无烟尘时，应在排气口设置贴白布或涂白漆的木制靶板检验，5min 内靶板上无铁锈、尘土、水分及其他杂物应为合格。

4. 系统调试

（1）泡沫喷雾灭火系统的调试，应在灭火系统安装完毕，施工质量合格和相关的火灾自动报警系统调试完成后进行。

（2）调试负责人应由专业技术人员担任，参加调试人员应职责明确，调试应按照预定的程序进行。

（3）灭火系统应进行冷喷试验，试验时宜用水代泡沫灭火剂，试喷结束后，应填写试验记录。

（4）灭火系统与火灾自动报警系统的联动试验，应符合现行国家标准《火灾自动报警系统施工及验收规范》GB 50116—1998 的有关规定。

12.5.4　泡沫喷雾灭火系统的施工验收标准

泡沫喷雾灭火系统的施工验收标准可参照本书第 6 章《泡沫灭火系统》的相关内容。

12.5.5　泡沫喷雾灭火系统的施工质量记录

泡沫喷雾灭火系统的施工质量记录包括：

（1）泡沫喷雾灭火系统水压试验记录表，见表 12.5-3。

泡沫喷雾灭火系统水压试验记录表　　　　表 12.5-3

工程名称			试验日期		年　月　日
建设单位					
施工单位					
试验日期					年　月　日
管道材质					
管道规格					
	强 度 试 验		严 密 性 试 验		
	压力(MPa)	时间(min)	压力(MPa)	时间(min)	
试验结果评定					
备注					
施工单位技术负责人			建设单位项目专业技术负责人		
施工单位质量检查员			监理工程师		

（2）泡沫喷雾灭火系统冲洗记录表，见表12.5-4。

泡沫喷雾灭火系统冲洗记录表 表 12.5-4

工程名称		冲洗日期		年　　月　　日
建设单位				
施工单位				
使用地点				
工作压力		MPa		
冲洗时间		min		
冲洗介质				
冲洗结果				
备注				
施工单位技术负责人		建设单位项目专业 技术负责人		
施工单位质量检查员		监理工程师		

（3）泡沫喷雾灭火系统埋地管网隐蔽施工记录表，见表12.5-5。

泡沫喷雾灭火系统埋地管网隐蔽施工记录表 表 12.5-5

工程名称		冲洗日期		年　　月　　日
建设单位				
施工单位				
使用地点				
管道材质		质量要求		
管道规格		管段总长		m
检测结果				
备注				
施工单位技术负责人		建设单位项目专业 技术负责人		
施工单位质量检查员		监理工程师		

（4）泡沫喷雾灭火系统试喷记录表，见表 12.5-6。

泡沫喷雾灭火系统试喷记录表

表 12.5-6

工程名称		试喷日期		年　月　日
建设单位				
施工单位				
使用地点				
工作压力		MPa		
冲洗时间		min		
冲洗介质				
试喷介质				
试喷结果				
备注				
施工单位技术负责人		建设单位项目专业 技术负责人		
施工单位质量检查员		监理工程师		

13 防火卷帘安装

13.1 概述

防火卷帘是一种重要的建筑防火设施，广泛应用于各类工业及民用建筑，尤其是各类大型商业综合体，用于替代防火墙或替代防火门来划分防火分区，根据其帘面材质及性能，防火卷帘可分为钢质防火卷帘、无机纤维复合防火卷帘和特级防火卷帘三大类，其结构形式大体相同，详见图 13.1-1 所示。

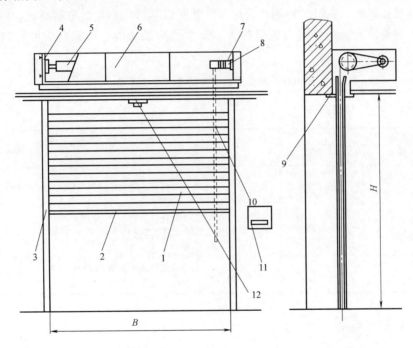

图 13.1-1　防火卷帘结构示意图

1—帘面；2—座板；3—导轨；4—支座；5—卷轴；6—箱体；7—限位器；8—卷门机；9—门楣；
10—手动拉链；11—控制箱（按钮盒）；12—感温、感烟探测器

根据防火卷帘的启闭方式，防火卷帘还可分为垂直卷、侧向卷、水平卷三种形式。

13.1.1 钢质防火卷帘

钢质防火卷帘是指用钢质材料做帘板、导轨、座板、门楣、箱体等，并配以卷门机和控制箱所组成的能符合耐火完整性要求的卷帘。根据其耐火极限的大小及是否防烟功能，可以分为四种类型，见表 13.1-1。

13.1.2 无机纤维复合防火卷帘

无机纤维复合防火卷帘是指用无机纤维材料做帘面（内配不锈钢丝或不锈钢绳），用

钢质防火卷帘的分类及使用场所　　　　　表 13.1-1

名　称	耐火极限(h)	帘面漏烟量 $[m^3/(m^2 \cdot min)]$	使用场所	备　注
钢质防火卷帘	≥2.00		替代耐火极限为 2h 的隔墙或乙级防火门	需设水幕保护
钢质防火卷帘	≥3.00		替代防火墙或甲级防火门	需设水幕保护
钢质防火、防烟卷帘	≥2.00	≤0.2	替代耐火极限为 2h 的隔墙或乙级防火门并有防烟要求的场所	需设水幕保护
钢质防火、防烟卷帘	≥3.00	≤0.2	替代防火墙或甲级防火门并有防烟要求的场所	需设水幕保护

钢质材料做夹板导轨、座板、门楣、箱体等，并配以卷门机和控制箱所组成的能符合耐火完整性要求的卷帘。根据其耐火极限的大小及是否防烟功能，可以分为四种类型，见表13.1-2。

无机纤维复合防火卷帘的分类及使用场所　　　　表 13.1-2

名　称	耐火极限(h)	帘面漏烟量 $[m^3/(m^2 \cdot min)]$	使用场所	备　注
无机纤维复合防火卷帘	≥2.00		替代耐火极限为 2h 的隔墙或乙级防火门	需设水幕保护
无机纤维复合防火卷帘	≥3.00		替代防火墙或甲级防火门	需设水幕保护
无机纤维复合防火、防烟卷帘	≥2.00	≤0.2	替代耐火极限为 2h 的隔墙或乙级防火门并有防烟要求的场所	需设水幕保护
无机纤维复合防火、防烟卷帘	≥3.00	≤0.2	替代防火墙或甲级防火门并有防烟要求的场所	需设水幕保护

13.1.3　特级防火卷帘

特级防火卷帘是指用钢质材料或无机纤维材料做帘面，用钢质材料做导轨、座板、夹板、门楣、箱体等，并配以卷门机和控制箱所组成的能符合耐火完整性、隔热性和防烟性能要求的卷帘。其耐火极限大小、防烟性能及使用场所见表13.1-3。

特级防火卷帘的性能及使用场所　　　　表 13.1-3

名　称	耐火极限(h)	帘面漏烟量 $[m^3/(m^2 \cdot min)]$	使用场所	备　注
特级防火卷帘	≥3.00	≤0.2	替代防火墙或甲级防火门	无须设水幕保护

13.2　防火卷帘的构成及组件技术要求

13.2.1　防火卷帘的构成

防火卷帘通常由帘面（帘板）、导轨、座板、夹板、门楣、箱体、卷门机和控制箱等部件构成。

13.2.2 防火卷帘组件及技术要求

1. 防火卷帘的外观质量

（1）防火卷帘金属零部件表面不应有裂纹、压坑及明显的凹凸、锤痕、毛刺、孔洞等缺陷。其表面应做防锈处理，涂层、镀层应均匀，不得有斑驳、流淌现象。

（2）防火卷帘无机纤维复合帘面不应有撕裂、缺角、挖补、破洞、倾斜、跳线、断线、经纬纱密度明显不匀及色差等缺陷；夹板应平直，夹持应牢固，基布的经向面是帘面的受力方向，帘面应美观、平直、整洁。

（3）相对运动部件在切割、弯曲、冲钻等加工处不应有毛刺。

（4）各零部件的组装、拼接处不应有错位。焊接处应牢固，外观平整，不应有夹渣、漏焊、疏松等现象。

2. 防火卷帘的材料

（1）防火卷帘主要零部件的材料要求见表 13.2-1。

防火卷帘主要零部件的材料要求 表 13.2-1

零部件名称	材 料	原材料厚度（mm）
帘板	冷轧钢板（镀锌）	普通型帘板厚度≥1.0；复合型帘板中任一片帘片厚度≥0.8
帘面	无机纤维布	复合型帘板中任一片帘片厚度≥0.8
夹板	冷轧钢板（镀锌）	≥3.0
座板	冷轧钢板（镀锌）	≥3.0
导轨	冷轧钢板（镀锌）	掩埋型≥1.5；外露型≥3.0
门楣	冷轧钢板（镀锌）	≥0.8
箱体	冷轧钢板（镀锌）	≥0.8

（2）无机纤维复合防火卷帘帘面的装饰布或基布应能在 $-20℃$ 的条件下不发生脆裂并应保持一定的弹性；在 $±50℃$ 条件下不应粘连。

（3）无机纤维复合防火卷帘帘面的装饰布的燃烧性能不应低于 GB 8624—1997B1 级（纺织物）的要求；基布的燃烧性能不应低于 GB 8624—1997A 级的要求。

（4）无机纤维复合防火卷帘帘面所用各类纺织物常温下的断裂强度经向不应低于 600N/5cm，纬向不应低于 300N/5cm。

3. 防火卷帘主要零部件尺寸公差应符合表 13.2-2。

防火卷帘主要零部件尺寸公差 表 13.2-2

主要零部件	图 示	尺寸公差（mm）		
帘板		长度	L	$±2.0$
		宽度	h	$±1.0$
		厚度	s	$±1.0$

续表

主要零部件	图　　示	尺寸公差(mm)		
导轨	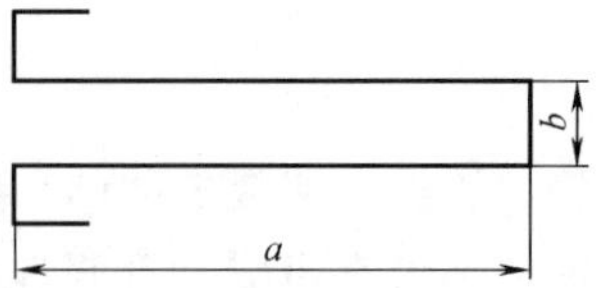 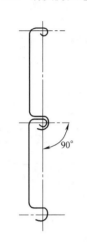	槽深	a	±2.0
		槽宽	b	±2.0

4. 防火卷帘帘板

(1) 钢质防火卷帘相邻帘板串接后应转动灵活，摆动90°不允许脱落，如图13.2-1所示。

(2) 钢质防火卷帘帘板两端挡板或防窜机构应装配牢固，卷帘运行时相邻帘板窜动量不应大于2mm。

(3) 钢质防火卷帘的帘板应平直，装配成卷帘后，不允许有孔洞或缝隙存在。

(4) 钢质防火卷帘复合型帘板的两帘片连接应牢固，填充料添加应充实。

5. 无机纤维复合帘面

(1) 无机纤维复合帘面拼接缝的个数每米内各层累计不应超过3条，且接缝应避免重叠。帘面上的受力缝应采用双线缝制，拼接缝的搭接量不应小于20mm。非受力缝可采用单线缝制，拼接缝处的搭接量不应小于10mm。

(2) 无机纤维复合帘面应沿帘布纬向每隔一定的间距设置耐高温不锈钢丝（绳），以承载帘面的自重；沿帘布经向设置夹板，以保证帘面的整体强度，夹板间距应为300～500mm。

图13.2-1　帘板串接后摆动示意图

(3) 无机纤维复合帘面上除应设夹板外，两端还应设防风钩。

(4) 无机纤维复合帘面不应直接连接于卷轴上，应通过固定件与卷轴相连。

6. 防火卷帘导轨

(1) 帘面嵌入导轨的深度应符合表13.2-3的规定。导轨间距离超过表13.2-3的规定，导轨间距离每增加1000mm时，每端嵌入深度增加10mm。

嵌入深度　　　　　　　　　　　　　　　　　　　　　　表13.2-3

导轨间距离 B(mm)	每端嵌入深度(mm)
$B<3000$	＞45
$3000 \leqslant B<5000$	＞50
$5000 \leqslant B<9000$	＞60

(2) 导轨顶部应呈圆弧形，以便于卷帘运行。

(3) 导轨的滑动面、侧向卷帘供滚轮滚动的导轨表面应光滑、平直。帘面、滚轮在导轨内运行时应平稳顺畅，不应有碰撞和冲击现象。

(4) 单帘面卷帘的两根导轨应相互平行，其平行度误差不应大于5mm；双帘面卷帘不同帘面的导轨也应相互平行，其平行度误差不应大于5mm。

（5）防火防烟卷帘的导轨内应设置防烟装置，防烟装置所用的材料应为不燃或难燃材料，如图 13.2-2 所示，防烟装置与帘面应均匀紧密贴合，其贴合面长度不应小于导轨长度的 80%。

（6）导轨现场安装应牢固，预埋钢件的间距为 600～1000mm。垂直卷卷帘的导轨安装后相对于基础面的垂直度误差不应大于 1.5mm/m，全长不应大于 20m。

7. 防火卷帘门楣

（1）防火防烟卷帘的门楣内应设置防烟

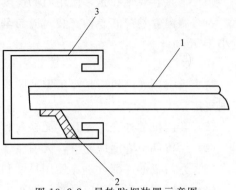

图 13.2-2　导轨防烟装置示意图
1—帘面；2—防烟装置；3—导轨

装置，防烟装置所用的材料应为不燃或难燃材料，如图 13.2-3 所示。防烟装置与帘面应均匀紧密贴合，其贴合面长度不应小于门楣长度的 80%，非贴合部位的缝隙不应大于 2mm。

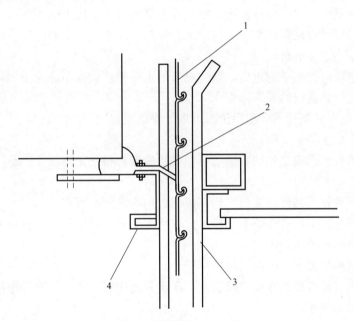

图 13.2-3　门楣防烟装置示意图
1—帘面；2—防烟装置；3—导轨；4—门楣

（2）门楣现场安装应牢固，预埋钢件的间距为 600～1000mm。

8. 防火卷帘座板

（1）座板与地面应平行、接触应均匀。

（2）座板的刚度应大于卷帘帘面的刚度。座板与帘面之间的连接应牢固。

9. 传动装置

（1）传动用滚子链和链轮的尺寸、公差及基本参数应符合 GB/T 1234 的规定，链条静强度、选用的许可安全系数应大于 4。

（2）传动机构、轴承、链条表面应无锈蚀，并应按要求加适量润滑剂。

（3）垂直卷卷轴在正常使用时的挠度应小于卷轴长度的 1/400。

（4）侧向卷卷帘的卷轴安装时应与基础面垂直。垂直度误差应小于 1.5mm/m。全长应小于 5mm

10. 卷门机

防火卷帘用卷门机应是经国家消防检测机构检测合格的定型配套产品，其性能应符合下列规定：

（1）卷门机的外壳应完整，无缺角和明显裂纹、变形。

（2）涂覆部位表面应光滑，无明显气泡、皱纹、斑点、流挂等缺陷。

（3）卷门机的零部件不应使用易燃和可燃材料制作。

（4）卷门机刹车抱闸应可靠，刹车力不应低于额定输出扭矩下配重后的 1.5 倍，滑行位移不应大于 20mm。

（5）卷门机应具有手动操作装置，手动操作装置应灵活、可靠，安装位置应便于操作。使用手动操作装置操纵防火卷帘启、闭运行时，不得出现滑行撞击现象。

（6）卷门机应具有电动启闭和依靠防火卷帘自重恒速下降的功能，电动启闭和自重下降速度应符合规定的要求，启动防火卷帘自重下降的臂力不应大于 70N。

（7）卷门机应设自动限位装置，当防火卷帘启、闭至上、下限位时，能自动停止，其重复定位误差应小于 20mm。

（8）在额定输出扭矩下配重后，卷门机启闭运行循环次数不应低于 2000 次。

（9）卷门机空载运行的噪声不应 65dB。

（10）在正常大气条件下，卷门机的电气绝缘电阻应大于 20MΩ.

11. 控制箱

防火卷帘用控制箱应是经国家消防检测机构检测合格的定型配套产品，其性能应符合下列规定：

（1）控制箱各种元器件安装应牢固，控制机构应灵活、可靠。

（2）控制箱上的指示灯应以颜色标示。红色表示火灾报警信号，黄色或淡黄色表示故障信号，绿色表示电源工作正常。

（3）控制箱的开关和按键应坚固、耐用。

（4）控制箱应设有操作按钮或按钮盒，在正常使用时，通过操纵操作按钮控制防火卷帘的电动启、闭和停止。

（5）控制箱能直接或间接地接收来自火灾探测器或消防控制中心的火灾报警信号。当接到火灾报警信号后，控制箱应自动完成以下动作：

1）发出声光报警信号

2）控制防火卷帘完成二步关闭。即控制箱接收到报警信号后，自动关闭至防火卷帘中位处停止，延时 5～60s 后继续关闭至全闭。

3）输出反馈信号，将防火卷帘所处位置的状态信号反馈至消防控制中心，实现消防中心联机控制。

（6）当火灾发生时，若防火卷帘处在中位以下，手动操作控制箱上任一个按钮，防火卷帘应能自动开启至中位，延时 5～60s 后继续关闭至全闭。

（7）控制箱应设电源相序保护装置，当电源缺相或相序有误时，能保护卷帘不发生反转。

（8）当火灾探测器未接或发生故障时，控制箱能发出声、光报警信号。

（9）当交流电网供电，电压波动幅度不超过额定电压的＋10％和－10％时，控制箱应能正常操作。

（10）控制箱的金属件必须有接地点，且接地点应有明显的接地标志，连接地线的螺钉不应作其他紧固用。

12. 防火卷帘的性能要求

（1）耐风压性能

1）钢质防火卷帘的帘板应具有一定的耐风压强度。在规定的荷载下，帘板不允许从导轨中脱出，其帘板的挠度应符合表 13.2-4 的规定。

帘板挠度　　　　　　　　　　　　　　　　表 13.2-4

代号	耐风压强度 (Pa)	挠度(mm)					
		$B \leqslant 2.5m$	$B=3m$	$B=4m$	$B=5m$	$B=6m$	$B>6m$
50	490	25	30	40	50	60	90
80	784	37.5	45	60	75	90	135
120	1177	50	60	80	100	120	180

注：室内使用的钢质防火卷帘及无机纤维复合防火卷帘可以不进行耐风压试验。

2）为防止帘板脱轨，可以在帘面和导轨之间设置防脱轨装置。

（2）防烟性能

1）防火防烟卷帘的导轨和门楣的防烟装置应符合上述第 6、7 条款的相关规定。

2）防火防烟卷帘帘面两侧压差为 20Pa 时，其在标准状态下（20℃，101325Pa）的漏烟量不应大于 0.2m³/(m²·min)。

（3）运行平稳性能

防火卷帘装配后，帘面在导轨内运行应平稳，不应有脱轨和明显的倾斜现象；双帘面卷帘的两个帘面应同时升降，两个帘面之间的高度差不应大于 50mm。

（4）噪声

防火卷帘启、闭运行的平均噪声不应大于 85dB。

（5）电动启闭和自重下降运行速度

垂直卷卷帘电动启、闭的运行速度应为 2～7.5m/min。其自重下降速度不应大于 9.5m/min。侧向卷卷帘电动启、闭的运行速度不应小于 7.5m/min。水平卷卷帘电动启、闭的运行速度应为 2～7.5m/min。

（6）两步关闭性能

安装在疏散通道处的防火卷帘应具有两步关闭性能。即控制箱接收到报警信号后，控制防火卷帘自动关闭至中位处停止，延时 5～60s 后继续关闭至全闭；或控制箱接第一次报警信号后，控制防火卷帘自动关闭至中位处停止，接第二次报警信号后继续关闭至全闭。

（7）温控释放性能

防火卷帘应装配温控释放装置，当释放装置的感温元件周围温度达到 73±0.5℃时，释放装置动作，卷帘应依自重下降关闭。

（8）耐火性能

防火卷帘的耐火极限应符合表 13.1-1～表 13.1-3 的规定。

13.3 防火卷帘施工工艺

13.3.1 工艺流程

图纸会审→安装准备→预留洞口的实际情况核查→确定安装形式和安装方法→确定安装基准线→做安装卷轴侧板锚固定件（左右支架安装）→安装卷轴及电机（开闭机）→挂装串接帘片→安装两侧导轨→卷轴上空封堵→电气控制装置安装→自检和调试。

13.3.2 安装准备

1. 安装防火卷帘前首先按设计型号查阅产品说明书和电气原理图，检查防火卷帘门表面处理情况和零部件情况。

2. 检测防火卷帘产品各部位基本尺寸，检查门洞口是否与卷帘尺寸相符，导轨、支架的预埋件位置、数量是否正确。

3. 根据安装图纸确认安装形式，确认是墙侧安装还是墙中安装。

4. 确认建筑洞口及防火卷帘产品和开闭机左或右安装要求无误后，安装施工人员应首先以建筑物标高线实施划线。

（1）划出建筑洞口宽度方向中心线。

（2）左右支架中心卷筒轴中心的标高位置线。

（3）左右支架宽度方向固定位置划线后，依据防火卷帘门安装图，对所划线位置进行检验验证，其精度允差不大于 3mm。

13.3.3 安装技术要点

1. 左右支架安装

左右支架的安装应按以下步骤要求进行。

（1）清理并找平大小支架与建筑物（墙体、柱、梁）的安装基准面。

1）当安装形式为墙侧安装时

A. 建筑有预埋件（钢板）时，应在清理安装基准面后，检查校对预埋件尺寸及形状位置是否与设计安装图相符合，符合设计要求时，则以此为大小支架安装的基准面。

B. 建筑没有预埋件或有预埋件但不符合安装技术要求时，应增设厚度等于或大于大小支架钢板厚度的钢板垫板。依据划线位置用安全适用的膨胀螺栓固定于安装基准位置，膨胀螺栓不少于 4 个，且其安全系数不小于防火卷帘总重量的 5 倍。安装基准面应垂直于大小支架。

2）当安装形式为墙中安装时

A. 建筑有预埋件时，应在清理安装基准面后，检查校对预埋件尺寸及形状位置是否与设计安装图相符，符合设计要求时，则以此为大小支架安装的基准面。

B. 建筑没有预埋件，且安装基准面表面平整，尺寸能达到安装要求时，可直接作为支架的安装基准面。

C. 当支架安装基准面在建筑结构侧面和柱中表面时，结构侧表面应设预埋件，并用安全适用的膨胀螺栓固定，柱中表面及位置达到安装要求，则以此表面作为大小支架的安装基准面。

(2) 左右支架安装

1) 检查左右支架质量是否有缺陷（轴承润滑及安全止动装置可靠性），并划出支架中心线，准备安装。

2) 有预埋件时，将支架施焊在预埋件上。施焊前应首先点焊数点，经调整形状位置无误后，再实施焊接。墙侧安装时支架角钢上下两端为连续焊接，角钢两侧分三段（上、中、下）断续焊接。不得虚焊，夹渣。焊后应除渣，并涂防锈漆。支架应垂直于安装基准面。

3) 无预埋件时，采用安全适用的膨胀螺栓，不少于 6 件，将 2 支架固定于安装基准面上，膨胀螺栓总抗剪安全系数不小于卷帘总重量的 4 倍。（安装基准面混凝土标号≥150）。

4) 支架安装技术要求

A. 墙侧支架表面应垂直于安装基准面，墙中间安装时其支架轴头中心线垂直于安装基准面。

B. 安装后，左右二支架轴头（轴承）中心应同轴，其不同轴度在全长范围内不大于 2mm。

C. 当采用钢质膨胀螺栓时，其胀栓的最小埋入深度应符合规定。

D. 当卷帘自重超大而需要时，可采用焊接加固以保证支架的安装，安全可靠，运行稳定。

凡焊接处应无虚焊、夹渣，焊后应除渣，并做防锈处理。

2. 卷筒轴的安装

(1) 安装前应检查卷筒轴轴头焊接，卷轴直线度质量，以及首板固定位置与卷轴轴向是否平行。

(2) 检查无误后，使用相应的安全起重工具进行吊装，与左右支架装配安装固定。

(3) 卷筒轴安装后应检验确认其水平度，水平度在全长范围内不大于 2mm。

3. 开闭机安装

(1) 准备

1) 开箱检查，依照装箱单清点产品零部件是否齐全。

2) 空载试运行。开闭机运转状态不应有异声，停机制动灵敏、可靠。并调整限位滑块位置。接线相序应避免与安装后相序不同，亦应有接地保护。

3) 识别开闭机左、右安装方向，要求手动链条出口处，必须与地面垂直。

(2) 安装技术要求

1) 用配套的螺栓将开闭机安装于传动支架上，并连接套筒滚子链。

2) 安装要求

A. 开闭机轴线应平行于卷筒轴中心线。

B. 手动链条出口应垂直于地面。

C. 两链轮轮宽的对称平面应在同一平面内，并且两链轮轴线问应平行，链条松边下垂度不大于 6mm。

D. 链条安装后应采用 HJ50 机械油或用钙基润滑脂润滑。

4. 挂装串接帘片

(1) 首板长度方向应与卷筒轴中心线平行，并用规定规格的螺钉固定于卷筒上。

(2) 帘面安装后，应平直，两边垂直于地面。经调整后，上下运行不得歪斜偏移，且帘面的不平直度不大于洞口高度的 1/300。

(3) 具有防风钩的帘面，其防风钩的方向，应与侧导轨凹槽相一致。

(4) 末尾板（座板）与地面平行，接触应均匀，保证帘面上升，下降顺畅，并保证帘面具有适当的悬垂度和自重下降，双帘应同步运行。

(5) 无机帘面不允许有错位、缺角、挖补、倾斜、跳线、断线、色差等缺陷。

5. 导轨安装

帘面安装调整无误后，即进行导轨的安装，并应满足下列技术要求：

(1) 防火卷帘帘面嵌入导轨深度应符合《防火卷帘》GB 14102—2005 的相关规定。

(2) 导轨顶部应成圆弧形，其长度超过洞口 75mm。

(3) 导轨现场安装应牢固，预埋钢件与导轨连接间距不得大于 600mm。

(4) 安装后，导轨应垂直于地面。其不垂直度每米不得大于 5mm，全长不超过 20mm。

(5) 焊接后，焊缝应除渣，并做防锈处理。

(6) 导轨安装后，应保证洞口的净宽。

(7) 帘面在导轨运行应顺畅平稳，不允许有卡阻、冲击现象。

6. 卷轴上空封堵

(1) 放位置线，在不影响卷帘的情况下，防火卷帘上方的封堵隔断墙应尽量靠近卷轴及导轨。

(2) 根据放线，用冲击钻在墙侧、顶部打膨胀螺栓固定。

(3) 将防火板装到角钢框内电焊固定，封堵的防火隔断墙安装要求平直、牢靠。

7. 电气控制装置安装

(1) 根据要求放锁盒、电控箱螺孔十字线，用冲击钻打眼。锁盒、电控箱安装要横平竖直，用 M6 或 M8 螺栓固定，固定要牢靠。

(2) 装电线管连接锁盒和电控箱，电线管两端绞丝用专用螺帽旋紧，如设计有需要，可采用铜接头连接，电线管管卡间距一般不超过 100cm。

(3) 装电气控制板、限位器。

(4) 接电气连接线、开关线、电源线、信号线等。

(5) 接通电源，手动将卷帘放下三分之一，再按钮卷动帘板，调整好上下限位，然后操纵卷帘上下走几遍，检查一下卷帘运行是否平稳。

13.3.4　系统调试

防火卷帘的调试主要包括三部分：机械部分的调试、电动部分的调试以及自动功能调试。

1. 机械部分的调试，主要包括限位调整、手动速降装置调试、手动提升装置调试。

（1）限位调整

防火卷帘安装完成后，首先应设定限位（一步降、两步降的停止位置）位置。两步降防火卷帘的一步降的位置应在距地面 1.8m 位置，降落到地面位置应保证帘板底边与地面的最大间距不大于 20mm。

（2）手动速降装置调试

通过手动速放装置拉链下放防火卷帘，卷帘下降顺畅，速度均匀，一步停降到底。

（3）手动提升装置调试

通过手动拉链拉起防火卷帘，拉起全程应顺利，停止后，防火卷帘应能靠其自重下降到底。

2. 电动部分调试

通过防火卷帘两侧安装的手动按钮升、停、降防火卷帘，防火卷帘应能在任意位置通过停止按钮停止防火卷帘。

3. 自动功能调试

防火卷帘自动控制方式分有源和无源启动两种。

（1）无源启动的防火卷帘可利用短路线分别短接中限位和下限位的远程控制端子，观察其下落是否顺畅，悬停的位置是否准确。同时要用万用表实测中限位和下限位电信号的无源回答端子是否导通。

（2）有源启动方式的防火卷帘在自动方式调试时需 24V 电源（可用 24V 电池替代）为其远程控制端子供电，以启动防火卷帘，观察其下落是否顺畅、悬停的位置是否准确。同时要用万用表实测中限位和下限位电信号的无源回答端子是否导通。

13.4　防火卷帘施工验收标准

防火卷帘施工验收标准执行国家标准《防火卷帘》GB 14102—2005。

参 考 文 献

1. 北京建工集团有限责任公司. 建筑设备安装分项工程施工工艺标准（第三版）. 北京：中国建筑工业出版社，2008
2. 于晶主编. 建筑消防设施与施工. 北京：化学工业出版社，2008